高等职业教育农业部“十二五”规划教材

高等职业教育“十四五”规划教材

药用植物栽培技术

第4版

章承林 主编

Yaoyong Zhiwu
Zaipei Jishu

中国农业大学出版社
China Agricultural University Press
·北京·

内 容 简 介

本教材以《中华人民共和国药典》(2020 年版)及《中药材生产质量管理规范》为指导，从生产实际角度构建教材内容体系，以药用植物栽培过程为主线，以药用植物栽培生产岗位的基本技能要求、标准操作规程为依据，广泛吸纳行业最新科研成果、企业先进成熟的技术和生产实践经验。全书分为七个项目：认识药用植物栽培、药用植物栽培基地生态条件评价与选择、药用植物繁殖、药用植物种植、药用植物产量调查与品质分析、药用植物采收与产地加工、主要药用植物栽培技术，每个项目都有相应的工作任务。本教材适合药学、中药学、中药材生产与加工、中草药栽培与加工技术、园艺技术、林业技术等专业使用，也可作为相关培训及自学参考教材。

本教材包含丰富的数字教学资源，读者可扫描封底或书中二维码，登录中国农业大学出版社在线教学平台，获取课件、扩展学习资料等教学资源。

图书在版编目(CIP)数据

药用植物栽培技术 / 章承林主编. --4 版.--北京：中国农业大学出版社，2023.8
ISBN 978-7-5655-3032-6

Ⅰ.①药… Ⅱ.①章… Ⅲ.①药用植物-栽培技术 Ⅳ.①S567

中国国家版本馆 CIP 数据核字(2023)第 144770 号

书　名 药用植物栽培技术　第 4 版
作　者 章承林　主编

策划编辑 张　玉　　**责任编辑** 郭建鑫
封面设计 李尘工作室
出版发行 中国农业大学出版社
社　址 北京市海淀区圆明园西路 2 号　　**邮政编码** 100193
电　话 发行部 010-62733489,1190　　读者服务部 010-62732336
编辑部 010-62732617,2618　　出 版 部 010-62733440
网　址 http://www.caupress.cn　　**E-mail** cbsszs@cau.edu.cn
经　销 新华书店
印　刷 北京时代华都印刷有限公司
版　次 2023 年 8 月第 4 版　　2023 年 8 月第 1 次印刷
规　格 185 mm×260 mm　　16 开本　　18.5 印张　　460 千字
定　价 58.00 元

第 4 版编审人员

主　编　章承林　湖北生态工程职业技术学院

副主编　方其仙　云南农业职业技术学院
　　　　温中林　广西生态工程职业技术学院
　　　　黄少军　广西农业职业技术大学
　　　　李　琰　河北化工医药职业技术学院

参　编　周万祥　江西农业工程职业学院
　　　　张　莉　信阳农林学院
　　　　张小年　黑龙江农业经济职业学院
　　　　周厚胜　恩施职业技术学院
　　　　马留辉　广西农业职业技术大学
　　　　刘瑞哲　湖北生态工程职业技术学院
　　　　黄荣利　河北旅游职业学院
　　　　王尹涛　五峰土家族自治县林业局
　　　　李　睿　武汉市新洲区林业科技推广中心
　　　　覃　超　五峰土家族自治县林业局
　　　　李　星　监利市自然资源和规划局
　　　　孙志平　湖北天臻智谷生物科技有限责任公司
　　　　孙景梅　商丘职业技术学院
　　　　周鸣惊　湖北生态工程职业技术学院

主　审　肖创伟　湖北生态工程职业技术学院

第3版编审人员

主　编　章承林　湖北生态工程职业技术学院

　　　　　龚福保　江西农业工程职业学院

副主编　方其仙　云南农业职业技术学院

　　　　　温中林　广西生态工程职业技术学院

　　　　　黄少军　广西农业职业技术大学

　　　　　汪青筑　毕节职业技术学院

　　　　　付宏岐　渭南职业技术学院

　　　　　戈　英　湖北生态工程职业技术学院

参　编　张　莉　信阳农林学院

　　　　　张小年　黑龙江农业经济职业学院

　　　　　雷清虎　湖北省荆门市彭场林场

　　　　　孙志平　湖北天臻智谷生物科技有限责任公司

　　　　　刘洪成　郧西县林业技术服务中心

　　　　　李守仙　郧西县林业技术服务中心

　　　　　马留辉　广西农业职业技术大学

　　　　　李大银　宜都市自然资源和规划局

　　　　　朱珺语　湖北生态工程职业技术学院

　　　　　史俊卿　渭南职业技术学院

　　　　　周万祥　江西农业工程职业学院

　　　　　杨　繁　湖北生态工程职业技术学院

　　　　　孙景梅　商丘职业技术学院

　　　　　章　璐　湖北生态工程职业技术学院

主　审　肖创伟　湖北生态工程职业技术学院

第4版前言

党的二十大报告指出，要推进健康中国建设，把保障人民健康放在优先发展的战略位置；促进中医药传承创新发展；加强重大疫情防控救治体系和应急能力建设等，这充分彰显了以人民为中心的发展思想，为更好地保障人民健康指明了方向。“道阻且长，行则将至”，生在复兴的时代，是荣光也是责任，是骄傲也必定艰辛。为了适应社会经济发展及中药现代化对人才的需求，传播科学、规范、实用、先进的药用植物栽培技术，进一步落实《职业院校教材管理办法》，我们组织了长期从事药用植物栽培教学的教师、科研人员和一线技术人员共同修订了本教材。

本教材继承第3版的编写体例，完善了教材内容。一是将党的二十大精神有机融入教材，重新组织课程思政内容。二是以2022年正式发布实施的《中药材生产质量管理规范》(GAP)为准则，以药用植物栽培过程为主线，充分体现“任务驱动、项目导向”的高等职业教育专业课程设计思想，按照药用植物生长季节，构建了生物学特性、选地与整地、繁殖方法、田间管理、采收与加工和商品质量标准等教学内容。三是将现行相关国家标准、行业标准引入教材，如教材编写除了遵循新版中药材GAP要求之外，还执行《土壤环境质量　农用地土壤污染风险管控标准(试行)》(GB 15618—2018)、《中药材种子检验规程》(GB/T 41221—2021)、环境保护行业标准《土壤环境监测技术规范》(HJ/T 166—2004)，体现药用植物栽培技术的规范性和严肃性。四是教学内容与职业岗位相对应，力求体现职业岗位能力的培养目标，充分体现了“学习就是工作”的职业教育理念。

本教材包括七个项目(认识药用植物栽培、药用植物栽培基地生态条件评价与选择、药用植物繁殖、药用植物种植、药用植物产量调查与品质分析、药用植物采收与产地加工、主要药用植物栽培技术)及附录。为了容纳更多的实用技术知识，以适应全国不同地区的教学和生产实践需要，教材中还增加了数字资源，西洋参、党参、山茱萸等7种药用植物栽培的相关技术知识可通过扫描二维码在网上教学平台获取，不同地区的院校可灵活选择。

本教材的学时分配建议：总学时90～120，全国各地学校专业情况不同，教学内容和学时数，可灵活掌握。

本教材由章承林担任主编，方其仙、温中林、黄少军、李琰担任副主编，参加编写的人员还有周万祥、张莉、张小年、周厚胜、马留辉、刘瑞哲、黄荣利、王尹涛、李睿、覃超、李星、孙志平、孙景梅、周鸣惊等。本教材具体编写分工如下：章承林编写项目1、项目2任务1、项目2任务2；方其仙编写项目3任务1、项目4任务2及三七、当归、川芎、山茱萸栽培；温中林编写项目2任务3、任务4；黄少军编写罗汉果、穿心莲、肉桂、林下白及栽培；李琰编写项目3任务2；周万祥编写浙贝母、车前、枳壳(酸橙)栽培；张莉编写项目5及桔梗、林下茅苍术栽培；张小年编写项目4任务3及忍冬、款冬花、菊花、红花、西洋参、林下人参、林下重楼栽培；周厚胜编写项目4任务4及芦荟栽培；马留辉编写白木香、苏木栽培；刘瑞哲编写栀子、薄荷栽培；黄荣利编写项目4任务1及半夏栽培；王尹涛编写枸杞、牡丹、厚朴栽培；李睿编写丹参、天麻栽培；覃超编写山药、党参、杜仲栽培；李星编写薏苡、茯苓、灵芝栽培；孙志平编写林下多花黄精栽培；孙景梅编写项目 6 任务 2 及黄芪、甘草栽培；周鸣惊编写项目 6 任务 1。章承林对全书进行统稿，最后由肖创伟教授负责审稿。在编写过程中得到湖北生态工程职业技术学院、云南农业职业技术学院、广西生态工程职业技术学院、广西农业职业技术大学、河北化工医药职业技术学院、江西农业工程职业学院、信阳农林学院、黑龙江农业经济职业学院、恩施职业技术学院、河北旅游职业学院、五峰土家族自治县林业局、武汉市新洲区林业科技推广中心、监利市自然资源和规划局、商丘职业技术学院、湖北天臻智谷生物科技有限责任公司等各编写单位的大力支持与协作，同时搜集了国内外先进科学技术资料，参考了前辈、同行的教材、专著和研究成果，在此一并致以衷心的感谢。

本教材配有电子课件和在线课程，凡使用本教材的师生或读者可登录中国农业大学出版社“中农 De 学堂”获取本书全部教学资源；也可登录“超星慕课”网站，根据书名检索，参与在线课程。由于编者水平有限，加之本书涉及专业领域广泛，书中难免有不妥之处，敬请读者提出宝贵意见，以便今后进一步修改完善。主编信箱：zhangchenglin838@sina.com。

编　者

2023 年 8 月

第3版前言

党的十九大报告做出“坚持中西医并重，传承发展中医药事业”的重要部署，充分体现了国家对中医药发展的高度重视，为我们在新时代推动中医药振兴发展提供了依据、指明了方向。然而，当前药用植物栽培严重滞后于农业的发展，特别是在资源、标准、生态、可持续发展方面，药用植物栽培滞后于农业种植20～30年，也滞后于医药工业的发展。同时，职业教育的教学模式也发生着改变，传统教材无法满足项目化教学要求。2020年，国家教材委员会印发《全国大中小学教材建设规划（2019—2022年）》、教育部印发《职业院校教材管理办法》，强调职业教育教材重在体现“新”和“实”，提升服务国家产业发展能力。基于此，我们组织了长期从事药用植物栽培技术理论教学和实践教学的教师、研究员、高级工程师参与修订了这本教材。

与第2版教材相比，全书从编写大纲、教材内容、理实体系与编写体例上均进行了大胆探索与创新。一是以《中药材生产质量管理规范》（征求意见稿）为准则，以药用植物生产情境为载体，以药用植物栽培过程为主线，以药用植物栽培生产岗位的基本技能要求和中药材生产标准操作规程（SOP）为标准，以学生的学习、实践活动为主体，按照药用植物生长季节，构建了“生物学特性—选地与整地—繁殖方法—种植与田间管理—采收与产地加工”等与中药材规范化生产实际工作流程零距离对接的教学内容。二是根据典型药用植物栽培所需要的知识和技能，按照生产过程设置项目，再按照相关必备技能设置教学任务，重建了“相关知识＋任务实施”的教材体系。教学内容与职业岗位相对应，力求体现职业岗位能力的培养目标，突破了常规教材分为总论、分论两部分的框架，充分体现了“学习就是工作”的职业教育理念。三是体例上的进一步完善，项目中增加学习要点和知识导图，任务中增加素质目标。四是内容上更贴近教学实践，删除了药用植物生长与发育和中药材种植员的相关内容，整合了药用植物产量调查与品质分析，增加了药用菌类、林下药用植物栽培技术和药用植物栽培规划设计相关内容。同时，把牢政治方向，把习近平新时代中国特色社会主义思想的重要论述贯穿教材建设始终，教材融合课程思政理念，推进习近平新时代中国特色社会主义思想进课堂。

另外，本教材在修订过程中贯穿少而精的原则，力求定位准确、注意面向、突出特色、富有弹性，突出了职业性、科学性、操作性、实用性，强化实践性，做到语言简洁、明晰、规范，内容全面、实用。全书分为七个项目（认识药用植物栽培、药用植物栽培基地生态条件评价与选择、药用植物繁殖、药用植物种植、药用植物产量调查与品质分析、药用植物采收与产地加工、主要药用植物栽培技术）及附录。为了容纳更多的实用技术知识，以适应全国不同地区的教学和生产实践需要，教材中还增加了数字资源，西洋参、党参、山茱萸等药用植物栽培的相关技术知识可通过扫描二维码在网上教学平台阅读，不同地区的院校可灵活选择。

本教材的学时分配建议：总学时90～120，全国各地学校专业情况不同，教学内容和学时数可灵活掌握。

本教材由章承林、龚福保担任主编，具体编写分工如下：章承林编写项目1、项目2任务1、项目3任务2、西洋参、林下人参栽培、项目7的技能实训部分及附录；龚福保编写浙贝母、车前栽培；方其仙编写项目3任务1、项目4任务2及三七、当归、天麻、川芎、薄荷、林下白及、林下重楼栽培；温中林编写项目2任务3任务4；黄少军编写罗汉果、穿心莲、肉桂栽培；汪青筑编写项目4任务3及半夏、党参、杜仲栽培；付宏岐编写项目6任务2；戈英编写项目4任务1；张莉编写项目5及桔梗、林下茅苍术栽培；张小年编写忍冬、款冬花、红花栽培；雷清虎编写山茱萸、栀子栽培；孙志平编写林下多花黄精栽培；刘洪成编写厚朴、牡丹、枸杞栽培；李守仙编写山药、菊花栽培；马留辉编写白木香、苏木栽培；李大银编写茯苓、灵芝、薏苡栽培；朱珺语编写项目4任务4；史俊卿编写项目6任务1；周万祥编写枳壳栽培；杨繁编写芦荟栽培；孙景梅编写项目2任务2及黄芪、甘草栽培；章璐编写丹参栽培。章承林对全书进行统稿，最后由肖创伟教授负责审稿。在编写过程中得到湖北生态工程职业技术学院、江西农业工程职业学院、云南农业职业技术学院、广西生态工程职业技术学院、广西农业职业技术大学、毕节职业技术学院、渭南职业技术学院、信阳农林学院、黑龙江农业经济职业学院、商丘职业技术学院、宜都市自然资源和规划局、郧西县林业技术服务中心、湖北省荆门市彭场林场、湖北天臻智谷生物科技有限责任公司等各编写单位的大力支持与协作，同时搜集了国内外先进科学技术资料，参考了前辈、同行的教材、专著和研究成果，在此一并致以衷心感谢。

本教材在编写体例和内容组织上较传统教材有很大改变，做了一些创新性的尝试。由于编写时间仓促，编者水平有限，加之本书涉及专业领域广泛，书中难免有不妥之处，望读者提出宝贵意见，以便再版时修订完善，主编信箱：zhangchenglin838@sina.com。

编　者

2021年3月

目　录

项目 1

认识药用植物栽培

【学习要点】

1. 药用植物栽培的含义及特点。

2. 药用植物野生抚育的含义及特点。

【知识导图】

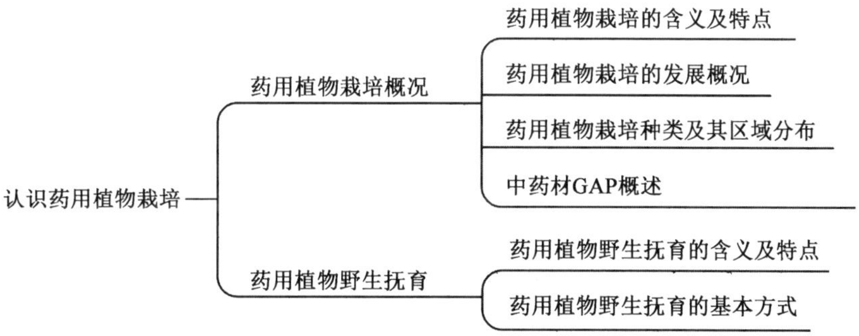

项目一　课程 PPT

任务1 药用植物栽培概述

知识目标

- 了解药用植物栽培种类及其区域分布。
- 了解新版《中药材生产质量管理规范》(GAP)。
- 掌握药用植物栽培的特点。

能力目标

- 能够解释新版《中药材生产质量管理规范》(GAP)。
- 能够熟悉9个带区适宜栽培的主要药用植物种类。

素质目标

- 培养学生搜集资料、利用资料的能力。
- 培养学生的团队协作意识和求真务实的科学精神。

相关知识

一、药用植物栽培的含义及特点

1. 药用植物栽培的含义

药用植物是指野生或人工栽培的能直接或经加工可以入药使用的植物。药用植物栽培技术是根据药用植物的生物学特性，选择或创造与之相适应的栽培环境条件，采取有效的栽培管理措施，使所栽培的药用植物正常生长发育的一门技术，也就是药用植物的选地、整地、播种、育苗、移栽、田间管理、病虫害防治、采收及产地加工等过程中有指导推广价值的实用技术。

栽培药用植物，一方面可以满足人们的用药需求，另一方面可以保障药材质量。发展药材生产对促进农村经济发展、提高农民收入也有很重要的意义。中药材生产已成为许多地方的支柱产业，如吉林抚松的人参种植、宁夏中宁的枸杞种植、重庆石柱的黄连种植、河南西峡的山茱萸种植等。党的十八大以来，以习近平同志为核心的党中央强调中医药是中华民族的瑰宝，把中医药工作摆在更加突出的位置。习近平总书记指出："中医药学凝聚着深邃的哲学智慧和中华民族几千年的健康养生理念及其实践经验，是中国古代科学的瑰宝，也是打开中华文明宝库的钥匙。"2016年，国家中医药管理局、国家发展和改革委员会印发《中医药"一带一路"发展规划(2016—2020年)》，中国向亚非拉近70个国家派遣援外医疗队，几乎每个医疗队中都有中医药医务人员。中医药以其在疾病预防、治疗、康复等方面的独特优势受到许多国家民众的广泛认可，特别是在流感、埃博拉出血热等传染病的防控中发挥了应有的作用。2020年初，在抗击新冠肺炎疫情的战斗中，中医药发挥了重要作用。党的二十大报告指出，要"推进健康中国建设""把保障人民健康放在优先发展的战略位置""促进中医药传承创新发展"。

药用植物栽培的研究任务是根据药用植物不同种类和品种要求，提供适宜的环境条件，采取与之相配套的栽培技术措施，充分发挥其遗传潜力，探讨并建立药用植物优质、高产、高效的基本理论和技术体系，实现中药材质量“安全、有效、稳定、可控”的生产目标。

2. 药用植物栽培的特点

（1）多样化。首先是药用植物栽培种类多样化。全国中药材资源普查结果表明，我国可供药用的中药材资源有12 807种，其中药用植物11 146种，药用动物1 581种，药用矿物80种。常用中药500余种，依靠栽培的主要药用植物有300种左右，这其中既有木本植物也有草本植物，既有南方植物也有北方植物，药用部位既有营养器官也有繁殖器官，既有地上部分也有地下部分。

其次是栽培技术多样化。不同药用植物对环境的要求差异很大，相应的栽培技术也多种多样。如薏苡、黑豆、补骨脂、望江南、红花等栽培技术与粮食油料作物相近，当归、白芷、桔梗、地黄、丝瓜、栝楼、芡实、泽泻等栽培技术与蔬菜作物相近；枸杞、五味子、诃子、栀子、忍冬等栽培技术与果树相近；芍药、牡丹、菊花、除虫菊、曼陀罗等的栽培技术与花卉相近；黄柏、杜仲、厚朴、喜树、安息香等与林木栽培技术相似。还有天麻、麦角是菌类与植物共生或寄生栽培；虫草、白僵蚕是菌类与昆虫共生或寄生栽培；槲寄生、菟丝子、列当等要寄生栽培；猪苓是菌类之间的共生栽培；人参、西洋参、三七、黄连等均是遮阴栽培等。

（2）更重视质量。药用植物产品是用来治病防病的，其所含有效成分的量是药用植物产品质量优劣乃至临床疗效的主要决定因素，而有效成分受药用植物品种、栽培技术、采收加工、贮运方法等多种因素影响。因此，在药用植物栽培过程中不应忽视产品质量。

（3）道地性。道地药材是指具有特定的种质、特定的产区，或以特定栽培技术及加工方法生产的中药材。道地药材多具有鲜明的区域分布特性，如吉林的人参、甘肃的当归、四川的川芎、重庆的黄连、云南的三七、宁夏的枸杞等。它们的道地性受气候、土质等多种因素影响，这种气候、土质的影响不单单决定生长发育，更重要的是决定药材的品质。如青海、甘肃的马蹄大黄引种到安徽、河南就变成水根大黄；从东北引种到山西的关防风，经多年人工栽培，基本丧失关防风的鉴别特征，且与产于西北的水防风（关防风的伪品）极其相似；山西黄芪质优价高，多供出口，充斥市场的大多是来自非道地产区的河北黄芪，其有效成分含量较低。

应当指出，并非所有种类药材的道地性都很强，有的药材的道地性是由于过去受技术、交通等原因限制形成的，这类道地药材引种后生长发育、质量与原产地一致，均可以入药，如山药、芍药、忍冬、菊花等。此外，受环境条件或用药习惯改变的影响，所谓道地药材也会发生一定的变迁，如地黄、泽泻及人参等。

（4）药材市场的前瞻性。与一般农产品的市场不同，药材市场的形成和发展与药材生产和用药需求相关联。作为特殊商品，药材服务于病人的用药需要，需求量有限，价格波动较大。全国的中成药厂、药店甚至医院都可以是销售中药材的渠道。目前，国家批准的药材专业市场有17家，它们是：重庆解放路药材专业市场、广东普宁中药材专业市场、广州市清平中药材专业市场、广西玉林中药材专业市场、昆明菊花园中药专业市场、湖南岳阳花板桥中药材专业市场、湖南廉桥中药材专业市场、安徽亳州中药材交易市场、西安万寿路中药材专业市场、哈尔滨三棵树中药材专业市场、四川成都荷花池中药材专业市场、河南禹州中药材专业市场、兰州黄河中药材专业市场、山东鄄城县舜王城中药材专业市场、河北安国中药材专业市场、江西樟树中药材专业市场、湖北蕲州中药材专业市场。

药用植物栽培过程中，要强调品种全，种类、面积比例适当，才能满足中医用药要求。药用植物栽培应强调市场导向，注意市场预测，具有较强的前瞻性，随时调整种类结构和种植面积，以满足中药材的供应，创造最大的社会效益和经济效益。

二、药用植物栽培的发展概况

我国药用植物栽培具有悠久的历史，薏苡是我国栽培最早的药用植物，据赵晓明等著《薏苡》考证，其在我国至少有 6 000～10 000 年的栽培驯化历史。在我国古籍中有关药用植物栽培的记载可追溯到 2 600 多年以前，《诗经》记载有枣、桃、梅的栽培。

汉武帝时期，药材的生产已初具规模，在长安建立引种园；张骞出使西域，引种红花、安石榴、胡桃、大蒜等有药用价值的植物到关内栽培，丰富了药用植物种类。

北魏贾思勰著有《齐民要术》，其中记载了地黄、红花、吴茱萸、竹、姜、栀、桑、胡麻、蒜等 20 余种药用植物的栽培方法。

隋代，在太医属下设“主药”“药园师”等职，掌管药用植物栽培并设有药用植物引种园，在隋书中还有《种植药法》等专著。

唐宋时期，已经形成了一套完整的栽培技术，如韩彦直在《橘录》中记载了橘类、枇杷、通脱木、黄精等数十种药用植物栽培方法。

明代，李时珍在《本草纲目》中记载了荆芥、麦冬等 180 种药用植物的栽培方法。

明清时期，有王象晋的《群芳谱》、徐光启的《农政全书》、吴其濬的《植物名实图考》等均详细地记载了多种药用植物的栽培方法，为以后药用植物栽培的研究奠定了基础。

新中国成立以来，尤其是党的十八大以来，党和政府把发展中医药摆在更加重要的位置，中医药发展政策机制日益完善。习近平总书记多次对中医药做出重要指示批示，为新时代传承发展中医药事业提供了根本遵循和行动指南。党中央提出“扶持中医药和民族医药事业发展”“坚持中西医并重，传承发展中医药事业”“促进中医药传承创新发展”，充分彰显了以人民为中心的发展思想，为更好地保障人民健康指明了方向。目前，市场上流通的 1 000 余种中药材中，常用的为 500～600 种，其中主要依靠人工栽培的已达 300 多种。2014 年，我国中药材种植面积超过 4 000 万亩；2017 年达到 5 045 万亩；2021 年达 5 638 万亩。中国中药材市场规模 2017 年为 1 018 亿元，2018 年达到近 1 246 亿元，2019 年达到近 1 490 亿元，2020 年达到近 1 840 亿元，预计 2024 年将超过 2 000 亿元，年平均复合增长近 10%。我国中药材种植主要集中在云南、贵州、河南、湖南、陕西、甘肃、四川、湖北、青海、吉林、江西、河北、山东、安徽等地。其中，云南省是我国中药材种植面积和产量最大的省份。同时，野生驯化的药用植物日益增多，如天麻、甘草、麻黄、细辛、北五味子、川贝母、阳春砂、罗汉果、柴胡、龙胆、半夏、桔梗、茜草、石斛、七叶一枝花、夏天无、草果、何首乌、绞股蓝等。另外，从国外引种的药用植物有 20 多种，如西红花、西洋参、水飞蓟、乳香、丁香、胖大海、马钱、安息香等。

为规范化中药材生产，保证中药材质量，促进中药材标准化、现代化，国家药品监督管理局于 2002 年 4 月 17 日发布试行版中药材 GAP。2022 年 3 月 17 日，国家药品监督管理局、农业农村部、国家林业和草原局、国家中医药管理局联合发布了新版中药材 GAP。

三、药用植物栽培种类及其区域分布

我国幅员辽阔，纵跨 50 个纬度，南北距离长达 5 500 km；横跨 62 个经度，东西距离长达 5 200 km。东西南北气候差异大，地形也很复杂，蕴藏着极其丰富的天然药物资源。根据各区域气候特点，可将全国划分为 9 个带区，每个带区都有其适宜栽培的药用植物种类。

1. 寒温带地区

主要包括黑龙江西北隅，大兴安岭北端漠河地区和内蒙古鄂伦春以北地区。

本区域主要药用植物：大叶龙胆、东北延胡索、北五味子、草麻黄、关黄柏、兴安升麻、关苍术、毛百合、岩败酱、兴安杜鹃、百里香、红花鹿蹄草、短瓣金莲花等。

2. 温带地区

主要包括黑龙江的大部分，吉林、辽宁中部，辽宁北部。

本区域主要药用植物：人参、关龙胆、刺五加、知母、平贝母、北五味子、东北天南星、大叶柴胡、草麻黄、草苁蓉、辽细辛、黄芪、关黄柏、关防风、天麻、甘草等。

3. 暖温带地区

主要包括辽宁南部，河北、河南、山东、山西、陕西、甘肃等省和江苏、安徽北部地区。

本区域主要药用植物：怀山药、半夏、党参、北沙参、黄芩、怀牛膝、防风、怀地黄、白芷、忍冬、款冬、红花、薏苡、枣、山楂、枸杞、菊花、连翘、栝楼、紫草、茯苓、灵芝等。

4. 北亚热带地区

主要包括江苏、安徽、湖北绝大部分地区。

本区域主要药用植物：山茱萸、天冬、太子参、玄参、远志、半夏、桔梗、杜仲、荆芥、明党参、何首乌、麦冬、栝楼、厚朴、石斛、牡丹、前胡、甘遂、菘蓝、玉竹、芍药、薄荷、木瓜、白术、钩藤、茯苓等。

5. 中亚热带地区

主要包括江苏、安徽、湖北等省的南部，浙江、福建、江西、湖南、贵州、四川、重庆等省、市的全部或大部分，以及云南、广西、广东的北部，向西延伸至西藏喜马拉雅山南麓。

本区域主要药用植物：山茱萸、当归、浙贝、丹参、黄连、党参、黄柏、川芎、枳壳、川续断、附子、麦冬、白芷、牛膝、大黄、蔓荆子、杜仲、泽泻、红花、延胡索、巴豆、天麻、灵芝、薄荷、厚朴等。

6. 南亚热带地区

主要包括台湾大部分地区以及澎湖列岛等岛屿，福建和广东，广西中部，广西南部，云南中部、南部。

本区域主要药用植物：云木香、肉桂、砂仁、何首乌、三七、巴戟天、莪术、栀子、长春花、郁金、广藿香、姜黄、穿心莲、南五味子、灵芝、茯苓、樟、泽泻、南沙参、益智、佛手、罗汉果等。

7. 热带地区

主要包括广东雷州半岛，海南、台湾南部，南海诸岛，以及云南河谷区和西藏东南缘的局部地区。

本区域主要药用植物：金鸡纳、萝芙木、草豆蔻、肉桂、砂仁、云木香、马钱子、广藿香、木蝴蝶、大风子、鸦胆子、使君子、儿茶、槟榔、番木瓜、鱼腥草、沉香、绞股蓝、海南草珊瑚、荜茇、草果等。

8. 青藏高原地区

主要包括西藏、青海大部，四川西北部，甘肃西南部，新疆南部一些地方。

本区域主要药用植物：藏麻黄、胡黄连、掌叶大黄、高山龙胆、卵叶鹿蹄草、贝母、罗布麻、西藏忍冬、羌活、乌头、冬虫夏草、雪莲花等。

9. 蒙新地区

主要包括内蒙古高原，新疆、宁夏大部分地区，甘肃省西北部、东部。

本区域主要药用植物：蒙古黄芪、新疆大黄、肉苁蓉、天山党参、知母、伊贝母、紫草、仙人掌、木通、宁夏枸杞、锁阳、柴胡、红花、麻黄、甘草、雪莲花等。

四、中药材 GAP 概述

中药材 GAP 是中药材生产企业规范化生产的技术指导原则，是中药生产企业供应商质量审核的技术标准，也是药品监督管理部门 GAP 延伸检查的技术依据。新版中药材 GAP 的实施方式，既没有采取试行版实施的认证管理，也没有采用 2016 年曾考虑过的备案管理，而是采用了延伸检查。新版中药材 GAP 相对于试行版中药材 GAP 而言，从六个方面进行修订。

1. 强调关键环节重点管理，重视全过程细化管理，树立风险管控理念

借鉴药品生产质量管理规范（GMP）思路和世界各国、世卫组织等药用植物种植和采集质量管理规范（GACP）中好的做法，对影响中药材质量的各环节尽可能进行细化和明确规定，突出关键环节的管、控、防、禁、建，并且首次引入统一规划生产基地，统一供应种子、种苗或其他繁殖材料，统一肥料、农药、饲料、兽药等投入品管理措施，统一种植或养殖技术规程，统一采收与产地加工技术规程，统一包装与贮存技术规程（以下简称“六统一”）概念，要求中药材生产全过程关键环节可追溯，“六统一”+“可追溯”成为新版中药材 GAP 管控关键环节理念的集中体现。

试行版中药材 GAP 中，质量管理只有一章五条，过于笼统，很难规范企业质量管理行为，企业也难以实施。新版中药材 GAP 调整为三章，“质量管理”一章提出了要从整体上树立全过程关键环节质量管理理念，同时强化风险管控；新设“质量检验”一章明确了检验资质和留样等要求，突出检验的可操作性和规范性；新设“内审”一章，提出企业要定期开展规范实施情况的内审，这是借鉴 GMP 并首次引入 GAP 的管理概念，健全了中药材生产质量管理体系。

2. 高标准、严要求，兼顾现实情况和当前技术水平

试行版中药材 GAP 整体要求偏低，认证标准中部分要求不合理，如药材加工需集中、必须自建检测实验室、必须开展良种选育等。新版中药材 GAP 的高标准、严要求主要体现在影响质量的重大关键环节，如产地一般应选择道地产区，不允许使用可能影响中药材质量或数据不明确的种质（如转基因品种、多倍体品种等），禁止使用壮根灵、膨大素等生长调节剂调节中药材收获器官生长，在产地加工和贮存环节禁止硫黄熏蒸，不得使用国家禁用的高毒性熏蒸剂等。

结合实际情况，对试行版中药材 GAP 中规定的、但受技术或经济条件限制难以实现的环节进行了调整。例如，未禁用除草剂，但要求尽量减少或避免使用；可采用农场、林场、“公司+

农户”或合作社等组织方式;肥料规定以有机肥为主,化学肥料有限度使用;产地加工不需要集中,但技术规程需统一;质量可自检也可第三方检测;鼓励但不是必须开展新品种选育,要求种子种苗来源明确、供应统一等。

3.将技术规程和质量标准制定前置,作为实施基地建设和管理的前提和依据

试行版中药材GAP没有明确企业应先制定技术规程和标准,对技术规程和标准制定的相关要求较少,没有明确企业建设基地是按技术规程及相关制度实施管理,即没有贯彻“写我要做、做我所写、记我所做”理念。因此,出现GAP认证与企业基地实际管理“两张皮”的情况。新版中药材GAP不仅提出了企业应先制定中药材生产的技术规程和中药材企业内控质量标准,而且详细界定了需要制定哪些技术规程、哪些标准,如何制定这些技术规程,技术规程和标准应包含哪些内容。

新版中药材GAP通篇体现“写我要做、做我所写、记我所做”,落实“技术规程就是管理的指南、管理就是规程的实施、记录就是管理的关键数据”指导思想,力争使新版中药材GAP成为企业指导生产的可行规范,力争GAP实施工作能够与中药材基地建设、生产管理真正有机结合,争取杜绝走形式、做样子。技术规程由企业根据新版中药材GAP要求自行制定,底线是不违背新版中药材GAP中的禁止性条款,明确预防性、鼓励性条款。但是,技术规程一旦制定,企业就需遵照实施,关键的管理过程数据就需要如实记录,保证全过程可追溯。

4.立足中医药的特色和传承,鼓励采用适用的新技术新方法

新版中药材GAP充分体现了传承和创新的中医药发展路径,如传承体现在产地首选道地产区、种间嫁接材料符合传统习惯则允许使用、采收期和采收方法的确定要参考传统采收经验、产地加工方法的确定要借鉴优良的传统方法。此外,鼓励使用新技术、新设备提高中药材生产的现代化水平,如明确鼓励企业运用现代信息技术建设追溯体系,鼓励采用高效机械化采收技术,现代贮存保管新技术、新设备,高效干燥技术、集约化干燥技术,现代包装方法和器具等。

5.强调中药材规范生产与生态环境保护统一

中药材GAP制定的根本目的是指导生产优质药材。为此,新版中药材GAP一方面强调要考虑环境条件对中药材生产和质量的影响,合理有效干预和调控;另一方面,为了贯彻国家生态文明建设和生态环境保护战略,也多处明确要避免种植、养殖活动对生态环境造成不良影响,如生产基地选址和建设、农药使用、肥料使用、药材采收、药材初加工等,以实现中药材生产可持续发展。

6.强化药材流向管理,补充了放行、投诉、退货与召回等管理内容

试行版中药材GAP没有放行、投诉、退货与召回等管理内容。考虑到药材从基地生产到最终流向市场的环节中,还有一系列影响中药企业所用药材质量的环节,所以新版中药材GAP借鉴GMP,首次引入了放行、投诉、退货与召回等环节的管理,并单独成章、成节。这些管理内容均是流程性的风险管控,且均是药材生产加工包装后的管理环节,对中药材企业和基地而言可能比较陌生。但这些管理基本不涉及生产基地和农户,企业容易建立起相应的管理制度和流程,相对容易实施。

任务实施

技能实训1-1 野生药用植物资源调查

一、实训目的要求

掌握药用植物资源调查的基本方法及所调查区域的植被类型、药用植物种类及分布；通过野外调查，采集野生药用植物样品，拍摄野生药用植物照片，获取实物和影像资料。

二、实训材料用品

样方绳、样地编号牌、GPS、照相机、坡度仪等。

三、实训内容与方法

1. 样地的设置

采用系统抽样法，在调查区域内设置若干样地（1 000 m×1 000 m），确定每个样地的空间位置（经纬度）。

2. 样方套的设置

（1）每个样地内设置5套样方，根据样地内的地形、地势、海拔等小生境确定样方套的位置。若样地内小生境基本一致，一般采用等距法确定样方套的位置（图1-1）。

（2）每个样方套的面积为10 m×10 m。

（3）每套样方由6个不同大小样方组成。6个样方的位置关系如图1-2所示，采用固定编号。

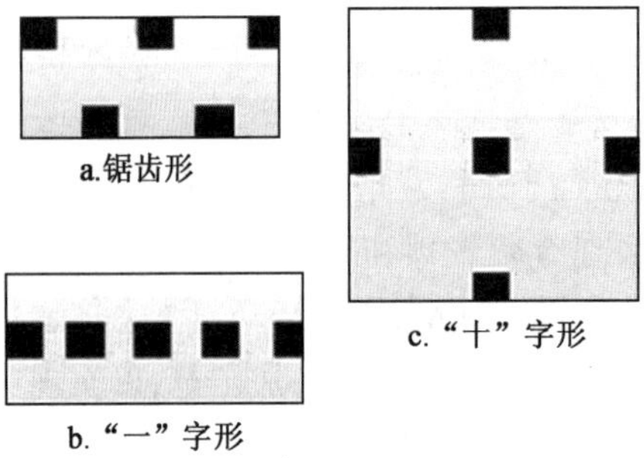

图1-1 等距法设置样方套

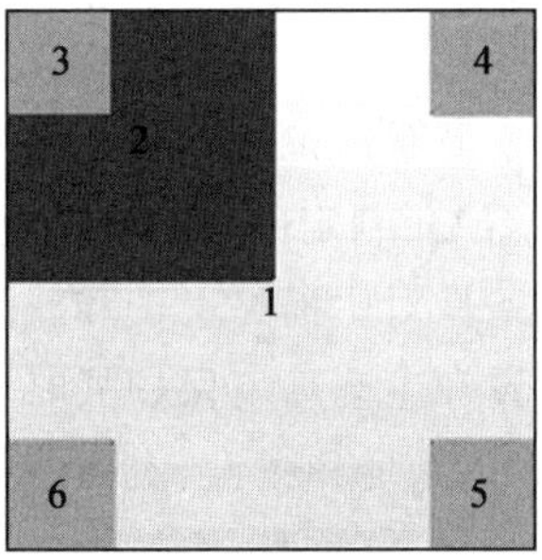

图1-2 样方套

①10 m×10 m的乔木样方编号为1。

②5 m×5 m的灌木样方编号为2。

③2 m×2 m的草本样方编号分别为3、4、5、6。

3. 样地内药用植物资源调查

通过分组实地调查获取药用植物资源及其环境信息，查阅中国植物志、地方植物志、资源普查成果等相关资料，完成野生药用植物资源名录、样方套内重点调查药用植物数量记录表，并附上每种野生药用植物的整体照片、药用部位照片和生境照片。

四、实训报告

将调查信息记录在表 1-1 和表 1-2 中。

表 1-1　样地及样方套信息记录表

<table>
<tr><td rowspan="3">样地信息</td><td>样地名称</td><td colspan="5"></td></tr>
<tr><td>调查人员</td><td colspan="2"></td><td>调查时间</td><td colspan="2"></td></tr>
<tr><td>生境照片</td><td colspan="2"></td><td>工作照片</td><td colspan="2"></td></tr>
<tr><td rowspan="9">样方套信息</td><td>样方套编号</td><td>第 1 套</td><td>第 2 套</td><td>第 3 套</td><td>第 4 套</td><td>第 5 套</td></tr>
<tr><td>植被类型</td><td></td><td></td><td></td><td></td><td></td></tr>
<tr><td>土地利用类型</td><td></td><td></td><td></td><td></td><td></td></tr>
<tr><td>经度</td><td></td><td></td><td></td><td></td><td></td></tr>
<tr><td>纬度</td><td></td><td></td><td></td><td></td><td></td></tr>
<tr><td>海拔</td><td></td><td></td><td></td><td></td><td></td></tr>
<tr><td>坡度</td><td></td><td></td><td></td><td></td><td></td></tr>
<tr><td>坡向</td><td></td><td></td><td></td><td></td><td></td></tr>
<tr><td>坡位</td><td></td><td></td><td></td><td></td><td></td></tr>
<tr><td rowspan="6">群落照片编号</td><td>样方 1(乔木)</td><td></td><td></td><td></td><td></td><td></td></tr>
<tr><td>样方 2(灌木)</td><td></td><td></td><td></td><td></td><td></td></tr>
<tr><td>样方 3(草本)</td><td></td><td></td><td></td><td></td><td></td></tr>
<tr><td>样方 4(草本)</td><td></td><td></td><td></td><td></td><td></td></tr>
<tr><td>样方 5(草本)</td><td></td><td></td><td></td><td></td><td></td></tr>
<tr><td>样方 6(草本)</td><td></td><td></td><td></td><td></td><td></td></tr>
</table>

注:每个样地填写一张表,不够填写的可复印加页,群落照片应合理编号并附于表格后。

表 1-2　样方套内重点调查药用植物数量信息记录表

<table>
<tr><td rowspan="2">种中文名</td><td rowspan="2">药材名</td><td rowspan="2">样方套编号</td><td colspan="6">样方内植株数</td></tr>
<tr><td>1</td><td>2</td><td>3</td><td>4</td><td>5</td><td>6</td></tr>
<tr><td></td><td></td><td></td><td></td><td></td><td></td><td></td><td></td><td></td></tr>
</table>

注:每个样方套内出现的重点调查药用植物均需要填写,不够填写的可复印加页。

五、成绩评定及考核方式

根据实训报告及实训表现综合评分。

技能实训 1-2　栽培药用植物资源调查

一、实训目的要求

1. 通过走访调查和实地调查，了解调查区域内栽培药用植物资源的种类、分布地区、分布面积、产量等信息。

2. 收集药用植物栽培和中药材市场信息，了解中药材发展前景。

二、实训材料用品

照相机、GPS、录音笔等。

三、实训内容与方法

（1）走访调查　根据调查区域内的药材生产流通情况，确定调查对象，包括药用植物生产、经营、管理人员及药农等，并通过座谈、电话等多种方式进行调查，收集相关数据信息和资料。

（2）实地调查　在走访调查研究的基础上，针对栽培某种药用植物具体的栽培区域，通过深入田间地头或到农户家里进行调查，获取栽培药材的品种、来源、物候、生长环境和产量等信息。

四、实训报告

根据调查情况，填写表 1-3。

表 1-3　栽培药用植物资源走访调查表

基本信息	调查县域			访问单位		
	访问对象			联系方式		
	调查人			调查时间		
药材信息	药材名			中文种名		
	商品名			拉丁学名		
	别名			药用部位		
	种源类型			采收时间		
	栽培历史			收购价格		
分布范围和产量	序号	调查地	亩产量/kg	栽培面积/亩	可采收面积/亩	总产量/kg
	1					
	2					
	3					
	4					
	5					

注：每种栽培药用植物填写一张表格，不够填写可复印加页。

五、成绩评定及考核方式

根据实训报告及实训表现综合评分。

【思考与练习】

1.药用植物栽培有哪些特点？
2.我国国家批准的药材专业市场有哪些？
3.新版中药材GAP与中药材GAP(试行)相比，主要从哪些方面进行了修订？

任务2 药用植物野生抚育

知识目标

- 掌握药用植物野生抚育的含义、特点和抚育方式。

能力目标

- 能够解释药用植物野生抚育的特点。

素质目标

- 培养学生搜集资料、利用资料的能力。
- 培养学生团队协作意识和求真务实的职业精神。

相关知识

一、药用植物野生抚育的含义及特点

1.药用植物野生抚育的含义

药用植物野生抚育指根据药用植物生长特性及对生态环境条件的要求，在其原生或相类似的环境中，通过人工更新或自然更新的方式增加种群数量，使其资源量达到能为人们持续采集利用，并能继续保持群落平衡的一种生产方式。药用植物野生抚育是野生药材采集与药材栽培有机结合的一种新兴的药材生产方式，包括药用植物和药用动物野生抚育，野生抚育对象可以是野生、逸为野生或人工补种的药材。

药材生产的传统方式为野生药材采集和药材人工栽培，目前我国仍有80%左右药材来自野生生物，野生抚育将可能发展成为介于野生药材采集与药材人工栽培之间的第三种重要的新兴生态型药材生产方式。野生抚育能利用药材自我更新机制或适当补种扩大种群，维持原生境稳定，符合国家生态环境保护、中药资源可持续利用的方针政策。近年来，我国中药材野生抚育产业发展迅速，西北地区甘草、麻黄、肉苁蓉等药材围栏养护面积超过百万亩；川贝母、雪莲、冬虫夏草等珍稀濒危药材野生抚育正在走向产业化生产；五味子、罗布麻、刺五加、防风、连翘、龙血树、金莲花等野生抚育基地陆续建立。

药用植物野生抚育能有效地解决药材采集与资源更新的矛盾；解决野生药材供应短缺与需求不断增加的矛盾；解决药材生产与生态环境保护的矛盾；解决当前利益与长远利益的矛

盾。作为一种重要的人工种植的互补技术和中药材生态产业新模式，药用植物野生抚育适用于人工种植品质易变异、占用耕地、引种困难、珍稀濒危的药材品种。由于野生抚育药材是在原生环境中生长，远离污染源，人为干预少，不易发生病虫害，能提供高品质道地野生药材。野生抚育模式下药材采挖和生产是在生物群落动态平衡的基础上进行的，具有药材生产与保护生态环境双赢协调发展的独特优势，将在保护珍稀濒危药材及其生物多样性和中药资源的可持续合理利用中发挥重要作用。

2. 药用植物野生抚育的特点

药用植物野生抚育具有显著不同于药用植物栽培的特点：

(1)生产场所不同　野生抚育在药材原生地进行，依据野生分布区、植被类型及群落类型划定明确的野生抚育区；药用植物栽培主要在农田进行。

(2)种群更新方式不同　野生抚育通过人工补种或种群自我更新方式增加种群数量；药用植物栽培全部通过人工方式栽种。

(3)管理措施不同　野生抚育药材生长过程中人为干预较少，一般仅进行适当的人工管理或抚育；药用植物栽培采取各种生产措施促进药材优质高产。

(4)采收方式不同　野生抚育根据药材的年允许采收量，确定合理的采收方法，轮采轮收；药用植物栽培一般为一次性采收。

二、药用植物野生抚育的基本方式

在生产实践中，因药材种类、所处的自然或社会经济环境及技术研究状况不同，药用植物野生抚育的基本方式有：半野生栽培、封禁培植、人工管理与补种、林下栽培等。由于引种川贝母药材性状变异较大，国家药用植物研究所与成都恩威集团公司合作，在四川康定折多山的高山灌丛及高山草甸中人工模拟野生群落，建立了川贝母野生抚育基地，是半野生栽培的成功典范；由美康中药材进出口公司在宁夏灵武马家滩野生甘草分布区，采取围栏封闭措施，并加以适当的人工管护，建成围栏养护基地，是封禁培植的代表；带根移栽刺五加、五味子的育苗补栽是人工管理与补种的示范；林下栽培主要是模拟耐阴的药用植物野生环境，适宜林下栽培的药用植物主要有黄连、天麻、石斛、人参、黄芪、三七、白芷、红豆杉、芍药、牡丹、茯苓、灵芝、桔梗、甘草、异叶假繁缕(太子参)、白术、草果、柴胡、重楼、板蓝根、川明参、五味子、猫爪草、绞股蓝、丹参、猪苓、金线莲、菊花、细辛、黄芩、八角莲、葛根、党参、延胡索(元胡)、沙参、玄参、草珊瑚、当归、黄精、苍术、巴戟天、两面针、大黄、肉苁蓉、益智、贝母、何首乌、前胡、川芎、半夏、地黄、紫萁贯众、独活、灵香草、川龙薯蓣、防风、广藿香、淫羊藿、金钱草、乌头等。

任务实施

技能实训 1-3　药用植物野生抚育调查

一、实训目的要求

通过调查，了解当地主要野生抚育的药用植物种类、野生抚育的基本方式，以及市场流通过程中供应量、需求量和价格信息。

二、实训材料用品

GPS、照相机等。

三、实训内容方法

（1）实地调查　通过目测、询问等方法，在药用植物野生抚育现场获取基本信息。

（2）上网搜索或以问卷方式调查　将调查事项通过互联网搜索或以电话、问卷等方式向被调查者进行调查，以获得所需资料。

四、实训报告

根据调查情况，填写表1-4。

表1-4　药用植物野生抚育情况调查表

调查时间		调查地点	
调查人员		被调查者	
调查方式		药用植物	
药材名		商品名	
抚育方式		具体措施	
收购价格		销售价格	
供应量		需求量	

注：每种野生抚育的药用植物填写一张表格，不够填写的可复印加页。

【思考与练习】

1. 药用植物野生抚育的含义和特点有哪些？
2. 药用植物野生抚育的基本方式有哪些？

项目 2

药用植物栽培基地生态条件评价与选择

【学习要点】

1. 环境条件对药用植物生长发育的影响。
2. 药用植物栽培基地的选择。
3. 药用植物栽培方式。

项目 2　课程 PPT

【知识导图】

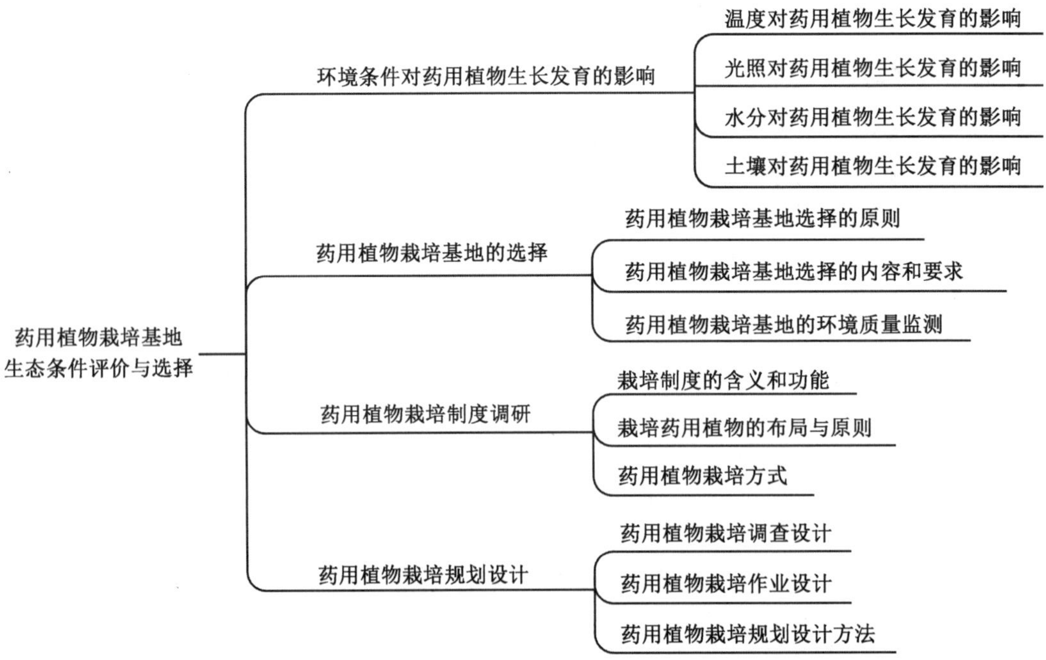

任务1　环境条件对药用植物生长发育的影响

知识目标

- 熟悉温度对药用植物生长发育的影响。
- 熟悉光照对药用植物生长发育的影响。
- 熟悉水分对药用植物生长发育的影响。
- 熟悉土壤对药用植物生长发育的影响。

能力目标

- 能够判断极端温度对药用植物生长发育的影响。
- 能够通过调节光照强度、光质、光周期解决生产中的实际问题。
- 能够判断药用植物生产过程的需水量与需水临界期。
- 能够利用主要的土壤因素解决药用植物生产中的实际问题。

素质目标

- 培养学生搜集资料、阅读资料和利用资料的能力。
- 培养学生分析问题和解决问题的能力。

相关知识

药用植物栽培的环境条件是指药用植物生长发育的外界条件，包括温度、光照、水分、土壤等生态因子。药用植物栽培过程中，利用和控制各种生态因子，使其有利于药用植物的生长发育，注意各种因子对药用植物有效成分的影响，从而获得更高的药用价值和经济效益。

一、温度对药用植物生长发育的影响

温度是植物生长发育的重要环境条件之一。植物只有在一定的温度范围内才能进行正常的生长发育，超出这个温度范围，其正常生理活动就会被破坏，甚至全株死亡。这个温度区间对于植物生长来说，可以进一步细分为最低温度、最适温度和最高温度，概括为植物温度“三基点”。在此温度区间内，植物处在最适温度条件的时间越长，对其生长发育越有益。

1. 药用植物对温度的要求

根据药用植物对温度反应不同，可分为四类：

(1)耐寒药用植物　一般能耐－2～－1 ℃低温，短期内可忍耐－10～－5 ℃低温，最适同化温度15～20 ℃。也有到了冬季地上部分枯死，地下部分能耐0 ℃以下低温，甚至－10 ℃低温的药用植物，如人参、细辛、百合、平贝母、五味子、羌活、薤白、大黄、石刁柏、刺五加等。

(2)半耐寒药用植物　能耐短时间－2～－1 ℃低温，最适同化温度17～23 ℃。如萝卜、菘蓝、黄连、枸杞、知母、芥菜等。

(3)喜温药用植物　种子萌发、幼苗生长、开花结果都要求较高的温度，最适同化温度20～30 ℃，花期气温低于10～15 ℃则授粉不良或落花落果。如颠茄、枳壳、曼陀罗、望江南、川芎、金银花等。

(4)耐热药用植物 生长发育要求温度较高，最适同化温度在 30 ℃左右，个别植物可在 40 ℃下正常生长。如槟榔、罗汉果、砂仁、苏木、丝瓜、刀豆、冬瓜、南瓜等。

药用植物对温度的要求因种类、品种及其生育时期的不同而异。一般种子萌发、幼苗生长时期要求温度略低，营养生长期温度要求渐渐升高，生殖生长期要求温度较高。产品器官形成期，花果类要求较高温度；根及根茎类要求昼夜温差大。药用植物各个生育时期中，在花期对温度变化最敏感。

温度对药用植物的影响分为地温和气温两方面。一般气温影响植株的地上部分，地温影响植株的地下部分。通常情况下，一天之中气温变幅较大，地温变幅较小。根及根茎类药用植物地下部分的生长，受温度影响较大。一般根系在 20 ℃左右生长较快，地温低于 15 ℃仍能生长，但生长速度较慢。在最适温度范围内，根及根茎类药用植物生长量的大小、生长率的高低与温度高低呈正相关。

温度与药用植物生产的关系非常密切。常用的温度指标除上述的“三基点”温度外，还有农业界限温度、积温等。农业界限温度，又称界限温度，是指标志某些重要物候现象或农事活动的开始、终止或转折的温度。生产上常用的界限温度有 0 ℃、5 ℃、10 ℃、15 ℃和 20 ℃。积温是指某一段时间内逐日平均气温之和，它是研究药用植物生长发育对热量的要求和评价热量资源的一种指标，分为活动积温和有效积温两种。有了这些参数，可以根据当地气温情况，确定药用植物安全播种期。

2. 极端温度对植物的影响

(1)低温对植物的危害 低温对植物的危害主要是冷害和霜害。冷害是指生长季节内 0 ℃以上的低温对植物的伤害。低温使叶绿体超微结构受到损伤，或引起气孔失调，或使酶钝化，最终破坏了植物的光合能力，低温还影响根系对矿质养分的吸收，以及植物体内物质运转，影响授粉受精。霜害是指春秋季节里，由于气温急剧下降到 0 ℃以下(或降至临界温度以下)，使茎、叶等器官受害的现象。

(2)高温对植物的危害 高温使植物体非正常失水，进而引起原生质的脱水和原生质中蛋白质的凝固。高温不仅降低生长速度，妨碍花粉的正常发育，还会损伤茎、叶功能，引起落花落果等。

3. 春化现象

春化现象是指由低温诱导而促使植物开花的现象。用人工方法对植物进行低温处理，使其完成春化过程称为春化处理。春化处理可诱导很多植物开花。需要春化作用的植物主要是起源于亚热带及温带的植物，如当归、白芷、菊花、菘蓝等。而起源于热带的一些喜温植物，如曼陀罗、颠茄、望江南等，一生均喜高温，这些植物不存在春化现象。需要春化的植物通过低温春化后，要在较高的温度下，并且多数还需要在长日照条件下才能开花。所以，春化处理只是对开花起诱导作用。

植物种类不同，要求的春化处理的温度也不同。如萝卜的春化温度为 5 ℃、芥菜为 0～8 ℃。植物春化作用的有效温度一般在 0～10 ℃，最适温度为 1～7 ℃。不同植物春化作用所要求的低温时间也不一样，一般冬性越强，要求的春化温度越低，通过春化作用所需的时间越长，如芥菜需 20 d、萝卜需 3 d。

植物通过春化作用的方式有两种：一种是萌动种子的低温春化，如芥菜、大叶藜、萝卜等；另一种是营养体的低温春化，如当归、白芷、牛蒡、大蒜、芹菜及菊花等。对萌动种子春化处理，掌握好萌动期是关键，控制水分是保持萌动的一个有效方法。营养体春化处理需在植株或器官长到一定大小时进行，没有一定的生物量，即使遇到低温，也不进行春化作用。例如，当归幼苗根重小于0.2 g时，植株对春化处理没有反应；根重大于0.2 g时，经春化处理后基本上能全部抽薹开花；根重在0.2～2 g时，抽薹开花率与根重、春化温度和时间有关。萌动种子感受低温春化处理的部位是胚，营养体的春化部位主要在生长点。在药用植物栽培中，应根据栽培目的合理控制春化的温度及时期。例如，在当归栽培中，若采收药材，则要防止“早期抽薹”现象，可通过调整播期、控制温度等方法，避免春化；若要采种，则需进行低温春化处理，促使其开花结果。

二、光照对药用植物生长发育的影响

光照强度、光质和光周期与药用植物的生长发育有密切的关系，并会对药材产量和品质产生影响。

1. 光照强度对药用植物生长发育的影响

植物的光合速度与光照强度密切相关，在一定范围内，光合速度随着光照强度的增加而增加。但光照强度超过一定范围后，光合速度的增长率降低，当达到某一光照强度时，光合速度不再增加，这种现象称为光饱和现象，这时的光照强度称为光饱和点。光照强度超过光饱和点时，常伴随着高温，导致植物蒸腾作用加剧，细胞水势出现负值，从而光合速度下降。相反，光强度逐渐减弱，光合速度随之减缓，待到光照强度下降到某一程度时，光合速度等于呼吸速度，此时的光照强度称光补偿点。植物只有在光强度高于光补偿点时，才能积累干物质。不同植物的光补偿点与光饱和点存在差异。根据植物对光照强度的需求不同，将植物分为三种类型。

(1)阳生植物(喜阳植物)　要求有充足的直射阳光，光饱和点为全光照的100%，光补偿点为全光照的3%～5%。光照不足，植株生长不良甚至死亡，产量低。如丝瓜、栝楼、地黄、菊花、红花、芍药、山药、颠茄、枸杞、龙葵、薏苡、薄荷、北沙参、蛔蒿及知母等。

(2)阴生植物(喜阴植物)　不能忍受强烈的阳光直射，喜欢生长在阴湿的环境或树林下，光饱和点为全光照的10%～50%，光补偿点为全光照的1%。如人参、西洋参、三七、黄连、细辛、天南星、淫羊藿、石斛及刺五加等。

(3)中间型植物(耐阴植物)　在全光照或稍荫蔽的环境下均能正常生长发育，一般以阳光充足的条件下生长健壮，产量高。如天门冬、麦冬(沿阶草)、连钱草、款冬、豆蔻、莴苣、紫花地丁及大叶柴胡等。

自然条件下，药用植物接受光饱和点左右或略高于光饱和点的光照越多，时间越长，光合产物积累越多，生长发育越好；光照强度明显高于光饱和点，植物虽能生长发育，但质量低下；如果光照强度低于光补偿点，植物不仅不能积累养分，反而要消耗养分，植物生长不良。应根据植物对光照强度要求不同，选择间作、套作、合理密植等措施。

同一种植物在不同生长发育阶段对光照强度的要求不同。许多阳生植物的苗期也需要荫蔽的环境，在全光照下生育不良，如厚朴、党参、龙胆等。厚朴幼苗期或移栽初期忌强烈阳光，要尽量做到短期遮阴，而长大后，则不怕强烈阳光。黄连虽为阴生植物，但各生长阶段耐阴程度不同，幼苗期最耐阴，栽后第四年则可除去荫棚，使之在强光下生长，以利于根部生长。一般情况下，植物在开花结实阶段或块茎(根)贮藏器官形成阶段，需要较多养分，对光照的要求也较高。

2.光质对药用植物生长发育的影响

光质(或称光的组成)对药用植物的生长发育也有一定影响。太阳光中被叶绿素吸收最多的是红光,红光对植物的作用最大,黄光次之。蓝紫光的同化作用效率仅为红光的14%。在太阳的散射光中,红光和黄光占50%~60%;在太阳直射光中,红光和黄光最多只有37%。

红光能加速长日照植物的生长发育,而延长短日照植物的生长发育。蓝紫光则相反。红光促进茎的伸长,蓝紫光能使茎粗壮,紫外光对植物生长有抑制作用;红光利于糖类合成,蓝光利于蛋白质合成,紫外光照射对果实成熟有利,并能增加果实的含糖量;许多水溶性色素的形成要求有强的红光,维生素C合成要求有紫外光等。通常在长波长光照下生长的植物,茎秆较细,节间较长;在短波长光照下生长的植物,节间短而粗,有利于培育壮苗。

不同的光谱成分对药用植物的生长发育有不同的影响,选择合适的塑料薄膜,可以满足药用植物生长的需求。例如,在人参、西洋参栽培中,以淡黄、淡绿膜为宜,因为色深者透光少,植株生长不良;当归覆膜栽培时,薄膜色彩对增产的影响依次为黑色膜>蓝色膜>银灰色膜>红色膜>白色膜>黄色膜>绿色膜。

另外,阳光照射在植物群体上,经过上层叶片的选择吸收,透射到下部的辐射光,是以远红外光和绿光偏多。因此,在高矮秆药用植物间作的复合群体中,矮秆作物所接受的光线光谱与高秆作物接受的光线光谱是不完全相同的。如果作物密度适中,各层叶片间接受的光质就比较相近。

3.光周期对药用植物生长发育的影响

光周期是指一天中白天与黑夜的相对长度。所谓"相对长度"是指日出至日落的理论时数,而不是实际有阳光的时数。理论日照时数与该地的纬度有关,实际日照时数还受降雨频率及云雾多少的影响。在北半球,纬度越高,夏季日照越长,而冬季日照越短。因此,我国北方一年之中日照时数在季节间相差较大,而在南方各地相差较小。

植物对白天和黑夜相对长度的反应,称为光周期现象。它主要影响植物的花芽分化、开花、结实、分枝习性以及某些地下器官(块茎、块根、球茎、鳞茎等)的形成。根据植物对光周期的反应,将植物分为三类:

(1)长日照植物　日照长度必须大于某一临界日长(一般12 h以上),或者暗期必须短于一定时数才能成花的植物。如红花、当归、牛蒡、莨菪、萝卜、紫菀、木槿及除虫菊等。

(2)短日照植物　日照长度只有短于某一临界日长(一般12 h以下),或者暗期必须超过一定时数才能成花的植物。如紫苏、菊花、苍耳、大麻、龙胆、穿心莲及牵牛花等。

(3)日中性植物　对日照长短没有严格要求,只要其他条件适宜,一年四季都能开花。如曼陀罗、颠茄、红花、地黄、蒲公英及千里光等。

此外,还有一些"限光性植物"。这种植物只能在一定的日照长度下开花,延长或缩短日照时数都抑制开花。如野生菜豆只能在每天12~16 h的光照条件下开花,某些甘蔗品种只能在每天12.5 h的光照下才能开花。

临界日长是指昼夜周期中诱导短日照植物开花所需的最长日照时数或诱导长日照植物开花所需的最短日照时数。长日照植物开花所要求的日照时数应大于临界日长,而短日照植物开花所要求的日照时数必须小于临界日长,但日照太短也不能开花,确切地说,短日照植物并不要求较短的日照,而是要求较长的黑暗。原产于南方的短日照植物引种到北方后,常因北方的长日照而延迟开花结实,而长日照植物南移时,则其发育受阻。药用植物栽培中应根据植物对光周期的反应，确定适宜的播种期，或通过人工控制光周期，促进或延迟开花，以更多地获得我们所需要的优质产品。

光周期不仅影响药用植物花芽的分化与开花，同时也影响药用植物营养器官的形成。如慈姑、荸荠球茎的形成，都要求较短的日照条件，而洋葱、大蒜鳞茎的形成则要求有较长的光照条件。另外，如豇豆、赤小豆的分枝、结果习性也受光周期的影响。

三、水分对药用植物生长发育的影响

植物体生长发育离不开水分。首先，水是原生质的重要组成成分，同时还直接参与植物的光合作用、呼吸作用、有机质的合成与分解过程；其次，水是植物对物质吸收和运输的溶剂，使植物细胞的生长、发育、运动等生理过程得以正常进行。另外，水还可以维持细胞组织的紧张度（膨压）和固有形态。

药用植物的含水量有很大差异，一般植物的含水量占组织鲜重的70%～90%，水生植物含水量高，可达鲜重的90%以上，有的能达到98%，肉质植物的含水量为鲜重的90%，草本植物含水量约占80%，木本植物的含水量也约占70%，树干含水40%～50%，就是干果和种子的含水量也有10%～15%。处于干旱地区的旱生植物含水量则较低。

1. 药用植物对水的适应性

根据药用植物对水的适应能力和适应方式，可将植物分成以下几种类型：

（1）旱生植物　此类植物具有较强的抗旱能力，能够在干旱的气候和土壤环境中维持正常的生长发育。如芦荟、仙人掌、麻黄、骆驼刺、甘草、毛毡紫菀、卷柏及地衣等。

（2）湿生植物　此类植物生长在潮湿的环境中，水分不足会影响生长发育，以致萎蔫。如水菖蒲、水蜈蚣、毛茛、半边莲、秋海棠及灯心草等。

（3）中生植物　此类植物对水的适应性介于旱生植物与湿生植物之间，绝大多数陆生植物属于此类，其抗旱与抗涝能力都不强。如半夏、栝楼、丹参等。

（4）水生植物　此类植物生活在水中，根系不发达，根的吸收能力很弱，输导组织简单，但通气组织发达。水生植物中又分挺水植物、浮水植物、沉水植物等。挺水植物的根在水下土壤中，茎、叶露出水面（如泽泻、莲、芡实等）。浮水植物的根在水中或水下土中，叶漂浮水面（如浮萍、眼子菜、满江红等）。沉水植物的根、茎、叶都在水下或水中（如金鱼藻等）。

2. 药用植物的需水量与需水临界期

（1）需水量　植物在生长发育期间所消耗的水分中主要是蒸腾耗水，所蒸腾的水量约占总耗水量的80%，蒸腾耗水量称为生理需水量，以蒸腾系数来表示。蒸腾系数是指每形成1 g干物质所消耗水分的质量(g)。

植物种类不同，需水量不同。如人参的蒸腾系数为150～200 g，牛皮菜为400～600 g，亚麻为800～900 g。同一种药用植物的蒸腾系数也因品种与环境条件不同而不同。

药用植物需水量在不同生育期间也有差别。一般来说，植物生长前期需水量小，生长中期生长量大，生长后期需水量居中。从种子萌发到出苗期需水量很少，通常保持田间持水量的70%为宜；生长前期，苗株矮小，地面蒸发耗水量大，土壤含水量应保持在田间持水量的50%～70%为宜；中期营养生长较快，生殖器官分化形成，此时需水量大，土壤含水量应保持在田间持水量的70%～80%为宜；植物生长后期，是植物各器官增重成熟阶段，需水量较少，土壤含水量应保持在田间持水量的60%～70%。

药用植物需水量还受气候条件和土壤条件影响。高温、干燥、风速大时，植物蒸腾作用强，需水量就多，而低温、多雨、大气湿度大时，植物蒸腾作用减弱，需水量就少。密植与施肥状况也使植物耗水量发生变化。密植后，单位土地面积个体总数增加，总叶面积增大，需水量随之增加，但地面蒸发量相应减少。有研究指出，土壤中缺乏任何一种元素都会使植物需水量增加，尤以缺 P 和缺 N 时需水量增加最多，缺 K、S、Mg 次之，缺 Ca 影响最小。

(2)需水临界期　药用植物在一生中(一、二年生植物)或年生育期内(多年生植物)，对水分最敏感的时期，称为需水临界期。该期水分亏缺，造成药用植物产量损失和质量下降，后期不能弥补。

一般药用植物在生育前期和后期需水较少，生育中期生长旺盛，需水较多。需水临界期多在开花前后阶段，如瓜类在开花至成熟期，荞麦、芥菜在开花期，薏苡在拔节至抽穗期。植物从种子萌发到出苗期虽然需水量不大，但对水分很敏感。此期若缺水，则会导致出苗不齐、缺苗；水分过多，又会发生烂种、烂芽现象。因此，对于某些药用植物来说，此期就是一个需水临界期。例如，蛔蒿、黄芪、龙胆等的需水临界期在幼苗期。

3. 旱、涝对药用植物的危害

(1)干旱及其危害性　植物常遭受的不良环境条件之一就是缺水，严重缺水的现象称为干旱。干旱分大气干旱和土壤干旱，通常土壤干旱是伴随大气干旱而来的。大气干旱致使植物生长发育受到抑制，影响细胞的分生、延伸、分化，还可导致细胞死亡、植物干枯。土壤干旱致使植物生长受阻或完全停止。

植物对干旱的适应能力称为植物的抗旱性。知母、甘草、红花、黄芪、绿豆、枸杞、骆驼刺等，在一定的干旱条件下，仍有一定的产量。但如果在雨量充沛的年份或有灌溉条件下，其产量可以大幅度增长。

(2)水涝及其危害性　根和根茎类药用植物最怕田间积水或土壤水分过多，红花、芝麻等也不耐涝，地面过湿便易死亡。土壤水分过多，土壤空隙充满水分，氧气缺乏，一方面，植物根部正常呼吸受阻，影响水分和矿物质元素的吸收，同时，由于无氧呼吸而积累乙醇等有害物质，引起植物中毒；另一方面，需氧菌如硝化细菌、氨化细菌、硫细菌等活动受阻，影响植物对氮素等物质的利用，而厌氧菌活动大为活跃，在土壤中积累有机酸和无机酸，增大土壤溶液的酸性，同时产生有毒的还原性产物如硫化氢、氧化亚铁等，使根部细胞多酚氧化酶遭受破坏，导致植物窒息。药用植物栽培常采取高畦、开凿排水沟等措施以避免涝害。

四、土壤对药用植物生长发育的影响

土壤是药用植物栽培的基础，是药用植物生长发育所必需的水、肥、气、热的承载者。除了少数寄生和漂浮的水生药用植物外，绝大多数药用植物都生长在土壤里。土壤理化性状的好坏和所含养分的高低直接影响着药用植物的生长发育。影响药用植物生长发育的主要土壤因素有土壤组成、土壤结构、土壤质地、土壤肥力、土壤有机质、土壤水分、土壤酸碱性和土壤养分。

1. 土壤组成

土壤是由固体、液体、气体三部分物质组成的复杂整体。固体部分包括土壤矿物质、土壤有机质、土壤微生物。其中土壤矿物质是土壤的“骨架”，是组成土壤固体部分的最主要、最基本的物质，占土壤总质量的 95%以上；土壤有机质是植物残体、枯枝、落叶、残根等和动物尸体、人畜粪便在微生物作用下，分解产生的一种黑色或暗褐色胶体物质，常称为腐殖质，其质量不到固体部分的5%。腐殖质能调节土壤的水、肥、气、热，满足植物生长发育需要。土壤微生物包括细菌、放线菌、真菌、藻类、鞭毛虫和变形虫等，其中有些细菌（如硝化细菌、氨化细菌、硫细菌等）能够对有机质和矿质营养元素进行分解，为植物生长发育提供养分。液体部分是土壤水分。气体部分是指土壤空气。土壤水分和空气存在于固体部分所形成的空隙中，二者互为消长。

组成土壤的三类物质不是孤立存在的，也不是机械地混合，而是相互联系、相互制约的统一体，并在外界因素的作用下发生复杂的变化。

2. 土壤结构

自然界的土壤，在内外因素的综合作用下，形成大小不等的团聚体，这种团聚体称为土壤结构。土壤结构以团粒结构为最好，因为团粒结构是由腐殖质与钙质将分散的土粒胶结在一起所形成的土团，能够很好地解决土壤水分与空气的矛盾，使土壤具有良好的供水、供肥、通气功能，土温稳定，保证植物生长发育的需求。

3. 土壤质地

土壤中大小不同的矿物质颗粒的组成结构，称为土壤质地。土壤按质地可分为沙土、黏土和壤土。土壤颗粒中直径为0.01～0.03 mm的颗粒占50%～90%的土壤称为沙土。沙土通气、透水性良好，耕作阻力小，土温变化快，保水保肥能力差，易发生干旱。适于沙土栽培的药用植物有珊瑚菜、仙人掌、北沙参、甘草和麻黄等。直径小于0.01 mm的颗粒在80%以上的土壤称为黏土。黏土通气透水性差，土壤结构致密，耕作阻力大，但保水保肥能力强，供肥慢，肥效持久、稳定。适于黏土栽培的药用植物不多，有泽泻等。壤土介于沙土和黏土之间，土质疏松，易耕作，透水良好，又有较强的保水保肥能力，是最优良的土质。壤土适于多种药用植物生长，特别是根和根茎类药用植物，如人参、黄连、地黄、山药、当归、丹参等。

4. 土壤肥力

土壤最本质的特性就是具有肥力。土壤肥力是指土壤供给植物正常生长发育所需水、肥、气、热的能力。水、肥、气、热是组成土壤肥力的四个因素，四者相互联系，相互制约。衡量土壤肥力高低，不仅要看每个肥力因素的绝对贮备量，而且还要看各个肥力因素间搭配是否得当。

土壤肥力按来源可分为自然肥力和人为肥力两种。自然土壤原有的肥力称为自然肥力，它是在生物、气候、母质和地形等外界因素综合作用下发生发展起来的，这种肥力只有在未开垦的“处女地”上才能找到。人为肥力是农业土壤所具有的一种肥力，它是在自然土壤的基础上，通过耕作、施肥、栽培植物、兴修水利和改良土壤等措施，用劳动创造出来的肥力。自然肥力和人为肥力在栽培植物当季产量上的综合表现，称为土壤有效肥力。药用植物产量的高低，是土壤有效肥力高低的标志。

5. 土壤有机质

自然土壤中有机质含量多的可达10%，一般土壤则在0.5%～3%。土壤有机质在土壤中要经过微生物分解释放养分，它不仅是养分的主要来源，而且对土壤一系列性质和生产性状的好坏起着决定性作用，是土壤肥力的中心。大多数药用植物适合在富含有机质的腐殖质土中生长。

(1)有机质的来源和类型　土壤有机质主要来源于动植物和微生物的残体及施入的有机肥料。进入土壤中的有机质一般以三种类型状态存在。

①新鲜的有机物　指那些进入土壤中尚未被微生物分解的动、植物残体。它们仍保留着原有的形态等特征。

②半分解的有机物　有机质已部分分解，并且相互缠结，呈褐色小块，能够疏松土壤。

③腐殖质　彻底被微生物分解过的有机物，呈褐色或黑褐色的胶体物质，是复杂的高分子化合物，与矿物质颗粒紧密结合，只能用化学方法分离，是土壤有机质中主要的类型，能够影响土壤肥力。

(2)有机质的作用

①植物养分的主要来源　土壤有机质含有植物需要的C、H、O、N、P、K、S、Ca、Mg以及多种微量元素。有机质经过微生物的矿质化作用，能释放出植物营养元素，供给植物和微生物生活需要。

②提高土壤保水保肥能力　半分解的有机质能使土壤疏松，增加土壤孔隙度，提高土壤的保水性；有机质经过腐殖化过程形成腐殖质，腐殖质是亲水胶体，能够吸收大量水分，增加土壤的保水蓄水能力；腐殖质含有多种功能团，如羟基和羧基上的 H^+，可与土壤溶液中的阳离子进行交换，使这些阳离子不至于流失，提高土壤的保肥力；腐殖质可与土粒紧密结合，贮藏于土壤中，每年只有2%～4%的腐殖质分解，成为植物氮素的一个来源。

③改善土壤的物理性质　腐殖质是良好的胶结剂，它与钙质将分散的土粒胶结在一起形成土壤中的团粒结构，能够很好地解决土壤中水与气之间的矛盾，使土壤具有良好的供水、供肥、通气性能，使土温稳定，保证植物生长发育的需求；腐殖质可增强沙粒的黏性，提高沙土保水、保肥性能；降低黏粒的黏性，提高黏土的通气性能、透水性能，减少耕作阻力。

此外，土壤有机质是微生物营养和能量的主要来源，腐殖质能调节土壤的酸碱反应，均有利于微生物的活动。

6. 土壤水分

土壤水分是植物所需水分的主要来源。当大气降水与灌溉水进入土壤后，依靠毛细管的吸引力被保持在土壤中。土壤的水分状况和可溶性物质的组成，对药用植物生长发育起着重要作用。根据土壤的持水能力和水分移动状况，将土壤水分分成以下三种类型：

(1)束缚水　借助于分子吸附力的作用保持在土粒表面的水分，其吸附力的大小与土粒的表面积有关，土粒越细，吸附力越强，束缚水的含量越高。黏粒吸附束缚水的力量很强，只有在100～110 ℃高温条件下，经过一定时间才能释放出来，因此束缚水不能被植物吸收利用。

(2)毛管水　借助于土壤毛细管的毛管力而保持在土壤中的水分。毛管水在土层中从湿润的地方朝着干燥的地方移动，因此，它是植物最能利用的有效水分。毛管水含量的多少与土壤质地有关。黏土毛管多而细，保水力强，透水力差；沙土少而粗，保水力差而透水力强。

(3)重力水　毛管水所不能保留的水分，是地下水的来源，这种水分不能被旱生植物吸收利用。

综上所述，土壤中毛管水是植物生活中的有效水分，它不断供给植物根系所需水分，表现了土壤供给水分与调节水分的能力。在生产中，要采取雨后松土，割断毛管联系，或镇压土层以减少土壤大孔隙，避免干燥的大气与大孔隙中水分交换，从而减少毛管水的无益消耗。

7. 土壤酸碱性

土壤酸碱性是土壤重要性质之一，是在土壤形成过程中产生的，通常用 pH 表示。pH 为 6.5～7.5 的土壤为中性，pH 为 5.6～6.5 的土壤为微酸性，pH 为 8.5 以上的土壤为碱性。多数药用植物适于在微酸性或中性土壤中生长。有些药用植物（荞麦、肉桂、黄连、槟榔、白木香和萝芙木等）比较耐酸，有些药用植物（枸杞、土荆芥、藜、红花和甘草等）比较耐碱。

我国土壤的 pH 一般在 4～9，多数土壤的 pH 在 4.5～8.5，土壤 pH 小于 5 或大于 9 的是极少数。土壤的酸碱性受气候、母质、植被及耕作管理条件等影响很大。“南酸北碱”是我国土壤 pH 分布情况的简单概括。土壤 pH 可以改变土壤原有养分状态，并影响植物对养分的吸收。土壤 pH 在 5.5～7.0 时，植物吸收 N、P、K 最容易，最有利于植物生长。酸性土壤易出现 P、K、Ca、Mg 等元素不足，强碱土壤易出现 Fe、B、Cu、Zn、Mn 等元素不足。另外，在强酸（pH＜5）或强碱（pH＞9）性条件下，土壤中铝的溶解度增大，易引起植物中毒，也不利于土壤中有益微生物的活动。此外，土壤 pH 的变化与病害发生也有关，一般酸性土壤条件下立枯病较重。总之，选择或创造适宜药用植物生长发育的土壤 pH，是获取优质高产的重要条件。

8. 土壤养分

药用植物生长发育所需的 C、H、O、N、P、K、Ca、Mg、S、Fe、Cl、Mn、Zn、Cu、Mo、B 等 16 种营养元素中，除了空气中能提供一部分 C、H、O 元素外，其余元素全部由土壤提供。其中 N、P、K 三要素的需求量很大，需要经常施肥以补充其不足。

药用植物种类不同，吸收营养元素的种类、数量及其相互间比例也不相同。从需肥量看，有需肥量大的，如地黄、薏苡、大黄、玄参、枸杞等；需肥量中等的，如曼陀罗、补骨脂、贝母、当归等；需肥量小的，如小茴香、柴胡、王不留行等；需肥量很小的，如马齿苋、地丁、高山红景天、石斛、夏枯草等。从其需要 N、P、K 的多少上看，有喜 N 的药用植物，如芝麻、薄荷、紫苏、云木香、地黄、荆芥和藿香等；有喜 P 的药用植物，如薏苡、荞麦、望江南、蚕豆、补骨脂、五味子、枸杞等；有喜 K 的药用植物，如人参、麦冬、山药、芝麻、甘草、黄芪、黄连等。

药用植物各生育时期所需营养元素的种类、数量和比例也不一样。以花果入药的药用植物，幼苗期需 N 较多，P、K 可少些；进入生殖生长期后，吸收 P 的量剧增，吸收 N 的量减少，如果后期仍供给大量的 N，则茎叶徒长，影响开花结果。以根及根茎类入药的药用植物，幼苗期需要较多的 N（但丹参在苗期比较忌 N，应少施 N 肥），适量的 P，少量的 K；到了根茎器官形成期需要较多的 K，适量的 P，少量的 N。

除了 N、P、K 外，药用植物生长发育还需要一定量的微量元素。不同的药用植物所需微量元素的种类和数量也不一样。不同产地同一种药材之间的差异与其所处生境土壤中化学元素含量有关。施用微量元素往往能够有效地提高药用植物的产量和质量。例如，施用硫酸锌可提高丹参产量；施用 Mo、Zn、Cu、Co 等微肥可使党参获得增产；人参单施 Mn 肥比单施 Cu 肥和单施 Zn 肥的增产幅度大，而施用 Mo、Zn、Cu、Co 等微肥可增加产品中皂苷的含量。但微量元素过高会产生毒害作用，因此，施用微肥时应根据药用植物需求和土壤中微量元素含量综合而定。

任务实施

技能实训 2-1　土壤温度和空气温度的测定

一、实训目的要求

1. 熟悉常用温度表的种类、用途及使用方法。

2. 能够独立进行气温、土温的观测。

3. 具备对温度观测数据进行整理和科学分析的能力。

二、实训材料用品

药用植物实训基地或药用植物栽培地、地面温度表、地面最高温度表、地面最低温度表、曲管地温表、干湿球温度表、毛发湿度表、最高温度表、最低温度表、计时表、铁锹、记录纸、笔、百叶箱等。

三、实训内容与方法

1. 土壤温度的测定

(1)地温表的安装　一套地温表包含 1 支地面温度表、1 支地面最高温度表、1 支地面最低温度表和 4 支不同的曲管地温表。安装时顺序为曲管温度表→地面温度表→地面最高温度表→地面最低温度表。

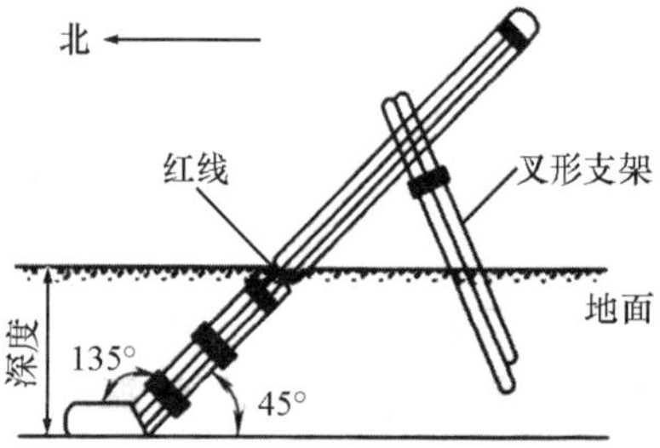

图 2-1　曲管地温表安装示意图

①曲管地温表　曲管地温表是观测土壤耕作层温度使用的，共 4 支，每支长度不等，其刻度精确度为 0.1 ℃，分别用于测定土深 5 cm、10 cm、15 cm、20 cm 处的温度。曲管地温表的球部为圆管状，与水银球部上端呈 135°角。安装前于预测地块挖一东西向土坑(宽 25～40 cm、长 40 cm、深 20 cm)，土坑的北面为垂直面，南面为斜坡。将各支曲管地温表的水银球部与地面平行插于土中，如图 2-1 所示，温度表按 5 cm、10 cm、15 cm、20 cm 深度布置，每支间距为 10 cm，之后将土坑用土填满。曲管地温表的上部用细木棍架好，以免晃动。

②地面温度表　在观测前 30 min，将温度表感应部分和表身的一半水平地埋入土中，另一半露出地面，以便观测，如图 2-2 所示。地温表的球部应向东。

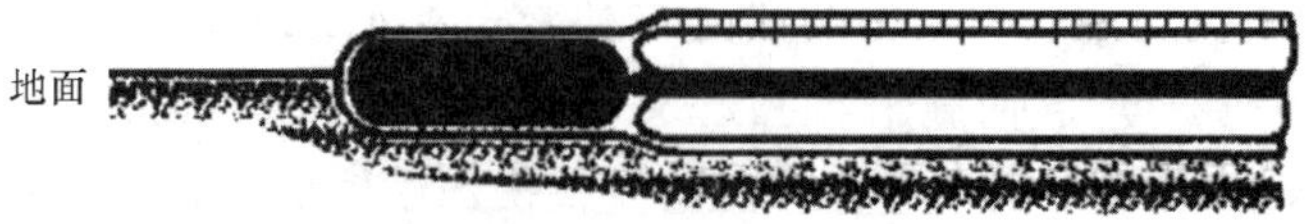

图 2-2　地面温度表安装示意图

③地面最高温度表 地面最高温度表是观测一天中地面最高温度的，如图 2-3 所示，其构造如同人体温度表。感应液体为水银。安装方法与地面温度表相同。

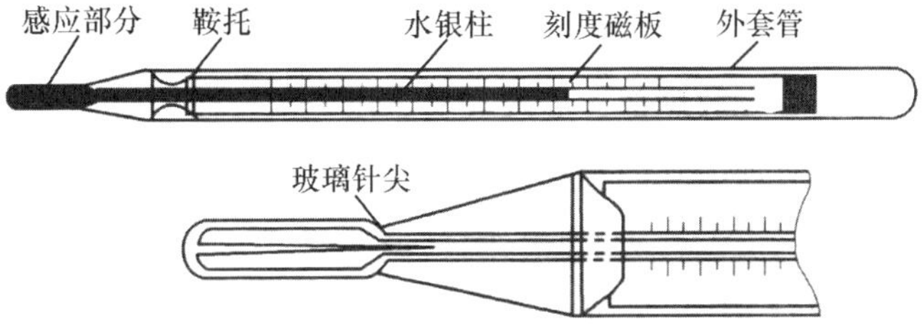

图 2-3 地面最高温度表

④地面最低温度表 地面最低温度表是观测一天中地面最低温度的，如图 2-4 所示，其感应液体为酒精。安装时先放头部，后放球部，基本上使表身水平地面放置，但球部稍高。其他安装方法同地面温度表。

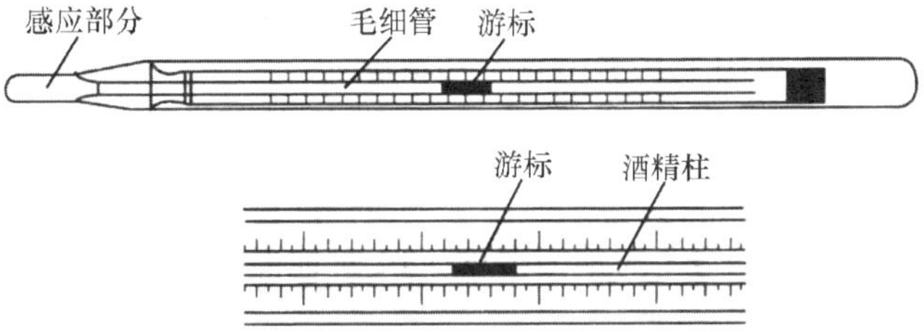

图 2-4 地面最低温度表

(2)土壤温度的观测 一般每天 2 时、8 时、14 时、20 时进行 4 次观测，或 8 时、14 时、20 时进行 3 次观测。最高、最低温度表只在 8 时、20 时各观测 1 次。夏季最低温度可在 8 时观测。观测时，观测者要在地面温度表北侧，身影不应遮住地面温度表。观测后，把最低温度表拿入室内或放入百叶箱中，以防暴晒。20 时重新调整安装好温度表，以备第二天观测用。土壤温度观测程序：地面温度→最高温度→最低温度→曲管温度。

(3)土壤温度测定结果计算 土壤温度的计算方法如下：

①若每天观测 4 次，把每次观测的各深度温度值相加，再除以 4，即得各深度日平均温度值。

②若每天观测 3 次，可用下式求出日平均地温。日平均地面温度＝[0.5×(当日地面最低温度＋前一日 20 时地面温度)＋8 时地面温度＋14 时地面温度＋20 时地面温度]÷4。

③10 cm 深土壤温度日平均值＝(2×8 时土壤温度＋14 时土壤温度＋20 时土壤温度)÷4。

④20 cm 深土壤温度日平均值＝(8 时土壤温度＋14 时土壤温度＋20 时土壤温度)÷3。

2. 空气温度的测定

(1)气温表的安装 气温表必须安装在特制的小百叶箱内的温度表支架上。其中干湿球温度表应垂直挂在铁支架两端的环内，干球温度表在东边，湿球温度表在西边，球部朝下，球部中心离地面 1.5 m。湿球的下方固定一个带盖的小水杯，杯口离湿球约为 3 cm。最高、最低温度表分别水平安放在支架下部的横梁钩上，球部朝东，而且离地面分别为 1.53 m 和 1.52 m（图 2-5）。

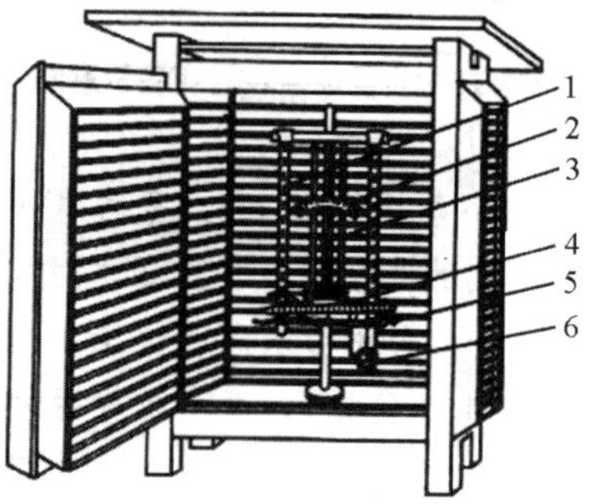

1. 干球温度表　2. 湿球温度表　3. 毛发湿度表
4. 最高温度表　5. 最低温度表　6. 水杯

图 2-5　百叶箱内部

(2)空气温度的观测　观测空气温度的时间、次数与观测土壤温度相同。观测时轻轻打开百叶箱，按干球温度表、湿球温度表、最高温度表、最低温度表的顺序读数记录，最高、最低温度也在 20 时观测。每次观测后，最高、最低温度表都应及时调整。最高温度表的调整方法是：用手握住表身中部，球部朝下，把手臂向下伸直，向前伸出约 30°，用大臂在前后 45°范围内甩动，直至水银柱示度接近当时的干球温度为止。甩动时，动作要迅速，且甩动平面要与刻度板的刻度面一致。放回原处时，应先放球部，后放表身，以免水银柱上滑。最低温度表的调整方法是：将球部向上抬起，使游标落在酒精柱的顶端。放回原处时，要先放表身，后放球部，以免游标下滑。

(3)空气温度测定结果计算　空气温度的计算方法如下：

日平均气温＝(2 时气温＋8 时气温＋14 时气温＋20 时气温)÷4；

若 2 时气温不观测，可用下式求日平均气温：

日平均气温＝[0.5×(当日最低气温＋前一日 20 时气温)＋8 时气温＋14 时气温＋20 时气温]÷4。

四、实训报告

将观测数据记录在表 2-1 和表 2-2 中，并进行相应的计算。

表 2-1　土温观测记录表

观测时间：　年　月　日　　　℃

时间	地面温度			不同深度的土壤温度			
	普通	最高	最低	5 cm	10 cm	15 cm	20 cm
2 时							
8 时							
14 时							
20 时							
日平均							

表 2-2　空气温度观测记录表

观测时间：　　年　　月　　日　　　　　　　　　　　　　　℃

时间	干球温度表	湿球温度表	毛发温度表	最高温度表	最低温度表
2时					
8时					
14时					
20时					
合计				日最高	日最低
日平均					

五、成绩评定及考核方式

根据实训报告及实训表现综合评分。

技能实训 2-2　光照强度的测定

一、实训目的要求

1. 熟悉测定光照强度所使用的仪器及简单原理。
2. 能熟练测定光照强度。

二、实训材料用品

材料：药用植物实训基地或药用植物栽培地。
用品：ST-80C 数字照度计(图 2-6)。

图 2-6　ST-80C 数字照度计

三、实训内容与方法

ST-80C 数字照度计由测光探头和读数单元两部分组成，两部分通过电缆用插头和插座连接。操作步骤如下：

(1)打开电源；
(2)选择适合的测量挡位；
(3)打开光检测器头盖，并将光检测器放在欲测光源的水平位置；
(4)读取照度计测量值；
(5)读取测量值时，如左侧最高位有"1"显示，即表示过载，应立即选择较高挡位测量；
(6)测量完毕后，将光检测器盖上头盖，电源开关切至 OFF 位。

四、实训报告

用照度计测定药用植物实训基地或药用植物栽培地不同光环境条件下的光照强度，如空旷地、林荫处、房前、屋后、植物群落等，记录并进行比较。

五、成绩评定及考核方式

根据实训报告及实训表现综合评分。

技能实训 2-3　空气湿度的测定

一、实训目的要求

1. 了解表示空气湿度的各种物理量。
2. 能熟练测定空气湿度。

二、实训材料用品

药用植物实训基地或药用植物栽培地、小百叶箱、干球温度表、湿球温度表、通风干湿表、毛发湿度表、湿度查算表。

三、实训内容与方法

(1)安装方法　将干湿球温度表垂直挂在小百叶箱的温度表支架上,左边是干球温度表,右边是湿球温度表。如没有百叶箱,干湿球温度表也可以水平放置,但干湿球温度表的球部必须注意防止太阳辐射和地面反辐射的影响和雨雪水的侵袭,并保持环境中空气流通。

(2)观测时间及观测项目　观测时间以北京时间为准,每天在 7 时、13 时、17 时做 3 次观测。观测空气湿度一般用干、湿球温度表,定时记录干、湿球温度表的示数,根据干球温度表和湿球温度表的示数差,可查算出绝对湿度、相对湿度和露点湿度,也可用毛发湿度表观测空气的相对湿度。

(3)计算　根据观测的干球温度与湿球温度的差值查表,即可求出空气相对湿度。

四、实训报告

独立完成,反复观测,熟练运用"湿度查算表"查算空气湿度,并准确记录操作步骤及测定结果,将表 2-3 填写完整。利用"相对湿度查算表"查算已知数据的相对湿度,将表 2-4 填写完整。

表 2-3　空气湿度结果记录表(1)

时间	干球温度/℃	湿球温度/℃	干、湿球温度差/℃	相对湿度/%	绝对湿度/%	露点湿度/℃
7 时						
13 时						
17 时						

表 2-4　空气湿度结果记录表(2)

观测时间：　　年　　月　　日

观测仪器	干球温度/℃	湿球温度/℃	干、湿球温度差/℃	相对湿度/%
百叶箱干湿表	34.5	29.0		
	−1.2	−3.8		

五、成绩评定及考核方式

根据实训报告及实训表现综合评分。

技能实训 2-4　土壤 pH 的测定

一、实训目的要求

1. 学会用混合指示剂测定土壤 pH 的方法。
2. 了解土壤 pH 对合理布局药用植物以及合理利用与改良土壤的意义。

二、实训材料用品

待测土壤样品、天平(感量 0.01 g)、白瓷比色板、玻璃研钵、溴甲酚绿、溴甲酚紫、甲酚红、0.01 mol/L 的 NaOH 溶液、蒸馏水、甲基红、溴百里酚蓝、酚酞、95%酒精、pH 计、干燥器、玻璃棒、比色卡等。

三、实训内容与方法

1. 混合指示剂的使用

(1)pH 4.0～8.0 的混合指示剂　分别称取溴甲酚绿、溴甲酚紫及甲酚红各 0.25 g 于研钵中,加 15 mL 0.1 mol/L 的 NaOH 及 5 mL 蒸馏水,共同研匀,再加蒸馏水,稀释至 1 000 mL,指示剂的 pH 变色范围见表 2-5。

表 2-5　pH 4.0～8.0 的混合指示剂的变色范围

pH	4.0	4.5	5.0	5.5	6.0	6.5	7.0	8.0
颜色	黄	绿黄	黄绿	草绿	灰绿	灰蓝	蓝紫	紫

(2)pH 4～11 的混合指示剂　称取 0.2 g 甲基红、0.4 g 溴百里酚蓝、0.8 g 酚酞,在玛瑙研钵中混合研匀,溶于 400 mL 95%酒精中,加蒸馏水 580 mL,再用 0.1 mol/L 的 NaOH 调至 pH=7(草绿色),用 pH 计或标准溶液校正,最后定容至 1 000 mL,其变色范围见表 2-6。

表 2-6　pH 4～11 的混合指示剂的变色范围

pH	4	5	6	7	8	9	10	11
颜色	红	橙黄	稍带绿	草绿	绿	暗蓝	紫蓝	紫

2. 土壤 pH 的测定

取黄豆粒大小的待测土壤样品,置于清洁白瓷比色板穴中,加指示剂 3～5 滴,以能全部湿润样品且稍有剩余为宜,水平振动 1 min,稍澄清,倾斜瓷板,观测溶液色度与标准比色卡,确定土壤样品 pH。

四、实训报告

按要求配制混合指示剂,准确记录操作步骤及测定结果。

五、成绩评定及考核方式

根据实训报告及实训表现综合评分。

【思考与练习】

1. 根据药用植物对温度的要求可把药用植物分为哪几类?
2. 根据药用植物对光照强度和光周期的需求不同,可将药用植物分为哪几类?
3. 旱、涝对药用植物有哪些危害?
4. 影响药用植物生长发育的主要土壤因素有哪些?

任务2 药用植物栽培基地的选择

知识目标

- 了解药用植物栽培基地选择的原则。
- 掌握药用植物栽培基地选择的内容和要求。
- 了解药用植物栽培基地的环境质量监测。

能力目标

- 能够正确选择药用植物栽培基地。

素质目标

- 培养学生搜集资料、阅读资料和利用资料的能力。
- 培养学生分析问题和解决问题的能力。

相关知识

一、药用植物栽培基地选择的原则

药用植物的产量和质量与栽培基地生态环境密切相关,同一种药用植物栽培在生态环境不同的地区,其药材质量及医疗效果有显著差异。建立药用植物栽培基地时,必须重视栽培基地的选择。药用植物栽培基地的选择应考虑以下原则。

(一)药用植物栽培的适宜性

药用植物都有一定的分布范围,如马钱子、诃子、槟榔、肉桂等在我国主要分布于海南、广东、云南等省的热带地区;杜仲、厚朴等主要分布在秦巴山地、长江中下游等亚热带地区;人参、刺五加、北五味子、辽细辛、关防风等主要分布在东北大兴安岭、长白山等温带地区;甘草、麻黄、膜荚黄芪等主要分布在西北干旱、半干旱的荒漠、半荒漠地区;冬虫夏草仅能分布于海拔3 000 m以上的以高寒植被为主的山地。

长期生长在各种特定生态环境中的药用植物,形成了各自独特的遗传特性和对当地环境条件的适应性。例如,当归要求冷凉的气候条件,生长在高寒阴湿的山区。当归道地产区甘肃岷县,当地农民在海拔2 000～2 400 m的地段种植当归,在海拔2 400～2 900 m的高山阴坡

育苗，这样种植的当归产量高、质量好。如果在海拔较低的地区育苗、种植，因气温较高，当归生长快，容易抽薹开花，影响产量和品质。又如，甘草原产于内蒙古、新疆和宁夏等干旱、半干旱的荒漠和半荒漠地区，适宜在土层深厚、排水良好的沙性、偏碱的钙质土壤上种植；如果在多雨地区的黏性较重的土壤上种植，则生长不良，容易引起烂根死亡，导致产量低、质量差。由此可见，每种药用植物都有各自适宜的栽培区域。在栽培药用植物时，应根据生物学和生态学特性，选择适宜区域种植，以便充分利用气候、土壤和生态地理等自然资源，生产出质地优良的中药材。因此，在规划建立药用植物栽培基地时，应按照药用植物产地适宜性优化原则，因地制宜，合理布局。

(二)药用植物栽培的区域性和道地性

1. 区域性

特定的区域分布着特定药用植物。就药用植物栽培而言，由于各地气候不同，适宜种植的药用植物种类也不同，我国可划分为9个带区，每个带区有其气候特点及适宜栽培的主要药用植物种类。

2. 道地性

优良种质是形成道地药材的内在因素。例如，驰名中外的西宁大黄和凉州大黄是蓼科大黄属掌叶组的掌叶大黄和鸡爪大黄，这是因为种质遗传基因控制着药材的性状和有效成分的合成。特定的生态环境是形成道地药材的外在因素。我国各地的地貌、气候、土壤等生态环境因子千差万别，而某一地域的特殊的生态条件，致使分布于这一地域的某种药用植物的生长发育、开花、休眠，甚至器官的外部形态和内部构造，以及生理机能和有效成分的合成都发生变化，中药材品质也因此产生差异。药用植物如对这个特定的生态环境能够很好地适应，又因其适应性特点而产生获得性遗传的种内变异，无论是气候生态型还是土壤生态型，都将形成品质优异的道地药材。

由此可见，道地药材品质优良，除优良种质外，主要是由于道地药材产区具有得天独厚、特别适合该种药用植物生长发育的自然条件和地理环境，有利于药用植物中某些活性成分和微量元素的形成和累积。当然，独特的栽培和加工技术也是影响道地药材品质的因素之一，是提高中药质量的战略方针之一。因此，我们在规划建立药用植物栽培基地时，应尽量选择道地药材产区建立道地药材的栽培基地。

(三)药用植物生产的安全性与可操作性

1. 安全性

中药材是防病治病的特殊产品，既是制造中成药的原料，又是可直接进入市场的商品。如果药用植物受到农药、重金属等有毒、有害物质的污染，不仅影响中成药质量，而且直接危害人体健康。因此，生产无污染、安全、高效的绿色中药材，是人们的迫切要求，也是实现中药现代化和国际化的基础和前提。中药材质量安全问题，是当前中药生产必须解决的一个重要问题。

为了对中药材质量安全实施强有力的监控，必须严格执行《中药材生产质量管理规范》，加强中药材生产各个环节的安全管理。

(1)产地环境　中药材生产单位要与环保部门一起，加强对中药材产地环境的管理。首先，要对产地大气、水、土壤等环境质量现状进行调查、监测，选择生态环境优良，大气、水体和土壤环境质量符合国家规定质量标准，且无污染源的地区，建立中药材栽培基地；要采取切实有效的农业生态环境净化措施，保证中药材产地的生态环境始终符合国家规定的质量要求，从源头上把好中药材质量安全关，要全面开展栽培基地的环境监测，尤其要加强大气监测，控制污染源，建造绿色屏障，发挥森林的净化作用。

(2)生产过程　要严格按照标准操作规程(SOP)组织生产和加工。要科学合理使用化肥、农药和灌溉用水等。要加快推广先进的植物病虫害综合防治技术，强调预防和生物防治为主，积极推广高效低毒、低残毒农药。健全植物保护体系，加强植物病虫害的检疫和防治工作。提倡施用经无害化处理的有机肥、复合专用肥，推广配方施肥技术。在中药材采收、加工、运输和贮藏过程中，要严格防止霉变、腐烂、虫蛀及污染，使中药材质量符合国家或国际相关的质量标准和卫生标准。

(3)中药材质量监控　必须加速建立中药材质量安全标准、检测检验、质量认证体系，加强执法监督、技术推广、市场信息等工作，对中药材质量安全实施强有力的监控。

2. 可操作性

药用植物栽培基地既要求优越的生态环境，也要有良好的社会环境。在筹建药用植物栽培基地时，必须考虑当地人文状况、经济状况、生产水平、投资环境以及交通、能源、供水、通信、治安等条件，是否有利于《中药材生产质量管理规范》的实施。同时，还应考虑在一定地域内生产资源的合理有效配置问题，要使得在该地域内生产中药材比从事其他产业的经济效益要高，这样才容易被当地群众接受；拟建基地范围内能供种植药用植物的土地面积，地块是否相对集中连片，是否符合规模化、集约化经营的要求；药用植物栽培基地的组织形式问题，这是关系到GAP基地建设能否顺利的重要问题。

二、药用植物栽培基地选择的内容和要求

药用植物栽培基地的选择是指在建立基地之前，通过对拟建立药材基地区域的生态环境条件的调查研究及现场考察，并对环境质量现状做出合理判断。它是建立基地时必须进行的前期准备工作。

(一)基地调查研究及现场考察的主要内容

药用植物栽培基地自然环境条件的调查，应注重区域环境现状及污染控制措施，兼顾外部环境对基地的影响。调查通常采用查、观、听、访4种方法进行，即查阅该区域水文、气象、地质、卫生、环保、农业等有关资料；现场考察基地生态环境现状及外部污染情况；通过现场座谈的形式，了解基地生产区域保障其生态环境及产品质量的控制措施，以及生产单位有关产品生产、加工各个环节的质量保证措施；访问了解各相关方面的代表对区域目前环境质量状况的意见，以及栽培基地环境保护的建议。通过以上工作，达到对拟建中药材栽培基地区域内的生态环境概况的初步了解，为环境质量评价准备基础资料。基地调查研究及现场考察的主要内容如下：

1. 收集药用植物栽培基地的概况

主要包括地理位置图、社会经济情况、自然环境概况、自然本底状况和周围污染源状况等。

(1)地理位置图　包括生产地块分布位置、村镇、居民点、乡镇企业分布、道路、河流、灌溉水位置等。

(2)社会经济情况　包括土地面积、人口、经济结构、生产体制、发展规划、管理水平和技术

水平以及人群、地方病等。

(3)自然环境概况 包括地形地貌、地质土壤、水文、气象、植被、生物资源、水土流失、沙漠化、盐渍化问题等。

(4)自然本底状况 是否有自然本底缺陷或个别元素过高过低的问题,如是否是高氟区、缺碘区、高放射性本底区等。

(5)污染源状况 一般要注意主风向和次主风向,以及水源上游约10 km范围内的污染情况。其他方向和下游方向可以控制在约5 km范围内,并查清污染源的污染物质种类、性质、污染物量等。

2. 生产性污染源情况调查

主要包括农药、化肥的使用以及畜禽粪便、秸秆、废水及其他初加工废物的排放,污染物对基地本身及其周围环境产生直接或间接影响等。

(二)药用植物栽培基地选择的要求

药用植物栽培基地应建立在空气清新、水质纯净、土壤未受污染、农业生态环境质量良好的区域。具体要求如下:

1. 远离污染源

基地应远离城镇及污染区,大气质量好且相对稳定。基地上风口不得有工业废气污染源,如化工厂、钢铁厂、水泥厂等,不得有有毒、有害气体排放,也不得有烟尘和粉尘。区域内气流相对稳定,空气中尘埃少,空气清新洁净。如果是地上部分入药的植物,其栽培基地还应远离交通干线100 m以上,或在基地周围设置防尘林带。

2. 水资源条件优越

基地要求水资源丰富,排灌方便。灌溉用水的水质清澈透明,无异味,重金属和有毒物质如汞、铅、铬、镉、砷、氟化物、氰化物、苯、酚等含量不超过国家有关规定。水源上方及其周围无工业污水排放,无医院、公厕、畜禽场、动物食品加工作坊等污染源。尽量避开某些因地质形成原因而致使水中有害物质(如氟)超标的地区。

3. 土壤质量达标

耕作层内无有害元素和倾倒物富集,主要指汞、镉、铬、铅、砷、铜、锌等重金属离子,栽培基地周围没有金属或非金属矿山。土壤中无有机氯和有机磷化物,如六六六、滴滴涕等的残留。土壤pH适中,质地疏松、肥沃。土地平整,地下水位较低,不积水,便于排灌。土壤肥力符合中药材生产的要求。

三、药用植物栽培基地的环境质量监测

药用植物栽培基地的环境质量监测,可参照农业农村部颁布的《农业环境监测技术规范》实施。重点测定基地的大气环境质量、水体环境质量和土壤环境质量,然后根据规定的质量标准,对各环境因子进行周期性监测控制,使栽培基地的环境条件维持在良好的质量范围内。

(一)环境质量监测的概念和原则

环境质量监测就是通过对药用植物栽培基地环境质量因素指标的测定,确定环境质量及变化趋势。其目的就是及时、准确、可靠、全面反映环境质量和污染源现状及发展趋势,为基地

生产管理、规划、污染源控制、环境评价等提供科学依据。基地环境质量监测包括监视性监测、特定目的监测和研究性监测等类别。监视性监测是基地环境质量监测的主体，一般按照国家有关技术规定，对环境中已知污染因素和污染物质定期进行监测，以确定环境质量及污染源状况等。药用植物栽培基地环境质量监测属于监视性监测的范畴。

基地环境质量监测的程序包括基地现场调查，监测计划设计、优化布点、样品采集、样品运送、保存及处理，分析测试，数据处理，综合评价等一系列过程。基地环境质量监测可按照《中药材生产质量管理规范》第五章基地选址中的要求执行。基地环境质量监测的结果要求有代表性、完整性、可比性、准确性和精密性。

(二)大气质量要求与监测

1. 大气质量要求

空气符合国家《环境空气质量标准》(GB 3095—2012，含 2018 年修改单)中的二类区要求，即二氧化硫日平均≤0.15 mg/m^3、总悬浮物日平均≤0.30 mg/m^3、可吸入颗粒物日平均≤0.15 mg/m^3、氮氧化物日平均≤0.10 mg/m^3、一氧化碳日平均≤4.00 mg/m^3、氟化物日平均≤7 $\mu g/m^3$。

2. 大气质量监测

监测点布设应具有较好的代表性，应能反映一定范围地区的大气环境污染水平和规律。各监测点的设置条件尽可能一致或标准化，使各个监测点所取得的数据具有可比性，同时考虑区域内的污染源可能对基地环境空气造成的影响，考虑自然地理、气象等自然环境要素，以掌握污染源状况。

监测点位置的确定，采用网络布点法。采样时间和频率原则上要求安排在大气污染对中药材质量影响较大的时期。要能够满足标准中“各项污染物数据统计的有效性规定”的要求。一般连续采样 3 d，每天 3 次，早、中、晚各 1 次。监测项目按标准中要求的控制重点项目进行监测。大气环境质量监测分析方法，一般采用标准中选配的分析方法，也可采用由权威部门规定或推荐的方法，还可根据实际情况，自选等效方法。

(三)灌溉水质量要求与监测

1. 灌溉水质量要求

应符合国家《农田灌溉水质标准》(GB 5084—2021)要求。该标准规定了农田灌溉用水水质基本控制项目标准值，如 pH 为 5.5～8.5、全盐(非盐碱地区)1 000 mg/L、全盐(盐碱地区)2 000 mg/L、氯化物 350 mg/L、硫化物 1 mg/L、总汞 0.001 mg/L、镉 0.01 mg/L、六价铬 0.1 mg/L、铅 0.2 mg/L，五日生化需氧量、化学需氧量、悬浮物、阴离子表面活性剂、总砷的浓度及粪大肠菌群数和蛔虫卵数与药用植物种类有关。另外，该标准规定农田灌溉用水水质选择性控制项目标准值，如锌 2 mg/L、硒 0.02 mg/L、氟化物 3.00 mg/L(高氟区)、氟化物 2.00 mg/L(一般地区)、氰化物 0.5 mg/L、挥发酚 1 mg/L、苯 2.5 mg/L、丙烯醛 0.5 mg/L，而石油类、三氯乙醛和硼的浓度与药用植物种类有关。药用植物栽培基地灌溉水中各项污染物含量不应超过上述项目标准值。另外，产地初加工用水和药用动物饮用水符合国家《生活饮用水卫生标准》(GB 5749—2022)要求。

2. 灌溉水质量监测

监测点布设要从水污染对药用植物生产危害出发，突出重点，照顾一般。按污染分布和水系流向布点，把监测重点放在药用植物生产过程中对产品质量有直接影响的水源，布点多少以能控制整个监测区域为原则。水样的采集要有代表性，应能反映出时间和空间上的变化规律。为了掌握时间上的周期性变化，必须确定合理的采样频率。一般要求各灌溉期至少取样一次。在药用植物进行初加工时，加工用水也要取样监测。用作灌溉的河流、湖泊、水库等水源，每年分"丰、枯、平"三水期，每期采样一次。同时，还要结合基地药用植物生长情况，在集中灌溉期间补充1～2次采样。用于灌溉的地下水源，水质一般比较稳定，每年在主要灌溉期取样1～2次。水质监测的重点项目就是农田灌溉水质标准中要求控制的污染物。根据当地环境污染状况，确认在水体中累积较多、对药用植物生产危害较大、影响范围广、毒性较强的污染物，也属必测项目。水质监测分析方法，通常采用标准中选配的分析方法。

（四）土壤环境质量要求与监测

1. 土壤环境质量要求

土壤符合国家《土壤环境质量　农用地土壤污染风险管控标准（试行）》（GB 15618—2018）的要求。该标准规定了农用地土壤中镉、汞、砷、铅、铬、铜、镍、锌等基本项目，以及六六六、滴滴涕、苯并[*a*]芘等其他项目的风险筛选值；风险筛选值指农用地土壤中污染物含量等于或者低于该值的，对农产品质量安全、农作物生长或土壤生态环境的风险低，一般情况下可以忽略；超过该值的，对农产品质量安全、农作物生长或土壤生态环境可能存在风险，应当加强土壤环境监测和农产品协同监测，原则上应当采取安全利用措施。同时规定了农用地土壤中镉、汞、砷、铅、铬的风险管制值，农用地土壤中污染物含量超过该值的，可能存在食用农产品不符合质量安全标准等土壤污染风险，原则上应当采取严格管控措施。

2. 土壤环境质量监测

农用地土壤污染调查监测点位布设和样品采集执行《土壤环境监测技术规范》（HJ/T 166—2004）等相关技术规定要求。土壤污染物分析按相关标准方法执行（表2-7）。

表2-7　土壤污染物分析方法

序号	污染物项目	分析方法	标准编号
1	镉	土壤质量　铅、镉的测定　石墨炉原子吸收分光光度法	GB/T 17141
2	汞	土壤和沉积物　汞、砷、硒、铋、锑的测定 微波消解/原子荧光法	HJ 680
		土壤质量　总汞、总砷、总铅的测定 原子荧光法第1部分：土壤中总汞的测定	GB/T 22105.1
		土壤质量　总汞的测定　冷原子吸收分光光度法	GB/T 17136
		土壤和沉积物　总汞的测定　催化热解-冷原子吸收分光光度法	HJ 923
3	砷	土壤和沉积物　12种金属元素的测定　王水提取-电感耦合等离子体质谱法	HJ 803
		土壤和沉积物　汞、砷、硒、铋、锑的测定 微波消解/原子荧光法	HJ 680
		土壤质量　总汞、总砷、总铅的测定　原子荧光法第2部分：土壤中总砷的测定	GB/T 22105.2

续表 2-7

序号	污染物项目	分析方法	标准编号
4	铅	土壤质量　铅、镉的测定　石墨炉原子吸收分光光度法	GB/T 17141
		土壤和沉积物　无机元素的测定　波长色散 X 射线荧光光谱法	HJ 780
5	铬	土壤　总铬的测定　火焰原子吸收分光光度法	HJ 491
		土壤和沉积物　无机元素的测定　波长色散 X 射线荧光光谱法	HJ 780
6	铜	土壤质量　铜、锌的测定　火焰原子吸收分光光度法	GB/T 17138
		土壤和沉积物　无机元素的测定　波长色散 X 射线荧光光谱法	HJ 780
7	镍	土壤质量　镍的测定　火焰原子吸收分光光度法	GB/T 17139
		土壤和沉积物　无机元素的测定　波长色散 X 射线荧光光谱法	HJ 780
8	锌	土壤质量　铜、锌的测定　火焰原子吸收分光光度法	GB/T 17138
		土壤和沉积物　无机元素的测定　波长色散 X 射线荧光光谱法	HJ 780
9	六六六总量	土壤和沉积物　有机氯农药的测定　气相色谱-质谱法	HJ 835
		土壤和沉积物　有机氯农药的测定　气相色谱法	HJ 921
		土壤质量　六六六和滴滴涕的测定　气相色谱法	GB/T 14550
10	滴滴涕总量	土壤和沉积物　有机氯农药的测定　气相色谱-质谱法	HJ 835
		土壤和沉积物　有机氯农药的测定　气相色谱法	HJ 921
		土壤质量　六六六和滴滴涕的测定　气相色谱法	GB/T 14550
11	苯并[*a*]芘	土壤和沉积物　多环芳经的测定　气相色谱-质谱法	HJ 805
		土壤和沉积物　多环芳烃的测定　高效液相色谱法	HJ 784
		土壤和沉积物　半挥发性有机物的测定 气相色谱-质谱法	HJ 834
12	pH	土壤 pH 的测定　电位法	

任务实施

技能实训 2-5　调查当地主要药用植物栽培基地

一、实训目的要求

1. 了解当地代表性药用植物栽培基地的选择原则、内容和要求。
2. 了解《中药材生产质量管理规范》和栽培基地的环境质量监测。

二、实训材料用品

当地代表性药用植物栽培基地、记录本、笔、计算机等。

三、实训内容与方法

(1)实地调查　调查当地药用植物栽培基地,记录药用植物栽培基地生态环境特点;根据《中药材生产质量管理规范》的要求,判断栽培基地的环境质量。

(2)上网搜索　记录当地主要药用植物栽培基地,了解药用植物栽培种类。

四、实训报告

记录当地主要药用植物栽培基地生态环境特点。

五、成绩评定及考核方式

根据实训报告及实训表现综合评分。

【思考与练习】

1.药用植物栽培基地的选择应考虑哪些原则?

2.药用植物栽培基地调查研究及现场考察的主要内容有哪些?

3.什么是药用植物栽培基地环境质量监测?

任务3　药用植物栽培制度调研

知识目标

- 了解药用植物栽培制度的功能。
- 掌握药用植物栽培布局的原则。
- 掌握当地药用植物主要栽培方式。

能力目标

- 能够因地制宜,正确选择药用植物栽培方式。

素质目标

- 培养学生搜集资料、阅读资料和利用资料的能力。
- 培养学生分析问题和解决问题的能力。

相关知识

一、栽培制度的含义和功能

1.栽培制度的含义

栽培制度又称种植制度,是指一个地区或生产单位所种植物的结构、配置和栽培方式的总称。栽培制度包括栽培植物的种类(粮食作物、经济作物、药用植物、油料作物等)、栽培植物的布局(各种多少、种在哪里等)、栽培方式(单作、间作、混作、套作、复种、休闲、轮作和连作等)。由于我国幅员辽阔,气候、地形、土壤复杂,栽培的植物种类、品种繁多,故各地的栽培制度差异很大。

2. 栽培制度的功能

栽培制度带有较强的综合性、地区性、多目标性，具有宏观布置功能。建立一种科学、合理的栽培制度，对一个特定地区来说，有利于统筹国家、地方、集体与药农之间的利益；能合理利用土地自然资源与社会经济资源等。

二、栽培药用植物的布局与原则

1. 栽培药用植物布局

栽培药用植物布局指药用植物在一定的地区内及不同地区间的地域分布，也包括一个生产单位栽培药用植物的种类、面积与地块配置。各种栽培药用植物都有其生态适应性和技术加工特性，对自然生态条件和技术经济条件有不同要求，栽培药用植物布局必须综合考虑自然因素、社会经济因素及技术进步因素对栽培植物布局的影响。

2. 栽培药用植物布局的原则

(1)满足药材需求原则　科学合理的栽培药用植物布局需满足人类对药用植物经济产品的需要，主要是满足中医临床及保健、中成药生产的需要。

(2)适地适药的原则　应根据药用植物生物学特性及生长发育对环境条件的要求，结合当地的自然条件、生产条件因地因时栽培药用植物，因地制宜地进行药用植物栽培的合理布局。

(3)可操作性原则　制定切实可行的药用植物布局，确定所栽培药用植物的种类、品种、熟制和面积等，应根据市场需求，结合当地的自然条件和社会条件，生产适销对路、高产优质的产品，以达到生产上可行、经济上高效的目的。

(4)生态平衡原则　栽培药用植物布局的规划，必须坚持用地与养地相结合、农田开发与生态保护相结合、水源的积蓄与利用相结合的原则，农、林、牧、副、渔各业协调发展，从而达到布局合理、经济高效、农业生态平衡和药用植物资源持续发展的目的。

三、药用植物栽培方式

药用植物栽培方式很多，如复种、单作、套作、间作、混作、连作、轮作等。采用何种栽培方式，应根据药用植物的特性，当地的气候、土壤等自然环境条件，以及人们的需求等加以选择。下面介绍几种主要的栽培方式。

(一)复种

1. 有关概念

(1)复种　是指一年内在同一块土地上种收两季或两季以上植物的栽培方式。复种方法有接种复种、套种复种、移栽复种 3 种。接种复种是指在上茬植物收获后，直接播种下茬植物；套种复种是指在上茬植物收获前播种下茬植物；移栽复种，即用移栽方法实现复种。

(2)复种指数　耕地复种程度的高低，通常用复种指数来表示，即全年总收获面积占耕地面积的百分比。公式为：

$$复种指数=\frac{全年栽培植物总收获面积}{耕地面积}\times 100\%$$

式中，“全年栽培植物总收获面积”包括绿肥、青饲料作物的收获面积。根据上式，也可以计算粮田的复种指数以及某种类型耕地的复种指数等，国际上通用的种植指数含义与复种指数相同，套作是复种的一种，计入复种指数，而混作、间作则不计入。

(3)熟制　耕地利用程度的高低还可以用熟制来表示，熟制是一年内在同一土地上栽培的植物季数。把一年栽培一季的植物称为一年一熟，如东北地区一年栽培一季玉米；一年栽培两季的植物称为一年两熟，如莲子—泽泻(符号“—”表示年内复种)；一年栽培三季植物称为一年三熟，如绿肥(小麦或油菜)—早稻—泽泻；两年内栽培三季植物，称为两年三熟，如莲子—川芎→夏甘薯(中稻)(符号“→”表示年际间植物接茬播种)。其中，年播种面积大于耕地面积的熟制，又称多熟制。

(4)休闲　耕地在可栽培植物的季节只耕不种或不耕不种等方式称为休闲。休闲是一种恢复地力的技术措施，其目的主要是使耕地短暂休息，减少水分、养分的消耗，促进土壤潜在养分转化，为后作植物创造良好的土壤条件。

2.复种的条件

(1)热量条件　热量是决定能否复种的首要条件。一般情况下，≥10 ℃积温在2 500～3 600 ℃的地区，基本上为一年一熟，仅能复种或套作早熟植物；在3 600～4 000 ℃的地区，则可一年两熟，但要选择生育期短的早熟植物或者采用套种或移栽的方法；在4 000～5 000 ℃的地区，可进行多种植物的一年两熟；5 000～6 500 ℃可一年三熟；>6 500 ℃可一年三熟至四熟。也可以根据无霜期的长短决定复种熟制，一般情况下无霜期小于140 d的地方，作物一年一熟；无霜期140～240 d的地方，一年两熟；240 d以上的地方，一年三熟或可能实现四熟。

(2)水分条件　水分是决定能否复种的关键性条件。如地处热带的非洲热量充足，仅从温度条件而言可以一年三熟至四熟，但一些地区由于干旱，没有灌溉条件，复种受到限制，只能一年一熟。植物的复种受到降水量、降水分配规律、地上地下水资源、蒸腾量、农田基本设施建设等多因素影响。水分条件包括降雨量、灌溉水和地下水。降雨量不仅要看总的降雨量，还要看月份间降雨量分布是否均匀。一般当降雨量在1 200 mm以上时，可行一年三熟制；当年降雨量在800～1 000 mm时，可行一年两熟制；我国的复种耕地主要分布在有灌溉条件的地区。

(3)地力与肥料条件　在热量和水分条件具备的情况下，地力条件往往成为复种产量高低的主要影响因素，而且需要增施肥料才能保证多种多收。地力不足、肥料少，则往往出现两季不如一季的现象。

(4)劳力、畜力和机械化条件　植物的复种次数多，就要求在农忙季节里，必须短时间内及时完成上季植物收获、下季植物播种以及田间管理任务。足够的劳力、畜力和机械化条件是事关复种成败的一个重要因素。

(5)技术条件与经济效益大小　主要包括植物种类、品种的结合、前后茬的搭配、栽培方式(套种、育苗移栽)、促进早熟措施(免耕播栽、地膜覆盖、密植打顶、使用催熟剂)等。技术条件的完善与否，决定着是否能够复种及复种程度的高低。复种是一种集约化的栽培，高投入、高产出，所以经济效益也是决定能否复种的重要因素。只有产量高，经济效益也增长时，提高复种次数才有意义。

(二)单作

单作是指在同一块田地上一个完整的生育期内只栽培同一种作物的栽培方式。这种方式栽培植物单一，群体结构单一，全田栽培植物对环境条件要求一致，生育期一致，便于田间统一管理与机械化作业。人参、西洋参、当归、郁金、菊花、莲子等单作居多。

(三)间作

间作是指在同一田地上于同一生长期内，分行或分带相间栽培两种以上植物的栽培方式。比如在黄瓜、玉米、高粱地里，可成行或成带间作广藿香、穿心莲、菘蓝、补骨脂、半夏、麦冬等。与单作不同，间作是不同栽培植物在田间构成人工复合群体，个体之间既有种内关系，又有种间关系。间作时，不论间作的作物有几种，皆不增计复种面积。间作的植物播种期、收获期相同或不相同，但植物共处期长，其中至少有一栽培物的共处期超过其全生育期的一半。间作是集约利用空间的栽培方式。

(四)混作

混作是指在同一块田地上，同时或同季节将两种或两种以上生育季节相近的植物，按一定比例混合撒播或同行混播栽培的方式。混作与间作都是由两种或两种以上生育季节相近的植物在田间构成复合群体，从而提高田间密度，充分利用空间，增加光能和土地利用率。两者只是配置形式不同，间作利用行间，混作利用株间。在生产上，有时把间作和混作结合起来。如玉米间种大豆，玉米混种小豆；玉米混种大豆(小豆)，间种贝母；果树间种小葱，果树混种福寿草；山茱萸间种豌豆(或蚕豆)，山茱萸混种黄芩等。

(五)套作

套作是指在前季植物生长后期的株行间播种或移栽后季植物的栽培方式，称为套种。如甘蔗地上套种白术、丹参、沙参、玉竹等。对比单作，它不仅能阶段性地充分利用空间，更重要的是，能延长后季植物对生长季节的利用，提高复种指数，提高年总产量。它主要是一种集约利用时间的栽培方式。

(六)立体种植

立体种植是指在同一农田上，两种或两种以上的作物从平面、时间上多层次地利用空间的种植方式。如云南植物研究所建造人工林，最上层是橡胶树，第二层是中药材肉桂和罗芙木，第三层是茶树，最下层是耐阴的名贵中药砂仁。形成多层次的复合群体，充分利用营养空间，发挥土地的生产潜力，提高单位面积的生物量。

(七)立体种养

立体种养是指在同一块田地上，植物与食用微生物、农业动物或鱼类分层利用空间种植和养殖的结构；或在同一水体内，高经济价值的水生或湿生药用植物与鱼类、贝类相间混养、分层混养的结构。前者如玉米(甘蔗)和菌菇、莲子和鱼共同种养，后者如藻(海带)和扇贝、海参共养。

(八)轮作

轮作是在同一田地上有顺序地轮换栽培不同植物的栽培方式。例如，一年一熟条件下的白术→小麦→玉米三年轮作，这是在年间进行的单一作物的轮作，也有年内的换茬，例如南方的绿肥—莲子—泽泻→油菜—水稻—泽泻→小麦—莲子—水稻轮作，这种轮作由不同的复种方式组成，因此，也称为复种轮作。

茬口是植物轮作换茬的基本依据。所谓茬口是植物在轮作中给予后茬植物以种种影响的前茬植物及其茬地的泛称。药用植物种类较多，在安排轮作时应注意下列问题。

（1）叶类、全草类药用植物，如菘蓝、毛花洋地黄、穿心莲、薄荷、曼陀罗、洋地黄、北细辛、长春花、颠茄、荆芥、紫苏、泽兰等，要求土壤肥沃，需N肥较多，应选豆科或蔬菜作前茬。

（2）用小粒种子进行繁殖的药用植物，如桔梗、柴胡、党参、藿香、穿心莲、芝麻、紫苏、牛膝、白术等，播种覆土浅，易受杂草危害，应选豆科或收获期较早的中耕植物作前茬。

（3）有相同病虫害的植物，如地黄与大豆、花生有相同的胞囊线虫，枸杞与马铃薯有相同的疫病，红花、菊花、水飞蓟、牛蒡等易受蚜虫危害。轮作时茬口必须错开。

（4）有些药用植物生长年限长，轮作周期长，如人参需轮作20年左右、黄连需轮作7～10年、大黄需轮作5年以上，可单独安排其轮作顺序。

（九）连作

与轮作相反，连作是在同一田地上连年栽培相同作物的栽培方式，又叫重茬。而在同一田地上采用同一种复种方式称为复种连作。不同作物、药用植物对连作的反应不同。地黄、大黄、人参、山药、玄参、白术、马铃薯、烟草、番茄、西瓜、亚麻、甜菜等忌连作，这类植物需要间隔五六年以上方可再种植。麦冬、菊花、菘蓝、甘薯、紫云英能耐短期连作，这类作物在连作两三年内受害较轻。川泽泻、怀牛膝、莲子、贝母、大麻、水稻、甘蔗、玉米、麦类、棉花、洋葱等耐连作。同一植物多年连作后常产生许多不良的后果，但目前在生产上运用连作的现象依然相当普遍。如麦冬等经济价值高，药用需求量大，不实行连作便难以满足社会对这些产品的需求。有时为了充分利用当地优势资源，不可避免地要对本地最适宜作物进行连作栽培。由于某些植物具有耐连作特性，且随着新技术的推广应用，连作逐渐具有可操作性。

任务实施

技能实训2-6　调查当地主要药用植物栽培方式

一、实训目的要求

通过调查，了解当地主要药用植物栽培方式。

二、实训用具及场地

当地主要药用植物栽培基地、记录本、笔、计算机等。

三、实训内容与方法

（1）实地调查　在当地主要药用植物栽培基地调查，记录当地主要药用植物的栽培方式。

（2）现场实训　以小组为单位，结合当地主要药用植物的各生长期特点进行药用植物的栽培方式设计实训。

（3）上网搜索　记录当地主要药用植物的栽培方式。

四、实训报告

列举当地主要药用植物的栽培方式。

五、成绩评定及考核方式

根据实训报告及实训表现综合评分。

【思考与练习】

1. 药用植物栽培布局的原则有哪些？
2. 举例说明药用植物栽培方式。

任务 4 药用植物栽培规划设计

知识目标

- 了解药用植物栽培规划设计和施工设计的内涵和关系。
- 学会编制药用植物栽培规划内业设计的各种图表。

能力目标

- 能开展药用植物栽培规划设计。
- 能进行药用植物栽培施工设计。

素质目标

- 培养学生搜集资料、阅读资料和利用资料的能力。
- 培养学生分析问题和解决问题的能力。

相关知识

药用植物栽培规划设计是根据自然规律和经济规律，在对药用植物栽培地进行调查的基础上，编制科学、实用的一整套药用植物栽培规划设计和药用植物栽培施工设计方案。

药用植物栽培规划设计分为药用植物栽培调查设计和药用植物栽培作业（施工）设计。

一、药用植物栽培调查设计

在中药材发展规划的原则指导及宏观控制下，特别是对药用植物宜栽地资源进行详细的调查，并在此基础上进行具体的栽培设计。药用植物栽培技术措施要落实到田间地块，同时还要对调查设计项目所需的种苗、劳力及物资需求、投资数量和效益做出较精确的测算，它是基层单位制订计划、申请项目经费及指导栽培施工的基本依据。

二、药用植物栽培作业设计

在调查设计的指导下，为一个单位确定下一年度的药用植物栽培任务，按地块（或小班）实施的设计工作，即落实年度栽培施工任务，对每个作业区做出技术规定，指导施工。

以栽培作业区为栽培作业设计的编制单元，栽培作业区原则上为一个小班。当小班面积过大时，可划分 2～3 个细班，每个细班为一个栽培作业区。当相邻或相近的数个小班立地条件、经营方向、药用植物种类选择一致，而数个小班的总面积不大时，也可合并为一个栽培作业区。

三、药用植物栽培规划设计方法

(一)准备工作

准备工作包括调查设计的组织、收集资料、现场踏查、物资准备四个方面。

1. 调查设计的组织

包括成立调查设计领导小组、制订工作计划和工作细则等。

2. 收集资料

包括收集图面资料、自然条件、社会经济条件、药用植物栽培技术资料等。

3. 现场踏查

掌握调查区自然概况和药用植物生长情况，观察土壤、植被变化情况，为正式调查提供服务。具体任务是：

(1)确定调查区域，划定宜栽培界线。

(2)核实图面资料与现场是否相符，是否需要补充测绘。

(3)了解调查区内的地形、地貌、土壤、植被，初步设计划分立地类型的方案等。

4. 物资准备

工具、仪器、文具、生活用品、调查经费、调查图表等。如需使用计算机进行数据采集或处理的，还应准备好计算机和应用软件。

(二)外业调查

1. 栽培地块(小班)调查

(1)环境质量调查　包括水质及大气质量调查等。

(2)面积调查　利用1∶10 000地形图，到实地勾绘，或用GPS实地绕测等。

(3)概况调查　调查地块(小班)面积和纯栽培面积、地类、地形地势(海拔、坡向、坡度)、主要植被等。

(4)土壤调查　选择典型剖面观察记录土层厚度、表土层厚度、土壤质地、土壤结构、酸碱度、母岩等数据。

(5)植被调查　选择典型样方调查，样方面积10 m×10 m或2 m×50 m。调查乔木、主要灌木和草本的种类及高度、植被总盖度、草本总盖度、植物群落形成原因等。

2. 外业资料的整理及外业设计

(1)资料整理　每个地块(小班)调查结束后，将外业材料装订好。

(2)外业设计　根据调查材料，对药用植物栽培类型、药用植物选择、栽培地位置和其他设施位置提出初步设想，并在图上标出栽培地及其他设施的位置。

(三)内业设计

内业设计是按调查设计要求，对外业调查材料和外业设计意见进一步整理和统计分析，制订调查区药用植物栽培设计方案，编制各种图表和药用植物栽培规划设计说明书。

1. 药用植物栽培规划设计成果

(1)药用植物栽培规划设计说明书。

(2)药用植物栽培规划设计相关图表。

(3)调查记载的原始材料。

2.药用植物栽培作业方式设计

(1)作业方式设计　根据实际情况确定采用机械作业还是人工作业。

(2)药用植物栽培技术设计

①药用植物种类选择　根据药用植物选择的原则,确定几个主要药用植物和备用药用植物。

②整地设计　根据立地条件、植被状况、栽培要求、经济条件和作业方式设计整地方法、规格和季节。

③种苗设计　根据当地自然条件和树种特性,确定栽培所用苗木的种类、年龄、规格、种子来源。

④栽培密度和配置方式设计　根据药用植物特性、栽培技术、立地条件等情况确定栽培密度和配置方式。

⑤抚育措施设计　根据种苗生长情况,确定抚育时间、抚育次数和抚育方法。

(3)药用植物栽培典型设计　典型设计即按栽培设计方法,根据药用植物和栽培目标编制设计典型的栽培类型,每个典型栽培类型编制1个栽培类型表,主要内容有:药用植物、栽培图式、栽培密度、栽培地清理方法及规格和时间、整地方法及规格和时间、苗木规格、抚育方法及次数和时间、对应的立地条件和地块(小班)等。

3.编写药用植物栽培规划设计说明书

说明书内容包括:前言、基本情况、经营方向、立地类型划分情况、栽培技术设计、栽培顺序安排、附属工程设计、投工量和物资需要量概算、投资概算和效益预测等。

任务实施

技能实训2-7　药用植物栽培规划设计

一、实训目的要求

掌握药用植物栽培规划设计的技术要点。

二、实训用具及场地

(1)用具　记录本、笔、农药、农具等。

(2)场地　当地主要药用植物种植基地或教学实验林场。

三、实训内容方法

(1)实地调查　在实训基地开展药用植物栽培规划设计和药用植物栽培施工设计。

(2)现场实训　以小组为单位,结合当地主要药用植物的各生长期特点开展药用植物栽培规划设计和药用植物栽培施工内容实训。

(3)上网搜索　记录当地主要药用植物栽培技术要点。

四、实训报告

根据调查情况，填写表 2-8。

表 2-8　药用植物栽培作业设计一览表

乡镇	所在地	地块（小班号）	地块（小班面积）	经营者	栽培地类别	立地条件				栽培模式			栽培设计							抚育设计				种苗			用工量	投资量	备注
						立地类型	坡度	坡向	土层厚度	模式号	药用植物1	药用植物2	初植密度		整地方式	整地时间	整地规格	栽培方式	栽培时间	抚育时间	抚育次数	施肥种类	施肥数量	需苗量		苗木规格			
													药用植物1	药用植物2										药用植物1	药用植物2				

五、成绩评定及考核方式

根据实训报告及实训表现综合评分。

【思考与练习】

1. 什么是药用植物栽培规划设计？
2. 什么是药用植物栽培典型设计？

项目 3

药用植物繁殖

【学习要点】

1. 种子的特性、采收、调制、贮藏及品质检验。
2. 播种前的种子处理。
3. 扦插繁殖和嫁接繁殖。

项目 3　课程 PPT

【知识导图】

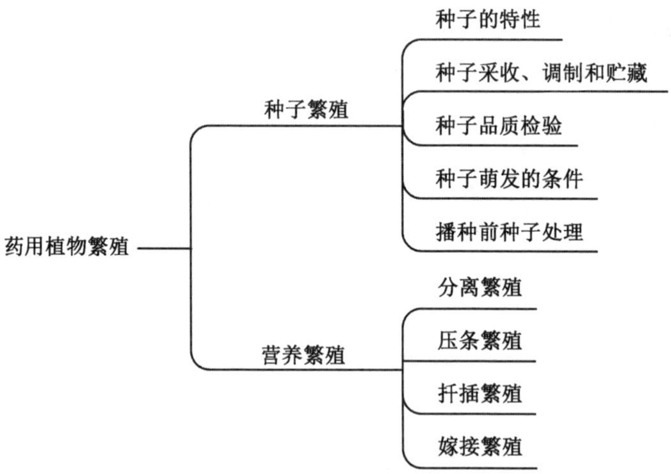

任务1 种子繁殖

知识目标

- 了解药用植物种子休眠、寿命特性。
- 熟悉药用植物种子采收、调制和贮藏方法。
- 熟悉种子品质检验指标和检验方法。
- 掌握种子播种前的处理方法。

能力目标

- 能正确地采收、调制和贮藏药用植物种子。
- 具有辨别、检验药用植物种子优劣的能力。
- 能够对药用植物种子进行播前处理。

素质目标

- 培养学生热爱科学、实事求是的品质,以及创新意识、创新精神和良好的职业道德。
- 培养学生分析问题和解决问题的能力。

相关知识

种子繁殖具有简便、经济、繁殖系数大、利于引种驯化和培育新品种的特点,是药用植物栽培上应用最广泛的一种繁殖方法。但由种子繁殖产生的实生苗容易发生变异,开花结实较迟。

一、种子的特性

(一)种子的休眠

种子不能正常萌发的现象叫种子休眠。种子休眠有两种情形:一种是由于环境条件不适宜而引起的休眠称为强迫休眠,种子在适宜的温度、湿度、氧气和光照条件下,能够解除休眠。另一种是种子本身原因引起的休眠,种子在适宜的温度、湿度、氧气和光照条件也不能萌发,称为生理休眠或真正休眠。休眠是一种正常现象,是植物抵抗和适应不良环境的一种保护性的生物学特性。

种子生理休眠的原因主要有以下几个方面:

1. 种皮限制

因为种皮的存在而引起休眠,这里所说的种皮包括种壳、果壳及胚乳。如将胚单独取出,采用合适的培养基,则胚能萌发。如豆科植物的硬实种子(如黄芪、甘草)有坚厚的种皮;山茱萸、皂角、盐肤木、穿心莲等的种皮具蜡质、革质,不易透水、透气,或产生机械的约束作用,阻碍种胚向外生长。

2. 胚未成熟

有些种子的胚在形态上已经发育完全,但在生理上还未成熟,必须通过后熟才能萌发。这种情况在高寒地区或阴生、短命速生的药用植物中较为常见。胚后熟大致有以下4种情况:

(1)高低温型　其胚后熟需要由高温至低温顺序变化,其胚的形态发育在较高的温度下完成，其后需要一定时期低温完成其生理上的转变才能萌发。种子属于这一类的植物有人参、西洋参、钮子七、刺五加、羌活等。

（2）低温型　胚后熟要求低温湿润条件，生产上要求秋播或低温沙藏。如乌头、黄连、山茱萸、木瓜、麦冬、黄柏等。

（3）二年种子　胚后熟和解除上胚轴休眠分别要求达到相应的低温才能发芽的种子，如延龄草、类叶牡丹等。延龄草胚后熟长出胚根先要求低温湿润条件，接着需要一个高温期，促使萌发的幼根生长；另外，需要第二个低温期，使上胚轴后熟，接着要求第二个高温期，才能形成正常的幼苗，故在秋播后的第三年春才出苗。

（4）上胚轴休眠　这一类种子大多数在收获时胚未分化，其后发育需要较高的温度，接着又要求低温解除上胚轴休眠，胚轴才得以伸长，幼芽露出土面。种子属于这一类的植物有牡丹、细辛、玉竹、天门冬等。

3. 萌发抑制物质的存在

有些种子不能萌发是由于果实或种子内有抑制种子萌发的物质。如挥发油、生物碱、有机酸、酚类、醛类等。此类物质存在于种子的子叶、胚、胚乳、种皮或果汁中，如山楂、女贞、川楝等种子都含有抑制物质，阻碍种子萌发。

4. 次生休眠

不休眠或解除休眠后的种子因高湿、低氧、高二氧化碳、低水势或缺乏光照等不适宜环境条件诱发的休眠为次生休眠，本质上属于强迫休眠。如厌氧条件可引起条纹苍耳次生休眠，黑暗可引起莴苣、宝盖草、梯牧草次生休眠。

必须指出，不少种子休眠的原因不止一个，例如人参属胚未成熟而休眠，同时其果实种子内也含有萌发抑制物质。

种子发芽的难易程度还与其生态条件密切相关。例如，终年在温暖多湿的热带地区生长的植物，其种子的休眠程度浅而不明显，休眠期短而极易萌发，这是因为它们生长的环境终年具备种子萌发及幼苗良好生长的条件。相反，在干旱与潮湿、温暖与严寒相交错的地区，植物种子常有一定的休眠期，以避开旱涝、炎热、严寒等恶劣的气候条件，保证种子发芽及幼苗的安全生长发育。植物种子的休眠，是适应特殊的外界环境条件而保持物种不断生存、发展和进化的一种生态特征。

种子休眠在生产上有重要意义，可应用植物激素及各种物理、化学方法来促进或抑制发芽，如用不同浓度的赤霉素或激动素处理种子，可促进或抑制种子发芽，乙烯则可使种子维持休眠。一定的休眠期可以保证种子不在果实内发芽，但休眠程度过深，休眠期过长，常常影响按时播种。另外，种子休眠常使发芽率测定工作无法进行，或测定的发芽率太低，种子的使用价值无法确定。因此，深入了解种子的休眠特性及原因，设法满足完成种子休眠过程的必要条件，减轻其休眠程度，以便随时唤醒种子，为生产和销售提供充分苏醒的种子；还可以采取继续，深化休眠程度的措施，以达到既能保持种子旺盛的生活力，又能延长种子寿命的目的。

（二）种子寿命

1. 种子寿命

种子从发育成熟到丧失生活力所经历的时间，称为种子寿命。即在一定环境条件下保持生活力的最长期限。种子的生活力是指能够萌发的潜在能力或种胚具有的生命力。在贮藏期间，种子的生活力逐渐降低，最后完全消失。种子寿命因药用植物种类不同而有很大差异，可分为三种类型：

(1)短命种子　寿命在3年以内。多是一些原产热带、亚热带以及一些春花夏熟的药用植物种子，如热带植物可可属、咖啡属、金鸡纳属、古柯属、荔枝属的种子；春花夏熟的白头翁、辽细辛、芫花等的种子。对于这类种子，采收后需要迅速播种。

(2)中命种子　寿命为3～15年，也称常命种子。如大黄、丝瓜、南瓜、桃、杏、核桃、郁李、黄芪、甘草、皂角等。

(3)长命种子　寿命在15～100年或更长。在长命种子中，以豆科植物居多，其次是锦葵科、苋科和蓼科植物。

生产上用来播种的种子，以鲜种子为好，因为隔年的种子往往发芽率降低。寿命短的种子，如杜仲、细辛、当归、白芷等应随采随播，隔年的种子几乎全部丧失发芽能力。

种子寿命为群体概念，一批种子的发芽率从收获后降低到半数种子存活所经历的时间，即为该批种子的平均寿命，也称半活期。但也有特殊情况，有的药用植物即使是新鲜种子，发芽率也不高，如白芷、柴胡等，其种子发芽的标准不能过高。

2.影响种子寿命的因素

(1)内因　内因主要有种皮(或果皮)结构、种子贮藏物、种子含水量及种子成熟度等。

种皮(或果皮)结构影响种子寿命的如莲子、山茱萸等，种皮坚硬致密、不易透水透气，有利于生命力的保存，而当归、白芷种皮薄，又不致密，故寿命短。

种子贮藏物的种类也会影响种子寿命，一般含脂肪、蛋白质多的种子比含淀粉多的种子寿命长，其原因是脂肪、蛋白质分子结构复杂，在呼吸作用过程中分解所需要的时间比淀粉长，同时所放出的能量比淀粉高；许多休眠种子含有抑制发芽物质，寿命较长。

干燥种子的含水量低，绝大部分都以束缚水的状态存在，原生质呈凝胶状态，代谢水平低，有利于种子生命力的保存；含水量高时增加了贮藏物质的水解能力，增强了呼吸强度，导致种子生活力迅速降低。通常种子含水量在5%～14%，其含水量每降低1%，种子寿命可增加1倍。当种子含水量为18%～30%时，如有氧气存在，由于微生物活动而产生大量热，种子容易迅速死亡。例如，当归种子含水量达到20%时，贮存3个月后发芽能力丧失90%；而含水量4%者，发芽率仍在90%以上；侧柏种子含水量为17%～18%时贮藏，发芽率迅速降低；含水量低于10%时，贮存在0 ℃的温度条件，效果较好。但是种子含水量也不是越低越好，过分干燥或脱水过急，也会降低某些种子的生活力。如旱莲草种子含水量以8%～9%时发芽率较好，如含水量降至2%～4%，发芽率即明显降低。不同植物种子的安全含水量不同。现在药用植物贮藏时安全含水量没有统一标准，一般大粒种子安全含水量较大，为8%～15%，小粒种子较小，为3%～7%；有些药用植物种子不耐干藏，适宜贮藏在湿度较高的条件下，如北细辛、黄连、明党参、孩儿参、青皮、槟榔、瓦氏马钱、肉桂、古柯、沉香、丁香、肉豆蔻等，干燥会导致种子衰亡。

种子成熟度也影响种子的寿命。不成熟的种子，其种皮厚，贮藏物质未转化完全，容易被微生物感染，发霉腐烂，种子含水量高，呼吸作用强，微生物也容易侵入，因而缩短了种子的寿命。如充分成熟的穿心莲种子贮藏4年后仍有53%的发芽率，而不够成熟的种子发芽率仅1.5%～4%。

此外，萌动、浸泡过的种子以及突然风干或暴晒脱粒的种子都不宜再贮藏，因为这样的种子很容易失去生活力。

(2)外因　外因主要有温度、湿度和通风条件。温度较高时，酶的活性增强，加速贮藏物质转化，不利于延长种子的寿命，同时还会使蛋白质凝结。温度过低会使种子遭受冻害，引起种子死亡。通常含水量在10%以下的种子能耐低温，而含水量高的种子，则只能在0 ℃以上的条件下才不受冻害。试验证明，温度在0～50 ℃范围内，每降低5 ℃，种子寿命可延长1倍。

贮藏环境的空气相对湿度也很重要。因种子具有吸湿性能，如空气相对湿度大，则种子难干燥，也会因吸收水分而增加了含水量，故要求有干燥的贮藏条件。

贮藏气体也影响种子的寿命。一般在有空气的条件下，如用减氧法贮藏，可延长种子寿命，用密封充氮、增加二氧化碳等方法也可延长种子寿命。

此外，化学药品如杀虫剂、杀菌剂等都可降低种子寿命，接种物如固氮菌在种子上容易使种子吸水，因此都在播种前才进行处理。在种子贮藏过程中还要注意防止昆虫、老鼠及微生物的危害。

二、种子采收、调制和贮藏

(一)种子采收

药用植物种子的成熟期差异较大，掌握适宜的采种时间十分重要。种子成熟包括形态成熟和生理成熟。生理成熟就是种子发育到一定大小，种子内部干物质积累到一定数量，种胚已具有发芽能力。形态成熟就是种子中营养物质停止了积累，含水量减少，种皮坚硬致密，种仁饱满，具有成熟时的颜色。一般情况下，种子的成熟过程是先经过生理成熟再到形态成熟，但也有些种子形态成熟在先而生理成熟在后，如浙贝母、刺五加、人参、山杏等，当果实达到形态成熟时，种胚发育没有完成，种子采收后，经过贮藏和处理，种胚再继续发育成熟。也有一些种子如泡桐、杨树，它们的形态成熟与生理成熟几乎是一致的。真正成熟种子应是生理和形态上均成熟。

在药用植物生产中，种子成熟程度的确定，主要是根据种子形态成熟时的特征来判断。即种皮的颜色由浅变深、质地变硬、籽粒干重达到最高值，含水量降低，标志着种子已经成熟，即可采收。另外，实际采种时，还要考虑到果皮颜色的变化。不同类型的果实，成熟时其形态特征不同，浆果、核果、柑果等多汁果实成熟时，颜色由绿逐渐转变为白、黄、橙、红、紫、黑等颜色，如南酸枣、杏、木瓜成熟时，果皮由绿色变为黄色，龙葵、土麦冬、女贞、樟树成熟时，果实变为黑色。蒴果、蓇葖果、荚果、翅果、坚果等干果类果皮由绿色变为褐色，由软变硬。其中，蒴果、蓇葖果和荚果果皮自然裂开，如浙贝母、黄连、四叶参、泡桐、甘草、黄芪等。

大多数药用植物应采收充分成熟的种子，但有时也有例外。例如当归、白芷等应采适度成熟的种子，老熟种子播种后容易提早抽薹。又如黄芪、油橄榄等种子老熟后往往硬实增多，或休眠加深，如采后即播，需要采收稍嫩的种子。凡种子成熟后果实不易开裂，种子不易脱落的植物可以缓采，待全株的种子完全成熟时一次性采收，如朱砂根的种子；否则，宜及时分批采收，或待大部分种子成熟后将果梗割下，后熟脱粒。如穿心莲、远志、白芥子、白芷、北沙参、补骨脂、黄连等应随熟随采，以避免损失。

木本药用植物种子的采收，要选择生长健壮、生长到一定年限、充分表现出优良性状、无病虫害的植株作为采种母树。如杜仲要选择未剥皮的15年以上的树木作母树。

采种工具多采用手工操作的简单工具，包括高枝剪、枝剪、采种镰、竹竿、种钩、采种袋、布、梯子、绳子、安全带、安全帽、簸箕、扫帚等。

(二)种子调制

种子调制是指采种后对种子和果实的技术处理,其目的是获得纯净的、适宜播种或贮藏的优良种子。种子调制的程序包括脱粒、净种、干燥、分级等。种子采收后应尽快调制,避免发热、发霉。根据植物果实、种子的种类,选择恰当的调制方法,保证种子的品质。

1.脱粒

(1)蓇葖果类　如黄连、淫羊藿、杠柳、白首乌、八角茴香等,果实或带果枝采收后,根据药用植物的性质采取阴干或晒干的方法,使果实自行开裂或揉搓使其开裂,清除果皮、果枝,取出种子并去杂。

(2)蒴果类　如党参、桔梗、蓖麻子、车前子、王不留行等,果实自行开裂后,过筛精选。含水量高的如杨、柳树果实采后,应立即放入避风干燥的室内,风干 3～4 d,当多数蒴果开裂时,用柳条抽打,使种子脱粒,过筛精选。

(3)坚果类　如板栗、莲等,一般含水量高,不能暴晒,采后进行粒选或水选,去除蛀虫,摊开阴干,摊铺厚度不超过 20～25 cm,经常翻动,当种子湿度达到要求程度时,立即收集贮藏。

(4)翅果类　如杜仲、白蜡、臭椿、榆树等,处理时不必脱去果翅,干燥后清除杂物即可,其中榆树种子不可暴晒,要用阴干法。

(5)荚果类　如甘草、黄芪、刺槐、紫藤、合欢、皂荚、苦豆等,一般含水量低,采后暴晒 3～5 d,有的荚果晒后裂开脱粒,有的不开裂,用棍棒敲打或用石磙压碎进行脱粒,清除杂质,提取净种。

(6)肉果类　肉质果类包括核果、浆果、聚合果等,其附属部分多为肉质,含果胶、糖类较多,易腐烂,其种子一般含水量较高,采后须立即处理,否则会降低种子品质。一般可以用水浸数日后,直接揉搓,再脱粒净种,阴干,并经常翻动,不可暴晒或雨淋。当种子含水量达到要求时即播或贮藏和运输。如柑橘、枇杷、杧果等种子不能晒,且无休眠期,故洗后略干 1～2 d 即可播种。少数种子假种皮含胶质,用水冲洗难以奏效,如三尖杉科、紫衫、罗汉松等,可用湿沙或苔藓加细石与种实一同堆起,然后揉搓,除去假种皮,再阴干贮藏。

(7)球果类　针叶树种子多在球果中,油松、侧柏、金钱松等球果采后暴晒 3～5 d,鳞片裂开,大部分种子可自行脱离,其余用木棒轻击球果,种子即可脱出。

2.净种

净种指去掉种子中的夹杂物,如鳞片、果皮、果梗、枝叶、碎片、空粒等及异类种子。常用净种方法有:

(1)风选法　利用自然或人工、机械产生的流动空气净种,进行种子筛选,得到纯种和精种,适用于较重的中粒种子,如国槐、刺槐、合欢、紫藤、皂荚等。

(2)过筛法　用大小不同的筛子,将大于和小于种子体积的杂物除去,再用其他方法将与种子大小相近的杂物除去,此方法多用于种子粒级的精选,如蔷薇科种子等。

(3)水选法　利用水的浮力将夹杂物及空粒种子漂出或反复淘洗,良种留在下面。此方法适用于海棠、杜梨、樱桃、文冠果等。注意浸水时间不宜过长,浸水后禁暴晒,要阴干。

(4)粒选法　将大粒种子或珍贵、稀有的种子进行单个挑选,如核桃、珙桐、贴梗海棠等。

3.干燥

种子干燥的主要作用是降低种子水分,提高种子的耐贮性,以便能较长时间保持种子活力。此外种子干燥还有杀死仓虫、消灭或抑制微生物活动、促进种子后熟、减少运输压力等作用。种子干燥的方法通常有自然干燥和人工机械干燥两类。

(1)自然干燥　当前生产用种子以采用自然干燥最为普遍。自然干燥是利用暴晒、通风和摊晾等方法降低种子含水量。一般是选择干燥、空旷、阳光充足及空气流畅的晒场，在晴朗干燥的天气，将种子摊成5～15 cm薄层，进行晾晒，晒种过程中要经常翻动，晚上要防止返潮，高水分种子要避免发热。这种方法简便、经济而又安全，尤其适于小批量种子。但用此法干燥种子，必须做到清场预晒、薄摊勤翻、适时入仓、防止结露回潮。

(2)人工机械干燥　人工机械干燥可分为自然风干法和热空气干燥法。自然风干法采用鼓风机干燥种子，适用于小批量种子的干燥。热空气干燥法工作原理是：在一定条件下，提高空气的温度以改变种子水分与空气相对湿度的平衡关系。不同类型的种子或不同地域，所采用的加热机械和烘房布局也各不相同。但用此法干燥种子应注意如下事项：决不可将种子直接放在加热器上焙干；应严格控制种温；种子在干燥时，一次失水不宜太多，如果种子水分过高，可采用多次间歇干燥法；经烘干后的种子，需冷却到常温后才能入仓。

4. 分级

分级主要是把同批种子按大小轻重进行分类，实践证明，不同级别的种子分别播种，发芽率高，出苗整齐一致，生长发育均匀，分化现象少，不合格苗大大减少。

(三)种子贮藏

种子贮藏是指种子从收获后至播种前的保存阶段。种子贮藏的任务就是采用合理的贮藏设备和先进的贮藏技术，人为地控制贮藏条件，防止发热霉变和虫蛀，使种子劣变降到最低限度，最有效地保持较高的种子发芽率和活力，从而确保种子的播种价值。种子贮藏期限的长短，因药用植物种类和贮藏条件不同而不同。其中种子含水量和贮藏的温度、湿度是主要影响因素。

依据种子性质及贮藏条件，种子贮藏方法可分为干藏和湿藏两大类。

1. 干藏法

将干燥的种子贮藏于干燥的环境中。干藏除要求有适当的干燥环境外，有时也结合低温和密封条件，凡种子含水量低的均可采用此法贮藏。干藏法又分普通干藏法和低温干藏法。

(1)普通干藏法　将充分干燥的种子装入麻(布)袋、箱、桶等容器中，再放于凉爽、干燥、相对湿度50%以下的种子室、地窖、仓库或一般室内贮存。大多数药用植物种子均可采用此法，如云木香、栝楼、白芷、牛膝等。

(2)低温干藏法　将充分干燥的种子放在0～5 ℃、相对湿度维持在50%左右的种子贮藏室或放在冰箱、冷藏室内贮存。本法适用于种皮坚硬致密，不易透水透气的种子，如山茱萸、决明、合欢等。另外，还有些种子需要长期贮藏，低温干藏仍会使其失去发芽力，可采用低温密封干藏。即将种子放入玻璃等容器中，加盖后用石蜡或火漆封口，置于贮藏室内。容器内可放些吸湿剂如氯化钙、生石灰、木炭等。

2. 湿藏法

有些种子一经干燥就会丧失生活力，如黄连、三七、肉桂、细辛等，可采用湿藏法。湿藏的主要作用是使具有生理休眠的种子，通过潮湿低温条件处理，破除休眠，提高发芽率，并使贮藏时所需含水量高的种子的生命力延长。具体操作时多采用层积法，如山茱萸、银杏、贴梗海棠、玉兰、酸橙等的种子。层积法必须保持一定的湿度和0～10 ℃的低温条件。如种子数量多，可在室外选择适当的地点挖坑保存，其位置在地下水位之上，坑的大小，根据种子多少而定。先在坑底铺一层10 cm厚的湿沙，随后堆放40～50 cm厚的混沙种子(沙：种子=3：1)，种子上面再铺放一层20 cm厚的湿沙，最上面覆盖10 cm的土，以防止沙干燥。坑中央要竖插一小捆高粱秆或其他通气物，使坑内种子透气，防止温度升高致种子霉变。如种量少，可在室内堆积，即将种子和3倍量的湿沙混拌后堆积在室内(堆积厚度50 cm左右)，上面可再盖一层15 cm厚的湿沙。也可将种子混沙后装在木箱中贮藏。贮藏期间应定期翻动检查。贮藏末期要注意温度突然升高或遇到反常的温暖天气而引起种子提前萌发，这种情况下应及时将种子取出并放入冰箱或冷藏室，以免芽生长太长，影响播种。

三、种子品质检验

种子品质检验又称种子品质鉴定。种子品质检验就是应用科学的方法对生产上的种子品质进行细致的检验、分析、鉴定以判断其优劣的过程。种子检验包括田间检验和室内检验两部分。田间检验是在药用植物生长期内，到良种繁殖田内进行取样检验，检验项目以纯度为主，其次为异作物、杂草、病虫害等；室内检验是种子收获脱粒后到晒场、收购现场或仓库进行扦样检验，检验项目包括净度、发芽率、发芽势、生活力、千粒重、水分、病虫害等。其中，净度、千粒重、发芽率、发芽势和生活力是种子品质检验中的主要指标。

药用植物种子检验应按照《中药材种子检验规程》(GB/T 41221—2021)执行。

(一)扦样

扦样又称种子取样或抽样，是指从大量的种子中，扦取适量有代表性的、供分析检验的样品。种子品质检验结果的准确性，取决于扦样技术和检验技术。扦样的基本原则是：被扦种子批均匀一致，如果种子批存在异质性应拒绝扦样；扦样点应均匀分布在种子批的各个部位，既要有垂直分布，也要有水平分布；每个扦样点扦取的初次样品数量要基本一致，不可过多或过少；保证样品的可溯性和原始性，样品必须封缄与标识，能溯源到种子批，并在包装、运输、贮藏过程中尽量保持其原有特性；扦样员应经过培训，持证上岗，具有实践经验。

按照正确方法从种子批中抽取足够的样本，才能对种子批的种子质量做出精确可靠推断，如果种子批用大小一致的容器袋盛装，则扦样强度如表3-1所列。

表3-1　种子批的扦样强度

种子袋数	最低扦取袋数	种子袋数	最低扦取袋数
1～5	每袋扦取	50～400	每5袋至少扦取1袋
6～14	不少于5袋	401～560	不少于80袋
15～30	每3袋至少扦取1袋	561及以上	每7袋至少扦取1袋
31～49	不少于10袋		

要从一批种子中扦取样品，一般用特制的扦样器来进行(图3-1)，袋装种子用单管扦样器或用羊角扦样器，在袋的不同部位均匀取样，将取样器插入袋内，插入时槽口向下，然后旋转180°，使槽口向上，抽出取样器，即得到一个样品。散装种子可用圆筒形扦样器，扦样时以30°角斜插入种子堆内，达到一定深度后，用力向上拉，使活动塞离开进种门，略微振动，使种子掉入，然后抽出扦样器。散堆种子数量不多，堆的深度不超过40 cm时，可徒手扦样(图3-2)，流

动性差的种子和大粒种子，也可以徒手取样，手插入时，手指要伸直并拢。捏紧抽出时，手指要一直紧合一起。

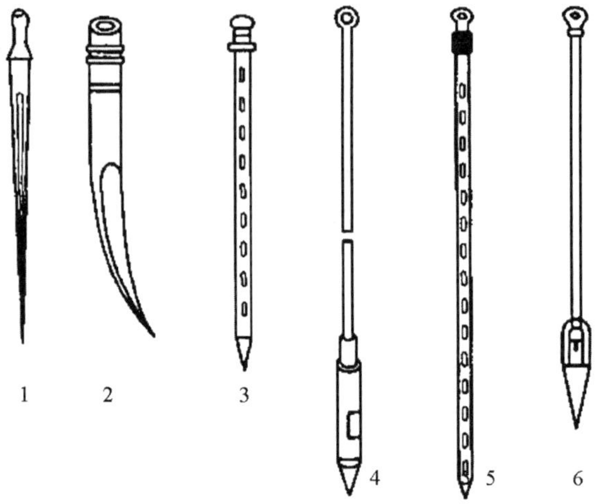

1. 单管扦样器　2. 羊角扦样器　3. 双管扦样器
4. 长柄短筒圆锥形扦样器　5. 圆筒形扦样器　6. 圆锥形扦样器

图 3-1　袋装、散装种子扦样器

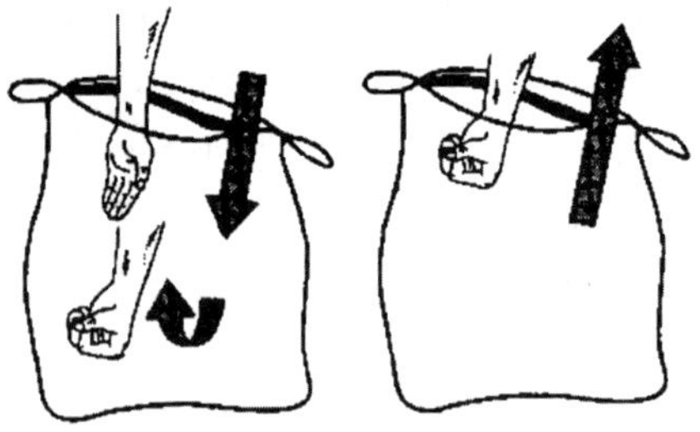

图 3-2　徒手扦样

种子扦样是一个过程，由一系列步骤组成：首先从种子批中取得若干个初次样品，然后将全部初次样品混合成为混合样品（原始样品），再从混合样品中分取送验样品，送到种子检验室，在检验室，再从送验样品中分取试验样品，进行各个项目的测定。从混合样品中分取送检样品，从送验样品中分取试验样品，可采用四分法或分样器法。

四分法也叫对角线法（图 3-3），就是把种子倒在平滑的桌面或玻璃板上铺平，均匀混合后，摊成 1～2 cm 厚的正方形，用分样板按对角线把种子分成 4 个三角形，除去两个相对的三角形后，再把种子重新混合，按上法继续分样，直到相对的两个三角形中的种子相当于平均样品的要求量为止。

分样器法适用于种粒小、流动性大的种子。将混合样品倒入分样器漏斗，不可振动分样器，迅速拨开漏斗下面的活门，使种子迅速下落至两个盛接器内，关闭漏斗口，然后取其中一个盛接器的样品按上法继续分取，直至分出的样品达规定的量为止。

（二）种子净度的测定

种子净度是指样品中纯净种子的质量占供检种子质量的百分率。种子净度是衡量种子品质的一项重要指标，是计算播种量的必要条件。优良的种子应该洁净，不含任何杂质和其他废物。净度低的种子，内含杂质多，会降低种子的利用率，影响种子贮藏与运输的安全。在种子经营贸易中，种子净度低，其价格也低。

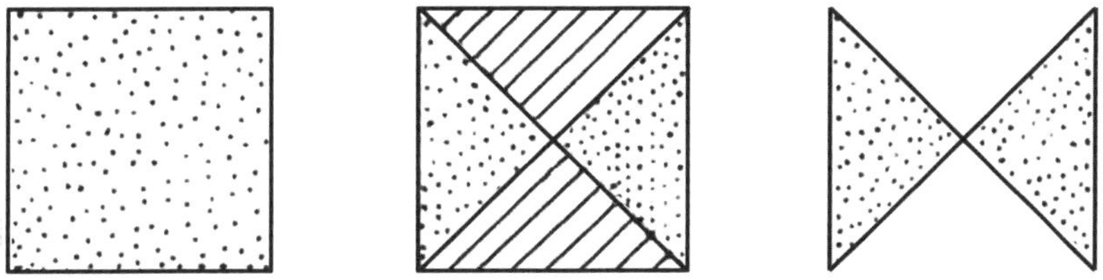

图 3-3　四分法示意图

进行净度测量的样品，供检种子必须分成净种子、其他植物种子、杂质(夹杂物)三部分，分别称量，以克为单位，按下式计算净度：

种子净度=(净种子质量÷供检种子质量)×100%

供检种子质量=净种子质量+其他植物种子质量+杂质(夹杂物)质量

(三)种子千粒重的测定

种子千粒重是指在气干状态下 1 000 粒纯净种子的质量，能够代表种子大小和饱满程度。千粒重的测定方法包括百粒法、千粒法和全量法。千粒法是从经净度分析后的净种子中随机数取 1 000 粒，称重，重复测定 2 次以上，取其平均值，即为千粒重。如两份试样的质量相差未超过 5%，可用两份试样的平均质量作为千粒重；两份试样的质量差超过允许差距时，则应取第三份试样称重，取差距最小的两份试样计算千粒重。

(四) 种子含水量的规定

种子含水量是指种子中所含有水分的质量占种子总质量的百分率，种子含水量是影响种子品质的重要因素之一，与种子安全贮藏有着密切关系，在贮藏前和贮藏过程中均需测定种子含水量。测定种子含水量通常用(103±2) ℃恒重法(标准法)和 130 ℃高温快速法。

1.恒重法(标准法)

将待测的样品放入烘箱中用(103±2) ℃烘烤 6～8 h，根据样品称量前后质量之差来计算含水量。其具体过程如下：

(1)样品处理　将种子用磨碎机进行磨碎，立即装入磨口瓶密封备用，细小种子(如龙胆草、白桦、阴行草、黄花蒿、柴胡、泡桐等)可以用种子原样烘干而不必磨碎；大粒种子(如核桃、杏、桃、胡桃楸等)可将种子切开或粉碎；油质种子不宜碾碎，可切成小片。

(2)试样的称取　经过处理后的样品，一般从中称取 3～15 g 作为测定种子含水量之用，具体操作时应根据种子千粒重大小而定，千粒重大的种子称取量应适当大些，千粒重小的种子，称取量可小些。

(3)烘干称重　先将称量盒放在(103±2) ℃下烘干，并称重，再将样品放入预先烘干且称过重的样品盒内，在感量为 0.001 g 的天平上称取试样两份，然后打开盒盖，一起放入预热至 110 ℃的烘箱内，关好箱门，保持(103±2) ℃，经 6～8 h 取出，盖上盖子，移入干燥器内冷却至室温，称重。

(4)含水量的计算　种子水分=(试样烘前重－试样烘后重)/试样烘前重×100%

2. 高温快速法

此法适用于油脂含量不高的药材种子。将两份测定样品放入预热到 140～145 ℃的烘箱中，在放入试样后 5 min 内，应使烘箱温度稳定在 130 ℃，烘干 60 min，方法同上，计算出种子的含水量。

（五）种子发芽率和发芽势的测定

种子发芽率是指解除休眠的种子在发芽试验终期或规定日期内，全部正常发芽种子数占供试种子数的百分率。种子发芽率是反映种子播种品质最重要的指标之一，发芽率高，表示有生活力的种子多，播种后出苗数多。

种子发芽势是指解除休眠的种子在发芽试验初期，规定日期内正常发芽的种子数占供试种子数的百分率。种子发芽势高，表示种子生活力强，发芽整齐，出苗一致。种子发芽率和发芽势测定的具体步骤如下：

1. 试样的数取

从经过净度测定的纯净种子中，随机数取 100 粒种子，供发芽测定之用，重复 4 次。种子大的可以 50 粒或 25 粒为一次重复。

2. 发芽基质

发芽试验时，用来摆放种子，并供给种子水分和空气的衬垫物称为发芽基质。发芽基质可以是滤纸、纱布、细沙、珍珠岩、土壤等，使用时必须先经过消毒，也可以在滤纸下面垫上海绵或脱脂棉，以保证滤纸上温度均匀。一般小粒种子适宜放在滤纸上，大粒种子适宜放细沙等基质中。如五味子种子发芽试验一般是将其埋入细沙中 1 cm；龙胆草种子发芽试验方法是在培养皿中放入一层脱脂棉，其上用双层纱布覆盖，然后均匀放入龙胆草种子；防风种子发芽试验一般是将种子放入消过毒的土壤中，覆土厚度 1 cm 左右。

3. 种子的预处理

为了使种子尽快发芽，种子在摆放前，可用初始温度为 45 ℃水浸种 24 h，如防风、甘草、柴胡等。对于种皮致密、透水性差的种子，需采用较高温度的水浸种，如相思子、山茱萸可用初始温度为 100 ℃的水浸种 2 min，自然冷却 24 h；槐树、胡枝子用 80 ℃水浸种，自然冷却 24 h；大巢菜、小巢菜可用 60 ℃水浸种，自然冷却 24 h。有些种子在发芽试验前还需要在一定的低温条件下经过层积才能萌发，五味子需经过 4～5 个月的低温层积；杜仲、山杏需要经过 1 个月 5 ℃左右的低温层积；山核桃需在 0～5 ℃下层积 60 d，黄连需在 0～5 ℃下层积 50 d，浙贝母需在 0～5 ℃下层积 60 d。五加科的人参、刺五加等则需长时间的低温层积和变温处理。

4. 发芽的观察和记录

种子放置完毕后，在摆入种子的培养皿或其他发芽的容器上贴上标签，注明种子名称、开始试验日期、样品号、种子粒数。每天观察记录种子变化状况和发芽情况，并定时定量加水。对一些发芽持续时间较长的种子，可每隔 3～4 d 观察一次。计算发芽率、发芽势。

发芽率＝(发芽种子粒数÷试验种子粒数)×100%

发芽势＝(规定天数内发芽种子粒数÷试验种子粒数)×100%

（六）种子生活力的测定

种子生活力是指种子发芽的潜在能力或种胚具有的生命力。药用植物种子寿命长短各异，为了在短时期内了解种子的品质，必须用快速方法来测定种子的生活力，一般采用生物化学的方法测定种子的生活力，以确定种子是否能用并估算播种量。

测定种子生活力的方法很多，其中，用红四氮唑和靛红进行染色具有快速准确的特点。

1. 红四氮唑（TTC）染色法

2,3,5-氯化三苯基四氮唑简称红四氮唑或 TTC，其原理是有生活力种子的胚细胞含有脱氢酶，具有脱氢还原作用，被种子吸收的氯化三苯基四氮唑参与了活细胞的还原作用，有生活力的种子胚染成红色，无生活力的种子则不染色或仅有浅色斑点。由此可根据胚的染色情况区分有生活力和无生活力的种子。

2. 靛红染色法

靛红染色法又称洋红染色法，其原理是苯胺染料（靛蓝、酸性苯胺红等）不能渗入活细胞的原生质，因此不染色，凡种胚不被染色的是有生活力的种子，种胚染成斑点状的是生活力弱的种子，种胚或胚轴、胚芽、胚根、大部分子叶被染色的是无生活力的种子。一般染色所使用的靛红溶液浓度为 0.05%～0.1%，宜随配随用。染色时必须注意，种子染色后，要立即进行观察，以免褪色，剥去种皮时，不要损伤胚组织。

四、种子萌发的条件

种子萌发，除了本身必须具备的内在因素以外，还需要一定的环境条件，主要是充足的水分、适宜的温度和足够的氧气，这三个条件称为种子萌发三要素，缺一不可。还有些种子萌发需要光照条件。

1. 充足的水分

休眠的种子含水量一般只占干重的 10%左右。种子必须吸收足够的水分才能启动一系列酶促反应，开始萌发。因此在播种时土壤必须保持一定的湿度，也可以在播种前进行浸种催芽，促进种子萌发。不同药用植物种子萌发时吸水量不同。含蛋白质较多的种子，如豆科植物的种子吸水较多；淀粉含量高的种子吸水量中等；脂肪含量高的种子吸水较少。种子吸水有一个临界值，在此以下不能萌发，一般种子要吸收其本身质量的 25%～50%或更多的水分才能萌发。为满足种子萌发时对水分的需要，在药用植物生产中要适时播种，精耕细作，为种子萌发创造良好的吸水条件。

2. 适宜的温度

各类种子的萌发一般都有最低、最适和最高三个基点温度。温带植物种子萌发，要求的温度范围比热带的低。如起源于温带的植物大黄的种子 0～1 ℃就能萌发，1～20 ℃发芽率最高，低于 0 ℃或高于 35 ℃发芽受到抑制；而起源于热带的植物穿心莲的种子萌发最低温度为 10.6 ℃，最适温度为 20～30 ℃。不同植物种子萌发都有一定的最适温度。高于或低于最适温度，萌发都受影响。超过最适温度到一定限度时，只有一部分种子能萌发，这时的温度叫最高温度；低于最适温度时，种子萌发逐渐缓慢，到一定限度时只有一小部分勉强发芽，这时的温度叫最低温度。了解种子萌发的最适温度以后，可以结合植物体的生长和发育特性，选择适当季节播种，以保证植物种子正常萌发和生长。

3. 足够的氧气

种子吸水后呼吸作用增强，需氧量加大。土壤氧气供应状况对种子发芽有直接影响。一般药用植物种子需要10%以上的氧浓度，才能正常发芽，尤其是脂肪含量高的种子，种子萌发时需氧更多。如果播种过深、土壤水分过多或土面板结使土壤空隙减少，通气不良，均会降低土壤中的氧含量，缺乏氧气，就会妨碍种子萌发。

4.光照条件

一般种子萌发和光线关系不大，但有少数植物的种子，需要在有光的条件下才能萌发，这类种子叫需光种子，如黄榕、烟草、胡萝卜、芹菜和莴苣等。有些植物如毛蕊花等的种子在有光条件下萌发得好些。还有一些百合科植物和洋葱、苋菜、番茄、曼陀罗的种子萌发则为光所抑制，这类种子称为嫌光种子。需光种子一般体积很小，贮藏物很少，只有在土表面有光条件下萌发，才能保证幼苗很快出土，进行光合作用，不致因养料耗尽而死亡。嫌光种子则相反，因为不能在土表有光处萌发，避免了幼苗因表土水分不足而干死。此外还有些植物如莴苣的种子萌发有光周期现象。

五、播种前种子处理

播种前种子处理主要有种子精选、消毒、催芽等。它不仅可以提高种子品质，预防病虫害，打破种子休眠，促进种子萌发、出苗整齐和幼苗生长健壮，而且操作简便，取材容易、成本低、效果好，生产上广泛采用。

(一)种子精选

种子精选的方法有风选、筛选、盐水选。通过精选，可以提高种子的纯度，对种子进行分级。分级播种使发芽迅速，出苗整齐，便于管理。

(二)种子消毒

种子消毒可预防通过种子传播的病害和虫害，消毒方法主要有药剂消毒处理和热水烫种等。

1.药剂消毒处理

(1)药粉拌种　一般取种子质量的0.3%杀虫剂和杀菌剂，在浸种后使药粉与种子充分拌匀便可，也可与干种子混合拌匀。常用的杀菌剂有70%敌克松、50%福美锌等；杀虫剂有90%敌百虫粉等。

(2)药水浸种　药水消毒前，一般先把种子在清水中浸泡5～6 h，然后浸入药水中，按规定时间消毒。捞出后，立即用清水冲洗种子，随即可播种或催芽。需要注意的是，要严格掌握药液浓度和消毒时间。常用方法有：

①福尔马林(即40%甲醛)，先用其100倍水溶液浸种子15～20 min，然后捞出种子，密闭熏蒸2～3 h，最后用清水冲洗。

②1%硫酸铜水溶液，浸种5 min后捞出，用清水冲洗。

③10%磷酸钠或2%氢氧化钠的水溶液，浸种15 min后捞出洗净。

2.热水烫种

对一些种壳厚而硬实的种子，如黄芪、甘草、合欢等，可用70～75 ℃的热水，甚至100 ℃的开水烫种促进种子萌发。例如，利用烫种防治花叶病毒的方法是用冷水先浸没种子，再用80～90 ℃的热水边倒边搅拌，使水温达到70～75 ℃并保持1～2 min，然后加冷水逐渐降温至20～30 ℃，再继续浸种。70 ℃的水温已超过花叶病毒的致死温度，能使病毒钝化，又有杀菌作用。又如，薏苡种子先用冷水浸泡一昼夜，再选取饱满种子放进筛子里，把筛子放进开水锅里，当全部浸入时，再将筛子提起散热，冷却后用同样的方法再浸入一次，然后迅速放进冷水里冲洗，直到流出的水没有黑色为止，此法可有效防治薏苡黑粉病。另外，变温消毒可消除炭疽病的危害，即先用 30 ℃的温水浸种 12 h，再用 60 ℃的高温水浸种 2 h。

（三）促进种子萌芽的处理方法

1. 晒种

晒种有促进种子后熟、提高发芽势和发芽率的作用，又能防治病虫害。晒种时，种子要摊在架棚和苇席上，厚 3～5 cm，每隔 1～2 h 翻动一次，日落后及时堆起并盖好，第二天日出后再均匀摊开。不要在水泥地、砖地和石板地上晒种，以防温度过高灼伤种子，影响发芽。晒种时间应根据种子特性、温度高低而定。

2. 浸种催芽

将种子放在冷水、温水或冷水、热水中变温交替浸泡一定时间，使其在短时间内吸水软化种皮，增加透性，加速种子生理活动，促进种子萌发，杀死种子所带的病菌，防止病害传播。浸种时间因药用植物种子的不同而异。如穿心莲种子在 37 ℃温水中浸 24 h，桑、鼠李等种子用 45 ℃温水浸 24 h，发芽率显著提高。

3. 机械损伤处理

利用破皮、搓擦等机械方法损伤种皮，使难透水透气的种皮破裂，增强透性，促进萌发。如黄芪、穿心莲种子的种皮有蜡质，可先用细沙摩擦，使种皮略受损伤，再用 35～40 ℃温水浸种 24 h，发芽率可显著提高。

4. 超声波及其他物理方法

超声波是一种高频率的人类听觉感受不到的波动，频率大于 20 kHz。用超声波处理种子有促进种子萌发、提高发芽率等作用。早在 1958 年，北京植物园就用频率 22 kHz、强度 0.5～1.5 W/cm^2 的超声波处理枸杞种子 10 min，能明显促进枸杞种子发芽，并提高了发芽率。除超声波外，农业上还有红外线、紫外线、γ 射线、β 射线、α 射线、X 射线、低功率激光、适度强度的磁场等方法照射或处理种子，也可以促进种子萌发、提高发芽率。

5. 化学物质处理

有些种子的种皮具有蜡质，如穿心莲、黄芪等，影响种子吸水和透气，可用浓度为 60% 的硫酸浸种 30 min，捞出后，用清水冲洗数次并浸泡 10 h 再播种；也可用 1% 苏打或洗衣粉溶液浸种，效果良好。具体方法：用热水（90 ℃左右）注入装种子的容器中，水量以高出种子 2～3 cm 为宜，2～3 min 后，水温达到 70 ℃时，按上述比例加入苏打或洗衣粉，并搅动数分钟，当苏打全部溶解时，即停止搅动。随后每隔 4 h 搅动 1 次，经 24 h 后，当种子表面的蜡质可以搓掉时，再去蜡，最后洗净播种。

6. 生长调节剂处理

常用的生长调节剂有吲哚乙酸、α-萘乙酸、赤霉素、ABT 生根粉等。如果使用浓度适当和使用时间合适，能显著提高种子发芽势和发芽率，促进生长，提高产量。如党参种子用 0.005% 的赤霉素溶液浸泡 6 h，发芽势和发芽率均提高 1 倍以上。

7. 层积处理

层积处理是打破种子休眠常用的方法。山茱萸、银杏、忍冬、人参、黄连、吴茱萸等种子常用此法来促进发芽，层积催芽方法与种子湿藏法相同。应注意的是，不掌握种子休眠特性，过早或过迟进行层积催芽，对播种都是不利的。如山茱萸种子层积催芽处理需 5 个月左右，种子才能露出芽嘴，而忍冬只需 40 d 左右就可发芽。

低温型种子如黄连、山茱萸、黄柏等的催芽，除用层积法外，还可在变温条件下进行催芽处理，不仅能够缩短催芽日数，同时可以提高催芽效果。如黄柏种子用 30 ℃热水浸种 24 h 后，混以 2 倍湿沙，使种子在 4 昼夜内保持 12～15 ℃温度，然后将沙混合物移到温度低的地方，直到混合物开始冻结时，再将种子移到温暖的房子里，4 d 以后再移到寒冷的地方，这样反复 5 次，只需 25 d，便可完成种子催芽工作。这比层积催芽可缩短一半以上时间，而且种子发芽率可提高 5%以上。

(四)生理预处理

生理预处理包括：对种子进行干湿循环，也称“锻炼”或“促进”；低温下潮湿培育；用稀的盐溶液，如浸在硝酸钾、磷酸钾或聚乙二醇中进行渗透处理。还有液体播种，就是将已形成胚根的种子同载体物质(如藻胶)混合，通过液体播种设备直接将它们移植到土壤中。

聚乙二醇(PEG)渗调处理可提高种子活力和抗寒性。采用 PEG 溶液浸泡种子时，PEG 的浓度要调整到足以抑制种子萌发的水平。在适宜的温度(10～15 ℃)下，经 2～3 周处理后，将种子洗净、干燥，然后准备播种。

(五)丸粒化

为便于机械化播种，利用一定材料对种子进行包衣处理，使其丸粒化。包衣剂可根据需要加入各种防病剂、防虫剂、营养及生长调节剂等成分。丸粒化的种子发芽势强、发芽率高。

目前，农业生产上也用菌肥处理种子，主要用细菌肥料，通过增加土壤有益微生物，把土壤和空气中植物不能利用的元素，变成植物可吸收利用的养料，促进植物的生长发育。常用的菌肥有根瘤菌剂、固氮菌剂、磷菌剂和“5406”抗生菌肥等。如豆科植物决明、望江南等，用根瘤菌剂拌种后可增产 10%以上。

任务实施

技能实训 3-1　种子净度的测定

一、实训目的要求

学会测定、计算种子净度的方法，并进一步了解种子净度对种子质量的影响和相关关系。

二、实训材料用品

本地主要药用植物种子 3～5 种、分样板(或直尺)、种子检验板、天平(感量 1 g、0.1 g、0.01 g、0.001 g)、盛种容器、标签纸牌等。

三、实训内容与方法

1. 样品的提取

将送检样品(至少是净度分析试样质量的 10 倍)倒在种子检验板上混拌均匀后用四分

法从中提取净度分析试样。净度分析的试验样品至少含有 2 500 个种子单位的质量或不少于称量精度要求。净度分析试样可以是规定质量的一个测定样品(一个全样品),或者至少是这个质量一半的两个各自独立分取的测定样品(两个“半样品”)。必要时也可以是两个全样品。

样品的称量精度如下:

样品质量	精度
10 g 以下	0.001 g
10～99.99 g	0.01 g
100～999.9 g	0.1 g
1 000 g 以上	1 g

2. 样品的分析

一个全样品分析时,将净度分析试样铺在种子检验板上,仔细观察,区分出纯净种子、其他植物种子及杂质(夹杂物)3 部分。若是两个“半样品”,则两份净度分析试样的同类成分不得混杂。

分类标准如下:

(1)纯净种子　包括完整的、没受伤害的、发育正常的种子;发育不完全的种子和不能识别出的空粒;虽已破口或发芽,但仍具有发芽能力的种子。

带翅的种子中,凡种子加工时种翅易脱落的,其纯净种子是指去翅的种子;凡种子加工时种翅不易脱落的,则不必除去。但已脱离的种翅碎片,应归为杂质(夹杂物)。壳斗容易脱落的不包括壳斗;难以脱落的包括壳斗。

(2)其他植物种子　分类学上与纯净种子不同的其他植物种子。

(3)杂质(夹杂物)　包括能明显识别的空粒、腐坏粒、已萌发的显然丧失发芽能力的种子;严重损伤(超过原大小一半)的种子和无种皮的裸粒种子;叶片、鳞片、苞片、果皮、种翅、壳斗、种子碎片、土块和其他杂质;昆虫的卵块、成虫、幼虫、蛹等。

3. 种子净度的计算

一个全样品试样分析时,所有成分即纯净种子、其他植物种子及杂质(夹杂物)3 部分的质量百分率应计算到一位小数。两个“半样品”分析时,净度分析中各个成分应计算到两位小数,当两份样品净度的差不超过按两份样品净度的平均数查表得到的容许误差范围时(表 3-2),则平均数即为该批种子的净度,在质量检验证书上填写时修约到一位小数。如超过容许误差范围,则应再选取第三组样品进行分析,取其中差数未超过容许误差范围的两组样品计算净度。

各成分的质量百分率必须根据分析后各种成分质量的总和计算,而不是根据试验样品的原始质量计算。

4. 分析误差

全样品的原始质量减去净度分析后纯净种子、其他植物种子和杂质(夹杂物)的质量和,其差值不得大于原始质理的 5%,否则需重做。用两个“半样品”时,每份“半样品”各自将所有成分的质量相加,如果同原始质量的差距超过原始质量的 5%,需再分析两个“半样品”。

表 3-2 同一送检样品净度分析容许差距表

(5%显著水平的两次测定)

%

两次分析结果平均		不同测定之间的容许差距			
		半样品		全样品	
50%以上	50%以下	无稃壳种子或非黏滞性种子	有稃壳种子或黏滞性种子	无稃壳种子或非黏滞性种子	有稃壳种子或黏滞性种子
99.95～100.00	0.00～0.04	0.20	0.23	0.1	0.2
99.90～99.94	0.05～0.09	0.33	0.34	0.2	0.2
99.85～99.89	0.10～0.14	0.40	0.42	0.3	0.3
99.80～99.84	0.15～0.19	0.47	0.49	0.3	0.4
99.75～99.79	0.20～0.24	0.51	0.55	0.4	0.4
99.70～99.74	0.25～0.29	0.55	0.59	0.4	0.4
99.65～99.69	0.30～0.34	0.61	0.65	0.4	0.5
99.60～99.64	0.35～0.39	0.65	0.69	0.5	0.5
99.55～99.59	0.40～0.44	0.68	0.74	0.5	0.5
99.50～99.54	0.45～0.49	0.72	0.76	0.5	0.5
99.40～99.49	0.50～0.59	0.76	0.80	0.5	0.6
99.30～99.39	0.60～0.69	0.83	0.89	0.6	0.6
99.20～99.29	0.70～0.79	0.89	0.95	0.6	0.7
99.10～99.19	0.80～0.89	0.95	1.00	0.7	0.7
99.00～99.09	0.90～0.99	1.00	1.06	0.7	0.8
98.75～98.99	1.00～1.24	1.07	1.15	0.8	0.8
98.50～98.74	1.25～1.49	1.19	1.26	0.8	0.9
98.25～98.49	1.50～1.74	1.29	1.37	0.9	1.0
98.00～98.24	1.75～1.99	1.37	1.47	1.0	1.0
97.75～97.99	2.00～2.24	1.44	1.54	1.0	1.1
97.50～97.74	2.25～2.49	1.53	1.63	1.1	1.2
97.25～97.49	2.50～2.74	1.60	1.70	1.1	1.2
97.00～97.24	2.75～2.99	1.67	1.78	1.2	1.3
96.50～96.99	3.00～3.49	1.77	1.88	1.3	1.3
96.00～96.49	3.50～3.99	1.88	1.99	1.3	1.4
95.50～95.99	4.00～4.49	1.99	2.12	1.4	1.5
95.00～95.49	4.50～4.99	2.09	2.22	1.5	1.6
94.00～94.99	5.00～5.99	2.25	2.38	1.6	1.7

续表 3-2

两次分析结果平均		不同测定之间的容许差距			
		半样品		全样品	
50%以上	50%以下	无稃壳种子或非黏滞性种子	有稃壳种子或黏滞性种子	无稃壳种子或非黏滞性种子	有稃壳种子或黏滞性种子
93.00～93.99	6.00～6.99	2.43	2.56	1.7	1.8
92.00～92.99	7.00～7.99	2.59	2.73	1.8	1.9
91.00～91.99	8.00～8.99	2.74	2.90	1.9	2.1
90.00～90.99	9.00～9.99	2.88	3.04	2.0	2.2
88.00～89.99	10.00～11.99	3.08	3.25	2.2	2.3
86.00～87.99	12.00～13.99	3.31	3.49	2.3	2.5
84.00～85.99	14.00～15.99	3.52	3.71	2.5	2.6
82.00～83.99	16.00～17.99	3.69	3.90	2.6	2.8
80.00～81.99	18.00～19.99	3.86	4.07	2.7	2.9
78.00～79.99	20.00～21.99	4.00	4.23	2.8	3.0
76.00～77.99	22.00～23.99	4.14	4.37	2.9	3.1
74.00～75.99	24.00～25.99	4.26	4.50	3.0	3.2
72.00～73.99	26.00～27.99	4.37	4.61	3.1	3.3
70.00～71.99	28.00～29.99	4.47	4.71	3.2	3.3
65.00～69.99	30.00～34.99	4.61	4.86	3.3	3.4
60.00～64.99	35.00～39.99	4.77	5.02	3.4	3.6
50.00～59.99	40.00～49.99	4.89	5.16	3.5	3.7

四、实训报告

1. 填写种子净度分析记录表(表 3-3)。

表 3-3　净度分析记录表

方法	样品质量/g	纯净种子质量/g	废种子及其他植物种子质量/g	杂质(夹杂物)质量/g	净度/%
重复 1					
重复 2					
重复 3					
平均					

2. 写出测定种子净度时应注意的问题。

五、成绩评定及考核方式

根据实训报告及实训表现综合评分。

技能实训 3-2　种子千粒重的测定

一、实训目的要求

学会测定计算种子千粒重的方法，并进一步了解种子千粒重对种子质量的影响和相关关系。

二、实训材料用品

经过净度检验并混合均匀的药用植物种子、分样板（或直尺）、种子检验板、天平（感量 1 g、0.1 g、0.01 g、0.001 g）、毛刷、胶匙、镊子、培养皿、小尺、盛种容器等标签纸牌等。

三、实训内容方法

1. 抽取测定样品

采用千粒法，以净度分析后的全部纯净种子充分混匀后倒在种子检验板上，用四分法随机（一定注意要避免人为的舍弃）用手或数粒仪取两个重复，大粒种子每个重复 500 粒，中、小粒种子数 1 000 粒。

2. 称重

用规定感量的天平对计数后的测定样品进行称重，并将结果记入种子千粒重测定记录表。各重复称量精度同净度分析时的精度。

3. 计算

如两份样品的质量差在平均质量的 5%以内时，两份样品的平均质量即为该样品的千粒重。若两份样品的质量差超过平均质量的 5%时，应再数取第三份样品称重，直至达到要求。

四、实训报告

1. 填写种子千粒重测定记录表（表 3-4）。

表 3-4　种子千粒重测定记录表

重复	千粒重/g
重复 1	
重复 2	
重复 3	
平均	

2. 写出测定种子千粒重时应注意的问题。

五、成绩评定及考核方式

根据实训报告及实训表现综合评分。

技能实训3-3　种子含水量的测定

一、实训目的要求

掌握低恒温烘干法测定种子含水量的操作技术及计算方法。

二、实训材料用品

本地区主要药用植物种子2～3种、恒温箱、温度计、干燥器、样品盒、坩埚钳、取样匙、天平(感量0.001 g)、量筒等。

三、实训内容与方法

1. 样品盒准备

将2个样品盒编号、烘干、称量并记录。

2. 提取测定样品

从要求测定含水量的送检样品中随机分取两份测定样品。每份样品质量为:样品盒直径小于8 cm时取4～5 g;直径等于或大于8 cm时取10 g。大粒种子(每千克小于5 000粒)以及种皮坚硬的种子(豆科),每个种子应当切成小片,再取5～10 g作为测定样品。测定样品分别装入样品盒后,连盖称重,记下读数,以克为单位,保留3位小数。

3. 烘干

将装有测定样品的样品盒放入已经预热至(103±2) ℃的烘箱中烘干(17±1)h。注意待烘箱回升至所需温度时再开始计算烘干时间,达到规定的时间后,迅速盖好样品盒的盖子,并放入干燥器里冷却30～45 min。冷却后,称出样品盒(连盖)及样品的质量,记下读数。

4. 结果计算

含水量以质量分数表示,用下式计算并保留一位小数。

$$含水量=(m_2-m_3)\div(m_2-m_1)\times100\%$$

式中:m_1——样品盒和盖的质量(g);m_2——样品盒和盖及样品的烘干前质量(g);m_3——样品盒和盖及样品烘干后的质量(g)。

两份测定样品测定结果不能超过容许差距(表3-5),如超过容许差距,必须重新测定。

表3-5　含水量测定两次重复间的容许差距　%

种子大小类别	平均原始水分		
	<12	12～25	>25
小种子	0.3	0.5	0.5
大种子	0.4	0.8	2.5

注:含水量测定结果在质检书上填报,精度为0.1%;小种子是指每千克超过5 000粒的种子。

四、实训报告

1. 填写种子含水量测定记录表(表3-6)。

表 3-6　含水量测定记录表　g

容器号	1号	2号
容器质量		
容器及测定样品质量		
烘干后容器及测定样品质量		
测定样品质量		
水分质量		
含水量		
平均含水量		

2.说明低恒温烘干法和高恒温烘干法的主要区别。

五、成绩评定及考核方式

根据实训报告及实训表现综合评分。

技能实训 3-4　种子发芽率和发芽势的测定

一、实训目的要求

掌握种子发芽测定的操作技术及计算种子发芽率、发芽势的方法。

二、实训材料用品

本地区主要药用植物种子 3～5 种、发芽箱、发芽盒、滤纸、纱布、脱脂棉、镊子、温度计、取样匙、直尺、量筒、烧杯、甲醛、高锰酸钾、标签、电炉、蒸煮锅、蒸馏水、滴瓶、解剖刀、解剖针等。

三、实训内容与方法

1.测定样品的提取

从净度测定的纯净种子中用四分法分样，每个三角形中数取 25 粒种子组成 100 粒，共组成 4 个 100 粒，即为 4 次重复，分别装入纱布袋中。

2.消毒灭菌

为了避免霉菌感染，干扰检验结果，检验所使用的种子和各种物件一般都要经过消毒灭菌处理。

(1)检验用具的消毒灭菌　发芽盒、纱布、小镊子仔细洗净，并用沸水煮 5～10 min，供发芽试验用的发芽箱用喷雾器洒甲醛后密封 2～3 d 再使用。

(2)种子的消毒灭菌　目前常用的有甲醛、高锰酸钾。使用甲醛时，将纱布袋连同其中的种子测定样品放入小烧杯中。注入 0.15%的甲醛溶液，以浸没种子为度，随即盖好烧杯。20 min 后取出绞干，置于有盖的玻璃皿中 30 min，取出后连同纱布用清水冲洗数次，即可进行浸种处理。使用高锰酸钾时，用 0.2%～0.5%的高锰酸钾溶液浸 2 h，取出后用清水冲洗数次。

3. 浸种

多数药用植物种子不必浸种处理，但是落叶松、油松、马尾松、云南松、樟子松、杉木、侧柏、水杉、黄连木、胡枝子等，应用始温为 45 ℃水浸种 24 h；刺槐种子用 80～90 ℃热水浸种，待水冷却后放置 24 h，浸种所用的水最好更换 1～2 次。杨、柳、桉等则不必浸种。

4. 置床

将经过消毒灭菌、浸种的种子安放到发芽床上。常用的发芽床材料有纱布、滤纸、脱纸棉。一般中、小粒种子可在发芽盒中放上纱布或滤纸做床。

每个发芽盒床上整齐的安放 1 个重复的种子，种粒之间保持的距离相当于种粒本身的 1～4 倍，以减少霉菌感染。种粒的排放应有一定规则。在发芽盒不易磨损的地方贴上小标签，写明送检样品号、重复号、姓名和置床日期，然后将发芽盒盖好，放入指定的能调控温度、光照的发芽箱内。

5. 管理

经常检查测定样品及其水分、通气、温度、光照条件按 GB/T 41221—2021 中的规定执行。轻微发霉的种粒可以拣出用清水冲洗后放回原发芽床。发霉种粒较多时要及时更换发芽床或发芽容器。

6. 观察记录

发芽情况要定期观察记录。观察记录的间隔时间根据不同药用植物品种和样品情况自行确定，但初次计数和末次计数必须有记录。

发芽测定持续时间为末次计数时的天数，自置床之日起算，不包括预处理时间。

7. 计算发芽率和发芽势

发芽率按组计算，然后计算四组的算术平均值。当一个试验的四组重复间最低和最高发芽率之差在最大容许误差内，则认为结果是可靠的，以其平均值表示种子发芽率；如最低和最高发芽率之差超过最大容许误差，则需做第二次试验（表 3-7）。

表 3-7　同一发芽试验四次重复间的最大容许误差（2.5%的显著水平）

平均发芽率/%		最大容许误差/%
50%以上	50%以下	
99	2	5
98	3	6
97	4	7
96	5	8
95	6	9
93～94	7～8	10
91～92	9～10	11
89～90	11～12	12
87～88	13～14	13
84～86	15～17	14
81～83	18～20	15

续表 3-7

平均发芽率/%		最大容许误差/%
50%以上	50%以下	
78～80	21～23	16
73～77	24～28	17
67～72	29～34	18
56～66	35～45	19
51～55	46～50	20

（引自 GB/T 3543.4—1995）

四、实训报告

1. 填写种子发芽测定记录表（表 3-8），计算种子发芽率和发芽势。

表 3-8　种子发芽测定记录表

重复	发芽种子数	霉烂种子数	死亡种子数	未发芽种子数	发芽但生长不正常幼苗数
重复 1					
重复 2					
重复 3					
重复 4					
平均					

2. 说明测定种子发芽率在生产工作中的意义。

五、成绩评定及考核方式

根据实训报告及实训表现综合评分。

技能实训 3-5　药用植物种子生活力的快速测定

一、实训目的要求

1. 学会用 TTC 染色法快速测定药用植物种子的生活力。
2. 了解所采用测定方法的基本原理。

二、实训材料用品

本地区主要药用植物种子 3～5 种、种子检验板、恒温箱、烧杯、解剖刀、小镊子、手持放大镜、量筒、培养皿、解剖针、玻璃棒、胶匙、红四氮唑等。

三、实训内容与方法

1. 浸种

将待测种子用温水（30～35 ℃）浸泡 2～6 h，以增强种胚的呼吸强度，使显色迅速。

2.染色

随机取吸胀的种子4份，每份50粒。红花、蓖麻等具有外壳的种子需要去掉外壳；豆类种子要去皮，然后沿种胚的中央纵切两半，取一半备用，也可纵切3/4备用。将准备好的种子浸于0.1%～1%的TTC溶液中，以浸没种子为度，置于25～35℃恒温箱中0.5～1 h。可用沸水杀死种子作对照。

3.鉴定

染色结束后倾出TTC溶液，用自来水反复冲洗种子，然后逐个观察胚部着色情况。凡胚被染成红色的是活种子，死种胚完全不染色，或染色极淡。

另外，在以上两种类型中间有许多过渡类型，判别的要点是观察胚根、胚芽、盾片中部等关键部位是否染成红色。凡这几部分染成红色就是有生命力的种子；反之，则为无生命力的种子。

4.结果计算

生活力测定结果根据四个重复组的测定值计算，结果保留整数，重复组间最大容许误差与发芽测定的规定相同，最后以四组样品生活力测定结果的平均值为该种子批的生活力。

四、实训报告

填写种子生活力测定记录表（表3-9）。

表3-9　生活力测定记录表

重复	测定种子粒数	种子解剖结果				进行染色粒数	染色结果				平均生活力	备注
		腐烂粒	涩粒	病虫害粒	空粒		无生活力		有生活力			
							粒数	%	粒数	%		
1												
2												
3												
4												
平均												
测定方法：												

五、成绩评定及考核方式

根据实训报告及实训表现综合评分。

技能实训3-6　药用植物种子处理与催芽技术

一、实训目的要求

1.学会药用植物种子处理与催芽的方法。

2.理解药用植物种子处理与催芽的基本原理。

3. 掌握不同药用植物种子所采用的处理方法及催芽操作要点。

二、实训材料用品

本地种皮较厚和种皮具有蜡质的药用植物种子 3～5 种、搅拌棒、清洁纱布、热水、1%硫酸铜水溶液或 10%磷酸钠溶液或 2%氢氧化钠的水溶液、容器、温度计、培养皿、恒温培养箱等。

三、实训内容与方法

1. 热水烫种

选用经过充分干燥达到安全含水量的种子，先用冷水浸没种子，然后用 80～90 ℃的热水边倒边搅拌，使水温达到 70～75 ℃后保持 1～2 min，最后加冷水，逐渐降温至 20～30 ℃，水量不超过种子量的 5 倍，继续浸种。

2. 药水浸种法

选择 1%硫酸铜水溶液、10%磷酸钠、2%氢氧化钠的水溶液中的一种进行浸种。用清水把种子浸泡 4～6 h 后再放入配好的药水中，1%硫酸铜水溶液浸种 5 min 后捞出，用清水冲洗；10%磷酸钠或 2%氢氧化钠的水溶液则需浸种 15 min 后捞出洗净。

3. 催芽

将处理完的种子用常温水浸种至种子完成吸水，然后用湿纱布包好，放在培养箱内，将温度调节到发芽所需的适宜温度，每天冲洗 2 次并观察记录。

四、实训报告

观察种子处理与催芽情况，记录结果。

五、成绩评定及考核方式

根据实训报告及实训表现综合评分。

任务 2　营养繁殖

知识目标

- 了解药用植物营养繁殖的常用方法。
- 熟悉药用植物分离繁殖和压条繁殖。
- 掌握药用植物扦插繁殖和嫁接繁殖在生产中的应用。

能力目标

- 能进行分离繁殖和压条繁殖操作。
- 能保证较高的扦插繁殖和嫁接繁殖的成活率。
- 能针对不同的药用植物选择正确的繁殖方式，并能准确地完成各操作环节。

素质目标

- 培养学生热爱科学、实事求是的品质，使其具有创新意识、创新精神和良好职业道德。
- 培养学生分析问题和解决问题的能力。

相关知识

营养繁殖又称无性繁殖，是以植物营养器官为材料，利用植物的再生能力、分生能力以及与另一植物通过嫁接愈合为一体的亲和能力来繁殖和培育植物新个体。植物的再生能力是指植物体的一部分能够形成自己所没有的其他部分的能力，如叶扦插后可长出芽和根，茎或枝扦插后可长出叶和根。植物的分生能力是指植物能够长出新的营养个体的能力，包括一些特殊的变态器官，如鳞茎、球茎、根状茎等。采用扦插、压条、分株等方法繁殖的苗称为自根苗；用嫁接方法繁殖的苗称嫁接苗。

营养繁殖不是通过两性细胞的结合，而是由分生组织直接分裂的体细胞所得的新植株，故其遗传性与母体一致，能保持其优良性状。同时，新植株的个体发育阶段是在母体基础上的继续发育，发育阶段比种子繁育的实生苗高，有利于提早开花结实。如山茱萸、酸橙、玉兰等木本药用植物用种子繁殖，苗木生长慢、开花结果晚；若采用结果枝条扦插、嫁接繁殖可提早 3～4 年开花结实。对无种子的、有种子但种子发芽困难的，以及实生苗生长年限长、产量低的药用植物，采用营养繁殖更为必要。但营养繁殖苗的根系不如实生苗的发达(嫁接苗除外)且抗逆能力弱，若长久使用营养繁殖，植株易发生退化、生长势减弱等现象。因此，在生产上应有性繁殖与无性繁殖交替进行。常用的营养繁殖方法有分离、压条、扦插、嫁接等。

一、分离繁殖

分离繁殖是将植物的营养器官如根茎或匍匐枝切割而培育成独立新个体的一种繁殖方法，此法简便，成活率高。

(一)分离繁殖的类型

1. 分株繁殖

分株繁殖是利用根上的不定芽、茎或地下茎上的芽产生新梢，待其地下部分生根后，切离母体，成为一个独立的新个体(图 3-4)。凡是易生根蘖或茎蘖的植物都可以用这种方法繁殖。如牡丹、芍药、砂仁、射干等。

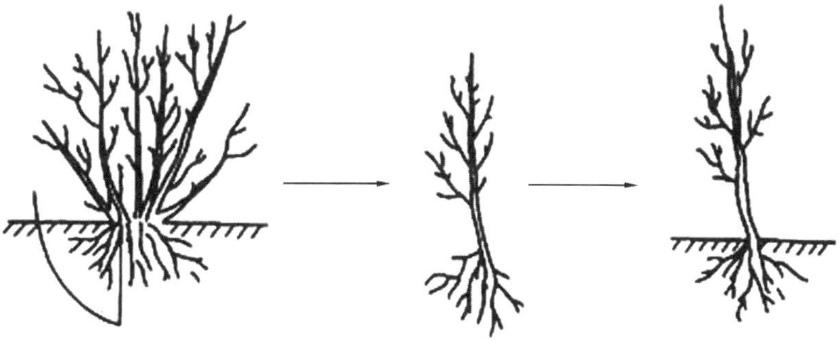

图 3-4　分株繁殖

分株繁殖基本上分两大类，一类是利用根上的不定芽产生根蘖，待其生根后，即成为一个连接母体的新个体。春、秋季切离母体后，即可栽植。另一类是由地下茎或匍匐茎节上的芽或茎基部的芽萌发新梢，待其生根后，也成为一个连接母株的新植株，切离母体后，即成为独立的新个体。

2. 变态器官繁殖

根据繁殖材料采用母株部位的不同，可分为根茎（如薄荷、款冬、甘草等）、块茎（如天南星、半夏等）、球茎（番红花等）、鳞茎（如百合、贝母等）、块根（如地黄、何首乌、白及等）、珠芽（如芦荟、景天、拟石莲花、凤梨、卷丹、黄独、半夏等）等。

（二）分离时期

分株繁殖的时期一般在春、秋两季。春天在发芽前进行，秋天在落叶后进行，具体时间依各地气候条件而定。花木类要注意分株对开花的影响。一般夏、秋开花的宜在早春萌发前进行，春天开花的则在秋季落叶后进行。这样在分株后能保证有足够的时间使根系愈合并长出新根，有利于生长，且不影响开花。变态器官繁殖一般南方春、秋均可进行，北方宜在春季进行。

（三）分离方法

在繁殖过程中要注意繁殖材料的质量，分割的苗株要有较完整的根系。球茎、鳞茎、块茎、根茎应肥壮饱满，无病虫害；块根和块茎材料在分割后，先晾 1～2 d，使伤口稍干，或拌草木灰，促进伤口愈合，减少腐烂。为提高成活率，要及时栽种。栽种时，对球茎和鳞茎类材料，芽头要朝上，分株和根茎类根系要舒展，覆土深浅应适度。

萌芽力和根蘖力强的树种，会自然分蘖，但为了提高分蘖的数量，有时需要采取一些促进分蘖的措施。常用的方法是行间开沟，切断水平根，施肥、填平、灌水，促发更多根蘖苗。

二、压条繁殖

压条繁殖是将母株上的一部分枝条压入土中或用其他的湿润材料包裹，促使枝条的被压部分生根，然后与母株分离，成为独立的新植株。新植株在生根前，其养分、水分、激素等均由母株提供，且新梢埋入土中又有黄化作用，故较易生根。其缺点是繁殖系数低，对母株有伤害。

压条时期可分休眠期压条和生长期压条。休眠期压条在秋季落叶后或早春发芽前，利用 1～2 年生成熟枝条进行压条。生长期压条是在生长季节中进行，一般为雨季时（华北为 7—8 月，中南为春夏多雨时节）采用当年生枝条压条。压条依其埋条的状态、位置及其操作方法的不同，分为普通压条、堆土压条、空中压条 3 种方法。

（一）普通压条

适用于枝条离地面近且容易弯曲的植物。根据埋土的状态，普通压条又分为以下三种方法。

1. 单枝压条

将母株上近地面的 1～2 年生枝条弯曲压入土中生根。先将欲压的枝条弯曲至地面，再挖一深约 8 cm、宽 10 cm 的浅沟，距母株近的一端挖成斜面，以便顺应枝条的弯曲，使其与土壤密贴，沟的另一端挖成垂直面，以引导枝梢垂直向上，沟内最好加入松软肥沃的土壤并稍踏实，在枝条入沟和沟上弯曲处分别插一木钩或竹钩予以固定，露出地面的枝条，需用支柱扶直。生根后与母体分离栽植。此法适用于杜仲、玉兰等（图 3-5）。

2. 波状压条

此法与单枝压条相似，所不同的是被压枝条常缩成波浪形屈曲于长沟中，而使各露出地面部分的芽抽生新枝，埋于地下的部分产生不定根成为新植株。其目的是充分利用繁殖材料，提高繁殖系数。此法适用于枝条长而柔软或为蔓性的植物，如连翘、忍冬、蔓荆子等。一般于秋、冬间进行压条，次年秋季即可分离母体。在夏季生长期间，应将枝梢顶端剪去，使养分向下方集中，有利于生根。

3. 水平压条

水平压条又称沟压、连续压或水平复压，是我国应用最早的一种压条法，适用于枝条较长而且生长较易的植物，如忍冬、连翘等。此法的优点是能在同一枝条上得到多数植株，其缺点是操作不如弯曲压条法简便，各枝条的生长力往往不一致，而且易使母体趋于衰弱。通常仅在早春进行，一次压条可得 2～3 株苗木（图 3-6）。

图 3-5　单枝压条

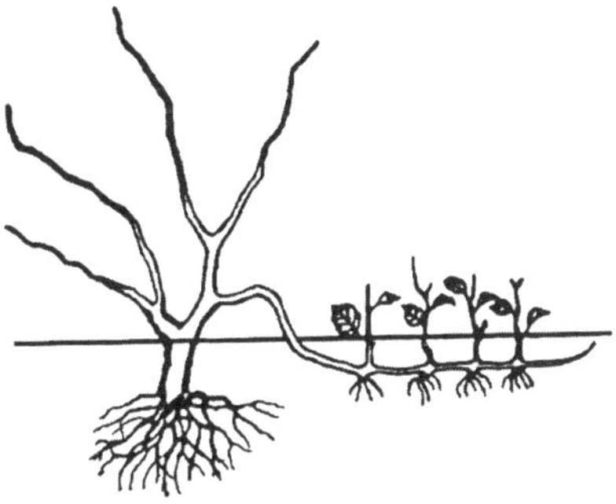

图 3-6　水平压条

（二）堆土压条

堆土压条又称直立压条或壅土压条。采用堆土压条，母株需具有丛生多干的性能。在其平茬截干后，覆土堆盖，待覆土部分萌发枝条，于生根后分离。每一枝条均可成为一新植株，这一方法所得苗比其他方法多。适合堆土压条的植物有栀子、贴梗木瓜、玉兰等。堆土压条可在早春发芽前对母株进行平茬截干，截干高度距地面越短越好。如是乔木于树干基部留 5～6 个芽处剪断，灌木可自地际处抹头，使其萌发新枝。堆土时期依植物的种类不同而异。对于嫩枝容易生根的植物如贴梗海棠，可于 7 月间利用当年生半成熟的新枝条埋条。分离一般在晚秋或早春进行（图 3-7）。

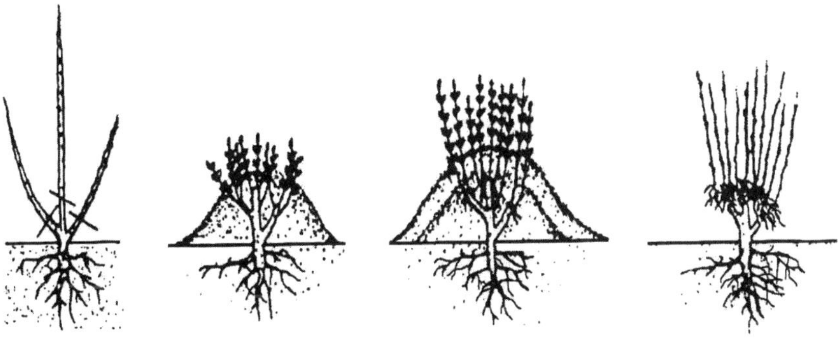

图 3-7　堆土压条

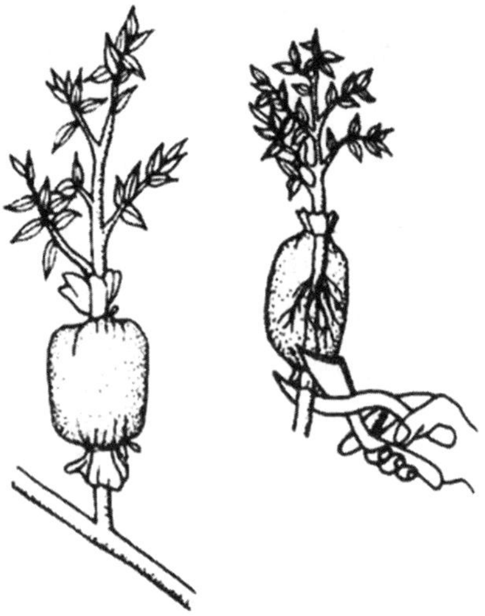
图 3-8 空中压条

(三)空中压条

凡是木质坚硬、枝条不易弯曲或树冠太高、基部枝条缺乏、不易发生根蘖的树种,均可用此法繁殖。具体做法是:在母株上选 1～2 年生枝条将其压条处刻伤或环割,将松软细土和苔藓混合后裹上,外用薄膜包扎,上、下两头捆紧,或用从中部剖开的竹筒套住,其内填充细土。要经常给压条处浇水以保持泥土湿润,待长出新株后,便与母株分离栽植。适用此法的植物有酸橙、佛手等(图 3-8)。

为使压条及时生根,特别是对不易生根,或生根时间较长的植物,可采用技术处理,促进其生根,常用的方法有刻伤、环割、软化、生长调节剂处理等。

分离压条的时间一般在早春或秋末进行。分离较粗的压条时,最好分次割断,以避免死亡。对与母体割离的新植株,移植后应注意灌水、施肥、遮阳和防寒等工作。

三、扦插繁殖

扦插是人为剪取植株的根、茎、叶等部分营养器官,插入土、沙或其他基质中,在适宜的环境条件下,使基部产生不定根,上部发出不定芽,培育成完整植株的繁殖技术。扦插用的枝条叫作插穗,通过扦插成活的新植株称为扦插苗。

(一)扦插方法

扦插依插穗材料不同可以分为枝插、根插和叶插。在生产上,枝插方法应用广泛,根插次之,叶插较少。

1. 枝插法(图 3-9)

(1)硬枝扦插

①插穗的采集与贮藏。一般于深秋落叶后至来年早春树液开始流动之前,从优良品种母树上采集生长健壮、芽体饱满且无病虫害的 1～2 年生枝条。同一植株上,插材要选择母树中上部、向阳充实的枝条,且节间较短,芽头饱满,枝叶粗壮。在同一枝条上,硬枝扦插选用枝条的中下部,因为中下部贮藏的养分较多,而梢部组织不充实。但常绿树种则宜选用充分木质化的带饱满顶芽的梢作插穗。采集枝条后一般通过低温湿沙贮藏至扦插,要保证休眠芽不萌动。

②剪插穗。将枝条剪成带 2～3 个芽、20 cm 左右长的插穗,有些长势强健的枝条也可保留 1 个芽。除了要求带顶芽的插穗外,一般树种的接穗上切口为平口,离最上面一个芽 1 cm 为宜,而干旱地区可为 2 cm,若距离太短,插穗上部易干枯,影响发芽。常绿树种应保留部分叶片。容易生根的树种下切口可采用平切口,生根较均匀,斜切口则常形成偏根;对有些植物,为扩大吸收面积和促进愈伤组织形成,可采用双斜切口或踵状切口,并力求下切口在芽的附近。踵状切口一般是在接穗下带 2～3 年生枝时采用。上、下切口一定要平滑。

③基质的选择。除了水插外,插条均要插入一定的固体基质中,对基质的要求是:渗水性

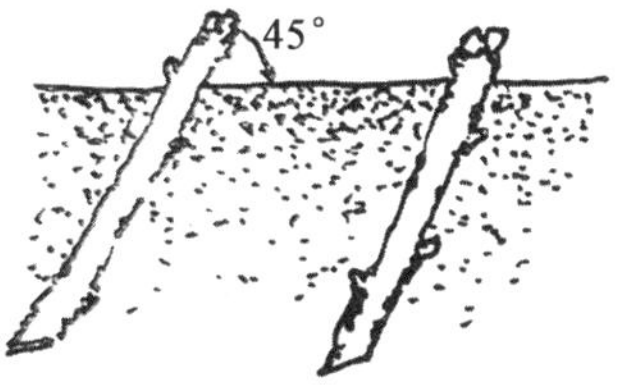

一般硬枝扦插

软枝扦插（一）

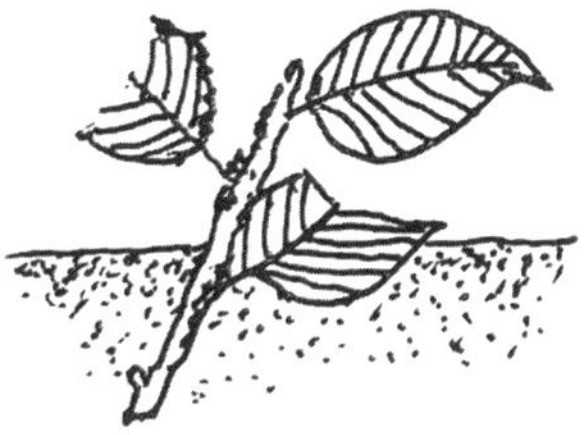
软枝扦插（二）

芽叶插

图 3-9　枝插法

好，有一定的保水能力，升温容易，保温良好。基质种类很多，有园土、培养土、山黄泥、兰花泥、砻糠灰、蛭石、河沙等。对于较粗放管理的药用植物，一般插入园土或培养土中，喜酸性土的药用植物可插入山黄泥或兰花泥，生根较难的花木则宜插在砻糠灰、蛭石或河沙中。

④催根与扦插。扦插前进行催根处理既能提高生根率，又能延长生育期，使苗木健壮，催芽的方法是在温床的底部铺上一层马粪等酿热物，待温度上升至 25 ℃以上时将插穗成捆立于床内，要提前浸泡使插穗吸足水分，用湿锯末或湿沙添满空隙，只露上部芽眼，气温控制在 10 ℃以下，避免发芽，约 20 d 后即可形成愈伤组织和根原始体，待室外气温上升至 25 ℃以上后可将插穗直插于已备好的苗床上，将插穗上部 1～2 个芽露出土壤或基质，切忌直接用插穗向下用力插入，以防止损坏基部愈伤组织。插床的准备基本同播种，扦插前灌足水。

对于易生根的木本药用植株也可不进行催根处理，待温度适宜时直接将插穗插入苗床，但这种扦插方式最好用地膜覆盖，以提高地温，促进愈伤组织形成和生根，主要的做法是用将插穗透过地膜插入土壤或基质中，将插穗顶部 1～2 个芽露于地膜上，并将插穗周围压实。对较难生根的植株，目前最常用的催根措施是应用生长素类植物生长调节剂处理以促进生根，常用的有萘乙酸（NAA）、ABT 生根粉等，如 NAA 1 000～2 000 mg/L 速蘸插穗基部数秒或 20～200 mg/L 处理插穗基部数小时，不同木本植株的处理浓度和处理时间各异，应以实验为基础确定。有的硬枝扦插要经过特殊处理（图 3-10）。

⑤插后管理。水、肥、气、热是插穗成活和生长的必需条件，直接影响插穗的生根成活和苗木的生长，水分条件更是关键因子，要注意合理灌溉，以保持土壤湿润，保证苗木的水分供应。在插穗愈合生根时期，要及时松土除草，使土壤疏松湿润，通气良好，提高地温，减少水分蒸发，以促进插穗生根和成活。但插穗长出许多新梢时，应选留一个生长健壮、方位适宜的新梢作为主干培养，抹除多余的萌条。除萌应及早进行，以避免木质化后除萌造成苗木出现伤口。

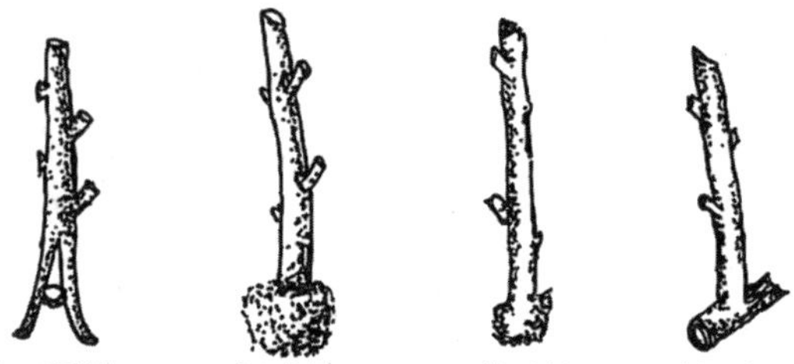

图 3-10 硬枝扦插特殊处理方法

(2)嫩枝扦插

插条为尚未木质化或半木质化的新梢,随采随插的扦插方式就是嫩枝扦插,也称绿枝扦插。插穗一般保留 1～4 个节,长度 5～15 cm,插穗下切口位于叶或腋芽之下以利于生根,上端则保留顶梢。阔叶木本植物扦插时,为减少水分蒸腾,将插穗下部的叶片适当摘除,上部叶片须保留,若叶片过大可再将留下的叶片剪掉 1/3～1/2,针叶树的针叶可以不去掉。插穗入土深度以其长度的 1/3～1/2 为宜。插穗一般随采随插,不宜贮藏。用相当于插条粗度的枝条和木棍,按一定的株行距插洞,洞的深度为插条长的 2/3,顺着插洞插入插条,再用双手将插条两侧的土按实,使之与土壤密贴。嫩枝扦插后需要适度遮阳和保持湿度,使床面经常保持湿润状态和一定的空气湿度。可利用全光照自动间歇喷雾装置对空气加湿,使嫩枝扦插的插穗在一定光照条件下,空气相对湿度为 80%～90%、插床基质保持适度湿润和良好通气状态,可获得较好的生根效果。嫩枝扦插的苗床基质最好在扦插前进行消毒。

若插条仅有 1 芽附 1 片叶,这种扦插方式称作芽叶插,芽下部带有盾形茎部 1 片,或 1 小段茎,扦插时插入沙床中,仅露芽尖即可,插后盖上薄膜,防止水分过量蒸发。叶插不易产生不定芽的种类,宜采用此法,如山茶、橡皮树、天竺葵等。

(3)草质茎扦插

此类插穗用于容易发根的草本植物如天竺葵、菊花和许多热带药用植物。草本药用植物在生长期随时都可以取插穗,容易发根,尤其在插穗水分充足时。取插穗后将插穗基部插于温暖(24～32 ℃)、无通风装置的环境,且在长出新根前要喷雾保湿。由于栽培种类和栽培品种不同,插穗生根时间多为数天或数周。插穗的基质温度若能保持在 25 ℃的恒温状态,可缩短生根时间并且可使生根情况一致。当插穗形成愈伤组织和生根后,应当减少喷雾频率,以降低病害风险和锻炼强化插穗。

2. 根插法

根插法是切取植物的根插入或埋入土中,使之成为新个体的繁殖方法,又称为分根法,根据根入土情况,可分为全埋根插和露顶根插(图 3-11)。凡根上能形成不定芽的药用植物都可以进行根插繁殖,如杜仲、厚朴、山楂、枣树、补血草、使君子、杜梨、榅桲、海棠果、牛舌草等。下面以枣为试材,说明根插法。

(1)取插穗　于休眠期选取粗 0.5～1.5 cm 的一年生根为插穗。

(2)削插穗　将所选的一年生粗壮根截成 15～20 cm 的根段,上切口为平口,下切口为斜形,于春季扦插。

(3)扦插　插时多是定点挖穴,将其直立或斜插埋入土中,根上部与地面基本持平,表面覆

1～3 cm 厚的锯末或覆地膜，经常浇水保湿，待不定芽发生后移植。对于某些草本植物如牛舌草、剪秋萝、宿根福禄考等根段较细的植物，可把根剪成 3～5 cm 长，撒播于苗床，覆沙土 1 cm，保持湿润，待不定芽发生后移植。

a.全埋根插　　b.露顶根插

图 3-11　根插法

3. 叶插法

叶插是以叶片或带叶柄叶片为插材，扦插后通常在叶柄、叶缘和叶脉处形成不定芽和不定根，最后形成新的独立个体的繁殖方法。这种方法适用于虎尾兰属、秋海棠属、景天科、苦苣苔科、胡椒科等具粗壮的叶柄、叶脉或肥厚叶片的植物。叶插按所取叶片的完整性可分为全叶插和片叶插；按叶片与基质接触的方式又可分为平置法和直插法。叶插后需要适度遮阳和保持湿度，使床面经常保持湿润状态和具有一定的空气湿度。

(1)全叶插　插材为带叶柄的完整叶片或不带叶柄的完整叶片，根据扦插方法的不同又可分为直插法和平置法。直插法是将叶片的叶柄部分插入基质中，叶片直立，最后叶柄基部发生不定根和不定芽，如大岩桐、非洲紫罗兰、豆瓣绿、球兰等。平置法则是将叶片去柄，将叶片上的粗壮叶脉用刀切断数处，平铺于基质上面，用竹针等插入叶片以使叶片背面与基质密切接触，在每个切断处发生幼小植株，如秋海棠属和景天科的许多植物。

(2)片叶插　片叶插通常采用直插法，即将一个叶片切成数块，每一块直立于基质中，一般在下切口处生根长芽，最后形成新植株，如虎尾兰、蟆叶秋海棠等常采用此法。注意一定要将叶的形态学下方插于基质中，以保持温度和湿度。

(二)影响扦插生根成活的因素

1. 内部因素

(1)植物种类　不同药用植物扦插生根的能力有较大差异，常分为极易生根类、较易生根类、较难生根类和极难生根类。无花果、石榴、柠檬、香橼、龙柏、连翘、菊花、天竺葵以及仙人掌科植物茎段扦插生根较易，而板栗、核桃等枝条扦插生根很难。山楂、酸枣根插易生根，而枝插不易生根。同一植物的不同品种枝条扦插发根难易程度也不同，如美洲五味子中的杰西卡和爱地朗两个品种发根较难。

(2)树龄、枝龄和枝条部位　一般情况下，树龄越大，插条生根越难。发根难的木本植株，如从实生幼树上剪取枝条进行扦插，则较易生根。插条的年龄，以一年生枝条的再生能力最强，一般枝龄越小，扦插越易成活。但有的木本植物用二年生枝条扦插容易生根，如醋栗。从一个枝条不同部位剪截的插条，其生根情况也不一样。常绿木本植株，春、夏、秋、冬四季均可扦插；落叶木本植株夏、秋扦插，以树体中上部枝条为宜；冬、春扦插以枝条的中下部为好。

(3)枝条的发育状况　凡枝条发育充实的枝条，其营养物质比较丰富，扦插容易成活，生长也较好。嫩枝扦插应在插条刚开始木质化即半木质化时采取，硬枝扦插多在秋末冬初和营养状况较好的情况下采条，草本植物应在植株生长旺盛时采条。

(4)贮藏营养　枝条中贮藏营养物质的含量和组分与生根难易有关。通常枝条碳水化合物越多，生根就越容易。如五味子插条中淀粉含量高的发根率达 63%，中等含量的发根率达 35%，含量低的发根率仅有 17%。枝条的含氮量过高会影响生根数目，低氮可以增加生根数，但缺氮会抑制生根。硼对插条的生根和根系的生长有良好的促进作用，应对采取插条的母株补充必需的硼。

(5)激素　生长素和维生素对生根和根的生长有促进作用。由于内源激素与生长调节剂的运输方向具有极性运输的特点，如枝条插倒，则生根处仍是枝段的形态学下端，因此，扦插时应特别注意不要将插穗倒插。

(6)插穗的叶面积　叶片能合成生根所需的营养物质和激素，因此插条的叶面积大对扦插生根有利。但在插条未生根前，叶面积越大，蒸腾量越大，插条容易失水枯死。所以扦插时，应依植物种类及条件，为有效地保持吸水与蒸腾的平衡关系，应限制插条上的叶数和叶面积，一般留 2～4 片叶，大叶种类要将叶片剪去一半或一半以上。

2. 外在因素

(1)生根基质　理想的生根基质要求通水透气性良好，pH 适宜，可提供营养元素，既能保持适当的湿度，又能在浇水或大雨后不积水，而且不带有害的细菌和真菌。生产上采用蛭石、砻糠灰、泥炭等。

(2)温度　一般木本药用植物扦插时，白天气温达 21～25 ℃、夜间气温在 15 ℃时就可以满足插条生根需要。扦插基质在 10～12 ℃条件下可以萌芽，但生根则要求土温 18～25 ℃，或略高于平均气温 3～5 ℃。如果土温偏低，或气温高于土温，扦插虽能萌芽但不能生根，由于先长枝叶大量消耗营养，反而会抑制根系发生，导致死亡。在我国北方，春季气温高于土温，扦插时要采取措施提高土壤温度，使插条先发根，如用火炕加热、马粪酿热或用电热温床。南方早春土温回升快于气温，要掌握时间抓紧扦插。

(3)湿度　插条在生根前失水干枯是扦插失败的主要原因之一。因为新根尚未生成，无法顺利供给水分，而插条的枝段和叶片因蒸腾作用不断失水，因此要尽可能保持较高的空气湿度，以减少插条和插床的水分消耗。尤其是嫩枝扦插，高湿可减少叶面水分蒸腾，使叶子不致萎蔫。插床湿度既要适宜，又要透气良好，一般维持土壤最大持水量的 60%～80%。可采用自动控制的间歇性喷雾装置，可维持空气中高湿度而使叶面保持一层水膜，降低叶面温度，其他如遮阴、塑料薄膜覆盖等方法，也能维持一定的空气湿度。

(4)光照　光对根系的发生有抑制作用，使枝条基部埋于土中避光，才可刺激其生根。硬枝扦插生根前可以完全遮光，嫩枝带叶扦插需要有适当的光照，以利于光合作用制造养分，促进生根，但要避免日光直射。同时，扦插后适当遮阴，可以减少扦插基质的水分蒸发和插条的水分蒸腾，使插条的水分保持平衡。但遮阴过度，又会影响土壤温度。

(5)氧气　扦插生根需要氧气。插床中水分、温度、氧气三者是相互依存、相互制约的。土壤中水分多，会引起土壤温度降低，并挤出土壤中的空气，造成缺氧，不利于插条愈合生根，也易导致插条腐烂。一般扦插基质气体中以含 15%以上的氧气且保有适当水分为宜。

(三)促进插条生根成活的方法

1.机械处理

有剥皮、纵刻伤、环剥、缢伤等方法,主要用于不易成活的木本药用植物扦插。

(1)剥皮　对木栓组织比较发达的枝条,如五味子,或较难发根的木本药用植物,插前可将表皮木栓层剥去,注意勿伤及韧皮部,对促进发根有效。剥皮后能加强插条皮部吸水能力,幼根也容易长出。

(2)纵刻伤　用利刀或手锯在插条基部第1～2节的节间划5～6道纵切口,深达木质部,可促进节部和茎部断口周围发根。

(3)环剥　剪枝条前15～20 d,对母株上准备采用的枝条基部剥去宽1.5 cm左右的一圈树皮,在其环剥口长出愈合组织而又未完全愈合时,即可剪下进行扦插。

(4)缢伤　剪枝条前1～2周,对作插穗的枝条用铁丝或其他材料绞缢。

剥皮、纵刻伤、环剥、缢伤之所以能促进生根,是由于处理后生长素和糖类积累在伤口区或环剥口上方,加强了呼吸作用,提高了过氧化氢酶的活动,从而促进细胞分裂和根原体的形成,有利于促发不定根。

2.黄化处理

对不易生根的枝条在其生长初期用黑纸、黑布或黑色塑料薄膜包扎枝条,使叶绿素消失,组织黄化,皮层增厚,薄壁细胞增多,生长素积累,有利于根原基的分化和生根。黄化处理耗时费事,适用于生根困难的特殊木本植株的扦插繁殖。

3.浸水处理

将休眠期插条置于清水中浸泡12 h左右,使之充分吸水,达到饱和生理湿度,插后可促进根原始体形成,提高扦插成活力。有些植物枝条中含有树脂,常妨碍插条切口愈伤组织的形成且抑制生根。可将插条浸入30～35 ℃的温水中2 h,使树脂溶解,促进生根。

4.加温处理

早春扦插时,插条常因温度低而生根困难,需加温催根,方法有温床和冷床两种。

(1)温床催根　即用塑料薄膜温床、阳畦和火炕等加温。方法是:床底部铺一层沙或锯木屑,厚3～5 cm,将插条成捆直立埋入,捆间用湿沙或锯木屑填充,但顶芽要露出。插条基部温度保持在20～28 ℃,气温最好是在8～10 ℃及以下,经常喷水保持较高湿度。该处理利于根原体迅速分生,芽生长缓慢。另外,还可用电热线等热源增温。

(2)冷床倒插催根　一般在冬末春初进行。利用春季地表温度高于坑内温度的特点,将插条倒放于坑内,用沙子填满孔隙,并在坑面上覆盖2 cm沙,使倒立的插穗基部的温度高于插穗梢部,这样为插穗基部愈伤组织的根原基形成创造了有利条件,从而促进生根,但要注意水分控制。该方法可操作性差。

5.化学药剂处理

有些化学药剂也能有效地促进插条生根。如乙酸、磷酸、高锰酸钾、硫酸锰、硫酸镁等。高锰酸钾溶液处理插条,可以促进氧化,使插条内部的营养物质转变为可溶状态,增强插条的吸收能力,加速根的发生,一般采用的浓度为0.03%～0.1%,对嫩枝插条用0.06%左右的浓度处理为宜。处理时间依植物种类和生根难易不同,生根较难的处理10～24 h,较易生根的处理

4～8 h。维生素 B_1 和维生素 C 对某些种类的插条生根有促进作用。硼可促进插条生根，与植物生长调节剂合用效果显著，如 IBA 50 mg/L 加硼 10～200 mg/L，处理插条 12 h，生根率可显著提高。2%～5%蔗糖液及 0.1%～0.5%高锰酸钾溶液浸泡 12～24 h，也有促进生根和成活的效果。

6. 生长调节剂处理

常用的植物生长调节剂有萘乙酸(NAA)、吲哚乙酸(IAA)、吲哚丁酸(IBA)等。处理方法有液剂浸渍和粉剂蘸粘。应用该方法时注意：生长调节剂浓度过大时，其刺激作用会转变为抑制作用，使有机体内的生理过程遭到破坏，甚至引起中毒死亡。

(1)液剂浸渍　配成水溶液，不溶于水的，先用酒精配成原液，再用水稀释，分高浓度(500～1 000 mg/L)和低浓度(5～200 mg/L)两种。低浓度溶液浸泡插条 4～24 h，高浓度溶液快蘸 5～15 s。

(2)粉剂蘸粘　一般用滑石粉作稀释填充剂。配合量为 500～2 000 mg/L，混合 2～3 h 即可使用。将插条基部用清水浸湿、蘸粉后扦插。

此外，ABT 生根粉是多种生长调节剂的混合物，是一种高效、广谱性促根剂，可应用于多种药用植物扦插促根。一般 1 g 生根粉能处理 3 000～6 000 根插条。生根粉共有三种型号，其中 1 号生根粉，用于促进难生根植物插条不定根的诱导，如金茶花、玉兰、山楂、海棠、枣、银杏等；2 号生根粉用于一般木本药用植物苗木的繁育，如月季、茶花、葡萄、石榴等；3 号生根粉用于苗木移栽时的根系恢复和提高成活率。

7. 其他处理

一些营养物质也能促进生根，如蔗糖、葡萄糖、果糖、氨基酸等。丁香、石竹等插条下端用 5%～10%蔗糖溶液浸泡 24 h 后扦插，生根成活率显著提高。一般来说，单用营养物质促进生根效果不佳，配合生长素使用效果更为明显。

四、嫁接繁殖

将一种植物的枝或芽接到另一种植物的茎或根上，使之愈合生长在一起并形成一个独立的新个体，称嫁接繁殖。供嫁接用的枝或芽叫接穗或接芽，承受接穗的植株叫砧木。

(一)嫁接的意义

(1)利用砧木根系对土壤及气候的适应性，提高植株整体对环境的适应性。例如，利用抗病性强的砧木培育幼苗，可以有效控制多种植物的病虫害。在木本药用植物的生产中，利用抗性砧木可以提高树木的抗寒性、抗旱性、抗涝性、抗盐碱性。

(2)利用处于生理成熟期的接穗或接芽枝条，通过嫁接可以促使提早结果。例如，银杏实生苗需要生长 18～20 年才开始结果，而嫁接后 3～4 年便可结果；山茱萸实生苗需 8～10 年才开始开花结果，20 年后方进入盛果期，但嫁接苗只需 2～3 年即可结果，10 年后便进入盛果期。

(3)利用特殊性状砧木，例如，树木矮化砧可以改变树体生长特性，引起树木生长方式革新，可矮化密植，促进成花，提早结果，增加产量，改善品质；用乔化砧，能使树冠高大，防止早衰。

(4)利用雌雄异株或异花授粉，通过嫁接异株枝条，可以使雌雄异株变成雌雄同株，或者一株多品种，从而减少人工授粉用工量。

(5)利用靠接或桥接技术，恢复根系受害或树皮受伤植株的生长，延长其经济寿命。

(二)嫁接愈合原理

当接穗嫁接到砧木上后，在砧木和接穗伤口的表面，死细胞的残留物形成一层褐色的薄膜覆盖着伤口。在愈伤激素的刺激下，伤口周围的细胞及形成层细胞旺盛分裂，并使褐色的薄膜破裂，形成愈伤组织。愈伤组织不断增加，接穗和砧木间的空隙被填满后，砧木和接穗愈伤组织的薄壁细胞便相互连接起来。愈伤组织不断分化，向内形成新的木质部，向外形成新的韧皮部，进而使导管和筛管也相互沟通，这样砧木和接穗就结合为统一体，形成一个新的植株。

(三)影响嫁接成活的因素

1.砧木和接穗的亲和力

亲和力是指砧木和接穗经嫁接后能愈合并能正常生长的能力。具体是指两者在内部组织结构、生理和遗传特性等方面的相似性和差异性。嫁接能否成功，亲和力是其最基本的条件。亲和力越强，嫁接愈合性越好，成活率越高，生长发育越正常。

亲和力强弱，取决于砧木和接穗之间的亲缘关系的远近。一般说来，亲缘关系越近，亲和力越强。所以，嫁接时接穗和砧木的配置要选择近缘植物。

2.嫁接的时期和环境条件

嫁接时期对嫁接成活率影响很大。枝接一般在植物休眠期进行，多在春、冬两季，以春季最为适宜。春、夏、秋三季都可进行芽接，当皮层能剥离时就可开始，但以夏、秋季较为适宜。嫁接的时期主要与气温、土温及砧木与接穗的活跃状态有密切关系。要根据木本植株特性和方法要求，选择适期嫁接。不宜选择雨季、大风天气嫁接。嫁接时一般以 20～25 ℃的温度为宜，接口应保持一定湿度。嫁接部位包扎要严密，保持较高湿度有利于愈伤组织形成。

3.砧木、接穗质量和嫁接技术

砧木和接穗发育充实，生长健壮，贮藏营养物质较多时，嫁接易成活。草本植物或木本植物的未木质化嫩枝也可以嫁接，但要求较高技术。

嫁接技术要求快、平、准、紧、严，即动作速度快，削面平，形成层对准，包扎捆绑紧，封口要严。

(四)嫁接方法

药用植物的嫁接常用枝接和芽接。枝接包括切接、劈接、腹接、插皮接等；芽接包括“T”形芽接、嵌芽接等。

1.枝接

枝接的接穗既可以是一年生休眠枝，也可以用当年新梢，同样，嫁接时砧木既可处于未萌发、即将解除休眠的状态，也可以处于正在生长的状态。因此。按照接穗与砧木的生长状况有以下四种类型：一是硬枝对硬枝，即接穗为休眠的一年生枝，个别木本植株也可用多年生枝，砧木为即将解除休眠或已展叶的硬枝；二是嫩枝对硬枝，即接穗为当年新梢，砧木为已展叶的硬枝；三是嫩枝对嫩枝，即接穗和砧木均为当年新梢，四是硬枝对嫩枝，即将保持不发芽的一年生硬枝嫁接到当年新梢上。其中第一种方法应用最为普遍,各种木本药用植物基本都采用,其嫁接的时期以春季萌芽前后至展叶为主,保持接穗不发芽的前提下,嫁接时期晚一点成活率更高,但不能过晚。其他三种方法只适用于五味子等少数木本植物。

(1)劈接　接穗基部削成两个长度相等的楔形削面,两削面长约 3 cm,外侧稍厚于内侧。将砧木在嫁接部位剪断或锯断,削平切口后,用劈刀在砧木中心纵劈一刀,深 3～4 cm。用劈刀将切口撬开,插入接穗,厚侧在外,薄侧向里,并使接穗的外侧形成层与砧木的形成层对准,接穗削面上端微露,然后用薄膜条将所有的伤口全都包严,以防失水过多影响成活。较粗的砧木可以同时接入两个接穗,以利于伤口的愈合(图 3-12)。

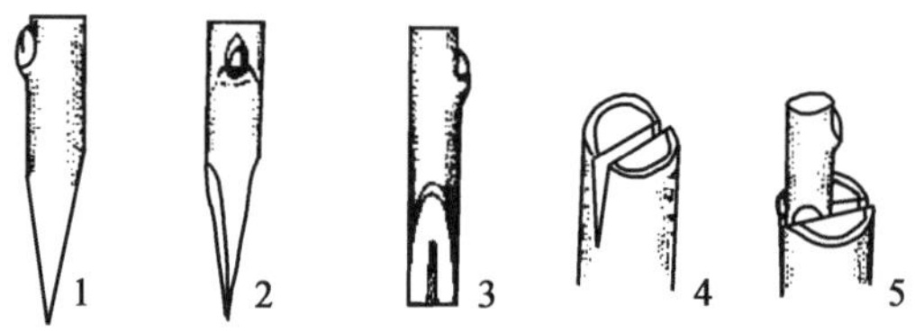

1.接穗正面　2.反面　3.侧面　4.砧木劈口　5.插入

图 3-12　劈接

(2)切接　接穗长 5～8 cm ,有 2～3 个饱满芽,过长的接穗萌芽后生长势较弱。将接穗基部削成一长一短两个削面,长削面 2～3 cm,与顶芽同侧,对面的短削面长 1 cm 左右。砧木在距地面 5～8 cm 平滑处剪断,削平截面后,选皮层平整光滑面由截口稍带木质部处垂直向下纵切 2～3 cm,长削面向里插入接穗,砧穗形成层对准,用薄膜条等绑缚即可(图 3-13)。

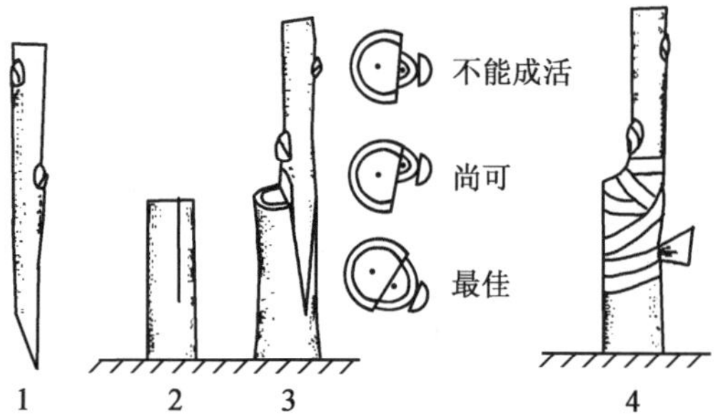

1.削接穗　2.劈砧木　3.形成层对齐　4.包扎

图 3-13　切接

(3)腹接　又称腰接,即在砧木腹部的枝接。砧木不在嫁接口处剪截,或仅剪去顶梢,待成活后再剪除上部枝条。接穗留 2～3 个芽,与顶端芽的同侧做长削面,长 2～2.5 cm ,对侧做短削面,长 1.0～1.5 cm,类似于切接接穗的削面。在砧木嫁接部位,选择平滑面,自上而下斜切一刀,切口与砧木约呈 45°角,深达木质部,为砧木直径的 1/3 左右,将接穗长削面与砧木内切面的形成层对准插入切口,用薄膜条包扎嫁接口即可(图 3-14)。

(4)插皮接　又称皮下接,砧木易离皮时采用。将接穗基部与顶端芽同侧的一面削成长 3 cm 左右的单面舌状削面,在其对面下部削去 0.2～0.3 cm 的皮层形成一小斜面。将砧木在嫁接部位剪断，削平切口，用与接穗削面近似的竹签自形成层处垂直插下，取出竹签后插入刚削好的接穗，也可沿皮层韧皮部纵切，接穗沿纵切线插入。接穗的削面应微露，然后用薄膜条绑缚(图 3-15)。

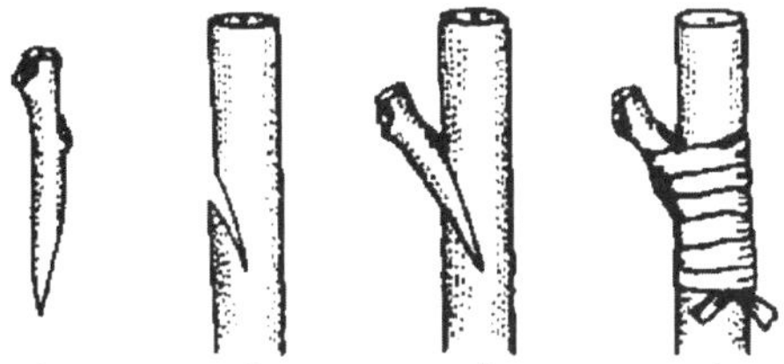

1.削接穗　2.削砧木

3.插接穗　4.绑缚

图 3-14　腹接

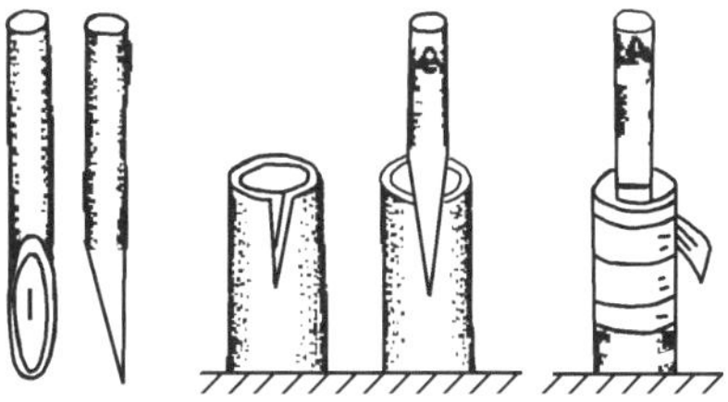

1.削接穗　2.削砧木

3.插接穗　4.绑缚

图 3-15　插皮接

2.芽接

对于芽接来说，无论是接穗还是砧木，最常用的繁殖材料是当年的新梢，因此，芽接一般是在形成层细胞分裂最旺盛的时期进行，其中6—9月份是主要的时期。也有一些利用休眠芽作接穗在春季或早夏进行芽接的。

(1)"T"形芽接法　又叫盾状芽接和"丁"字形芽接，在砧木和接穗均离皮时进行。剪取当年生新梢，用手或修枝剪去除叶身，仅留叶柄。接穗上端向上，手持接穗，先在芽上方0.5 cm左右处横切一刀，将1/3以上接穗皮层的完全切断，然后在芽的下方1～2 cm处下刀，略倾斜向上推削到横切口，用手捏住芽的两侧，左右轻摇掰下芽片。芽片长度为1.5～2.5 cm，宽0.6～0.8 cm，不带木质部。芽体处于芽片正中略靠上。将砧木离地3～5 cm处切开"T"形切口，纵切口应短于芽片，宽度应略宽于芽片，用芽接刀柄拨开皮层，插入芽，芽片的上端对齐砧木横切口，切忌留有空隙或与砧木皮层重叠。接芽插入后用薄膜条从下向上绑紧，芽片的上切口与砧木的横切口更好地紧密接触，但要求芽眼和叶柄露出(图 3-16)。

(2)嵌芽接法　带木质部芽接的一种方法，在砧木和接穗不离皮时进行。接穗上端向下，手持接穗，先在接穗的芽上方0.8～1.0 cm处向下斜切一刀，长约1.5 cm，然后在芽下方0.5～0.8 cm处，呈30°角斜切到第一刀口底部，取下带木质部的芽片。芽片长1.5～2.0 cm。按照芽片大小，在砧木上由上向下切一切口，切口比芽片稍长，将芽片嵌入切口中，注意芽片上端必须微露出砧木皮层，以利于愈合。尽量使接穗形成层下部和两侧与砧木对齐，若砧木和接穗的粗度不一致，至少一侧要对齐，最后用薄膜条从上向下绑缚，使芽片的下切口与砧木的下切口更好地紧密接触(图 3-17)。

(3)草本芽接法　多用于双子叶草本植物的嫁接。包括砧木和接穗的准备、嫁接等步骤。

①砧木的准备。砧木播于穴盘或塑料钵中。当砧木第一片真叶展开时为嫁接适宜时期。嫁接时，先用刀片或竹签消除砧木的真叶及生长点，然后用与接穗下胚轴粗细相同、尖端削成楔形的竹签，从砧木右侧子叶的主脉向另一侧子叶方向朝下斜插深约1 cm。以不划破外表皮，隐约可见竹签为宜。

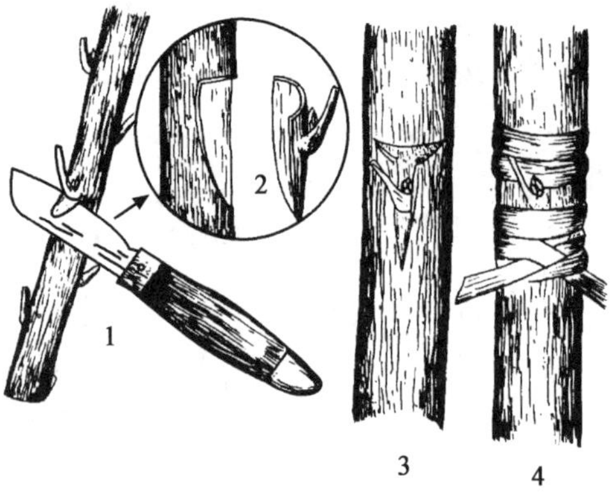

1. 削取芽片；2. 取下的芽片；3. 插入芽片；4. 包扎

图 3-16 "T"形芽接

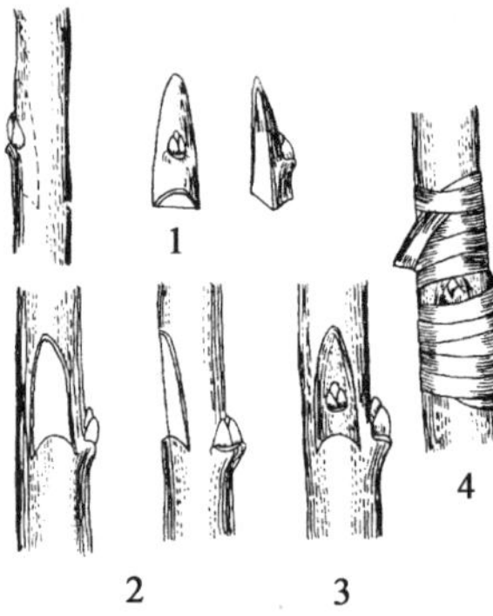

1. 削接芽；2. 削砧木接口；3. 插入接芽；4. 绑缚

图 3-17 嵌芽接

②接穗的准备。顶插接法的接穗一般比砧木晚播 7～10 d，一般在砧木出苗后接穗浸种催芽。当接穗两片子叶展开时，用刀片在子叶下 1～1.5 cm 处削成斜面长 1 cm 的楔形面。

③嫁接。将插在砧木上的竹签拔出，随机将削好的接穗插入孔中，接穗子叶与砧木子叶呈"十"字状（图 3-18）。

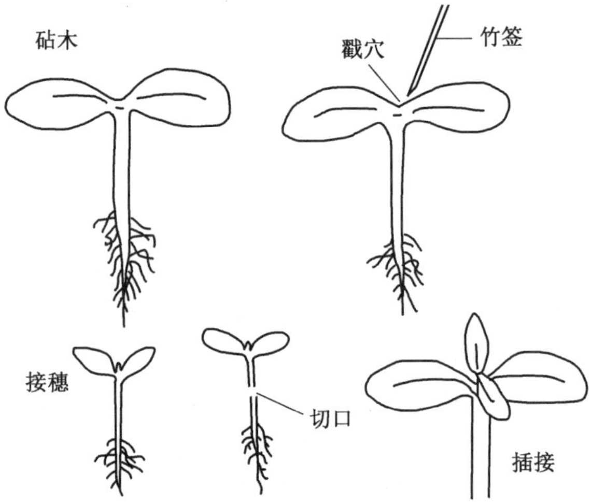

图 3-18 草本芽接法

嫁接机器人技术是近年在国际上出现的一种集机械、自动控制与嫁接技术于一体的高新技术，它可在极短的时间内，把双子叶植物苗茎秆直径为几毫米的砧木、接穗的切口嫁接为一体，使嫁接速度大幅度提高；同时由于砧木、接穗结合迅速，避免了切口长时间氧化和苗内液体的流失，从而大大提高嫁接成活率。

（五）嫁接后的管理

对于木本药用植物来说，嫁接后的管理相对比较简单。除了及时检查成活率及适时补接外，还包括解除绑缚物、剪砧、除萌蘖以及苗圃内整形等。

对于草本药用植物而言，由于嫁接所用的砧木和接穗都处于生长状态，而且许多嫁接苗将用于设施条件下的生产栽培，因而加强嫁接后温、湿、光等环境条件的控制是嫁接成功的关键。

1. 温度管理

温度过低或过高均不利于接口愈合，影响成活率。早春低温季节嫁接育苗应在温床（电热温床或火道温床）中进行，待伤口愈合后即可转入正常的温度管理。

2. 湿度管理

嫁接伤口愈合前，应常浇水，减少蒸发，使空气湿度保持在90%以上，待成活后再转入正常湿度管理。

3. 光照调控

嫁接后3～4 d内需要全遮光处理，以防产生高温，同时也能保持较高湿度。但是，遮光时间不可过长，否则会影响嫁接苗光合作用，苗耗尽养分，以致死亡。全遮光后应逐渐改为早晚见光，并随着愈合过程进行，不断增加光照时间。实践表明，在弱光条件下，日照时间越长越好，10 d后可恢复到正常管理。

4. CO_2与激素处理

设施环境内施用CO_2可使嫁接苗生长健壮。当CO_2浓度从0.3 mg/kg提高到10 mg/kg时，成活率可提高15%。因CO_2的增加使幼苗光合作用增强，可以促进嫁接部位组织的融合。另外，嫁接口用一定浓度的外源激素处理，也可明显提高嫁接苗的成活率。实验研究表明，NAA+KT(1∶1)、2,4-D+BA(1∶1)或2,4-D+KT(1∶1)，浓度为200 mg/L处理较适宜。

任务实施

技能实训3-7　药用植物压条与分株繁殖技术

一、实训目的要求

掌握药用植物压条繁殖和分株繁殖的主要技术要点；定期进行检查管理，了解新苗形成和发育规律。

二、实训材料用品

连翘、忍冬、凌霄、山茱萸、辛夷、贴梗木瓜、栀子、丹参、鸢尾、唐菖蒲、牡丹、芍药、百合等当地常见药用植物；细绳、修枝剪、手锯、刻刀、基质（肥沃园土、苔藓、锯末）、吲哚丁酸、萘乙酸、生根粉、塑料薄膜等。

三、实训内容与方法

1. 压条繁殖

(1)普通压条　从忍冬、连翘等母株中选靠近地面的枝条，在其附近挖沟，沟与母株的距离以能将枝条的下部弯压在沟内为宜，沟的深度与宽度，一般为15～20 cm，沟挖好后，将待压枝条的中部弯曲压入沟底，用带有分杈的枝棍将其固定。固定之前先在弯曲处进行环剥，以利于生根。环剥宽度以枝蔓粗度的 1/10 左右为宜。枝蔓在中段压入土中后，其顶端要露出沟外，在弯曲部分填土压平，使枝蔓埋入土的部分生根，露出地面部分则继续生长。秋末冬初将生根枝条与母株剪离，即成一独立植株。

(2)堆土压条　在早春发芽前对母株进行平茬截干，截干高度距地面越短越好。贴梗木瓜于树干基部留 5～6 个芽处剪断，栀子可自地际处抹头，使其萌发新枝。堆土时间依植物的种类不同而异。对于嫩枝容易生根的，如贴梗木瓜，可于 7 月间，利用当年生半成熟的新枝条埋条。分离时期一般在晚秋或早春。

(3)空中压条　在春季或雨季选充实的山茱萸、辛夷的二、三年生枝条，在枝条的 1/3～1/2 处进行环剥，环剥后用 5 000 mg/L 的吲哚丁酸或萘乙酸涂抹伤口，以利于伤口愈合生根，再于环剥处敷以保湿生根基质(苔藓)，用塑料薄膜包紧。两三个月后即可生根。待发根后即可剪离母体而成为一个新的独立植株。

2. 分株繁殖

以牡丹为例，牡丹没有明显的主干，为丛状灌木，很适合分株，也较简便易行。其优点是成苗快，新株生长迅速；缺点是繁殖系数小，苗木规格大小不一，商品性差。

(1)分株时间　牡丹分株一般于 9 月上旬(白露)到 10 月上旬(寒露)进行，牡丹有秋生根的习性，这期间的低温非常适合新根系的形成。

(2)分株方法　牡丹生长 3 年即可进行分株繁殖，以 4～5 年生为宜。将母株从地里挖出，去掉泥土、病根、伤根，晾晒 1～2 d，使根部失水变软，这样分株时不易伤根。分株时应注意观察根部纹理，顺其自然之势用双手拉开，或用剪刀、斧凿等剪开、劈开，一般 4～5 年生母株可分 3～5 株，多者可分 5～8 株。每棵分株苗地上部应带有 1～3 个枝条或 2～3 个萌蘖芽(俗称"土芽")，下部应带有 3～5 条主根和部分细根，使枝根比例适当，上下均衡。分株苗上部的老枝栽前应在根颈上部 3～5 cm 处剪去，如果分株苗没有萌蘖芽或萌蘖芽太少、瘦弱，剪除部位以下应留有 2～3 个潜伏芽。剪去老枝的目的主要是避免老枝的叶、花对根内养分的消耗，促进分蘖及增强分株苗的生长势。

(3)分株苗的栽植方法　由于分株苗在分株时形成许多创伤面，为避免病虫侵害，栽植前应用药剂预防，方法是将分株苗在甲基异柳磷与绿亨一号(或甲基立枯磷、多福等)的混合液中速蘸，晾干后即可栽植。同时，为刺激新生根系的生成，可在混合液中加入 50～200 mg/L 的吲哚丁酸、萘乙酸等生根剂，可以促进生根，增强生长势，特别是分栽较晚时更为明显。

(4)管理　将栽植地块施足底肥，深耕整平，按株行距栽植，如果是生产催花用苗木，株行距以 70 cm×70 cm 为宜，如果是生产观赏性品种的苗木，株行距以 60 cm×60 cm 为宜，如果是建造专门的牡丹园，株行距以 80 cm×80 cm 或更大些为宜。栽植穴深浅依分株苗大小而定，一般深为 30～50 cm，穴口直径为 18～24 cm，穴底略小于穴口直径。栽植时，一手将苗垂直放入穴中，另一手将根向四周分开，使其均匀舒展，勿使根部弯曲。然后一手轻轻提苗，另一手向坑内填土，待土填到坑的一半时，用手将苗轻轻向上一提，使苗的根颈位置稍低于地平面 2 cm 左右，并轻轻左右摇动，使细土与根密接，再将土填满、捣实，只有栽植穴内的土壤与根系密接，才能有效提高成活率，否则容易"吊死"或活而不旺。栽植后用松土将栽植穴封成一个土丘，土丘一般高出地面 15～20 cm，作用是保温、保墒。

四、实训报告

1. 按表3-10和表3-11记录实训结果。

表3-10　压条实训记录表

种类名称	压条日期	压条株数	生根情况			成苗株数	成活率/%	未成活原因
			生根部位	根数	平均根长			

表3-11　分株实训记录表

种类名称	分株日期	分株株数	生根情况			成苗株数	成活率/%	未成活原因
			生根部位	根数	平均根长			

2. 对分株及压条情况进行统计，计算成活率，总结分析成败的原因。

五、成绩评定及考核方式

根据实训报告及实训表现综合评分。

技能实训3-8 药用植物扦插繁殖技术

一、实训目的要求

熟悉扦插育苗的程序，掌握基质配制、整地、插穗的选择、插穗处理、扦插等各重要环节的操作方法，以提高插穗的成活率。

二、实训材料用品

连翘、忍冬、菊花、丹参等当地常见药用植物插穗；IBA、IAA或ABT生根粉等植物生长调节剂；修枝剪、手锯、嫁接刀、磨石、水桶、地膜或薄膜等。

三、实训内容与方法

1. 选择基质并整地

容器育苗可选择轻质壤土、河沙、苔藓等作栽培基质。栽培基质用高压灭菌锅进行湿热灭菌1.5 h，用福尔马林熏蒸或紫外灯对育苗盘进行杀菌。将基质平铺于育苗盘上，10 cm厚，浇透水备用。也可根据药用植物实际情况和现实条件，选择适宜的基质并整地，然后做畦或装箱。

2. 剪截插穗

(1)硬枝扦插　选择生长健壮且无病虫害的1～2年生枝条，一般于深秋落叶后至次年芽萌动前采集；落叶树种一般以中下部插穗成活率高，常绿树种则宜选用充分木质化的带饱满芽的梢作插穗为好。将插穗截成带有1～4个饱满芽，长约20 cm枝段，上口剪平，离最上面一个芽1 cm为宜，常绿树种应保留部分叶片。下口剪成斜面，要求切口平滑。

(2)绿枝扦插　是指用尚未木质化或半木质化的新梢随采随进行扦插。插条最好选自生长健壮的幼年母树，并以开始木质化的当年生嫩枝为最好。插穗一般须有3～4个芽，长10～20 cm，剪口在节下，保留叶片1～2片。

3. 激素处理

将IBA或IAA用少量酒精溶解，配成50～100 mg/kg浓度的溶液。如果插穗量小，可用一般容器，如果量大，可以选择地面平整的地方，用砖围成方形浅池(或容器)，深10～12 cm，再用宽幅双层薄膜铺垫。将配制好的溶液倒入浅池(或容器)内，保持3 cm左右的深度。将插穗按同一方向把基部弄整齐，捆成小捆，整齐地放在池内，浸泡12～24 h。

4. 扦插

按要求的株行距进行扦插，注意及时浇水保湿和遮阴，可搭塑料小棚。

5. 检查成活率

根据不同植物的特性，按规定的时间到田间检查成活率。

四、实训报告

1. 记录操作步骤。

2. 根据统计的成活率，总结分析扦插成败的原因。

五、成绩评定及考核方式

根据实训报告及实训表现综合评分。

技能实训 3-9　药用植物嫁接繁殖技术

一、实训目的要求

掌握主要的嫁接方法和操作技术，能熟练进行药用植物的硬枝嫁接，提高嫁接的成活率。

二、实训材料用品

银杏、牡丹、玉兰等当地常见木本药用植物接穗及适宜的砧木；塑料薄膜条与保湿材料或地膜；修枝剪、手锯、芽接刀、切接刀、劈接刀、磨石、水桶等。

三、实训内容与方法

1. 确定嫁接时期

硬枝嫁接多在植物休眠期进行，以早春为宜，根据当地实际情况确定嫁接时间。

2. 训练嫁接方法

(1)教师示范　老师取当地常见木本药用植物枝条进行切接、劈接等嫁接方法的示范。

(2)学生练习　练习时单人操作，先进行离体嫁接，开始是不限时练习，当熟练到一定程度以后，进行限时练习，在规定的时间内，每种嫁接方法嫁接一定数量后上交检查。然后是实体嫁接，每种嫁接方法每人嫁接一定数量后，老师根据嫁接情况进行点评。

3. 接穗采集

选择生长健壮、具有饱满芽的 1 年生发育枝作接穗，可结合冬季修剪采集，经冬季贮藏后供春季嫁接使用。在接前采集，要学会接穗采集、处理与临时存放的方法。

4. 嫁接实际操作

根据当地条件选择用 1～2 种嫁接方法，在规定时间内嫁接一定数量的嫁接苗，统计每人嫁接数量。要求严格按技术要求独立进行操作。

5. 检查成活率

嫁接后，利用课余时间检查成活情况，统计成活率。后期进行嫁接后的其他管理，如补接、解绑、除萌等。

四、实训报告

1. 记录操作步骤。

2. 对嫁接情况进行统计，计算成活率，总结分析嫁接成败的原因。

五、成绩评定及考核方式

根据实训报告及实训表现综合评分。

【思考与练习】

1. 分离繁殖的类型有哪些?
2. 压条繁殖有哪些重要方法?
3. 扦插方法有哪些?促进插条生根成活的方法有哪些?
4. 嫁接方法有哪些?影响嫁接成活的因素有哪些?

项目 4

药用植物种植

【学习要点】

1. 药用植物土壤耕作技术。
2. 药用植物田间管理。
3. 药用植物病虫害的综合防治。

项目 4 课程 PPT

【知识导图】

- 药用植物种植
  - 药用植物土壤耕作技术
    - 基本耕作技术
    - 表土耕作技术
  - 药用植物育苗及栽植
    - 播种
    - 苗床管理
    - 移栽
  - 田间管理
    - 间苗、定苗与补苗
    - 中耕、培土和除草
    - 追肥
    - 灌溉与排水
    - 打顶与摘蕾
    - 整枝与修剪
    - 搭支架
    - 覆盖和遮阴
    - 抗寒防冻
    - 防高温
  - 病虫害防治
    - 药用植物的病害
    - 药用植物的虫害
    - 药用植物病虫害的综合防治

任务1　药用植物土壤耕作技术

知识目标

- 了解土壤基本耕作技术。
- 掌握表土耕作技术。

能力目标

- 能识别表土耕作质量。
- 能够正确地进行表土耕作。

素质目标

- 培养学生热爱祖国、服务人民、崇尚科学、辛勤劳动、艰苦奋斗的良好品质。
- 培养学生分析问题和解决问题的能力。

相关知识

土壤耕作技术是根据植物生长对土壤的要求，利用机械或农机具，为植物创造良好的土壤耕层构造所采用的一系列技术措施的总称。其作用是调节土壤中水、肥、气、热等肥力因素之间的矛盾，提高土壤肥力；改变土壤物理性状；改良土壤结构；增强保水保肥能力；消灭杂草和病虫，为植物生长发育创造良好的环境条件。

在药用植物栽培过程中，需要采取多种土壤耕作技术。不同土壤耕作技术对土壤影响不同。根据对土壤耕层影响范围及消耗动力，可将耕作技术分为土壤的基本耕作技术和表土耕作技术两种类型。

一、基本耕作技术

土壤的基本耕作技术是影响整个耕层土壤的耕作技术，包括耕翻、深松耕和上翻下松 3 种方法。

（一）耕翻

耕翻也称翻耕或耕地，是使用有壁犁进行全耕层翻土。耕翻所用犁的结构和犁壁的形式不同，壁片的翻转有半翻垡、全翻垡和分层翻耕 3 种方法。半翻垡采用熟地型犁壁的犁，将垡片翻转 135°，垡片和地面呈 45°，适应熟地使用；全翻垡采用螺旋形犁壁将垡片翻转 180°，适用于耕翻牧草地、荒地、绿肥地的杂草严重地段；分层耕翻采用带小前犁的复式犁，将耕层的上下层分层翻转，能保证良好的翻地质量。

耕翻方式分内翻法和外翻法两种。内翻法也称闭垄耕作，即由某一地段的中间开始，机具从地块中心线左侧进入开始第一犁，至地头右向转弯，土垡向内翻，覆盖在中间，形成一个闭垄。外翻法也称开垄耕作，机具从耕作区右边缘开始第一犁，至地头抬犁左向转弯，至另一侧边缘犁第二犁，进行向心耕作，最后在地段中央形成一个开垄。

1. 耕翻深度

在药用植物生产中，一般翻耕深度在 15～20 cm，浅耕 10～15 cm，较深的达 20～25 cm。

深耕是创造植物生长理想土壤的基本措施之一，栽培药用植物宜深耕。我国农民对深耕极为重视，并积累了丰富的经验，例如"深耕细耙，旱涝不怕""耕地加一寸，强如施茬粪"等农谚，都反映了深耕对增产的作用。生产实践证明，在地表下 50 cm 的土层范围内，药材产量有随翻耕深度增加而提高的现象。耕地深度要根据药用植物种类、土壤特性和气候特点来决定。

深根性药用植物如黄芪、甘草、牛膝、山药等的翻耕宜深，浅根性植物如半夏、黄连、贝母等翻耕宜浅。

旱地土壤耕翻深度以 20～25 cm 为宜；黏土通透性差，深耕效果比沙性土壤明显；上黏下沙的土壤，不宜深耕，以免沙层翻上造成漏水、漏肥；上沙下黏的土壤，可以增加耕翻深度，使黏、沙混合以改善耕层土壤质地，增强保水保肥能力；土层肥沃深厚，耕翻深度不受土壤质地限制；肥力差的灰化土、白浆土则应采取逐年加大耕地深度的措施；土层浅薄、下层石砾多的土壤，不宜深耕，宜采取客土法加深耕作层；地下水位高的土壤，耕地时要保持与地下水的距离。

干旱地区不宜深耕，耕作深度仅限于 10～15 cm；多雨地区可深耕。雨季前耕地可深，耕后无降水补充的则宜浅；秋冬耕作宜深，春耕宜浅。

2. 耕翻时期

根据地域特点决定耕地时期，我国东北、西北、华北等地，冬季土地冻结，多在春、秋两季进行，即春耕和秋耕。春耕宜提早，对于因前作收获太晚或因其他原因没有秋耕的地块，第二年必须适时早耕翻，在土地解冻深度够"一犁"时即应进行；秋耕在植物收获后、土壤冻结前进行。各地经验认为，植物收获后及早秋耕有利于防止春旱，故有"秋耕无旱，越早越好"的农谚。长江以南地区，冬季比较温暖，许多药用植物可全年栽培，一般随收随耕，多数进行冬耕，要求前作收获后及时耕地。

深耕还应注意以下几点：

(1)不要一次把大量的生土翻上来。一般要求熟土在上，不乱土层。机耕应逐年加深耕层，每年加深 2～3 cm 为宜。

(2)与增施有机肥料结合起来，使肥土相融，深耕的效果更好。另外还要把翻沙压淤、翻淤压沙、黏土掺沙等改良土壤措施和深翻结合起来进行。

(3)适耕期翻耕，既不湿耕，也不干耕。

(4)有利于保持水土。药用植物用地多为坡地，应沿等高线种植，以减缓水流速度，防止水土流失。

(二)深松耕

用深松铲或凿形犁对土壤深松耕，深度 20～50 cm。深松耕能打破传统耕翻形成的坚实犁底层，不打乱土层，只将心土就地翻动，上下层不翻转变换，避免生土、熟土相混；深松耕的耕层构造呈虚实相间状态，具有良好的通气透水性，有利于贮水，适于干旱、半干旱地区采用；深松耕还可以打破犁底层，加厚耕作层，为植物创造一个疏松深厚的活土层，适用于有犁底层的农田。在山区、坡地采用深松耕有利于水土保持，在盐碱地实施深松耕后，增产效果明显。但深松耕不便于肥料和残茬的翻埋，易出现较多杂草，发生草荒。

(三)上翻下松

为了加深耕作层，又不让生土翻上来，生产上常采用两架普通犁进行前后套犁的分层耕法，即前犁耕翻后再用去掉犁壁的犁或松土铲松土。

此外还有土壤保护性耕作。土壤保护性耕作是以少耕和免耕为核心的技术体系，它以尽量减少对土壤的扰动为基本原则，以较低的能量投入，保持相对较高的作物产量，提高经济效益和生态效益。保护性耕作的基本内涵包括免耕、少耕及残茬覆盖。免耕法是指生产上不翻耕土地直接播种或者栽种作物的方法，就是除了播种，不再进行任何土壤耕作，一般是用特制的免耕播种机一次完成播种行内的灭茬、施肥、施农药(除草剂)、播种、镇压等操作，地表以残茬覆盖。少耕法是指将连年翻耕改为隔年翻耕或 2～3 年再翻耕以减少耕作次数，少耕法也往往伴随地面残茬覆盖。

二、表土耕作技术

表土耕作是借助于畜力、机械力改善土壤耕作层结构和表面状况的土壤耕作措施的总称，包括灭茬、耙地、旋耕、镇压、起垄、开沟、做畦、筑埂、中耕、培土等作业。多在耕地后进行，其耕作深度为 3～10 cm，是土壤耕作的辅助性措施。它的主要作用是：消除土壤经过耕翻出现的地面起伏不平、表土不够细碎、耕层过松等不良状况，达到地平土碎、上虚下实，有利于播种和种子出苗。有时，为了减少耕作次数，争取农时，也可以表土耕作代替基本耕作。在需要灌溉、排水的情况下，常在播种前做畦、起垄或开沟。由此可见，表土耕作既是基本耕作的补充，又是播种、出苗和田间管理的基础。

1. 耙地

耙地一般在作物收获后进行。多用圆盘耙、钉齿耙、刀耙、滚耙和“而”字耙进行。耙地有疏松表土、耙碎土块、破除板结、透气保墒、平整地面、混拌肥料、耙碎根茬、清除杂草以及覆盖种子等作用。北方地区在耙地后还常用轻型农具耢子耢地，形成干土覆盖层，以减少水分蒸发，并有平地碎土和轻度镇压作用。

2. 旋耕

旋耕是利用旋耕机进行整地的一种方法。我国南方地区近年来常用旋耕机进行整地，主要作用是切削、打碎土块、疏松混拌耕层土壤。广泛应用于旱地、水田和园田。与翻耕相比，旋耕碎土性强，旱耕土壤细碎，水耕表土松软起浆，耕后地面平整，一次能完成耕、耙、平、压等作业。可以压下绿肥和其他有机肥料，使土肥相融，均匀混合，提高肥效，但旋耕机的耕作深度一般为 10～14 cm，单用旋耕机进行耕作，往往会使耕层变浅。

3. 耢地

耢地又称耱地。其工具是用荆条、柳条编制的长方形耢，应用时可加重物，以增加质量。耙后耢地可把土地耢平，兼有平土、破碎土块和轻压的作用，在地表形成厚 2 cm 左右的疏松层，下面形成比较紧实的耕层，这是北方干旱地区或轻质土壤常用的保墒措施。

4. 镇压

镇压有压实土壤、压碎土块和平整地面的作用。适当镇压可防止土壤下陷，使种子与土壤密切接触，促进毛管水上升，以利于种子吸水萌芽，并使播种深度一致，出苗整齐粗壮。但盐碱地不宜镇压，以免引起返盐。镇压工具有石砘子、木磙和各种类型的镇压器，可根据具体要求选择使用。

5. 开沟、做畦、起垄、筑埂

开沟可在药用植物整个生育期进行。其作用是方便排灌，提高排灌质量；防渍排涝，利于降低地下水位，消除有毒物质等。

土壤翻耕之后，为了管理上的方便和植物生长的需要，整地后应随即做畦。畦的形式可分为高畦、平畦和低畦3种。高畦畦面比畦间步道高10～20 cm，具有提高土温，加厚耕层，便于排水等作用，适于栽培根及根茎类药用植物和雨水较多、地下水位高，地势低洼地区。平畦畦面与畦间步道相平，保水性好，一般在地下水位低、风势较强、土层深厚、排水良好的地区采用。低畦畦面比畦间步道低10～15 cm，保水力强。一般在降雨量少、易干旱地区或种植喜湿性的药用植物时采用。

畦的方向以南北向为宜，尤其是喜阳植物；在北风强烈的地区，为避免两侧植物受害，可采用东西向；在山坡或倾斜地段上，做畦应与坡向垂直，等高开行做畦或做梯田，以减缓坡度，利于保持水分和养分。畦的宽度一般以1.3～1.5 m为宜，要求畦面平整。

块根、块茎药用植物常用起垄栽培。起垄可加厚耕作层和提高土温，有利于地下器官的生长发育，也有利于排水和防止风蚀。起垄一般用犁和锄头进行操作，先犁一行沟将肥料施入，再在行沟两侧向内翻犁两犁，即形成垄。

另外，在坡地上筑埂有防止冲刷、减少水土流失的作用。

6. 中耕

中耕是在药用植物生长期间常用的表土耕作措施，尤其是目前不提倡施用除草剂的情况下，中耕工作更显重要。中耕有疏松表土、破除板结、增加土壤通气性、提高土温、减少地表水分蒸发、清除杂草、减少病虫危害的作用。中耕工具常用的有手锄、耠子、中耕犁、齿耙和其他各种耕耘器。

7. 培土

培土多应用于块茎、块根和高秆药用植物，常与中耕结合进行，将行间的土培向植株基部，逐步培高成垄。培土主要有固定植株、防止倒伏、增厚土层、防止表土板结、提高土温、改善土壤通气性、覆盖肥料、压埋杂草和促进根类向上伸长等作用。

任务实施

技能实训4-1　土壤耕作及其质量检查

一、实训目的要求

根据当地实际情况和药用植物生产的需要选择合适的耕作方法，能采用正确的方法对耕作质量进行检查。

二、实训材料用品

药用植物生产基地、拖拉机、配套农机具、旋耕机、锄头、锹、“而”字耙、直尺等。

三、实训内容与方法

(一)耕作

1. 平翻耕作

要求翻地、耙地和耢地时始终保持土地平整状态。耕作深度符合要求：浅翻(耕深14～

18 cm)、常规耕翻(耕深 20～22 cm)和深翻(耕深 22 cm 以上)。

2. 起垄作耕

要求垄高 14～18 cm,垄距 60～70 cm。

3. 旋耕

要求利用旋耕机一次完成耕、耙、平、压等作业。一般耕深 12～15 cm。

(二)土壤耕作质量标准

各地耕作时期、土壤耕作方法不同,耕作质量标准也不一样。本标准根据实际工作总结而来,仅供参考。

1. 平翻耕作

(1)耕深一致。按照不同的要求采取合理的耕深,误差为±1.5 cm。

(2)耕地直线度与耕幅一致。要求耕直,百米直线度≤15 cm,耕幅一致。

(3)不漏耕,不重耕。

2. 起垄作耕

(1)垄向直线度。垄形直,50 m 垄长直线度≤5 cm。

(2)垄距相等。垄体宽度按要求形成标准垄形。垄距误差为±2 cm。

(3)垄形整齐,不起垄块,地头整齐,垄到地边。

3. 旋耕

(1)旋耕深度。春旋耕深度 8～10 cm,秋旋耕深度 12～15 cm。

(2)土壤细碎,地面平整。

(3)根茬破碎。

(4)旋耕到地头、地边,不重、不漏。

(三)土壤耕作质量检查

土壤质量耕作检查包括耕深情况、地面平整情况、土垄翻转情况、肥料及植物残株等覆盖情况、漏耕重耕情况,以及地头整齐情况等。

1. 耕深检查

可在耕翻过程中检查,也可在耕后检查。每趟检查 2～3 次,每次要在相同地段的不同地点测量 5～6 个点,耕翻的平均深度与规定深度相差不超过 1 cm。

2. 地面平整性检查

首先垂直于耕地方向走一趟,检查沟、垄及翻垡情况,除开墒和收墒处的沟垄外,如结合处凸起,表明两行行程中有重耕;如有低洼,表明有漏耕。

3. 覆盖检查

检查前茬作物的残根,杂草是否覆盖平实,并要求覆盖一定深度,最好覆盖至 12 cm 以下。

4. 地头检查

检查地头是否整齐,有无剩边、剩角。

四、实训报告

根据生产某一药用植物,对指定地块进行土壤耕作,检查耕作质量,并对实训结果进行总结。

五、成绩评定及考核方式

根据实训报告及实训表现综合评分。

【思考与练习】

1. 土壤的基本耕作技术有哪些？
2. 表土耕作技术包括哪些具体内容？

任务 2　药用植物育苗及栽植

知识目标

• 掌握药用植物播种技术。
• 掌握药用植物的育苗方式和移栽方法。

能力目标

• 能够正确地进行药用植物的播种和育苗管理。
• 能准确地完成药用植物种子播种、育苗和移栽等操作。

素质目标

• 培养学生热爱祖国、服务人民、崇尚科学、辛勤劳动、艰苦奋斗的良好品质。
• 培养学生分析问题和解决问题的能力。

相关知识

一、播种

药用植物种子大多数可直播于大田，但有的种子极小，幼苗较柔弱，需要特殊管理。有的先在苗床育苗，培育成健壮苗株，然后按各自特性分别定植于适宜其生长的地方。药用植物播种可分为大田直播和育苗移栽。

（一）大田直播

1. 播种时期

适期播种不仅有利于满足发芽所需的各种条件，而且还能保证植物各个生育期处于最佳的生育环境，避开低温、阴雨、高温、干旱、霜冻和病虫害等不利因素，使之生育良好，获得优质高产。确定播种时期的原则，一般依据气候条件、栽培制度、品种特性、种植方式和病虫害发生情况综合考虑。

(1)气候条件　气温或地温是影响播期的主要因素。一般以当地气温或地温能满足植物发芽要求的时期，作为最早播种期。如在华北、西北地区，红花在地温稳定在 4 ℃时就可以播种，而薏苡、曼陀罗必须在地温稳定在 10 ℃以上播种。在确定具体播期时，还应充分考虑该种植物主要生育期、产品器官形成期对温度、光照的要求。像油菜、红花越冬期如果苗龄太小，则耐寒力弱，不利于次春早发；如果苗龄太大甚至快要抽薹，则冬季会被冻死。在干旱地区，土壤水分也是影响播期的重要因素，尤其是北方干旱地区，为保证种子正常出苗与保全苗，必须保证播期和苗期的墒情。

(2)栽培制度　间、套作栽培和复种对栽培植物播种时期都有一定要求，特别是多熟制地区，收种时间紧，季节性强，应以茬口衔接、适宜苗龄和移栽为依据，全面安排，统筹兼顾。药用植物和作物、蔬菜搭配种植(两熟或三熟)时，必须保证播期、苗龄、栽期“三对口”。一般根据前作收获期决定后作移栽期，按照后作移栽期和苗龄的要求，确定好后作播种育苗期。间作栽培应根据适宜共生期长短确定播期。一般情况下，地块只种一种植物时播期较早，间作播期较迟；育苗移栽的播期要早，直播的可迟。

(3)品种特性　品种类型不同，生育特性有较大的差异，播期也不一样。大多数药用植物播种可在春季或秋季进行，一般春播在3—4月份，秋播在9—10月份。一年生草本药用植物多为春播，如薏苡、决明、荆芥、紫苏等。二年生草本药用植物多为秋播，如菘蓝、红花、川芎、白芷等。多年生草本药用植物有春播、夏播、秋播，如甘草、黄芪、桔梗等宜春播；细辛、天麻、平贝母等宜夏播；番红花、紫草等宜秋播。耐寒性较强或种子具休眠特性的药用植物如人参、北沙参等宜秋播。核果类木本药用植物如银杏、山茱萸等多秋播或冬播。有些短寿命种子宜采后即播，如北细辛、肉桂等。因栽培目的不同，播种期也不同，如牛膝以收种子为目的者宜早播，以收根为目的者应晚播；板蓝根为低温长日照作物，收种子者宜秋播，收根者宜春播，并且春季播种不能过早，防止抽薹开花。

2. 播种方式

药用植物播种方式有条播、点播、撒播和精量播种。大田直播以条播、点播、精量播种为宜。苗床育苗则以撒播、条播为宜。

条播是按一定行距在畦面开小沟，将种子均匀播于沟内。适用于中、小粒种子，行距与播幅视情况而定。条播用种量较少，便于中耕除草施肥，通风透光，苗株生长健壮，能提高产量，在药用植物栽培上多用此法。如牛膝、红花、板蓝根等。

点播也称穴播，是按一定的株行距在畦面挖穴播种，每穴播种子2～3粒，发芽后保留一株生长健壮的幼苗，其余的除去或移作补苗用，此法适用于大粒种子和较稀少的种子，如银杏等。点播费工费时，但出苗健壮，管理方便。

撒播是把种子均匀撒在畦面上，疏密适度，适用于小粒种子。种子过于细小时，可将种子与适量细沙混合后播种。撒播播量大，出苗多，省工省地，但用种量大，管理较为困难。

精量播种是按一定的株行距和播种深度单粒播种，使每粒种子在均匀一致的发芽条件下整齐发芽，使苗齐、苗全、苗壮。精量播种是在点播的基础上发展起来的一种经济用种的播种方法，适用于珍稀、珍贵的药用植物种子的播种，如人参、西洋参等。精量播种要求精细整地，精选种子，还要有性能良好的播种机，这是未来精耕细作的发展方向。

3. 播种量

播种量是指单位面积土地播种种子的质量。对于大粒种子可用粒数表示，适当的播种量对苗株的数量和质量都很重要。播种量过大，浪费种子，间苗费工，而播种量过小，成苗数量小，达不到高产的要求。播种量主要根据播种方法、密度、种子千粒重、种子净度、发芽率(或发芽势)等条件来确定。计算公式如下：

$$播种量(g/亩)=(每亩需要苗株数\times种子千粒重)/(种子净度\times种子发芽率\times1\,000)$$

用上式计算出的数字是较理想的播种量，在生产实践中，由于气候和土壤条件、品种类型、整地质量的好坏、自然灾害、地下害虫和动物危害、播种方法与技术条件等的不同，不能保证使每粒种子都发芽成苗。因此实际播种量须将上式求得的播种量乘上损耗系数。种粒越小，损耗越大。通常损耗系数在1～20。

4.播种深度

播种深度应依药用植物种类和种子大小而定。凡种子发芽时子叶出土的如决明、大黄等应浅播；子叶不出土的如人参、三七等应深播。种粒大的可播深些，种粒小可播浅些。种子盖土厚度一般为种子大小的2～3倍。另外，播种深度和覆土厚度还与气候、土壤有关，在寒冷、干燥、土壤疏松的地方，覆土要厚；在气候温暖、雨量充足、土质黏重的地方，覆土宜薄。

（二）育苗

育苗是经济利用土地，培育壮苗，提高种植成活率，达到优质高产的一项有效措施。药用植物生产上有育苗移栽和直播栽培两种方式。如人参、细辛、山茱萸、黄柏、龙胆、车前等多以育苗移栽为主。育苗是争取农时，增多茬口，发挥地力，提早成熟，增加产量，避免病虫和自然灾害的一项重要措施。其优点是便于精细管理，有利于培育壮苗；能实行集约经营，节省种子、肥料、农药等生产投资；育苗可以按计划规格移栽，保证单位面积上的合理密度和苗全苗壮。但育苗移栽时根系易受损伤，苗入土浅，不利于粗大直根的形成，苗对深层养分利用差，移栽时费工多。

育苗圃地要选择适当地点或靠近种植地，且灌排方便、避风向阳、土壤疏松肥沃的地块。育苗的方式大致可分为保护地育苗、露地育苗和无土育苗3类。

1.保护地育苗

保护地育苗就是在气候条件不适宜药用植物生长的时期，创造适宜的环境来培育适龄的壮苗。目前，国内保护地育苗常用的保护性设施有阳畦、温床、塑料大棚、温室等。阳畦由风障、畦框、覆盖物3部分组成，形式很多，以改良阳畦性能为佳。改良阳畦由土墙、棚架、土屋顶、覆盖物（薄膜或玻璃及蒲席）等部分组成。阳畦东西向，依靠太阳光热，严密防寒保湿。温床是利用阳畦（或小拱棚）的结构，在床底增设加温设施。温床的热源，除利用马粪、鸡粪、树叶等有机酿热物酿热外，还可采用水暖、烟囱热和电热线加温等。电加热设施主要有热电缆、恒温控制元件、继电器及配电盘等。

塑料大棚是利用塑料薄膜和竹木、钢材、水泥构件及管材等材料，组装或焊接成骨架，加盖薄膜而成。为提高大棚的夜间温度，减少棚内的夜间辐射，白天将大棚拉开，夜间将其盖严，或采用大棚内套小棚、大棚套平棚、大棚套中棚、大棚中棚加地面覆盖、双层大棚（内为吊棚）等覆盖形式。为提高大棚的性能，扩大用途，可以在棚内铺设电热线以控制温度，为苗木生长创造适宜的条件。温室是由地基、墙地构架、覆盖物、加温设备等部分构成。据屋面的形式可分为单屋面、双屋面、连接屋面、拱圆屋面等。温室采用煤火、暖气、热风、地下热水等加温设施。对温室的光、温、湿的调节，已由单纯的凭经验操作向通过仪表等现代手段调节发展。

2.露地育苗

露地育苗是不加任何保温措施，利用自然热源大量培育种苗的育苗方式。露天育苗在雨季可采用高畦，利于排水，有时设防雨棚，干热季节可设荫棚等。常用于种子细小、直播出苗率低、成苗率低、苗期生长慢、占地时间长，或者苗期需要遮阴的药用植物育苗，如党参、人参、三七、黄连、当归、杜仲、厚朴、山茱萸等。

3.无土育苗

无土育苗是近年来发展起来的一种育苗方式，具有出苗整齐迅速、幼苗长势好、易于管理等特点，可以人工调节或自动调节幼苗所需温、光、水、肥、气等条件，易于实现机械化育苗生产。无土育苗需培养基质和营养液。培养基质用于固定根系，支持幼苗生长，常用河沙、蛭石、小砾石、稻谷壳、锯木屑等材料。营养液根据幼苗生长所需营养元素进行合理配制。

二、苗床管理

苗床管理可分为发芽期管理、幼苗期管理和移栽前锻炼 3 个阶段。

(1)发芽期管理　是指从播种到出苗，此时管理工作的关键是，从播种到出苗前必须保证床土有充足的水分、良好的通气条件和稍高的温度。另外，还要及时向床面撒盖湿润细土，防止床面裂缝，保证种子脱壳而出。子叶出土后要控水降温。此阶段，要防止胚轴徒长，光照多控制在 10 klx 以上。

(2)幼苗期管理　是指从幼苗破心开始到壮苗初步建成的管理。此期是生长点大量分化叶原基或由营养生长向生殖生长的过渡阶段，其生长中心在根、茎、叶。既要保证根、茎、叶的分化，又要促进花芽分化。此期苗床光照强度应提高，夜间床温不能低于 10 ℃，白天控制在 18～25 ℃。

为防止幼苗徒长，此期要控制供水，还要通过调节夜间温度和白天的通风措施，来控制幼苗的生长速度和健壮程度。

(3)移栽前锻炼　为使幼苗定植到大田后能适应露地环境条件，缩短返苗时间，必须在移栽前锻炼幼苗。锻炼的措施就是通风降温和减少土壤湿度，使幼苗生长速度减慢，根、茎、叶内大量积累光合产物；使茎叶表皮增厚，纤维组织增加；细胞液亲水胶体增加，自由水相对减少，细胞浓度提高，结冰点降低。锻炼后的幼苗根系恢复生长较快，利于加速缓苗。一般锻炼过程 5～7 d。

在整个育苗期间，注意间苗、松土、除草、防治病虫害、加强肥水管理。在塑料大棚内如配置施肥喷水装置，能促进苗木茁壮生长。

三、移栽

药用植物育苗后要及时移栽。根据药用植物种类和当地气候条件决定移栽时间。

1.草本药用植物的栽植

移栽应选择在阴天无风或晴天的傍晚进行。移栽前一段时间适当节制浇水，进行蹲苗。移栽时先按一定株行距挖穴或沟，然后栽苗。幼苗可直栽或斜栽，栽植深度以不露出原入土部分，或稍微超过为好。根系要自然伸展，覆土要细，并且要压实，使根系与土壤紧密接触，仅有地下茎或根部的幼苗，覆土时应将其全部掩盖，但是必须保持顶芽向上。定植后应立即浇定根水，以消除根际与土壤间的空隙，增加土壤毛细管的供水作用。

2.木本药用植物的栽植

木本植物移栽时期也应根据不同植物的特点和地区气候特点来确定。一般落叶药用植物多在落叶后和春季萌动前进行。因为此期苗木处于休眠状态，体内贮藏营养丰富，水分蒸腾较小，根系易于恢复，移栽成活率高。对于常绿的木本药用植物，多在秋季移栽，或者在新梢停止生长期进行移栽。栽植时，一般采用穴栽，每穴只栽 1 株，穴要挖深挖大，穴底土要疏松细碎。

穴的深度应略超过植株原入土部分，穴径应超过根系自然伸展的宽度。栽植穴挖好后，直立放入幼苗，使根系伸展开，先覆细土，约为穴深的1/2时，压实后用手握住主干基部轻轻向上提一提，使土壤能填实根部的空隙，再覆土填满，压实，然后浇水，最后培土至稍高出地面。

技能实训4-2　药用植物播前整地和播种

一、实训目的要求

掌握药用植物播种前的整地技术和播种方法。

二、实训材料用品

各类药用植物播种材料（种子或种茎、种根、珠芽等）、农具、肥料、遮阳网、实训基地等。

三、实训内容与方法

1.清除杂草，翻埋肥料

将基肥撒施于地面，通过整地翻埋混合土肥，通过翻耕、整地措施清除杂草。

2.做畦

畦的形式可分为高畦、平畦、低畦三种。

（1）高畦　畦面比畦间走道高10～20 cm，具有提高土温、加厚耕层、便于排水等作用。适于栽培根及根茎类药用植物。一般雨水较多、地下水位高、地势低洼地区多采用高畦。

（2）平畦　畦面与畦间走道相平，保水性好，一般在地下水位低、风势较强、土层深厚、排水良好的地区采用。

（3）低畦　畦面比畦间走道低10～15 cm，保水力强。一般在降雨量少，易干旱地区或种植喜湿性的药用植物采用此方式。

畦的宽度一般以1.3～1.5 m为宜，做畦时，要求畦面平整。

3.播种

（1）播种量　根据每亩所要求的基本苗数，即计划播种量，通过种子纯度、种子千粒重和发芽率，计算出实际播种量，确定播种密度。

（2）播种方法　不同药用植物种子播种方法不同，要根据种子大小、形态和休眠特性确定播种方法。一般播种方法有条播、穴播和撒播。

四、实训报告

1.完成整地和播种的任务。

2.列表记录实际整地和播种的方法（整地的方法，畦的形式、宽度，每平方米播量，播种方法）。

五、成绩评定及考核方式

根据实训报告及实训表现综合评分。

【思考与练习】

1.种子生理休眠的原因有哪些？

2.如何进行种子调制？

3.如何进行种子贮藏？

4.种子品质检验有哪些主要指标？

5.播种前如何对种子进行处理？促进种子萌芽的方法有哪些？

技能实训 4-3　药用植物的育苗及移栽

一、实训目的要求

掌握药用植物育苗技术和移栽技术，能熟练进行药用植物的育苗和移栽。

二、实训材料用品

当地主要药用植物种子、农具、塑料大棚及试验地等。

三、实训内容与方法

1.育苗方式

(1)露地育苗　党参、车前、金银花、杜仲、厚朴等大多数药用植物常采用露地育苗。

(2)保护地育苗　利用阳畦、温床、塑料小拱棚、温室等培育种苗的育苗方式。

(3)无土育苗　需培养基质(河沙、蛭石、稻谷壳、锯木屑等)和营养液(根据幼苗生长所需营养元素进行合理配方)。

2.苗床管理

可分为发芽期管理、幼苗期管理和移栽前锻炼 3 个阶段。在整个育苗期间，注意间苗、防治病虫害、加强肥水管理。幼苗定植前 1～2 d 浇透水，以利于起苗带土，同时喷一次农药防病。

(1)发芽期管理　应保证床土有充足水分、良好通气条件和稍高的温度环境。

(2)幼苗期管理　苗床光照强度应提高，夜间床温不能低于 10 ℃，白天控制在 18～25 ℃，要控制供水，调节夜晚温度高低和白天的通风措施。

(3)移栽前锻炼　通风降温，减少土壤湿度。锻炼过程需 5～7 d。

3.移栽

(1)栽植前准备　草本类药用植物移栽前，需要整地、施肥、做畦。木本药用植物，移栽前要进行园地规划设计，按规划后的株行距挖穴，施入有机肥后待移栽。

(2)移栽时期和方法　应根据气候、土壤条件、药用植物特性确定。草本药用植物一般栽植时，按一定株行距挖穴或挖沟栽苗，可直栽或斜栽，栽植深度应不露出原入土部分。苗根系要自然伸展，覆土要细，定植后浇定根水。多年生草本植物多在进入休眠期或春季萌动前移栽，栽后不浇水。落叶木本药用植物一般多在落叶后或春季萌动前移栽。常绿木本药用植物多在秋季移栽或在新梢停止生长期进行。采用穴栽，每穴一株。穴深应略超过植株原入土部分，穴径应超过根系自然伸展的宽度。栽植穴挖好后，直立放入幼苗，使根系伸展开，先覆细土，约为穴深的 1/2 时，压实后用手握住主干基部轻轻向上提一提，再覆土填满，压实，然后浇水，最后培土至稍高出地面。

(3)栽后保苗　采用营养钵育苗、带土移栽可缩短缓苗时间；栽后应采取保苗措施，如适当遮阴，遇霜降可覆土防寒、烟熏或灌水防霜冻，及时浇水保湿。栽后及时查苗补苗，以及除草、防治病虫害、追肥、灌水等。

四、实训报告

1. 写出育苗技术和移栽操作步骤和注意事项。
2. 完成育苗和移栽任务，并列表记录育苗时间、方法，以及移栽时间。

五、成绩评定及考核方式

根据实训报告及实训表现综合评分。

【思考与练习】

1. 播种要考虑哪些要素？
2. 如何做好苗床管理？

任务3　田间管理

知识目标

• 掌握田间管理主要措施。

能力目标

• 能针对药用植物不同生育时期采取相应田间管理措施。

素质目标

• 培养学生热爱祖国、服务人民、崇尚科学、辛勤劳动、艰苦奋斗的良好品质。
• 培养学生分析问题和解决问题的能力。

相关知识

药用植物从播种到收获的整个生长发育期间，在田间所进行的一系列管理措施，总称为田间管理。主要内容包括间苗、定苗、补苗、中耕、培土、除草、追肥、灌溉、排水、打顶、摘蕾、整枝、修剪、搭支架、覆盖、遮阴、抗寒防冻、防高温和病虫害防治等。

一、间苗、定苗与补苗

间苗是田间管理中一项调控植物密度的技术措施。为避免幼苗拥挤、争夺养分，拔除过密的、瘦弱的幼苗和染病苗，称为间苗。间苗宜早不宜迟，一般进行2～3次，小粒种子间苗次数一般多些。最后一次间苗称为定苗。播种后出苗少，或出苗后遭受病虫侵袭，造成缺苗的，必须及时补苗，补苗常与间苗同时进行，补苗最好选阴天或晴天傍晚进行，并浇足定根水，以保证成活。

二、中耕、培土和除草

中耕是在药用植物生长期间对土壤进行的表土耕作，是借助畜力、机械力使土壤疏松、消灭杂草的作业方式。其目的是：消灭杂草，减少养分损耗；防止病虫的滋生蔓延；疏松土壤，流通空气，加强保墒；早春中耕可提高地温；可结合除蘖或切断一些浅根以控制植物生长。中耕除草一般在封垄前、土壤湿度不大时进行。中耕深度要看根部生长情况而定。根群分布于土壤表层的宜浅耕，根群深的可适当深耕。中耕次数根据气候、土壤和植物生长情况而定。苗期杂草易滋生，土壤易板结，中耕宜勤；成株期枝叶繁茂，中耕次数宜少，以免损伤植物。此外，气候干旱或土质黏重板结，应多中耕；雨后或灌水后，为避免土壤板结，应待地表稍干后再中耕。

结合中耕把土壅到植株基部，称为培土。培土有保护植物越冬过夏，避免根部裸露，防止倒伏，保护芽头，促进生根及减少土壤水分蒸发等作用。培土时间视不同植物而定，一、二年生植物在生长中后期可结合中耕进行，多年生草本和木本植物一般在冬季结合越冬防冻进行。地下部分有向上生长习性的药用植物如黄连、玉竹、大黄等，适当培土可提高产量和质量。中耕培土的时间、次数、深度因植物种类、环境条件和精细耕作程度而异。

田间除草是为了消灭杂草，减少水肥消耗，防止病虫的滋生和蔓延。除草一般与中耕、间苗、培土等结合进行，以节省劳力。

三、追肥

追肥是基肥的补充，用以满足药用植物各个生育时期对养分的需求。追肥的时期，除定苗后追施外，一般在萌芽前、现蕾开花前、果实采收后及休眠前进行。根据植物长势和外观症状确定追施肥料的种类、浓度、用量、施用时期和施用方法。追肥一般多用速效性肥料，在植物生长前期多施用人粪尿、尿素、氨水、硫酸铵、复合肥等含氮较高的液体速效性肥料；在植物生长的中后期多施用草木灰、过磷酸钙、钾肥、充分腐熟达到无害化的厩肥、堆肥和各种饼肥等。追肥有根外追肥、根侧追肥两种形式。根外追肥多用低浓度的无机肥料直接喷雾于茎叶表面。根侧追肥又分条施、环施、穴施 3 种，施肥量一次不能过大，也不能与根直接接触。科学追肥不仅可提高产量，还可提高药用植物有效成分含量，如追施氮肥可以提高贝母、黄连等的生物碱含量。

四、灌溉与排水

灌溉与排水是控制土壤水分，满足植物正常生长发育对水分要求的措施。要根据药用植物需水规律和田间水分的变化规律做好灌水与排水工作，如花及果实类药用植物在开花期及果熟期一般不宜灌水，否则易引起落花落果；当雨水过多时，应及时排水，特别是根及根茎类药用植物更应注意排水，以免引起烂根；多年生的药用植物，在土地结冻前灌一次水，避免因冬旱而造成冻害。

灌溉方式分为地面灌溉、地下灌溉、喷灌和滴灌。地面灌溉是指水在田面流动或蓄存的过程中，借重力作用和毛管作用湿润土壤的灌水方式；地下灌溉是利用埋设在地下的管道，将灌溉水引入田间植物根系吸水层，借毛细管的吸水作用，自下而上湿润土壤的灌水方法；喷灌是利用水泵和管道系统，在一定压力下，把水喷到空中如同降细雨一样湿润土壤的灌水方式；滴灌是利用低压管道系统，把水或无机肥料的水溶液，通过滴头以点滴方式均匀缓慢地滴到根部土壤，使植物主要根系分布区的土壤含水量经常保持在最佳状态的一种先进的灌水技术。无论采用何种灌溉方式，都必须依据气候、土壤、药用植物生长状况来确定适宜的灌水方式和灌水量。

排水是土壤水分调节的另一项措施，通过排水可以及时排除地面积水和降低地下水位，使土壤水分达到适宜植物正常生长的需要，避免涝害。排水有明沟排水和暗沟排水两种。

五、打顶与摘蕾

打顶与摘蕾是利用植物生长的相关性，人为地对药用植物体内养分进行重新分配，从而促进其药用部分生长发育的一项重要增产措施。其作用是根据栽培目的，及时控制植物体某一部分的无益徒长，使之减少养分消耗，而有意识地诱导或促进药用部分生长发育，提高产量和药材品质。如红花、菊花等花类或薄荷、穿心莲等叶及全草类常采用打顶的措施来促进多分枝，以增加单株开花数或枝叶、全草产量；栽培乌头常采用打顶和去除侧芽的措施来抑制地上部分生长，以促进块根生长。打顶时间和长度视药用植物种类和栽培目的而定，一般也宜早不宜迟。打顶不宜在有雨露时进行，以免引起伤口溃烂，感染病害。

药用植物开花结果会消耗大量的养分，为了减少养分的消耗，对于根和根茎类药材，要及时摘除花蕾，以利于增产。摘蕾时间与次数取决于花芽萌发现蕾延续时间长短，宜早不宜迟，除留种田外，其他地块上的花蕾都要及时摘除。药用植物发育特性不同，摘蕾要求也不同。留种植株不宜摘蕾，但可以疏花疏果，尤其是以果实、种子入药的药用植物或靠果实、种子繁殖的药用植物，疏花疏果可以获得果大、籽大、质量好的产品。

六、整枝与修剪

整枝与修剪是指在药用植物生长期内，人为地控制其生长发育，对植株进行修饰整理的各种技术措施。整枝是利用修剪技术使树冠的骨干枝形成一定的排列形式，树冠形成一定的形状；修剪指剪枝或梢，包括直接作用于树体上的“外科手术”和化学药剂处理，对植物体养分分配及枝条的生长势进行合理调整的一种管理措施。整枝修剪目的在于使幼树提早结果，延长结果年限；提高产量，克服大小年；使冠内通风透光，减少病虫危害，提高果实品质；提高工效，降低成本；适应不良气候，增强抗逆能力，扩大栽培范围。

药用植物的修剪包括修枝与修根。修枝主要用于木本药材，以皮入药的木本药材如肉桂、杜仲、厚朴等，应培养直立粗壮的主干，剪除下部过早的分枝与残弱枝。以果实种子入药的木本药材，可适当控制树体高度，增加分枝数量，调整各级主侧枝的从属关系，以促进开花结果。少数以根入药的植物需修根，如乌头修去母根上过多的小块根，使留下的大块根肥大生长，产品个头大、品质好；芍药修去侧根，保证主根肥大，提高药材产量和品质。

不同的药用植物及同一种药用植物的不同年龄，对修枝的要求也各有不同。幼龄树宜轻剪以培养合理树型，扩大树冠；灌木树不需较多修剪；果树自然树体高大，不便于采花采果和后期修剪，需矮化树冠，培育成自然开心型或多层疏散型便于采果和后期修剪；成年树在大量开花以后，枝条过密，衰弱、枯死或徒长，修剪能通风透光，减少养分消耗，使养分重点用于促花促果和保花保果；老龄树长势衰弱，开花结果明显减少，修剪的目标是更新枝条，使之形成新的花枝、果枝，要重剪、多剪，对于开花结果很少的衰弱枝条，要从基部剪除，只留短桩。整棵树都严重衰退的，可将全部枝条剪除，重新培育形成新的树冠。

修剪时期主要在休眠期和生长期两个时期。由于休眠期修剪是在冬季进行的，为冬季修剪，冬季树体贮藏的养分充足，促进新梢生长、适度修剪利于生殖生长；生长期由于主要修剪时间在夏季，为夏季修剪，剪枝量要从轻，主要侧重于徒长枝，打顶、摘心和除芽等。

七、搭支架

攀缘、缠绕和蔓生的药用植物生长到一定高度时，茎不能直立，需要及时设立支架。对于株型较小的药用植物，如天门冬、鸡骨草、党参、山药等，只需在旁立竿作支柱；对于株型较大的药用植物，如金银花、罗汉果、五味子、木鳖子等，则应搭设棚架，让藤蔓匍匐在棚架上生长。

八、覆盖和遮阴

覆盖是利用草类、树叶、秸秆、厩肥、草木灰或塑料薄膜等撒铺于畦面或植株上，以调节土壤温度、湿度，防止杂草滋生和表土板结。如荆芥、紫苏、柴胡等种子细小，覆土较薄，土表易干燥，宜采用覆盖。覆盖的时期应根据药用植物生长发育阶段及其对环境条件的要求而定。冬季覆盖可防寒冻，使植物根部不受冻害，夏季覆盖可降低温度，减少土壤中水分的蒸发，利于植物生长。

遮阴为耐阴药用植物设置荫棚或遮蔽物，使幼苗或植株不受直射光的照射，减少水分蒸发和保持土壤湿度，如西洋参、三七等。目前遮阴方法主要是搭设荫棚。荫棚的高度、方向应根据地形、气候和药用植物生长习性而定，棚料可就地取材，选择经济耐用的材料，也可采用遮阳网。除搭棚遮阴以外，生产上常用间种、套作、混作、林下栽培等立体种植方法，为阴生药用植物创造良好的荫蔽环境，如麦冬套种玉米等。

九、抗寒防冻

抗寒防冻是为提高土壤温度，使植物免遭寒冻危害。越年生或多年生的药用植物的幼苗或块根、块茎等，因遭受寒冻导致死亡或腐烂，从而给药用植物生产带来很大的损失。因此，在栽培时要根据当地的气候情况采取必要的防霜、防寒冻措施，使植物免遭冻害。

抗寒防冻除选择和培育抗寒力强的优良品种外，还可采用调节播种期、灌水、增施磷、钾肥、覆盖等形式保护植物安全越冬。植物的苗期和花期抗寒力较弱，可适当提前或推迟播种期，使植物苗期和花期躲过低温的危害；灌水防霜冻能提高地温 2 ℃，适于春季晚霜的预防，灌水后既能防霜又能使植株免受春季干旱；增施磷、钾肥能增强植株的抗寒能力；对于珍贵和植株矮小的药用植物，在冬季到来之前，可覆盖或搭建温室或塑料布包裹防冻害，木本药用植物，可进行包扎并结合根际培土，保证安全越冬。

十、防高温

高温常伴随着大气干旱，高温干旱对药用植物生长发育威胁很大。在生产上，通过培育耐高温、抗干旱的品种预防高温。若遇高温干旱天气，用灌水降低地温、喷水增加空气湿度、覆盖遮阴等办法来降低温度，减轻高温危害，从而保证药用植物正常生长发育。

任务实施

技能实训 4-4　药用植物的田间管理

一、实训目的要求

掌握药用植物田间管理的方法。

二、实训材料用品

（1）材料　实训基地里处于不同生育阶段的各类药用植物。
（2）用品　农具、肥料、枝剪、绳子、遮阳网、搭架材料等。

三、实训内容与方法

要求掌握药用植物田间管理的各项技术措施、方法，包括以下内容：
（1）间苗、定苗、补苗。
（2）中耕、培土、除草。
（3）追肥。
（4）灌溉与排水。
（5）打顶与摘蕾。
（6）搭支架。
（7）覆盖与遮阴。
（8）抗寒防冻。
（9）防高温。

四、实训报告

1. 记录药用植物田间管理的步骤和方法，以及不同种类药用植物田间管理的区别。
2. 完成相应的田间管理任务，并列表记录操作时间和方法。

五、成绩评定及考核方式

根据实训报告及实训表现综合评分。

技能实训 4-5　木本药用植物的整枝修剪

一、实训目的要求

掌握药用植物田间管理的整枝修剪技术及各种整枝修剪方法的异同点。

二、实训材料用品

木本药用植物实训地、不同生长阶段的药用植物植株、枝剪等工具。

三、实训内容与方法

（1）练习操作木本药用植物的整技修剪方法，包括短截、缩剪、疏剪、长放（甩放）、弯枝、除萌和疏梢、摘心和剪梢、刻伤、扭梢、拿枝、环状剥皮。
（2）幼龄树的修剪。
（3）成年树的修剪。
（4）老龄树的修剪。
药用植物在不同的生长阶段，整形修剪的目标和重点不一样，方法也不相同。要求掌握药用植物在不同的生长阶段整形修剪的方法及技术。

四、实训报告

1.列举药用植物在不同的生长阶段整枝修剪的操作技术。
2.区分木本药用植物整枝修剪的方法及适用对象。
3.完成整枝修剪操作任务。

五、成绩评定及考核方式

根据实训报告及实训表现综合评分。

【思考与练习】

1.田间管理包括哪些主要内容?
2.木本药用植物为什么要进行整枝修剪?

任务4 病虫害防治

知识目标

- 了解药用植物生理性病害原因和侵染性病害病原生物种类。
- 熟悉昆虫的生物学特性。
- 掌握药用植物病虫害的综合防治技术。

能力目标

- 能识别当地主要药用植物病虫害。
- 能开展药用植物病虫害综合防治工作。

素质目标

- 培养学生热爱祖国、服务人民、崇尚科学、辛勤劳动、艰苦奋斗的良好品质。
- 培养学生分析问题和解决问题的能力。

相关知识

药用植物在生长发育过程中,常有各种病虫害为害,导致植株生长不良,产量降低,质量下降。因此,重视药用植物栽培的规范化管理,加强病虫害的防治工作,是保证中药材优质、高产、无公害的重要措施。

一、药用植物的病害

病害是药用植物在生长发育过程中,受到病原生物的浸染或不良环境条件的影响,正常新陈代谢遭到破坏和干扰,在生理功能、形态结构等方面发生一系列反常变化,而呈现出枯萎、腐烂、斑点、粉霉等病变现象。药用植物染病后表现的病态称为症状,症状包括病状和病症。药用植物染病后所表现出的反常状态叫病状,病原物在药用植物发病部位所形成的特征性结构称为病症。常见的症状主要有变色、斑点、腐烂、萎蔫、畸形等。药用植物的病害分生理性病害和浸染性病害。

(一)生理性病害

由非生物因素如干旱、洪涝、严寒等不利的环境因素或养分失调等所致的病害，没有传染性，称为生理性病害或非浸染性病害。药用植物的生理性病害较少。引起生理性病害的因素主要有以下几方面。

1. 温度

药用植物的生长和发育都有其最低、最高和最适温度，超出了适宜温度范围，就有可能造成不同程度的损害。温度过低易引起冻害，温度过高易发生高温伤害，引起生长不良或死亡，如在参棚下生长的人参，在夏季遮阴不当时常发生叶面灼伤。

2. 湿度

药用植物的生长状况与土壤湿度密切相关。土壤水分不足或连续干旱，植株生长发育受到抑制，甚至导致凋萎和死亡，如枸杞在结果期遇干旱，果实明显瘦小，产量和质量下降。土壤湿度过大会引起涝害，使土壤中氧气供应不足，根部得不到正常生理活动所需要的氧气而容易烂根。此外，土壤缺氧促进了厌氧性微生物的生长，产生一些对根部有害的物质，如丹参在湿度过大时极易烂根。

3. 光照

光照的影响包括光照强度和光照时间两个因素。光照过弱常引起药用植物黄化，生长不良，如颠茄、洋地黄在温室或冷床育苗时，常常植株生长弱，干物质积累少，极易遭受病原物的侵染；光照过强与高温结合易导致药用植物灼伤，如砂仁、人参等喜阴植物常易被灼伤；光照时间长短影响生长发育和生殖，如华北地区引种的穿心莲，会因日照时间长而不能正常结果。

4. 土壤和空气的成分

土壤中的营养条件不适宜或存在其他有害物质，可使药用植物表现各种病态。药用植物的缺素症很多，不同植物对同一种元素的反应也不尽相同。如缺 N、P、K、Mg 时，都会引起药用植物生长不良、变色；缺锌时细胞生长分化受影响，导致花叶和小叶簇生；缺硼引起幼芽枯死或造成器官矮化或畸形。土壤中某些元素或有害物质的含量过多也能引起病害，微量元素超过一定限度就会危害药用植物，尤其是 B、Mn、Cu 对植物有毒。施肥不当，如过量施用硫酸铵或未充分腐熟的有机肥，常使土壤中积累过量的硫化氢，导致植物根中毒。

空气中的有害成分，如工业产生的氟化氢、二氧化硫或二氧化氮和臭氧，会危害药用植物。

另外，杀虫剂、杀菌剂、除草剂和植物生长调节剂等施用不当，常引起药害。这些药害引起叶面出现斑点或灼伤，或干扰破坏植物的生理活动，导致产量和质量下降。

(二)侵染性病害

由生物因素如真菌、细菌、病毒、寄生性线虫及寄生性种子植物等病原生物侵入植物体而引起的传染性病害，称侵染性病害或寄生性病害。侵染性病害很多，如霜霉病、白锈病、根腐病、猝倒病、立枯病、炭疽病、线虫病。目前已知的药用植物病原生物有以下几类。

1. 真菌

真菌的种类很多，分布广。在药用植物栽培中，真菌引起的病害是数量最多、危害最大的一类。其症状多为枯萎、坏死、斑点、腐烂、畸形等，导致产量降低，品质下降。

2.细菌

在药用植物栽培中，细菌性病害较少，危害程度不如真菌和病毒病害。细菌病害症状多为急性坏死，呈现腐烂、斑点、枯焦、萎蔫等。

3.病毒

药用植物病毒病的发生相当普遍，仅次于真菌性病害。病毒寄生性强、致病力大、传染性高。受害植株通常在全株表现出系统性的病变，常见症状有花叶、黄化、卷叶、萎缩、矮化、畸形等。

4.寄生线虫

线虫在潮湿的沙性土壤中活动性强，植物发病率高。受害植株矮小，生长缓慢、茎叶卷曲，根部常产生肿瘤。如人参、川芎、草乌、丹参、罗汉果、牛膝和小蔓长春花等50多种药用植物易受根结线虫病危害，病株须根形成根结，影响产量和质量。

5.寄生性种子植物

寄生性种子植物寄生在药用植物上，主要是抑制寄主的生长。受害植株生长矮小、黄化、开花减少、落果或不结果，甚至全株枯死。如菟丝子主要为害多种豆科、菊科、茄科、旋花科的药用植物；列当主要为害黄连；桑寄生、樟寄生和槲寄生主要为害酸枣等木本药用植物。

二、药用植物的虫害

为害药用植物的害虫主要为昆虫，其次为螨类、蜗牛、鼠类等。很多害虫以植物的花、叶、果、茎、枝、根等器官为取食对象，导致药用植物价值和产量降低，甚至引起植株死亡。

（一）昆虫的生物学特性

1.昆虫的生长发育

昆虫从卵孵化后直至羽化为成虫的发育过程中，要经过一系列从外部形态到内部器官的变化，形成几个不同的发育时期，这种现象称为变态。昆虫的变态分为完全变态和不完全变态两种。完全变态的昆虫，一生要经过卵、幼虫、蛹、成虫4个不同虫期。幼虫和成虫外表及生活习性都不同。如蛆的成虫是苍蝇，蚕的成虫是蛾。天牛、蛾类、蝶类等都是完全变态的昆虫。不完全变态的昆虫，只经过3个虫期，即卵期、幼虫（若虫或稚虫）和成虫期。不完全变态昆虫的若虫，除了体形较小和生殖器官没有发育完全以外，幼虫期形态、生活环境和习性等方面和成虫都很相似，若虫经过几次蜕皮，就变成成虫。如蝼蛄、蚜虫、叶蝉、蝗虫、蟋蟀等。但蜻蜓等昆虫，在幼虫期是水生的，其外表、生活环境和习性等方面和成虫不同，这种幼虫通称为“稚虫”。

昆虫从卵发育开始到变为成虫至能繁殖后代为止的个体发育史称为一个世代，简称一代或代。不同昆虫或同一昆虫在不同地区完成一个世代所需时间不同，一年中发育世代数也不同。如黄芪食心虫、白术籽虫一年只发生1代；枸杞负泥虫、珊瑚菜钻心虫、黄凤蝶一年则发生3～4代；蚜虫、红蜘蛛等一年发生十几代或数十代；还有的昆虫一个世代要长达几年，如某些叩头虫、天牛等。昆虫完成一个世代的全部经历，称为生活史。了解害虫的生活史和每一个世代的发生期以及每个虫态的初发期、盛发期等，就可抓住害虫生活史中的薄弱环节，采取措施进行有效防治。

2.昆虫的生活习性

昆虫的种类不同，生活习性也不同，掌握其生活习性，对制定虫害防治措施具有十分重要的意义。

(1)食性　昆虫食性复杂，按采食种类可分为植食性、肉食性和腐食性。大多数药用植物害虫为植食性害虫，植食性害虫因取食范围不同可分为单食性、寡食性和多食性。单食性昆虫只危害一种植物，如白术籽虫；寡食性昆虫只取食同科属或近缘的植物，如菜青虫只为害十字花科植物；多食性昆虫能为害不同科的植物，如小地老虎、蛴螬、大灰象、桃蚜等。肉食性昆虫以其他动物为食料，多数为益虫，如寄生蜂、瓢虫，蜻蜓等；腐食性昆虫以动、植物的残体或排泄物为食料，如有些金龟子幼虫，蝇、蛆等。

(2)趋性　趋性是昆虫较高级的神经活动。某些外来的刺激使昆虫发生一种不可抑制的行为，称为趋性。昆虫受到刺激后，向刺激来源运动，称为正趋性，反之，称为负趋性。引起昆虫趋性活动的刺激主要有光、温度及化学物质等。这些趋性在防治害虫上是很有用处的，例如，对正趋光性的害虫，如蛾类、金龟子、蝼蛄等可以设诱虫灯诱杀；对喜食甜、酸或喜闻化学物质气味的害虫，如地老虎、黏虫等可用含毒糖醋液或毒饵诱杀。

(3)假死性　有些害虫，当受到外界震动或惊扰时，立即从植株掉落至地面，暂不动弹，这种现象叫作假死性。如金龟子、象鼻虫、叶蛹、大灰象甲、银纹夜蛾等，在防治上常利用此习性将其震落捕杀。

(4)群集性　同种昆虫的大量个体高密度地聚集在一起的习性。如天幕毛虫在树杈上结网，并群集栖息在网内的习性。

(5)休眠　昆虫在发育过程中，由于低温、酷热或食物不足等多种原因，虫体不食不动，暂时停止发育的现象，称为休眠。昆虫的卵、幼虫、蛹、成虫都能休眠。昆虫以休眠状态度过冬季或夏季，分别称为越冬或越夏。害虫种类不同，越冬或越夏的虫态和场所也不同。害虫休眠是其一生中的薄弱环节，特别是在越冬阶段。许多害虫具有集中越冬现象，而越冬后的虫体又是下一季节害虫发生发展的基础。因此，利用害虫休眠习性，调查越冬害虫的分布范围、密度大小、潜藏场所和越冬期间的死亡率等，开展冬季害虫防治，聚而歼之，是一种行之有效的防治方法。

(二)药用植物主要害虫及其危害

1.蚜、蚧、螨类等刺吸口器害虫

蚜虫是药用植物的重要害虫，为害十分普遍。其中常见的有为害红花、牛蒡等菊科植物的红花指管蚜，为害数十种药用植物的桃蚜，为害萝藦科植物的萝藦蚜等。介壳虫主要为害南方药用植物，如为害槟榔的椰圆盾蚧，为害枇杷、杏等药用植物的日本龟蜡蚧，为害三七的软蚧等；少数药用植物受螨类危害较重，如为害地黄的棉叶螨、为害枸杞的瘿螨、为害望江南的短须螨等。

这类害虫吸食药用植物汁液，造成黄叶、皱缩、叶及花果脱落，严重影响药用植物生长发育，导致产量降低、质量下降。有些害虫还是传播病毒病的媒介，造成病毒病蔓延。由于发生量大，世代多，用药水平较高，如何防止或减少农药污染，是值得重视的问题。

2.咀嚼口器害虫

这类害虫主要咀食药用植物叶、花、果等，造成孔洞或使植株被食成光秆。如为害伞形科药用植物的黄凤蝶幼虫，为害枸杞的枸杞负泥虫、为害菘蓝的青菜虫、为害大黄等蓼科植物的蓼金花虫等。金银花受尺蠖为害，植株几天内可被吃成光秆，造成严重损失。

3.钻蛀性害虫

钻蛀性害虫是药用植物的一类为害重、防治难度较大、造成经济损失较大的害虫类群。为害药用植物的钻蛀性害虫主要有蛀茎性害虫如金银花的咖啡虎天牛、菊天牛、肉桂木蛾等；蛀根及根茎类害虫如北沙参钻心虫等；蛀花、果害虫如槟榔红脉穗螟、枸杞实蝇等；蛀种子害虫如黄芪种子小蜂等。

钻蛀性害虫为害药用植物很普遍，无论是木本、草本或藤本均受这类害虫为害，不少种类直接蛀食药用部位，造成严重经济损失。同时该类害虫防治难度大，一旦蛀入，一般防治方法很难奏效。因此，钻蛀性害虫应是药用植物害虫的防治重点。

三、药用植物病虫害的综合防治

防治病虫害的方法主要有植物检疫、农业防治、生物防治、物理防治和化学防治。从 20 世纪 60 年代全球兴起了有害生物综合治理的办法，即以栽培技术防治为基础，根据病虫害发生发展规律，因时、因地制宜，合理地协调应用生物、物理、化学等防治方法，取长补短，既能保护环境，又能有效地控制病虫害的发生。

1. 植物检疫

植物检疫又称法规防治，就是在一个国家或地区，明令禁止某些危险的病虫害、杂草，人为地传入或传出，自国外或国内地区之间引进或输出种子、苗木及其他植物产品，均须经过国家检疫部门检疫发证后方可进行。

2. 农业防治

农业防治指运用栽培管理措施，创造有利于作物和天敌生长繁殖，而不利于病虫害发生的环境条件，直接或间接地抑制病虫害的发生，从而控制和消灭病虫害的方法。

(1)合理轮作和间作　连作会使病虫源在土中的积累加重，对寄主范围狭窄、食性单一的有害生物，轮作可恶化其营养条件和生存环境，切断其生命过程的某一环节。如大豆食心虫仅为害大豆，采用大豆与禾谷类作物轮作，就能防治；浙贝母与水稻隔年轮作，可分别减轻根腐病和灰霉病。对一些土传病害和专性寄主或腐生性不强的病原物，轮作也是有效的防治方法之一，如土传病害发生多的人参、西洋参需要轮作，绝不能连作。轮作物的选择很重要，同科、属植物或同为某些严重病虫害寄主的植物不能选为轮作物，如地黄和花生、珊瑚菜都有枯萎病和根线虫病，不能彼此互相轮作。

此外，合理间作也是一条重要的栽培措施，它不仅可以改变土壤结构，调节地力，提高产品的种类和数量，而且还能够减轻病虫害。间作时应选择和药用植物病虫害不相同的作物进行间作，如地黄可间作玉米或芝麻，使地黄拟豹纹蛱蝶为害大大减轻，这是由于玉米、芝麻的高秆阻碍了蛱蝶成虫飞翔、产卵活动的缘故。

(2)深耕细作　深耕细作能促进根系的发育，增强吸肥能力，使药用植物生长健壮，同时也有直接杀灭病虫的作用。很多病原菌和害虫在土内越冬，冬耕晒土可改变土壤物理、化学性状，促使害虫死亡，或直接破坏害虫的越冬巢穴，或改变栖息环境，从而减少越冬病虫源。例如，对土传病害发生严重的人参、西洋参等，播前除必须休闲土地外，还要耕翻晒土几次，以改善土壤物理性状，减少土中病原菌数量，以达到防病的目的。

(3)清洁田园　田间杂草和药用植物收获后的残枝落叶常是病原菌和害虫隐蔽及越冬的场所。因此，除草、修剪病虫枝叶和收获后清洁田园，将病虫残枝和枯枝落叶进行烧毁或深埋处理，可减少病虫害的发生和减轻为害程度。如防治枸杞黑果病、附子钻心虫应主要抓好清洁田园工作。

(4)其他农业措施

①调节播种期。调节药用植物播种期,设法使其发育阶段避开病虫大量为害的危险期,可避免或减轻病虫的为害程度。如北方薏苡适期晚播,可以减轻黑粉病的发生;红花适期早播,可以避过炭疽病和红花实蝇为害;黄芪夏播,可以避免春季苗期害虫为害;地黄适期育苗移栽,可以有效地防止斑枯病的发生。在实际应用时,要以不影响药材品质为前提,尤其是晚播可能影响药材中有效成分的含量,一年生药材的产量也可能受到影响。

②合理施肥。合理施肥能促进药用植物的生长发育,增强其抗病虫害的能力和避开病虫为害时期,特别是施肥种类、数量、时间、方法等都对病虫害的发生有较大影响。一般来说,增施磷、钾肥,特别是钾肥可以增强植株茎秆的硬度,从而增强植物的抗病性,如白术施足有机肥,适当增施磷、钾肥,可减轻花叶病;偏施氮肥会促进病害发生,红花施用氮肥过多或偏晚,易造成植物贪青徒长,诱发炭疽病;延胡索后期施氮肥会造成霜霉病和菌核病的严重发生。使用厩肥或堆肥时,一定要腐熟。

③选育抗病虫的优良品种。药用植物不同类型或品种之间往往对病虫害抵抗能力有显著差异。对那些病虫害严重且防治难度大的药用植物,要采取措施,选育出抗病虫的优质高产品种。如地黄农家品种金状元对地黄斑枯病比较敏感,而小黑英比较抗病;有刺型红花比无刺型红花对炭疽病和红花实蝇抗性强;阔叶矮秆型白术苞片较长,能盖住花蕾,可抵挡白术籽虫产卵。

3.生物防治

生物防治是利用某些生物或其产品、代谢产物来消灭和抑制病虫害的方法。目前主要采用以虫治虫,微生物治虫、以菌治病、抗生素以及性诱剂防治害虫等。

(1)以虫治虫　以虫治虫是利用捕食性和寄生性两类天敌昆虫来防治害虫。捕食性昆虫主要有螳螂、草蛉幼虫、步行虫、猎蝽、食蚜虻及食蚜蝇等。寄生性昆虫主要有寄生蜂和寄生蝇,例如,利用凤蝶金小蜂防治马兜铃凤蝶,利用小茧蜂防治菜青虫幼虫和菘蓝菜粉蝶幼虫,利用肿腿蜂防治金银花咖啡虎天牛,利用赤眼蜂防治木通枯叶蛾等。

(2)微生物治虫　微生物治虫是利用细菌、真菌、病毒等昆虫病原微生物防治害虫。病原细菌主要是苏云金杆菌类,它可使昆虫得败血病死亡。现在已有苏云金杆菌的各种制剂,有较广的杀虫谱。病原真菌主要有白僵菌、绿僵菌、虫霉菌等。目前应用较多的是白僵菌。罹病昆虫表现为运动呆滞、食欲减退、皮色无光,有些身体有褐斑,吐黄水,3～15 d虫体死亡僵硬。昆虫的病原病毒有核多角体病毒和细胞质多角体病毒,昆虫感病7 d后死亡,虫尸常倒挂在枝头。一般一种病毒只能寄生一种昆虫,专一性较强。

(3)植物源农药和农用抗生素的应用　植物源农药和农用抗生素近年发展较快,如以烟碱、苦参碱、大蒜素等为主要成分的植物源农药和以多氧霉素、春雷霉素、链霉素为主要成分的农药抗生素的应用,正逐步取代化学农药,为生产绿色药用植物创造了条件。如用哈茨木霉防治甜菊白绢病,用5406菌肥防治荆芥茎枯病等。

(4)性诱剂防治害虫　性诱剂是一种无毒,对天敌无杀伤力,不使害虫产生抗药性的昆虫性外激素。如小地老虎性诱剂、橘小实蝇性诱剂、瓜实蝇性诱剂等。性诱剂防治害虫主要有两种方法。一是诱捕法,又称诱杀法,是用性外激素或性诱剂直接防治害虫的一种方法。在防治区设置适当数量的性诱剂诱捕器,及时诱杀求偶交配的雄虫,实践表明,在虫口密度较低时,诱捕法防治效果较好。二是迷向法,又称干扰交配,是在大田应用昆虫性诱剂防治害虫的一项重要的方法。许多害虫是通过性外激素相互联系求偶交配的,如果能干扰破坏雄、雌昆虫间的这种通信联络,害虫就不能进行交配和繁殖后代,以此达到防治的效果。

4. 物理防治

根据害虫的生活习性和病菌的发生规律,利用温度、光、电磁波、超声波、放射能、激光、红外线等物理因子来防治药用植物病虫害的方法,称为物理防治。这类防治方法可用于有害生物大量发生之前,或作为有害生物已经大量发生为害时的急救措施。如对有假死性的大灰象甲、黄凤蝶幼虫等害虫,实行人工捕杀;对有趋光性的鳞翅目、鞘翅目及某些地下害虫等,利用扰火、诱蛾灯或黑光灯等诱杀,均属物理防治法。

5. 化学防治

应用化学农药防治虫害的方法称为化学防治法。其优点是作用快、效果好、应用方便,能在短期内消灭或控制大量发生的虫害,受地区性或季节性限制比较小,是防治虫害常用的一种方法。但长期使用,害虫易产生抗药性,同时杀伤天敌,往往造成害虫猖獗;有机农药毒性较大,污染环境,影响人畜健康。尤其是药用植物大多数都是内服药品,农药残毒问题,必须严加注意,严格禁止使用毒性大或有残毒的药剂,对一些毒性小或易降解的农药,要严格掌握施药时期。

《农药管理条例》规定,农药生产应取得农药登记证和生产许可证,农药经营应取得经营许可证,农药使用应按照标签规定的使用范围、安全间隔期用药,不得超范围用药。剧毒、高毒农药不得用于防治卫生害虫,不得用于蔬菜、瓜果、茶叶、菌类、中草药材的生产,不得用于水生植物的病虫害防治。

新版中药材 GAP 要求:“农药使用应当符合国家有关规定”“禁止使用国务院农业农村行政主管部门禁止使用的剧毒、高毒、高残留农药,以及限制在中药材上使用的其他农药”“禁止使用壮根灵、膨大素等生长调节剂调节中药材收获器官生长”。

目前,国家明令禁止使用的农药有六六六、滴滴涕、毒杀芬、二溴氯丙烷、杀虫脒、二溴乙烷、除草醚、艾氏剂、狄氏剂、汞制剂、砷类、铅类、敌枯双、氟乙酰胺、甘氟、毒鼠强、氟乙酸钠、毒鼠硅、甲胺磷、对硫磷、甲基对硫磷、久效磷、磷胺、苯线磷、地虫硫磷、甲基硫环磷、磷化钙、磷化镁、磷化锌、硫线磷、蝇毒磷、治螟磷、特丁硫磷、氯磺隆、胺苯磺隆、甲磺隆、福美胂、福美甲胂、三氯杀螨醇、林丹、硫丹、溴甲烷、氟虫胺、杀扑磷、百草枯、2,4-滴丁酯等;甲拌磷、甲基异柳磷、水胺硫磷、灭线磷,自 2024 年 9 月 1 日起禁止销售和使用。另外,明令禁止在中草药上使用的农药有克百威、氧乐果、灭多威、涕灭威、内吸磷、硫环磷、氯唑磷、乙酰甲胺磷、丁硫克百威、乐果等。

任务实施

技能实训 4-6　药用植物常见病害的识别、诊断和防治技术

一、实训目的要求

识别当地主要药用植物常发性重要病害,基本掌握病害症状的识别与诊断技术,掌握防治技术要点。

二、实训材料用品

当地常见药用植物发病植株、药用植物实训基地发病植株、放大镜、显微镜、载玻片、盖玻片、镊子、刀片、记录本、笔、农药、农具等。

三、实训内容与方法

1. 熟悉当地常见药用植物的主要病害，观察其原色图片。教师讲解，学生观察记录。

2. 实地调查。在老师的指导下，学生到药用植物实训基地，分组完成2～5种药用植物主要病害调查任务，采集病害标本，对其病害症状加以描述记录，并进行诊断。

3. 各组分别汇报所调查的药用植物病害种类和识别特征，指导老师进行点评。

4. 根据所调查的药用植物病害情况，熟悉当地常见病害防治技术。

5. 现场实训。结合当地主要药用植物的各生长期特点，以小组为单位，选择合适的防治方法，适时进行病害防治技术实训，掌握防治技术要点。

四、实训报告

1. 列表记录所调查的药用植物病害种类和识别特征。

2. 完成采集病害标本和病害调查汇报任务。

3. 列举当地主要药用植物病害防治技术要点及其注意事项。

4. 比较当地常见药用植物病害防治技术优劣。

五、成绩评定及考核方式

根据实训报告及实训表现综合评分。

技能实训4-7　药用植物常见虫害的识别、诊断和防治技术

一、实训目的要求

识别当地药用植物常发性重要虫害及害虫种类，掌握防治技术要点。

二、实训材料用品

(1)材料　当地常见药用植物虫害植株、药用植物实训基地虫害植株。

(2)用品　放大镜、显微镜、解剖针、镊子、剪刀、蜡盘、记录本、笔、农药、农具等。

三、实训内容与方法

1. 熟悉当地常见药用植物的主要虫害及害虫种类，观察其原色图片。教师讲解，学生观察记录。

2. 实地调查。在老师的指导下，学生到药用植物实训基地，分组完成2～5种药用植物主要虫害调查任务，并采集害虫标本，对其为害状况加以描述记录，并进行诊断。

3. 各组分别汇报所调查的药用植物害虫种类，指导老师进行点评。

4. 根据所调查的药用植物虫害情况，熟悉当地常见虫害防治技术。

5.现场实训。结合当地主要药用植物的各生长期特点，以小组为单位，选择合适的防治方法，适时进行虫害防治技术实训，掌握防治技术要点。

四、实训报告

1.列表记录所调查的药用植物害虫种类。
2.完成采集害虫标本和虫害调查汇报任务。
3.列举当地主要药用植物虫害防治技术要点及其注意事项。
4.比较当地常见药用植物虫害防治技术优劣。

五、成绩评定及考核方式

根据实训报告及实训表现综合评分。

【思考与练习】

1.昆虫主要的生活习性有哪些？
2.病虫害防治的主要方法有哪些？

项目5

药用植物产量调查与品质分析

【学习要点】

1. 药用植物产量的含义及提高药用植物产量的途径。
2. 药用植物品质的含义及提高药用植物品质的途径。

项目5课程PPT

【知识导图】

- 药用植物产量调查与品质分析
  - 药用植物产量调查
    - 药用植物产量类型
    - 药用植物产量构成因素
    - 提高药用植物产量的途径
  - 药用植物品质分析
    - 药用植物品质
    - 影响药用植物品质的因素
    - 提高药用植物品质的途径

任务1 药用植物产量调查

知识目标

- 掌握药用植物产量及其构成因素。
- 掌握提高药用植物产量的途径。

能力目标

- 能根据影响药用植物产量的因素，因地制宜制订提高药材产量的方案。

素质目标

- 培养学生热爱科学、实事求是的品质，以及创新意识、创新精神和良好职业道德。
- 培养学生分析问题和解决问题的能力。

相关知识

药用植物栽培最终效益是由植物产量和质量共同决定的。产量主要来源于光合产物的积累、转化和分配，质量取决于药用植物个体生长发育及生理生化过程中光合产物转化成的结构复杂的一系列次生代谢产物的积累。

一、药用植物产量类型

药用植物栽培的目的是获得较多的有经济价值的中药材，其生产指标常用产量来表示。产量通常包含两个概念，即生物产量与经济产量，两者既有区别也有联系。

（一）药用植物产量的概念

1. 生物产量

生物产量是指药用植物在其一生中积累的各种有机物质的总量，即根、茎、叶、花和果实等的干物质总量。由于植物地下部分的真实质量很难测定，因此，在计算生物产量时通常是仅计算地上部分有机物的总量。但对于一些以根系为药用部位的药用植物，如地黄、丹参、山药、人参等，生物产量则为地下部分和地上部分有机物的总量。

2. 经济产量

经济产量是指药用植物在单位面积上收获的具有经济价值的产品质量，即目标产品的收获量。药用植物中可供直接药用或制药工业提取原料的药用部位的产量，为药用植物的经济产量。由于不同药用植物的药用部位不同，提供的产品器官也各不相同。例如，根和根茎类药用植物的产品器官是根、根茎、块茎、球茎、鳞茎等；果实、种子类药用植物的产品器官是果实、种子；花类药用植物产品器官是花冠、花蕾、柱头、头状花序；皮类药用植物的产品器官是茎皮、根皮；叶类药用植物提供的产品器官是叶；全草类药用植物提供的产品器官是植物全株或地上部分。

同一药用植物，因栽培目的不同，经济产量的概念也不同。如忍冬若以花蕾为收获对象，经济产量是指金银花；若以藤为收获对象，其经济产量是指忍冬藤。栝楼若以其根为收获对象，经济产量是指根，可以雄株为主种植得到药材天花粉；若以果实为收获对象，其经济产量是指果实，可以雌株为主种植得到药材瓜蒌、瓜蒌皮、瓜蒌仁。

3. 经济系数

生物产量是形成经济产量的物质基础。但生物产量一定时，经济产量取决于生物产量形成经济产量的效率。衡量这一效率的系数称为经济系数。其值为经济产量与生物产量的比值：

经济系数＝经济产量÷生物产量

经济系数的高低仅表明生物产量转运到经济产品器官中的比例，并不表明经济产量的高低。在一定生物产量的基础上，提高有机物质向产品器官的转运能力，即提高经济系数是高产的关键。

不同药用植物由于生物学特性、收获对象、产品器官的化学成分以及栽培管理、产地环境的不同，经济系数差异较大。一般来说，收获营养器官的药用植物经济系数较高。如药用部位为全株（草）的，其经济系数较高，可接近100％；药用部位为根或根茎的，经济系数也较高，一般可达50％～70％；收获果实、种子或花等生殖器官的药用植物，则经济系数较低，如番红花以柱头入药，其经济系数就相当低。

此外，产品器官相同的植物，因化学成分不同，经济系数也不一样。例如，同样是收获种子的药用植物，产品器官以碳水化合物为主的，形成过程较简单，消耗能量较少，经济系数较高；而产品器官以蛋白质和脂肪为主的，在形成过程中必须由碳水化合物进一步转化，消耗能量较多，经济系数较低。因此，决明、刀豆的经济系数较禾本科药用植物低。

（二）生物产量与经济产量的关系

生物产量是经济产量的基础，在药用植物正常生长情况下，各种药用植物经济系数相对稳定，因而经济产量随生物产量增加而提高，两者呈明显的线性相关。因此，提高生物产量是获得高产的基础。

然而，取得较高的生物产量并不一定能取得较高的经济产量。如以生殖器官或贮藏器官为药用部位的药用植物，在其营养生长阶段，光合作用大部分用于营养器官的形成。在生殖生长阶段，光合产量主要用于形成生殖器官或贮藏器官。因此，在生产过程中，只有当生物产量超过一定值时才能形成经济产量，这个值称为临界株重或临界阈值。此外，在生长后期，植物贪青晚熟，生物量虽然较高，但由于碳水化合物未能充分转运到收获部位，经济产量也不高。

可见，想提高经济产量，只有在提高生物产量的基础上提高经济系数，才能达到目的。虽然不同植物的经济系数有其相对稳定的数值变化范围。但是，可以通过优良品种选育、农家种改良、优化栽培技术及改善环境条件等，使经济系数更加贴近上限值。

二、药用植物产量构成因素

药用植物的产量一般是指单位土地面积上药用植物群体的产量，即由个体产量与产品器官数量所构成，通常分为单位面积的株数与单株平均产量两个因素，即产量＝单位面积的株数×单株产量。如花类药用植物的产量构成为：产量＝单位面积株数×平均单株花质量，由于单株花朵质量＝每株花数×单花质量，所以，产量＝单位面积株数×每株花数×单花质量。上式中的株数、每株花数、单花质量即为产量的构成因素。由于药用植物种类不同，构成产量的因素也不同，主要表现在单株产量构成上（表5-1）。

表 5-1 各类药用植物的产量构成因素(郭巧生,2019)

药用植物类别	产量构成因素
根类	株数、单株根数、单根鲜重、干鲜比
全草类	株数、单株鲜重、干鲜比
果实类	株数、单株果实数、单果鲜重、干鲜比
种子类	株数、单株果实数、每果种子数、单粒鲜重、干鲜比
叶类	株数、单株叶片数、单叶鲜重、干鲜比
花类	株数、单株花数、单花鲜重、干鲜比
皮类	株数、单株皮鲜重、干鲜比

产量是各构成因素之积,理论上任何产量构成因素的增大,都能增加产量,但实际上并非如此,由于产量构成因素之间相互制约,生产中很难实现同步增长。例如,以根和根茎为产品的药用植物,单株根数和单根鲜重随种植密度增加而降低。种子类药用植物,单位面积株数增至一定程度后,单株果实数、单株种子数明显减少,种子千粒重也会下降。花类药用植物,如红花是以花冠入药,单位面积株数增加,每株花头数量、花头大小就相对减少。因此,药用植物要获得高产,必须明确构成因素的形成过程及相互关系,充分挥发主导因素的增产作用,克服次要因素对增产的限制,在一定的肥力、栽培水平上,协调个体与群体的关系,找到药用植物高产的最佳组合。

三、提高药用植物产量的途径

药用植物产量形成过程,是其植物体在生长发育过程中,利用光合器官将太阳辐射能转化为生物化学能,将无机物转化为有机物,最后转化为有经济价值的产品器官的过程。药用植物要想完成此过程,必须先形成光合器官和吸收器官,继而形成产品器官,最后是产量内容物的形成、运输和积累。因此,药用植物产量形成涉及光合器官、吸收器官、产品器官三大器官的建成和干物质的积累与分配。提高药用植物产量,就是要注重选择优良品种和创造良好的器官建成及其干物质积累与分配的条件。

(一)药用植物产量的形成

要获得较高的经济产量,首先必须要有较多的光合产物,丰富"源"头,其次要有较大的容纳产量内容物的容器即产品"库",最后要求源库之间的有机物运转"流"要畅通,以保证有较多的光合产物转运到产品库中,从而达到高产。

1."源"的形成

"源"是指生产和输出光合产物的组织或器官,包括光合作用的叶片、绿色的茎以及绿色的果实等绿色器官。光合产物的形成是通过绿色器官(主要是叶)的光合作用进行的。"源"的大小取决于绿色面积(光合面积)大小、光合作用的能力(光合强度)的强弱和光合作用时间(光合时间)的长短。

2."库"的积累

"库"是能利用或贮藏同化产物的组织、器官或部位,包括新生组织和籽粒。植物的储存能力取决于单位面积上产量容器的大小。不同植物的产量容器不同,其储存能力也是有差异的。

例如，禾本科植物的产量容器的大小取决于单位面积的穗数、每穗颖花数和籽粒体积的上限值，根茎类植物则取决于单位面积上的根茎数和根茎体积的上限值。一般而言，“库”容量大，其储存能力就强，但并不是越大越好，其“库”容大小必须与“源”的大小相适应。若“库”过小，植物成熟后有很多营养物质和能量无法转化为经济产量，导致本来具有高产基础的植物不能高产。若“库”过大，超过充实能力则是一种浪费，形成瘪粒。稳产而不高产的植物多因“库”所限，解决稳而不高的问题多寄希望于育种，当然也与栽培有关；高产而不稳产的植物多被“源”流所限，解决高而不稳的问题多寄希望于栽培，同时也与育种有关。

3.“流”的畅通

“流”是指把光合作用产生的碳水化合物运送到消耗和贮藏器官的过程，是“源”与“库”之间同化物的运输渠道。连接源库两端的输导组织的结构和性能，维管束的数目、大小、发育状况、联系方式和流转能力等均可作为流畅通程度的衡量指标。“流”的畅通程度影响着源库器官间同化物的运输与分配，进而影响药用植物的产量和经济系数。

“源”足“库”大，还须“流”畅，否则难以高产。同化物运输的主要组织是韧皮部薄壁细胞。不同植物同化物的运输速度是不同的，C_4 植物比 C_3 植物的运输速度高。光强度和光合强度的增高，或者库对同化物的需要量增加，均会导致同化物从“源”到“库”的转运速度的提高。反之，运输受阻，同化物大量积聚在叶片中，也会降低叶片的同化能力。不同植物和品种的同化物分配是不同的。同一植物和品种在不同栽培条件下，同化物的分配也有一定的差异。例如，大豆早熟品种茎叶占比例较小，荚粒占比例较大，晚熟品种则相反。同一大豆品种在中肥条件下，荚粒所占比例较大，而在高肥条件下茎叶繁茂，荚粒所占比例较小。据研究表明，同化物的分配方式主要取决于各种“库”的吸引力的大小和“库”与“源”的相对位置的远近，同时也受维管束连接方式的制约。一般说来，新生的代谢旺盛的幼嫩器官的竞争能力较强，能分配到较多的同化物，库与源的相对位置较近的能分配到更多的同化物。激素如赤霉素、细胞分裂素等对库的同化物分配也有影响。一般而言，果实生长发育是内源激素相互平衡的结果，以生长素细胞分裂素和赤霉素有利于果实的生长。乙烯的作用主要是促进成熟，也对果实的生长和干重的增加有促进作用。

在栽培上，除了通过选育优良品种外，促控技术可明显改善光合产物的生产、运输、分配和积累，从而在一定程度上使源库关系协调，以提高经济产量。生产上采用施肥、中耕、灌排水、施用生长调节剂、摘心、整枝、去叶等方法均是调整或控制植物的源库平衡关系。

（二）提高药用植物产量的途径

从生产上考虑，要获得优质高产，必须要求“库大、源足、流畅”，也就是说必须要有大的“源”，供给同化物多，运转能力强，同时还要有与之相适应的储存器官，还要注意“库”之间的物质分配问题，因为不同器官之间物质分配既存在相互竞争的关系，同时也受外界环境及物种的遗传性所限制。此外，栽培条件对“源、库、流”之间的平衡限制的影响也很大。

1.增“源”

（1）增大光合面积　从有机同化物形成和储存看，“源”应当包括制造光合产物的器官，主要是叶片。如木本药用植物实施矮化密植和计划密植，增加单位面积的株数，提高植株与群体的叶片数目，创造适宜药用植物生长发育的温、水、肥条件，根据药用植物生长发育特性和规律适时、适量供给水肥，做好防寒保温，以增加光合作用，从而提高产量。

（2）延长叶片寿命　植株叶片的寿命除与遗传因素有关外，与光、温、水肥等因素也有很大的关系。一般来说，光照强、肥水充足、叶色浓绿，叶片寿命就长，光合强度也高。特别是延长最佳叶龄期的时间，光合积累率高。

(3)增加群体的光照强度　露地栽培的药用植物，要保证供给的光照强度使群体各叶层接受光照强度总和为最大值。合理搭配种植药用植物，可有效提高光能利用率，进而提高群体产量。

2. 扩“库”

(1)满足“库”生长发育的条件 库的储积能力取决于单位面积上产量容器的大小。如根及根茎类药用植物产量容器的容积取决于单位土地面积上根及根茎的数量和体积的上限值；种子果实类药用植物产量容器的容积取决于单位土地面积上的穗数、每穗实粒数和籽粒体积的上限值。在自然情况下，植物的“源”与“库”的大小和强度是协调的，“源”大的时候必须建立相应的“库”，以提高储积能力，达到增产的目的。

(2)协调同化物的分配　植物体内同化物的分配方向总是由“源”到“库”。由于植物体本身存在许多“源库”，其对同化物的运输分配存在差异。从生产角度讲，应通过修剪、摘顶等栽培技术措施使光合同化产物集中向有经济价值的“库”分配。如根及根茎类药用植物，可采取摘蕾、打顶等措施，减少光合养分损耗。如白术种下后，常从基部长出分蘖，影响主茎生长，抽薹开花，会过多消耗营养，生产中用除蘖、摘花蕾方法，可使根茎增产 60%左右。

3. 畅“流”

植物同化物由“源”到“库”是由“流”完成的。如果“流”不畅，光合产物运输分配不到相应的库或分配受阻，经济产量也不会高。因为植物体中同化物运输的一个显著特点是就近供应、同侧优先。因此，许多育种工作者都致力于矮化株型的研究。现代的矮化新良种的经济系数已由原来的 30%左右提高到 50%～55%。这与矮化品种源库较近，同化物分配输送更顺畅和输导组织发达有关。

任务实施

技能实训 5-1　药用植物田间测产

一、实训目的要求

掌握各类药用植物产量构成因素及分析方法；掌握各类药用植物田间测产的方法，了解栽培管理措施对药用植物产量的影响。

二、实训材料用品

各类药用植物生产基地、皮尺、铁锹、钢卷尺、天平、卡尺、记录本、笔等。

三、实训内容与方法

1. 选取样点

选取代表性样点。如果地块平坦，药用植株生长发育基本一致，可采用对角线法取样，取点数量依地块面积的大小而定，一般每 667 m^2 选 3 个样点，以后每增加 667 m^2 增选 1 个样点。样点的面积依据药用植物的种类、种植方式、株型大小等确定，随着药用植物株型、行距、株距的增加，选取样点的面积增大。草本类、密植、株型较小的药用植物可以选取 1～3 m^2 或

1～3 m双行作为一个样点；木本类、稀植、株型高大的药用植物可选5～20 m^2或5～20 m双行作为一个样点。

2. 测定群体数量

(1)对于条播、点播、穴播和移栽药用植物，选点同时测定株行距。首先在所选各点测定10～20株的距离，再将各点平均，求出全田的平均株距(m)；然后，选点测定10～20行的距离，也将各点平均，求出全田的平均行距(m)。

(2)最后按下列公式计算群体数量：每亩株数＝667/(平均行距×平均株距)。

(3)对于撒播或者种植不规则的药用植物，要调查各样点的株数，计算平均株数和各样点面积的平均值(m^2)。按照下式计算每亩株数：每亩株数＝667×(各样点平均株数/各样点平均面积)。

3. 单株平均鲜重

在每个样点上取相邻的两行(垄)各10株，即每点取20株，再按面积大小、取样点多少分别取样和分样，按照各类药用植物收获器官的不同，分别计算各样点样本的生物产量和经济产量(鲜重)，根据株数分别计算求得单株平均鲜重。

4. 干鲜比

按照各类药用植物对干燥技术的要求，分别进行干燥处理。充分干燥后，称量干燥样本的质量，计算干鲜比。

$$干鲜比＝干样质量÷鲜样质量×100\%$$

5. 计算产量

根据表5-1中产量构成因素，分别计算求得各类药用植物的产量。如根和根茎类药用植物按下列公式计算：

$$亩产量＝亩株数×单株根数×单根鲜重×干鲜比$$

四、实训报告

准确记录操作步骤及测产结果。

五、成绩评定及考核方式

根据实训报告及实训表现综合评分。

【思考与练习】

1. 简述药用植物产量构成因素及其相互关系。
2. 简述提高药用植物产量的途径。

任务2　药用植物品质分析

知识目标

- 掌握药用植物品质的含义。
- 掌握提高药用植物品质的途径。

能力目标

• 能够根据药用植物品质形成基础和影响因素，制定提高药用植物品质的措施。

素质目标

• 培养学生搜集资料、利用资料的能力和团队协作，以及求真务实的职业精神。

相关知识

药用植物品质的好坏，直接关系临床用药的安全有效性，其必须符合《中华人民共和国药典》及其他有关质量标准要求。

一、药用植物品质

药用植物的品质是指产量器官，即目标产品的质量，其优劣以人类需求为标准。目前，具体评价药用植物品质的指标主要有形态指标和理化指标两类。形态指标是根据产品外观形态来评价药用植物品质优劣的指标，包括色泽、质地、形状、大小、长短、粗细、厚薄、整齐度等；理化指标是根据产品的生理生化分析结果评价药用植物品质优劣的指标，包括药用成分或活性成分多少、有无农药残留、重金属以及卫生指标等。

1. 形态指标

(1)色泽　每种药材都有自己的色泽特征。如五味子、枸杞子、黄柏、紫草、红花及藏红花等许多药材本身含有天然色素成分，同时，某些药效成分如小檗碱、蒽苷、黄酮苷、花色苷及挥发油等本身带有一定的色泽特征，从某种意义上说，色泽是某些药效成分的外在表现形式或特征。

药材是将栽培或野生的药用植物的入药部位加工(干燥)后的产品。不同质量的药材采用同种工艺加工，或相同质量的药材采用不同工艺加工，加工后的色泽，不论是整体药材外观色泽还是断面色泽，都有一定区别。所以，色泽又是区别药材质量好坏和加工工艺优劣的性状之一。

(2)质地、大小与形状　药材的质地既包括质地构成，如肉质、木质、纤维质、革质、油质等，又包括药材的硬韧度，如体轻、质坚、质硬、质韧、质柔韧(润)、质脆等。

药材的大小，通常用直径、长度等表示。绝大多数药材都是以个大者为最佳，个别药材(如平贝母)是有规定标准的，超过标准的为二等。分析测定结果，超过规定标准的平贝母，其生物碱含量偏低。

药材的形状是传统用药习惯遗留下来的商品性状评价指标，如整体的外观形状(块状、球状、纺锤形、心形、肾形、椭圆形、圆柱形及圆锥形等)，纹理状况，有无抽沟、弯曲或卷曲、突起或凹陷等。

2. 理化指标

(1)药用成分　药用成分是中药材中能实现该中药功效和性能的一系列化学成分。药用植物产品器官中活性成分含量高低、各种成分的比例等，是衡量药用植物产品质量的主要指标。目前已明确的药用成分有：糖类，蛋白质、氨基酸、多肽、酶类、甾类化合物、生物碱、苷类、萜类、木脂素、香兰素、有机酸、鞣质、脂类植物色素类和无机成分等。

药用植物中所含的药用成分因种类而定，有的含 2～3 种，有的含多种。有些药用成分含量虽少,但生物活性强。含有多种药用成分的药材,其中必有一种起主导作用,其他成分起辅助作用。药用植物所含的药用成分种类、比例、含量等都受环境条件的影响,也可以说是在特定的气候、土质、生态等环境条件下的代谢产物。有些药材的生境独特,虽然我国幅员辽阔,但完全相同的生境不多,这可能是药材道地性的成因之一。因此,在栽培药用植物尤其是引种栽培时,一定要检查分析成品药材与常规药材或道地药材在成分种类上、各种成分含量比例上有无差异。这也是衡量栽培或引种是否成功的一个重要标准。

(2)中药材中的污染物 主要包括重金属污染物、农药及化肥等农业生产资料污染物、病原微生物污染物、病毒污染物及寄生虫污染物等。栽培药用植物有时需使用农药,但应检查有无化学农药残留和重金属污染,残留物超标者禁止作为药材。目前,我国已经规定了禁止使用的农药及农药和重金属等外源性有害物质的安全限量。

二、影响药用植物品质的因素

影响药用植物品质的因素很多,情况也很复杂。就栽培过程而言,从种子、种植、田间管理、收获、加工到贮藏、运输等各个环节都会影响药用植物有效成分的积累。就栽培环境而言,栽培地的气候、土质、水肥、生物等生态环境条件与药用植物品质形成及其质量关系密切。此外,从业人员的素质与技术水平也对药用植物品质有较大影响。

1.遗传因素

药用植物的生长发育按其固有的遗传信息所编排的程序进行,每一种植物都有其独特的生长发育规律,植物遗传差异是造成其品质变化的内因。植物种类或品种不同,其产品的色泽、形状、质地、大小和气味以及有效成分的形成和积累及其组分和量也有差异。例如,内蒙古甘草皮色棕红,质量好;新疆甘草多带碱皮,品质差。又如,黄丝郁金主根卵圆形,温郁金主根陀螺状。选育优良基因有利于提高品质,如享有盛名的宁夏枸杞中,以大麻叶品种最佳,果大肉厚汁多,味甜,其他品种远不及大麻叶;蒙古黄芪的茎直性差,根部粉性大,而膜荚黄芪茎挺直,根部粉性小。植物种类和品种不同,其产品器官的淀粉、蛋白质、脂肪、维生素以及其他有用成分也是不同的。栽培目的不同,对产品所要求的主要成分也是不同的,种类间这些成分和含量是有差异的。例如,对食用植物,人们利用的主要成分是碳水化合物、蛋白质和脂肪等,不同类别间三类成分的差异很大,即使是同一类植物的不同种之间也有一定的差异,在禾谷类植物中燕麦和小麦的蛋白质含量高于水稻,而其碳水化合物低于水稻。药用植物所利用的主要是药用化学成分,药用植物种类不同其有效成分含量是不同的。如人参属中总皂苷的含量随种类的不同而有差异,章观德分析了朝鲜、日本长野以及我国吉林抚松、通化和北京的6年生的白参,比较其总皂苷含量,变幅为1.5%~5.7%,我国产的白参中皂苷含量比日本和朝鲜的都高。又如西洋参的总皂苷含量为4.9%,三七参为6.3%~8.2%,竹节参为13.5%~20.6%,珠子参为9.34%。

2.生态因素

药用植物活性成分的积累以及产品的形状、色泽等除与遗传因素有关外,还受地理、季节、温度和光照等生态因素的影响。例如,在植物生长期间,适宜的温度和湿润的土壤或高温高湿环境,能促进糖、淀粉以及脂肪等的合成与积累,但不利于氨基酸、生物碱和蛋白质等含氮物质的合成;空气干燥和高温条件,则可促进蛋白质及其他含氮物质的合成,不利于糖类和油脂的形成。

生态因素的影响，主要是与海拔高度、温度、光照度和土壤密切相关。例如，山莨菪中的山莨菪碱含量，在一定海拔高度内，有随生长地海拔高度升高而增加的趋势。据报道，在海拔2 400 m时山莨菪中山莨菪碱的含量为0.109%，海拔2 800 m时含量为0.196%。从纬度看，我国药用植物中挥发油含量越向南越高，而蛋白质、生物碱含量越向北越高。光照充足可使某些药材药效成分增加，如薄荷中挥发油含量及油中薄荷脑含量均随光照强度增强而提高；人参皂苷含量也随光照强度增强而提高。

3. 栽培措施

很多野生药用植物经人工栽培后，因生长条件的改善，植株生长发育良好，活性成分增加。如人工栽培青蒿的青蒿素含量为0.50%～0.61%，而野生者为0.41%～0.46%。并且在同一环境中，不同播种期和移栽期种植的青蒿，其青蒿产量和活性成分也存在较大差异。如青蒿春播，生长良好，产量低，但青蒿素含量高；若秋季播种，则青蒿含量低，但产量高。

在药用植物栽培中，施肥措施也与药用植物品质关系密切。适时增加氮素营养和给植物适度干旱等措施，可促进氨基酸、蛋白质、生物碱等药用成分的转运与积累；而适时增加磷钾营养和给植物创造湿润环境等措施，有利于糖类、油脂类物质的积累。但栽培技术操作不当，特别是在农药、化肥等农用生产资料的施用量及施用时间上操作不当，易引起污染物超标，降低中药材品质。

4. 采收时间

俗话说："当季是药，过季是草"，科学采收对药用植物体内活性成分的形成与积累有重要影响。一般以地上部分入药的，以生长旺盛的花蕾、活性成分积累为高；地下部分入药的，以休眠期积累最高。对多年生药用植物而言，药用植物品质不仅与一年的生长季节有关，还与其生长年限密切相关，如人参、黄连、甘草等随生长年限的增加，其产量和品质均能随之提高。

5. 加工技术

加工技术的好坏直接影响药材的理化指标与形态指标。每一种药用植物的鲜品对干燥的温度、方法都有一定的要求，在适宜的温度范围内应用科学的加工方法，药材干燥后的内在质量和外观形状较好。例如，含挥发油类的药材，采收后只能阴干，而不能放在强光下晒干。当归晒干、阴干的产品色泽、气味、油润等性状均不如熏干的好。

三、提高药用植物品质的途径

1. 加强药用植物的品种选育和推广工作

药用植物起源于野生植物。药用植物品种是人类在一定的生态与经济条件下，根据自己的需要而创造的药用植物群体。品种必须符合生产的需要，具备完成生产目标的潜力且对所处的生态环境有一定的适应性；而且不论其种植面积大小，必须具备相对稳定的遗传性，同一品种必须保持生物学和形态学上的相对一致性，这样在生产上才具有利用价值。优良品种能充分利用自然资源和生产条件，克服诸如倒伏、病虫害等一些生产中常见的障碍因子。因此，选择适宜的优良品种是药用植物生产的一个重要环节。

一般说来，优良品种应在以下几个方面具备一定的特点：

(1)丰产性　这是优良品种应具备的最基本条件。品种的丰产性是多种形态特征和生理特征的综合表现。一般说来，高产品种既要有较高的生物产量和经济系数，又要有合理的产量结构。

(2)稳产性　品种的稳产性是丰产性的基本保证。品种的稳产性主要受其抗性的影响。一般说来,优良品种应该对当地的主要病虫害和自然灾害具有一定的抗性。

(3)优质性　药材之所以能够防病治病就在于其含有有效药用成分,品种的优质性是决定药用植物效益的重要因素。

(4)广适性　品种的适应性是决定品种种植范围大小的重要因素。广适性要求品种能适应较大地区范围的气候条件和土壤条件。

2.制定标准化的栽培技术规程

任何地区或生产单位,在已有或新建的药用植物生产基地中,都应在严格遵循《中药材生产质量管理规范》的准则下,根据各自的生产品种、环境特点、技术状态、经济实力和科技水平,制定出切实可行、达到GAP要求的方法和措施的标准操作规程(SOP)。

当前生产上存在的薄弱环节有:农业环境质量的现状评价及改进办法;标准化的栽培技术流程;病虫害种类、发生规律的研究及综合防治方法;肥料的合理使用及农家肥的无害化处理;农药使用规范及安全使用标准;药材质量的检测与认证(国家标准与企业标准);药材的包装物及说明书等。

各个中药材生产地区或单位应在中药材的GAP、SOP的指导下,逐步解决药用植物生产中存在的主要问题。根据药用植物生长发育规律及特点,不断改进种植方式和栽培技术,从而达到药用植物优质、高产、高效、低耗的生产目的。

3.改进与完善加工工艺和技术

目前,多数药材的加工仍停留在传统的加工工艺和手段上,传统加工工艺与方法绝大多数是科学的。但是,随着中药材生产的区域化、规模化、专业化发展态势,传统加工方法不能适应大规模生产需要。应该积极汲取现代科技发展成果,在保证加工质量的基础上,创建现代的加工工艺与技术,不断提高药材加工机械化、自动化水平。

任务实施

技能实训5-2　药用植物药用成分检测

一、实训目的要求

了解常用药用植物的主要药用成分;掌握采用高效液相色谱仪测定药用成分的方法。

二、实训材料用品

本地区栽培基地的药用植物(以忍冬为例),高效液相色谱仪、超声波清洗仪、切削式研磨机、分析天平、四号筛、金银花干燥花蕾、绿原酸标准品、木犀草苷对照品、具塞锥形瓶、棕色容量瓶(10 mL)、0.45 μm微孔滤膜、移液枪、甲醇(分析纯)、磷酸、色谱乙腈等。

三、实训内容与方法

(1)样品的前处理　将采回的金银花晒干或烘干后,使用切削式研磨机将金银花干燥花蕾粉碎,过四号筛,封装后于阴凉干燥处保存。

(2)绿原酸　高效液相色谱(HPLC)法测定。

①色谱条件　以十八烷基硅烷键合硅胶为填充剂;以乙腈-0.4%磷酸溶液(13∶87)为流动相;检测波长为327 nm。理论板数按绿原酸峰计算应不低于1 000。

②对照品溶液的制备　取绿原酸对照品适量,精密称量,置于棕色容量瓶中,加50%甲醇制成40 μg/mL的溶液,即得(10 ℃以下保存)。

③供试品溶液的制备　取本品粉末(过四号筛)约0.5 g,精密称量,置于具塞锥形瓶中,准确加入50%甲醇50 mL,称量质量,超声处理(功率250 W,频率35 kHz)30 min,放冷,再称量质量,用50%甲醇补足损失的质量,摇匀,滤过,精密量取滤液5 mL,置于25 mL棕色容量瓶中,加50%甲醇至刻度,摇匀,即得。

④测定　分别精密吸取对照品溶液与供试品溶液各5～10 μL,注入液相色谱仪,测定,即得。本品按干燥品计算,含绿原酸($C_{16}H_{18}O_9$)不得少于1.5%。

(3)木犀草苷　高效液相色谱(HPLC)法测定。

①色谱条件　Agilent ZORBAX SB-Phenyl色谱柱(4.6 mm×250 mm,5 μm;苯基硅烷键合硅胶为填充剂),以乙腈(A)-0.5%冰醋酸溶液(B)为流动相(0～15 min,A液10%→20%;15～30 min,A液20%;30～40 min,A液20%→30%)。

②对照品溶液的制备　取木犀草苷对照品适量,精密称量,加70%乙醇制成40 μg/mL的溶液,即得。

③供试品溶液的制备　取本品粉末(过四号筛)约2 g,精密称量,置于具塞锥形瓶中,精密加入70%乙醇50 mL,称定质量,超声处理(功率250 W,频率35 kHz) 1 h,放冷,再称定质量,用70%乙醇补足损失的质量,摇匀,滤过。精密量取续滤液10 mL,回收溶剂至干,残渣用70%乙醇溶解,转移至5 mL容量瓶中,加70%乙醇至刻度,即得。

④测定　分别精密吸取对照品溶液与供试品溶液各10 μL,注入液相色谱仪,测定,即得。本品按干燥品计算,含木犀草苷($C_{21}H_{20}O_{11}$)不得少于0.050%。

四、实训报告

同一时间不同地点采收金银花,每一地点分别设置2 m×2 m的3个样方,将样方内所采金银花干燥处理后,测定其药用成分含量,比较不同地点金银花的药用成分含量(表5-2)。

表5-2　同一时间不同地点金银花的药用成分

采收地点	A地点	B地点
千蕾重/g		
绿原酸/%		
绿原酸平均含量/%		
木犀草苷/%		
木犀草苷平均含量/%		

五、成绩评定及考核方式

根据实训报告及实训表现综合评分。

【思考与练习】

1. 影响药用植物品质的因素有哪些？
2. 简述提高药用植物品质的主要途径。

项目 6

药用植物采收与产地加工

【学习要点】

1. 药用植物采收方法。
2. 药用植物产地加工技术。

【知识导图】

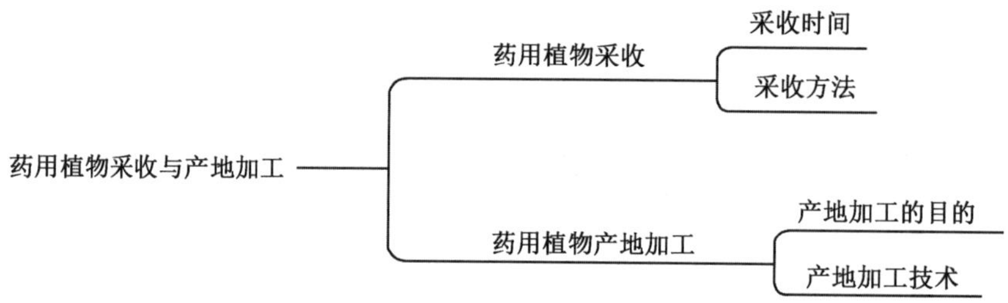

项目 6 课程 PPT

任务1 药用植物采收

知识目标

- 熟悉药用植物采收时间。
- 掌握药用植物采收方法。

能力目标

- 能够掌握各类药材的采收时间和采收方法。

素质目标

- 培养学生热爱祖国、服务人民、崇尚科学、辛勤劳动、艰苦奋斗的良好品质。
- 培养学生分析问题和解决问题的能力。

相关知识

药用植物采收是指药用植物生长发育到一定阶段，药用部位质量已符合用药要求，采取合理的技术措施，从田间采集收获的过程。药用植物要根据其种类、生长周期、入药部位生长发育特点及活性成分积累动态变化规律决定采收时间和方法。

一、采收时间

适时采收对药用植物的产量、质量和收获率都有良好的作用，采收时间的确定应以药材有效成分含量的高峰期与产品器官产量的高峰期最大化为原则，一般需要确定采收的年限、采收的季节和采收的具体日期，个别品种甚至要规定一天中采收的具体时间段。

1. 采收年限

采收年限是指播种或栽植到采收所经历的年限。采收年限长短取决于3个主要因素：第一是植物本身特性，如木本或草本，一年生、二年生和多年生等；第二是环境因素影响，同一药用植物因南北气候或海拔高度差异而采收年限不同，如红花在北方多为一年采收，而南方是二年采收；第三是药材品质要求，根据药用要求，有的药用植物采收年限可短于该植物的生命周期，如川芎、麦冬、白芷等为多年生植物，而其药用部位的采收年限为1～2年。

采收年限根据药用植物药性及药用部位成熟度和有效成分含量来决定，可分为4类：

(1)一年采收的药用植物　播种后当年采收的药用植物。大部分为一年生草本，少数为多年生草本或灌木。一般多为春季播种，当年秋、冬季采收，如薏苡、荆芥、前胡、紫苏、菊花、红花等；少数为夏季播种，当年冬季采收，如牛膝、泽泻、郁金等。

(2)两年采收的药用植物　播种后次年采收的药用植物。一般实际生长周期不足两周年，甚至有的不足一周年，故又称为越年采收或跨年采收。比较普遍的是秋季播种，次年夏季采收，如浙贝母、延胡索、川芎等；其次是春、夏、秋季播种，次年冬季采收，如白术、党参、当归等；少数为冬季播种，次年夏季采收，如附子等。

(3)多年采收的药用植物　播种后3年及以上采收的药用植物。其中包括多年生草本与木本，如3年采收的川明参、芍药、百合、云木香、三七等；4～7年采收的黄连、牡丹、人参等；

10～30 年采收的如杜仲、黄柏、厚朴、肉桂、苦楝等。

(4)连年采收的药用植物　播种后能连续采收多年的药用植物。多为以果实、种子或花、叶等入药的木本药材，如佛手、山茱萸、使君子、辛夷、金银花、银杏、枸杞等。其次是以果实、种子、花、叶或全草入药的多年生草本植物，有的从播种后当年开始连年采收，如薄荷、旋覆花、菊花、马蓝等；有的则需 2 年以上才能连年采收，如砂仁、石斛、栝楼等。

2.采收季节

药用植物的根、茎、叶、花、果实等各器官的成熟程度和适收标志都具有明显的季节性。正如我国民间流传的一首采药歌所说："含苞待放采花朵，树皮多在春夏剥；秋末初春挖根茎，全草药材夏季割；色青采叶最为好，成熟前后摘硕果。"北方药农也有谚语："春采茵陈夏采蒿，知母黄芩全年刨；九月中旬采菊花，十月上山采连翘。"这充分反映了各类植物药材都有其不同的适宜采收季节。

(1)根和根茎类　多在秋末春初或在植物生长停止的休眠期采收。此时药用植物完成了年生育周期，进入冬眠，根和根茎生长充实，贮藏的各种营养物质丰富，累积的有效成分含量高，药材产量和加工折干率也高。例如，天麻、桔梗、葛根、党参、丹参、天花粉、人参、黄连、玄参、当归、石菖蒲等。如丹参在秋末收获，其丹参酮及次甲丹参醌含量较其他季节收获高 2～3 倍。但也有一些药材地上部分枯萎较早，如延胡索、夏天无、浙贝母、半夏、山慈菇、太子参、石蒜等，宜在初夏或夏季地上部位枯萎时采收；附子、麦冬等宜在生长发育旺盛期采收；柴胡、关白附宜在花蕾期或初花期采收；白芷、川芎为了避免抽薹开花，根茎木质化或空心，宜在生长期采收；防风、明党参宜在春天采收；仙鹤草芽只能在根芽未出土时采收。

(2)皮类　主要是指木本植物的干皮、枝皮和根皮，少数根皮来源于多年生草本植物。干皮、枝皮应在春夏之交采收，此时植物生长旺盛，皮内养分充足，汁液增多，皮部易剥离，如黄柏、厚朴、白蜡树等，但肉桂例外，在寒露前采割含油量最丰富。根皮一般在秋末冬初采挖根后采收，如牡丹、远志等。

(3)茎木类　大部分全年可采，如苏木、沉香、降香等；木质藤本植物宜在全株枯萎后或者是秋冬至早春前采收，如忍冬藤、络石藤、槲寄生等，质地好，活性成分含量较高；草质藤本植物宜在开花前或果熟期之后采收，如首乌藤(夜交藤)。

(4)叶类　大多数叶类药用植物宜在植物生长旺盛、色泽青绿、花未开放或果实未成熟时采收，如荷叶、艾叶、大青叶等。因为此时植物光合作用最强，相应的有效成分合成积累较多。少数的品种需经霜后采收，如桑叶等；有的植物一年采收几次，如枇杷叶、菘蓝叶等。

(5)花类　以花蕾入药的，如金银花、丁香、洋金花、辛夷、款冬花、槐花等，一般在花蕾期时采收；以开放的初花入药的，如菊花、旋覆花等，一般在初花时采收；以盛开的花入药的，如野菊花、番红花应在花盛开时采收；花粉类药材，如蒲黄、松花粉应在开花期采收，宜早不宜迟，否则花粉脱落；有的药材应分批次采收，如红花、金银花。

(6)全草类　全草类的地上全草，如淡竹叶、龙芽草、紫苏梗、益母草、荆芥等宜在茎、叶生长旺盛、枝繁叶茂、活性成分含量高、质地色泽均佳的初花期采收。全草类的全株全草，如蒲公英、辽细辛等宜在初花期或果熟期之后采收。低等植物石韦等四季都可采收。

(7)果实和种子类　果实和种子类药材多在自然成熟或将要成熟时采收，如五味子、草果、苍耳子、栀子、山楂、栝楼、枸杞、薏苡等；决明子、马兜铃、牵牛子、天仙子、青葙子、白芥子、白扁豆、王不留行等在果实成熟而尚未开裂时采收；青皮、枳实、乌梅、藏青果等宜在未成熟时采收；

川楝、山茱萸经霜后变黄、罗汉果由嫩绿转青色时采收；成熟期不一致的果实或种子应随熟随采，如木瓜、补骨脂、续随子、水飞蓟等；多浆果实适宜在近成熟的清晨或傍晚采收较好，采摘后避免挤压翻动以免碰伤。

(8)其他　藻类、菌类、地衣类药材采收情况不一，茯苓在立秋后采收质量较好；马勃宜在子实体刚成熟时采收，冬虫夏草在夏初子实体出土而孢子未发散时采挖；海藻在夏、秋二季采捞；松萝则可全年采收。

树脂类药材一般是植物体的自然分泌物或代谢产物，如血竭(果实中渗出物)、没药(干皮渗出物)，有的是人为或机械损伤后的分泌物，如苏合香。树脂类采收以凝结成块为准，随时收集。

二、采收方法

依据不同的入药部位采用不同的采收方法和工具。

1. 挖掘

用锄头或特制的工具先从地的一端挖沟，然后依次掘出，采收时要力求药材完整，避免受伤破损而影响药材质量，此法适用于根及根茎类药材的采收。

2. 收割

用镰刀或特制工具采收药材的方法，主要用于为全草类、花类、茎木类、种子和果实类药用植物的采收。

3. 采摘

用手或辅以特定工具采收药材的方法，此法主要用于叶或成熟期不一致的花、果实和种子的采收等。

4. 击落

用木棍或竹竿等敲击而采收药材的方法，此法主要用于采收树体高大的木本或藤本药用植物中果实和种子类药材。

5. 剥离

用特制的刀具剥取树皮或根皮类药材的方法，又称剥皮，适用于皮类药用植物。

6. 割伤

树脂类药材常采用割伤树干收集树脂的方法，如安息香、松香、桃胶等。

任务实施

技能实训6-1　药用植物最佳采收时期的确定

一、实训目的要求

掌握当地常用药用植物适宜采收时期的确定方法。

二、实训材料用品

(1)材料　黄芪、菘蓝、忍冬、款冬花、红花、柴胡等处于采收期前后的药用植物。

(2)用品　烘箱、电子分析天平、玻璃仪器、水浴锅、高效液相色谱器及紫外分光光度计等。

三、实训内容与方法

1. 采收期设置

根据药用植物药用部位的主要生长过程，在采收期间分阶段采收。以忍冬为例，将其从现蕾到花开放全过程分为幼蕾期、三青期、二白期、大白期、银花期、金花期及凋落期，以5月份头茬花为对象，分别在这7个阶段采收，以相同的加工方法加工干燥，考察其产量和品质的变化。

2. 产量分析

采收后，以千蕾重作为衡量标准，计算不同采收期对忍冬产量的影响。

3. 品质分析

以《中华人民共和国药典》(2020年版)规定的绿原酸、木犀草苷的含量为检测指标，调查不同采收期对忍冬品质的影响。

4. 统计分析

对实验数据进行分析，综合考虑产量和品质因素，根据药用部位有效成分累计总量(有效成分产量)最大值，确定忍冬花的最佳采收时期。

四、实训报告

填写下表，综合考虑药用植物产量和品质因素，以药用部位有效成分累计总量(有效成分产量)最大值确定最佳采收期(表6-1)。

表6-1 不同采收时期忍冬的产量和品质

采收期	幼蕾期	三青期	二白期	大白期	银花期	金花期	凋落期
千蕾重/g							
绿原酸/%							
绿原酸产量/g							
木犀草苷/%							
木犀草苷产量/g							

五、成绩评定及考核方式

根据实训报告及实训表现综合评分。

【思考与练习】

1. 如何确定药用植物最佳采收期？
2. 药用植物主要有哪些采收方法？

任务2 药用植物产地加工

知识目标

- 掌握各类药用植物产地加工的方法。

能力目标

- 能熟练地进行药用植物产地加工。

素质目标

- 培养学生热爱祖国、服务人民、崇尚科学、辛勤劳动、艰苦奋斗的良好品质。
- 培养学生分析问题和解决问题的能力。

相关知识

药用植物采收后，除少数种类如鲜石斛、鲜芦根等供鲜药外，大多数需在产地经过初步加工，然后才能出售。在产地对药材进行的初步处理与干燥称为产地加工或初加工。

一、产地加工的目的

(1)除去非药用部位及杂质，利于包装、贮藏，保证药材质量。中药材除全株入药的品种外，大多数药材都对入药部位做了详细的规定，药材在采收时可分部位采收，但由于野外采收的具体情况，往往不能完全将药用部位分离，有的在采收时带入了部分非药用部位以及其他伴生植物或泥沙等杂质，需要在加工时及时除去，以保障药材的纯净，保证药材质量，同时也有利于后期的包装、贮藏。

(2)通过及时干燥，避免霉烂变质，保证临床效用。药用植物采收后，一般水分含量较高，除鲜用外，大多数应该适时干燥，才能保障药材的商品性状和内在品质，符合药用要求。

(3)通过初加工，降低药材的毒性，矫正药材的不良气味。

(4)分等分级。通过挑选加工，将药材分成不同规格等级，进行分类管理，便于包装、储运以及进一步炮制，同时在药材销售时，制定等级差价，实现药材优质优价。

二、产地加工技术

(一)产地加工场地的选择

药用植物产地加工既要符合技术要求，也要保障生产要素配套和生产过程中的人、财、物安全。首先要环境安全，对人、财、物无安全隐患，无环境污染；其次是具备良好的场地、水、电、路、通信、仓储、食宿等生产生活配套设施条件；最后要有充足的劳动用工保障。

(二)产地加工方法

1. 清洗

将采收的新鲜药材，用清水喷淋、涮洗、淘洗等方法除去表面的泥沙、污垢等，有些药材需要同时除去残留枝叶、粗皮、须根，如人参、白芍等。特别是需要蒸、煮、烫的药材更需洗涤，以保持药物色泽，如天麻、天冬等。

2. 修整

药材采收后，应及时除去非药用部位及劣质部分，使药材整齐，便于捆扎和包装。多采用修剪、切削、整形等方法。如牛膝、党参等去芦头；威灵仙、山豆根等去残茎；白芍、桔梗等去外皮；牡丹皮、远志等抽木心。

3. 切制

较大的根及根茎、坚硬的藤木类和肉质的果实类药材大多趁鲜在产地切制，便于干燥和包装。如佛手、香橼切成薄片；木瓜纵切成瓣；鸡血藤、大血藤横切成片；大黄、何首乌、葛根等也要切成厚片或段、块等。

4. 蒸、煮、烫

将药材装入容器内，利用蒸汽或热水进行加热处理的方法。含浆汁、糖分、淀粉多的药材，一般方法难以干燥，加热处理后，其细胞组织被破坏，酶失活，可缩短干燥时间。同时，采用此法还可使药材外观饱满，色泽明快，如天麻。要注意蒸的程度和时间，如天麻、红参等要蒸透心；菊花蒸的时间要短，熟地、附片蒸的时间要长。

5. “发汗”

有些药材在加工过程中，需堆积起来，或经过微煮、蒸后堆积起来发热，使其内部水分向外渗透，当药材堆内含水汽达到饱和，遇堆外低温，水汽就凝结成水珠附于药材表面，此过程称为“发汗”。某些药材用此法加工，还能使某些挥发油渗出，化学成分发生变化，具特殊的色泽，或气味更浓烈，或干燥后更显油润，如厚朴、杜仲、玄参等；山药、川芎、白术、茯苓、大黄经过“发汗”处理，加快了干燥速度，内外干燥一致。但在堆积“发汗”时应注意检查，做到“发汗”适度，防止堆积发霉变质。

6. 浸漂

浸漂主要是除去药材的毒性和不良性味，如半夏、附子等；还能抑制药材本身的氧化酶活性，以免药材氧化变色，如山药、白芍等。浸漂分为浸渍和漂洗。浸渍一般时间较长，有的还要加入一定辅料。漂洗时间较短，勤换水。在浸漂过程中要注意药材在形、色、味等方面的变化，掌握水的更换、辅料的用量及添加时间，以免发生腐败、霉变。

7. 揉搓

有些药材在干燥过程中皮肉易分离或易空心，影响质量。为了保证药材质量，在干燥过程中必须进行反复揉搓，使之油润饱满、柔软坚实，如天麻、党参、麦冬等。

8. 干燥

干燥是指利用天然或人工热能除去药材中过多水分的加工方法。它是药材产地加工过程中最普遍、最主要的加工方法。干燥后能使药材体积缩小，质量减轻，避免发霉、虫蛀以及有效成分的分解和破坏，便于运输、贮藏，保证药材的质量。

(1)干燥的方法

①晒干。又称日晒法，是利用太阳直接晒干药材的方法，是一种最常用的既经济又简便的干燥方法，多数药材可用此法干燥。选择晴朗的天气，将药材摊开在席子上或干净的水泥地上晒干即可。晒时应注意翻动，让药材充分接受太阳照射，夜间将药材收回盖好以防雨、防露、防被风吹走及返潮，直至晒干。

但含挥发油的药材如薄荷、金银花等不宜采用此法，某些晒后易变色者如白芍、黄连、槟榔、红花等，以及在烈日下暴晒易爆裂者如郁金、白芍等也不宜采用此法。晒干要根据药材的性质，有时须与其他产地加工方法如蒸、煮、烫、发汗等结合使用，以加速干燥，保证药材的质量。

②阴干。也称摊晾法，是把药材置于室内或太阳不能直射的阴凉通风处，借空气的流动使之干燥的方法。适用于含挥发性成分的花类、叶类、全草类药材，或者日晒易变色、变质的药材，如荆芥、薄荷、紫苏、玫瑰花、红花、细辛等，又如太阳直晒易走油的药材，如枣仁、知母、柏子仁、苦杏仁、火麻仁等。

③烘干。是利用人工加热使药材干燥的方法。此法适合大多数药材的应用，具有效率高、省劳力、省费用、不受天气限制的优点，特别适用于阴湿多雨的季节。其方法是将药材置于烘房、火炕上加热干燥。在烘干时，应严格控制温度，适时翻动，以防烘枯烤焦，影响药材质量。

④远红外干燥。远红外线辐射药材，使原子、分子运动加剧，内部发热，经过热扩散、蒸发和化学变化，使得水分扩散由内向外，最终使药材干燥。

⑤微波干燥。由微波能转变为热能使药材干燥的方法，属于高频电流干燥方法，只是分子振动频率更高，产生热量能穿透药材内部，从而达到干燥目的。此法干燥速度快，时间短，加热均匀，热效率高，同时还能杀灭微生物，具有消毒作用，可以防止药材在贮藏过程中发霉、生虫。

⑥冷冻干燥。又称升华干燥。将含水物料冷冻到冰点以下，使水转变为冰，然后在较高真空度下将冰转变为蒸气而除去的干燥方法。物料可先在冷冻装置内冷冻，再进行干燥。但也可直接在干燥室内经迅速抽成真空而冷冻。升华生成的水蒸气借冷凝器除去。升华过程中所需的气化热量，一般用热辐射供给。

(2)干燥的标准　干燥总的要求是使药材含水量达到安全的范围内。利用仪器测定药材含水量的方法很多，各有特点。但是实际生产中人们更广泛的运用以经验鉴别药材干燥程度的方法。

①干燥的药材质地硬，较脆。质地柔软的，表明没有干透。

②干燥的药材断面色泽一致，中心与外层无明显界线。断面色泽不一致，说明尚未干透，如断面色泽仍与新鲜时一致，也是未干透的标志。

③干燥的药材如果互相撞击，应发出清脆的响声。如发出闷声，说明没有干透。

④干透的叶、花、茎或全草类药材，容易折断。叶、花在手中可以搓成粉末状。未干透则柔软，不易折断或搓成粉末状。

⑤果实类、种子类药材干透后用手能轻易插入种子袋中，感到无阻力；用牙咬、手掐感到很硬。如果手插入有湿润感，果实、种子黏附在手上，或者插入阻力大，不易插到底，牙咬、手掐感到较软，则表明尚未干透。

值得注意的是，产地加工除了上述方法外，在中药材传统加工上经常采用熏硫的方法，一般在干燥前进行，主要是利用硫黄燃烧产生的二氧化硫，达到加速干燥，使产品洁白的目的，并有防霉、杀虫的作用，如白芷、山药、菊花的产地加工大多使用硫黄熏蒸。但因硫黄颗粒及其所含有毒杂质等残留在药材上影响药材质量，新版中药材 GAP 要求在产地加工环节禁止使用有毒、有害物质用于防霉、防蛀，贮存环节禁止使用硫黄和磷化铝熏蒸。

技能实训 6-2　新鲜药材的清洗、切制、干燥

一、实训目的要求

1. 了解清洗、切制、干燥的目的。
2. 掌握药材清洗的方法。

3.掌握手工切制及机器切制的方法。

4.掌握饮片干燥的方法。

二、实训材料用品

切药刀、压板、竹把、铁夹、切药机、干燥箱、各种药材、清洗器具、毛刷、竹筐或塑料筐。

三、实训内容与方法

1.药材清洗

不同药材的清洗方法不同,清洗方法一般有喷淋法、刷洗法、涮洗法、淘洗法等,根据不同要求可选择不同的清洗方法。

(1)喷淋法　喷淋法是用清水喷淋药材除去泥土的一种方法。有些药材质地鲜嫩,不适合机械清洗或刷洗,可采用喷淋法清洗。如贝母在清洗时很容易碰伤鳞茎,全草类药材的茎、叶往往也带有泥土和灰尘,在干燥前必须清洗干净。操作时,将药材放在沥水的筛网上,用清水均匀喷洒,喷淋的次数可根据药材的种类和含泥土多少而定,一般3～4次即可。在喷淋过程中要进行轻翻,以便喷淋均匀。喷淋方法有:

①手工喷淋法。利用喷壶喷淋,适用于少量药材的清洗。

②常压喷淋法。利用自来水或高位水槽,连接喷头(如洗澡用的淋浴头即可),进行药材的清洗。

③高压喷淋法。利用高压水泵抽水喷洗或高压水枪喷淋洗的一种方法,但压力不可过高,防止将药材表皮冲破。如西洋参加工前的清洗可用本法进行,原皮西洋参加工时不准用硬毛刷刷洗,以避免刷破表皮降低质量,可用水喷洗。

(2)刷洗法　利用人工用毛刷将药材表面上的泥土刷洗干净,在刷洗时需要进行适当浸泡,以利于泥土软化,容易刷洗除去。在刷洗时,应尽力避免使用过硬毛刷,防止刷破表皮,造成有效成分流失。

(3)涮洗法　将被清洗的药材装入竹筐或塑料筐内,置于流水下或水池内涮洗,是除去泥土的一种方法。本法适用于含泥土少的小量药材的清洗。

(4)淘洗法　将被清洗的药材投入清水中,淘洗后及时取出,故又称抢水法。淘洗的药材多质地疏松,最适于清洗能漂在水面上的药材。

2.新鲜药材的切制

部分药材需采收净制后,趁鲜切片。如鲜石斛、鲜芦根、鲜地黄等以鲜品入药者,必须趁鲜切制;有的药材干燥后非常坚硬,干燥后不易软化的药材,也大多趁鲜切制,趁鲜加工可以减少干燥后再软化切制的烦琐工序,避免有效成分损失。如乌药、土茯苓、鸡血藤、黄药子、白药子等。将新鲜药材净洗、洗净后晾至半干,趁药材中纤维未完全干燥还有一定韧性时,即可切制。

(1)手工切制

①把活(小药材,数根成把)。先将切药刀固定,将药材放置在刀床上,根据切制饮片厚度,选择软硬不同的木制压板,左手掌握压板,压紧药材,右手持刀,两手配合进行切制。

②个活(大个药材,单个或2～3个)。将软化好的药材用铁夹夹紧,向刀口推进,按下切刀,切成薄片。

(2)机器切制　首先检查机器各部件,然后试车,再根据各药适宜的片型、厚度进行调节和固定刀口的位置，即可切片。

旋转式切药机：切制白芍、黄芩、槟榔。

剁刀式切药机：切制大黄、陈皮。

3. 干燥

(1)自然干燥 将切制的饮片置于竹匾或其他容器内阴干、风干或晒干，并定时翻动，以充分干燥。

(2)干燥箱干燥 将饮片置于钢网筛或适宜的容器内，放入恒温干燥箱中，温度控制在50～80 ℃，并定时翻动至全部干燥时，取出放凉。

四、实训报告

1. 列表说明几种新鲜药材所使用的清洗方法及清洗注意事项、清洗效果。

2. 列表说明几种新鲜药材切成饮片后的类型、规格。

五、成绩评定及考核方式

根据实训报告及实训表现综合评分。

【思考与练习】

1. 产地加工方法有哪些？

2. 药材干燥方法有哪些？

项目 7

主要药用植物栽培技术

【学习要点】

1. 主要药用植物的生物学特性。
2. 主要药用植物的繁殖方法。
3. 主要药用植物的田间管理。
4. 主要药用植物采收和产地加工。

项目 7 课程 PPT

【知识导图】

主要药用植物栽培技术

- 根和根茎类药用植物
  - 西洋参
  - 三七
  - 当归
  - 丹参
  - 黄芪
  - 天麻
  - 甘草
  - 半夏
  - 桔梗
  - 浙贝母
  - 山药
  - 川芎
  - 党参
- 花类药用植物
  - 忍冬
  - 款冬花
  - 菊花
  - 红花
- 果实和种子类药用植物
  - 山茱萸
  - 枸杞
  - 薏苡
  - 罗汉果
  - 栀子
  - 车前
  - 枳壳
- 全草类药用植物
  - 薄荷
  - 芦荟
  - 穿心莲
- 皮类药用植物
  - 杜仲
  - 厚朴
  - 肉桂
  - 牡丹
- 茎木及树脂类药用植物
  - 白木香
  - 苏木
- 药用菌类
  - 茯苓
  - 灵芝
- 林下药用植物
  - 林下人参
  - 林下重楼
  - 林下茅苍术
  - 林下多花黄精
  - 林下白及

任务1　根和根茎类药用植物

知识目标

- 了解当地主要根和根茎类药用植物的生物学特性。
- 掌握当地主要根和根茎类药用植物的栽培技术。
- 掌握当地主要根和根茎类药用植物的采收和加工技术。

能力目标

- 能熟练进行当地主要根和根茎类药用植物的种子繁殖和营养繁殖操作。
- 能顺利进行当地主要根和根茎类药用植物的田间管理、采收和加工。

素质目标

- 培养学生搜集资料、利用资料的能力和团队协作、求真务实的职业精神。

相关知识

三　七

三七[*Panax notoginseng*(Burk) F. H. Chen]为五加科多年生草本植物，又名金不换、血参、田七、田三七、参三七、滇七等，以根和根茎入药，为“云南白药”的主要原料。味甘、微苦，性温。生品具有止血散瘀、消肿定痛的功效，用于咯血，吐血，衄血，便血，崩漏，外伤出血，胸腹刺痛，跌扑肿痛等症。熟品具有补养气血的功效，用于身体虚弱、神经衰弱、失血贫血、术后恢复等。我国医学家还发现三七具抗疲劳、耐缺氧、壮阳、抗衰老、降血糖和提高机体免疫功能等多方面的滋补强壮作用。三七主产于云南、广西，近年来江西、广东、湖北、四川等地有引种栽培，以云南文山产量最大，质量最好(图7-1)。

图7-1　三七

一、生物学特性

三七属亚热带高山药用植物，生态幅度较窄。喜温凉、忌酷热，夏季气温不超过35 ℃、冬季气温不低于−5 ℃时，均能生长，生长适宜温度18～25 ℃；喜潮湿、怕积水，一般以年降水900～1 200 mm、空气相对湿度70%～80%、土壤含水量20%～40%为宜。三七为喜阴植物，生长要求光照不强的阴凉环境。因此，栽培时要求搭荫棚，一般透光度20%～40%为宜。三七对土壤要求不严，适应范围广，pH在4.5～8.0均可，但以土壤疏松，排水良好，中等肥力的砂壤土为好。凡过黏、过砂以及低洼易积水的地段都不宜种植。

三七种子具后熟性，保存在湿润条件下才能完成生理后熟而发芽。种子发芽适温为20 ℃。种子在自然条件下的寿命为15 d左右，宜随采随播，或层积处理。三七从播种到收获，要经3年以上的时间。每年有一个生长周期。通常，两年以上的三七在一个生长周期内有两个生长高峰，即4—6月的营养生长高峰和8—10月的生殖高峰。一年生三七通常用作种苗，从第二年起植株便能开花结实，一般7月现蕾，8月开花，9月结实，10—11月果实分批成熟。

二、栽培技术

(一)选地与整地

三七是轮种作物，忌连作。宜选地势较高、有一定坡度、背风向阳、土层深厚、土质疏松、富含腐殖质、排水良好的中偏酸性砂壤土的地块，以新开垦地为好。前茬以玉米、花生或豆类为宜，切忌茄科为前作。地块选好之后，要休闲0.5～1年，多次翻耕，深15～20 cm，促使土壤风化。有条件的地方，可在翻地前铺草烧土或每667 m^2 施石灰75 kg，进行土壤消毒。最后一次翻地时每667 m^2 施充分腐熟的厩肥5 000 kg、饼肥50 kg，整平耕细。在播种和移栽前，将畦做好，畦面宽1.2～1.5 m，长度根据地形而定；根据坡度的大小，畦高为30～40 cm。畦周用竹竿或木棍拦挡，畦面呈瓦背形。

(二)繁殖方法

一般采用种子繁殖，通常采用育苗移栽法。

1.选种与种子处理

选择3～4年生、生长健壮、粒大饱满的植株留种，当果实成熟时，分批采收，连花梗一同摘下，除去花盘和不成熟果实后，放入竹筛搓去果皮，洗净晾干，按千粒重及成熟的批次分级播种，随采随播。如不能及时播种，可将种子用湿沙贮藏，一层沙一层种子，沙不可过湿或过干。过湿，会促使用种子过早发芽不利于贮藏；过干，种子失去发芽能力。一般情况下，水分含量低于60%时，三七种子即丧失生活力。

2.播种

播种季节在11月份，用工具划印行，以株行距5 cm×6 cm进行点播，每穴放种子1粒。播种前用0.2～0.3波美度石硫合剂浸种消毒10 min，或用代森锌200～300倍液消毒15 min；播后均匀撒一层混合肥(腐熟农家肥或与其他肥料混合)，畦面盖一层稻草，以保持畦面湿润和抑制杂草生长，每667 m^2 用种7万～10万粒，折合果实10～12 kg。播种后浇水，采用银灰色地膜覆盖，有明显的增产和保水节肥效果。

3.移栽

三七在苗床生长1年后(俗称“子条”)必须易地移植，最好在大雪或冬至(12月至翌年1月)期间进行。种苗在移栽前要进行消毒，多用65%代森锌300倍液浸根部，浸后立即捞出晾干并及时栽种。要求边起苗、边选苗、边移栽。起根时，将苗床的“子条”掘出，剪去茎叶，俗称“棵子”放入穴中；选苗时要剔除病、伤、弱苗，并分级栽植；栽苗时，使苗与沟底呈20°～30°，施以混合肥一撮，覆盖本土少许，厚度以不露出芽头为准，再盖1.0～1.5 cm厚的碎草，以不见土为原则。三七苗根据根的大小和重量分3级：千条根重2 kg以上的为一级；千条根重1.5～2 kg的为二级；1.5 kg以下的为三级。移栽行株距：一、二级为18 cm×(15～18)cm；三级的为15 cm×15 cm。

(三)田间管理

1. 浇水与排湿

三七种子从1—2月播种至3—4月出苗展叶期间，正值旱季，要及时浇水，土壤的含水量以25%左右为宜。6—9月湿度大，是三七黑斑病、根腐病的高发季节，需要防涝排湿。雨季来临前必须检查排水沟，挖好防洪沟，调整畦面，做到雨停时沟内、畦面无积水。

2. 搭棚与调节透光度

人工栽培三七需搭棚遮阴，棚高1.5～1.8 m，棚四周搭设边棚。棚料可就地取材，一般用木材或水泥柱做棚柱，棚顶拉铁丝做横梁，再用竹子编织成方格，铺设棚顶盖。荫棚透光度对三七生长发育有密切关系，若透光过小，则病虫多，结果少，产量低；透光过大，则叶片变黄，易出现早期凋萎现象。一般应掌握"春稀、夏密、秋稀"的原则，即春季透光度为60%～70%；夏季透光度稍小，为45%～50%；秋季天气转凉，透光度逐渐扩大为50%～60%。

3. 除草与培土

三七为浅根系植物，根系多分布于15 cm的地表层，因此不宜中耕，以免伤及根系。幼苗出土后，畦面杂草应及时除去。在除草时，用手握住杂草的根部，轻轻拔除，不要影响三七根系。拔除时若有三七根系裸露，应用细土覆盖。

4. 追肥

三七追肥应掌握"少量多施"的原则，出苗初期在畦面撒施草木灰2～3次，每667 m^2每次25～50 kg，以促进幼苗组织健壮；4—5月每月追施粪灰混合肥一次，促进植株生长，每667 m^2用500～1 000 kg，混合肥中牛粪占30%～40%、草木灰占60%～70%；6—8月三七进入开花结果时期，应追混合肥2～3次，每次1 000～1 500 kg，混合肥比例同上，另加磷肥25 kg左右。

5. 保持三七园清洁

勤除杂草，除了把畦面、畦沟的杂草及时清理干净外，三七园周围1～2 m宽的范围内也要铲光杂草；清除病株落叶，尤其是在发病的三七园，更应及时彻底清除。这样做实质上是在清理发病中心和初次侵染源，对防治多种病害能起到良好效果。

6. 防寒保温

三七出苗遭受寒流时，刚萌发的幼苗新芽和休眠芽会被冻死或冻伤，表现青枯状，严重的造成死亡。因此，三七产区在冬季栽种或管理中，要注意气象预报，及时做好防寒保温工作。

7. 摘薹

为防止养分的无谓消耗，集中供应地下根部生长，于7月出现花薹时，摘除全部花薹，可提高三七产量。摘薹应选晴天进行。

(四)病虫害及其防治

1. 病害

(1)黑斑病　黑斑病于雨季流行蔓延，表现为叶片、茎发生浅褐色椭圆形病斑，继而凹陷产生黑色霉状物，严重时出现扭折。防治方法：发病初期用40%菌核净500倍液＋70%甲基托布津500倍液叶面喷雾，或45%代森铵水剂1 000倍液叶面喷雾。

(2)根腐病　根腐病属典型的土传和种、苗带菌传播以及地上部病原下窜为害的综合性病害。主要发生于出苗期(3—4月)及开花期(8—10月)，其症状为叶片垂萎发黄，块根或根茎腐烂。防治方法：发病初期用10%叶枯净＋70%敌克松＋25%粉锈宁各1 kg/667 m^2，拌细土

150 kg 制成药土撒施有较好的防治效果；或用杀菌剂福镁双、多菌灵、叶枯宁按一定比例混配拌种、拌苗，并配套使用 98%大扫灭可湿性粉剂熏蒸处理土壤，对三七根腐病具有明显的控制作用，且对种腐、苗期立枯病、猝倒病等也有明显防效。

(3)立枯病　立枯病为害幼苗。2—4 月开始发病，低温阴雨天气发病严重。防治方法：结合整地用杂草进行烧土或用 1 kg/667 m^2 氯硝基苯做土壤消毒处理；施用充分腐熟的农家肥，增施磷钾肥，以促使幼苗生长健壮，增强抗病力；严格进行种子消毒处理；未出苗前用 1∶1∶100 波尔多液喷洒畦面，出苗后用苯并咪唑 1 000 倍液喷洒，7～10 d 喷 1 次，连喷 2～3 次；发现病株及时拔除，并用石灰消毒处理病穴，用 50%托布津 1 000 倍液喷洒，5～7 d 喷 1 次，连喷 2～3 次。

(4)疫病　疫病为害叶。5 月开始发病，6—8 月气温高，雨后天气闷热，暴风雨频繁，天棚过密，园内湿度大，发病较快且严重。防治方法：冬季清园后用 2 波美度的石硫合剂喷洒畦面，消灭越冬病菌；发病前用 1∶1∶200 波尔多液，或 65%代森锌 500 倍液，或 50%代森铵 800 倍液，每隔 10 d 喷 1 次，连喷 2～3 次；发病后用 50%甲基托布津 700～800 倍液，每隔 5～7 d 喷 1 次，连喷 2～4 次。

(5)黄锈病　叶的两面布满锈粉，受害严重的，叶片脱落。防治方法：发现病株立即挖除；发病初期喷 0.2 波美度石硫合剂或粉锈宁 1 000 倍液，每隔 7 d 喷 1 次，连续 2～3 次。

(6)炭疽病　炭疽病在多雨过湿情况下易发生。幼苗或成株染病后，茎叶上呈现褐色斑点后结合成大斑，边缘黄绿色，最后溃烂死亡。防治方法：调节好荫棚透光度，使透光度均匀；发病初喷 1∶1∶200 的波尔多液或 65%代森锌 300 倍液。

2. 虫害

(1)蚜虫　蚜虫为害茎叶，使叶片皱缩，植株矮小，影响生长可用吡虫啉防治。

(2)短须螨　又称红蜘蛛。6—10 月为害严重，群集于叶背吸取汁液，使其变黄枯萎、脱落，花盘和果实受害后萎缩、干瘪。防治方法：清洁三七园；3 月下旬以后喷 0.2～0.3 波美度石硫合剂，每隔 7 d 喷 1 次，连喷 2～3 次；6—7 月发病盛期，喷 20%三氯杀螨砜 800～1 000 倍液。

(3)蛞蝓　又名鼻涕虫，为一种软体动物。晚间及清晨取食为害，咬食种芽茎叶成缺刻。防治方法：在围篱周围撒石灰，用菜叶诱集捕杀，也可 3%石灰水或 600～800 倍多灭灵喷杀。

三、采收与加工

(一)采收

三七一般种植 3 年以上即可收获，4～5 年者产量、质量更佳。在 7—8 月开花前收获的称“春七”，质量较好；若 7 月摘去花，到 10 月收挖，称“秋七”，质量稍次；12 月至翌年 1 月结籽成熟采种后收获的称“冬七”，质量较差。收获前一周在离地面 10 cm 处剪去茎秆，然后挖出全根。

(二)加工

采挖回来的三七根部主要包括三七主根(头子)、根茎(剪口)、支根(筋条)、须根等，必须经过清洗和修剪处理后方可进行干燥。其加工工艺是：收获三七根部→分选→清洗→修剪→干燥→分级→商品三七。三七采挖运回加工处，首先将病七、受损三七、茎叶、铺畦草及杂质和泥土等拣出，然后用不锈钢剪刀剪去直径在5 mm以下的须根放在1.0 m×1.0 m规格的箩筐内，浸在水里淘洗或把三七放在加工平台上，用高压水枪边冲边翻动，直至将三七上的泥沙等杂物全部冲掉为止。清洗三七的用水，水质一定要无污染，尽量采用自来水或山泉水等生活用水。将修剪处理后的三七放在阳光下晾晒或在40～60 ℃条件下烘烤干燥至含水量为40%～50%，然后进行第二次修剪，用不锈钢剪刀在离三七主根表皮高约1 mm处将支根、根茎剪下。然后进行搓揉后，再次进行干燥，将三七主根、支根、根茎放在阳光下晾晒或在40～50 ℃条件下烘烤干燥至含水量13%以下。干燥方法可采用日晒和机器烘烤等方法，干燥后的三七应分级包装和保存。

四、商品质量标准

（一）外观质量标准

以体重，质坚，表面光滑、断面色灰绿或绿色者，无杂质、虫蛀、霉变为佳。

（二）内在质量标准

《中华人民共和国药典》（2020年版）规定：三七水分不得超过14.0%，总灰分不得超过6.0%，酸不溶性灰分不得超过3.0%，醇溶性浸出物不少于16%。按干燥品计算，含人参皂苷Rg_1（$C_{42}H_{72}O_{14}$）、人参皂苷Rb_1（$C_{54}H_{92}O_{23}$）及三七皂苷R_1（$C_{47}H_{80}O_{18}$）的总量不得少于5.0%。

当　归

当归（*Angelica sinensis*）为伞形科多年生草本植物，以干燥的根入药，药材名当归，又名秦归、云归、西当归、岷当归等。味甘、辛、微苦，性温。具有补血活血、润燥滑肠、调经止痛、扶虚益损、破瘀生新的功效；用于月经不调、崩漏、经闭腹痛、血虚头痛、痈疽疮疡、跌打损伤、肠燥便秘、头晕眼花、面色苍白等症。主产甘肃岷县和云南丽江，也产于陕西、贵州、四川、湖北等地，是甘肃的道地药材，以“岷当归”品质最佳（图7-2）。

图7-2　当归

一、生物学特性

当归是低温长日照植物，在生长发育过程中，由营养生长转向生殖生长时，需通过0 ℃左右的低温阶段和12 h以上的长日照阶段。当归原产于高寒阴湿地带，适宜在海拔1 500～2 500 m的高寒地区生长，喜凉爽湿润、空气相对湿度大的自然环境。1年生幼苗喜阴，忌阳光直射，需盖草遮阴，2年生成株耐强光，须充足阳光照射。

当归对温度要求严格，当平均气温达5～8 ℃时，当归栽子（一年生根作繁殖用）开始发芽，9～10 ℃时出苗，大于14 ℃时地上部和根部迅速增长，8月平均气温达16～17 ℃时生长又趋缓慢，9—10月平均气温降至8～13 ℃时地上部开始衰老，营养物质向根部转移，根部增长进入第2个高峰，10月底至11月初，地上部枯萎，肉质根休眠。当归的整个生长期对水分的要求较高。幼苗期要求有充足的雨水，生长的第二年较耐旱，但水分充足是丰产的主要条件。雨水太少会使抽薹率增加，雨水太多则易积水，降低了地温，影响生长且易发生根腐病。

二、栽培技术

（一）选地与整地

1. 育苗地

育苗地应选择阴凉湿润的生荒地或熟地，以土质疏松肥沃、富含腐殖质的中性或微酸性砂壤土为宜。生荒地育苗一般在4—5月开荒，先将灌木杂草砍除，晒干后堆起，点火烧制熏肥，随后深翻土地20～25 cm，耙细整平，即可做畦。若选用熟地育苗，初春解冻后，要多次深翻，施入基肥。基肥以腐熟厩肥和熏肥最好，腐熟厩肥施用量为5 000 kg/667 m^2 左右，均匀撒于地面，再浅翻一次，使土肥混合均匀，以备做畦。一般按1 m开沟做畦，畦沟宽30 cm，畦高约25 cm，四周开好排水沟以利于排水。

2. 移栽地

移栽地应选择土层深厚，疏松肥沃，富含腐殖质，排水良好的荒地、休闲地或熟地。如轮作，前茬以小麦、大麻、亚麻、油菜等为好，不宜选用马铃薯和豆类地块。如栽植于坡地，以阳坡最好。选好的地块，栽前要深翻25 cm，结合深施腐熟厩肥6 000 g/667 m^2 以上、油渣100 kg/667 m^2，有条件的地方施适量的过磷酸钙或其他复合肥。

（二）繁殖方法

当归多为育苗移栽，但也有直播繁殖的。

1. 育苗移栽

（1）采种　选择播种后第三年开花结实的新鲜种子作种，在成熟前种子呈粉白色时即采收。老熟种子较饱满，播种后生长旺盛，易抽薹，不宜选用。

（2）播种　高海拔地区宜于6月上、中旬播种，低海拔地区宜6月中、下旬播种，多采用条播。在畦面上按行距15～20 cm横畦开沟，沟深3 cm左右，播种前用30 ℃左右水浸种24 h，捞出晾干后拌上10倍于种子的草木灰，将种子均匀撒入沟内，覆土1～2 cm，整平畦面，盖草保湿遮光，每667 m^2 用种5 kg左右。如采用撒播，每667 m^2 播种量可达10～15 kg。

（3）苗期管理　播种后要保持土壤湿润，以利于出苗。一般播后10～15 d出苗，待苗高1 cm时，将所盖的草逐步揭掉。待苗高3 cm左右、有3片真叶时，间苗并拔除杂草，使苗距1 cm左右。在幼苗生长中期可适当浇施人粪尿以促进幼苗生长。

（4）种苗贮藏　10月上、中旬，当苗的叶片刚刚变黄即可收挖种苗。将挖出的苗抖掉一部分泥土，去掉残叶，捆成直径5～6 cm的小把，稍晾干，放室内堆藏或室外窖藏。

（5）移栽　翌年4月上旬为移栽适宜期。种苗栽种前用40%甲基异柳磷和40%多菌灵各250 g兑水10～15 kg配成药液，将种苗用药剂浸蘸，一般10 h左右后再移植田间，可预防当归麻口病等病虫害。按株行距30 cm×40 cm，呈“品”字形错开挖穴，穴深15～20 cm，每穴栽大、中、小苗共3株，在芽头上覆土2～3 cm。也可采用沟栽，即在整好的畦面上横向开沟，沟距40 cm，深15 cm，按3～5 cm的株距，大、中、小相间置于沟内，芽头低于畦面2 cm，盖土2～3 cm。

2. 直播

直播省工，但产量较育苗移栽低。立秋前后采用穴播或条播。穴播是在整好的畦上按行距 30 cm、株距 25 cm，三角形错开挖穴，穴深 5 cm，每穴点入种子 5～10 粒，盖土 2 cm，搂平畦面，畦面上盖草保温保湿，苗出齐后揭去盖草；条播是在整好的畦面上横向开沟，沟深 5 cm，沟距 30 cm，种子均匀撒在沟内。通常穴播每 667 m^2 播种量 0.75～1 kg，条播每 667 m^2 播种量 1.5～2 kg。

(三)田间管理

1.查苗补苗

当归一般移栽后 20～30 d 出苗，出苗后及时查苗补苗。

2.中耕除草

当归在苗出齐后进行 3 次中耕除草，当苗高 5 cm 时进行第一次中耕除草，要早锄浅锄。当苗高 15 cm 时进行第二次锄草，要稍深一些。当苗高 25 cm 进行第三次中耕除草，中耕要深，并结合培土。

3.追肥

当归幼苗期不可多追氮肥，以免旺长。中耕除草后可施追肥，追肥分两次进行，第一次主要以促进地上部茎叶生长为主，多以油渣、熏肥和氮肥为主；第二次以促进根系生长发育、获得高产为目的，多以厩肥和磷、钾肥为主。

4.摘薹

栽种时应选用不易抽薹的晚熟品种，采取各种农艺措施降低早期抽薹率，对提早抽薹的植株，应及时摘除。

5.抗旱排水

当归生长前期要少浇水，但在天旱时要保持田间湿润；雨水多时，要及时开沟排水，保证田间无积水，以控制病害的发生和防止烂根。

(四)病虫害及其防治

1.病害

当归主要病害有褐斑病、白粉病、菌核病、麻口病及根腐病等。

(1)褐斑病　该病 5 月发生，7—8 月严重，为害叶片。高温多湿条件下易发病，初期叶面上产生褐色斑点，严重时全株枯死。防治方法：冬季清园，烧毁病残株；发病初期喷 1∶1∶(120～150)波尔多液防治，7～10 d 喷 1 次，连续 2～3 次。

(2)根腐病　主要为害根部，受害植株初期根部组织呈褐色，最终整株死亡。防治方法：栽种前每公顷用 70%五氯硝基苯 15 kg 消毒；与禾本科作物轮作；雨后及时排除积水；选用无病健壮种苗，并用 65%可湿性代森锌 600 倍液浸种苗 10 min，晾干栽种；发病初期及时拔除病株，并用石灰消毒病穴；用 50%多菌灵 1 000 倍液全面浇灌病区。

(3)麻口病　受害当归根皮层组织纵裂，裂纹深 1～2 mm，干烂呈褐色糠腐状，病根表皮出现裂纹或根毛增多，病株地上部矮化，叶细小或皱缩。防治方法：移栽前用于 50%辛硫磷乳剂 800～1 000 倍液浸根 15～20 min，边浸边晾，移栽时再用硫黄悬浮剂 500 倍液浸根定植。也可采用 50%辛硫磷、40%多菌灵各 500 g 分别兑土 50 kg 混合后，结合定植，按每穴 50～100 g 壅于小苗根茎部位后覆土 2 cm 左右。成株期麻口病防治以灌根为主，可用 50%辛硫磷 1 000 倍液、40%多菌灵 800～1 000 倍液、5%石灰乳分别交替灌根，视病情确定施用次数。

(4)菌核病　主要为害根、叶。植株发病初期叶片变黄，后期植株萎蔫，根部组织腐烂成为空腔，腔内含有多个黑色鼠粪状菌核。低温高湿、杂草多、管理粗放条件下易发生。防治方法：集中清除烧毁发病植株和土壤中菌核，杜绝病菌源；水旱轮作，消除土壤的菌核；建立无病种苗基地，选用无病苗移栽，移栽前用0.05%代森铵浸泡10 min，对种苗进行消毒；早期及时拔除病株，挖去病穴土壤，并用生石灰消毒，防止病害扩散为害。发病初期喷洒600倍65%代森锌或波尔多液(1∶1∶300)或用300倍乙烯菌核利浇灌。

2. 虫害

(1)种蝇　幼虫为害作物根部，蚕食根茎。防治方法：施肥要用腐熟肥；发现种蝇为害后，用90%敌百虫1 000倍液灌根，每周1次，连续2～3次。

(2)黄凤蝶　幼虫咬食叶片至呈缺刻状，甚至仅剩叶柄。防治方法：幼虫较大，初期可人工捕杀；用90%敌百虫800倍液喷杀，每周1次，连续2～3次。

(3)蚜虫、红蜘蛛　为害新梢和嫩芽，可用吡虫啉、阿维菌素喷雾防治。

(4)蛴螬、蝼蛄、地老虎　为害根茎。防治方法：铲除田内外杂草，堆成小堆，7～10 d换鲜草，用毒饵诱杀，减少过渡寄主；用90%晶体敌百虫1 000～1 500倍液浇灌或人工捕杀。

三、采收与加工

(一)采收

育苗移栽的当归于当年10月下旬，地上部分开始枯萎时采挖，秋季直播的宜在第2年枯黄时采挖。在收获前半个月左右，割除地上叶片，使其在阳光下暴晒，加快根部成熟。采挖时力求根系完整无缺，抖净泥土，挑出病根，刮去残茎，置通风处晾晒。

(二)加工

当归根晾晒至根条柔软后，按规格大小，扎成小把进行加工。方法是：选干燥通风的室内或特设的熏棚，内设高130～170 cm的木架，上铺竹帘，把当归堆放在上面，平放3层，上再立放1层，厚30～50 cm；也可以扎成小把，装入长方形的竹筐内，然后将竹筐整齐摆放在木架上，以便于上棚翻动和下棚操作。用湿树枝或湿草作燃料，干草须用水洒湿，不得产生明火，生火燃烧冒出烟雾熏当归，使当归根上色；数天后，待根表面呈金黄色或褐色时，再换用煤火或柴火烘干，烘烤温度控制在35 ℃以上、70 ℃以下，经8～20 d全部干度达八成时，即可停烘，待其自干。当归加工不宜阴干，阴干的当归质地轻泡、皮肉呈青色，也不宜用太阳晒干和用土坑焙或火烧烤，否则，易枯硬，皮色变红，失去油润性，降低质量。

四、商品质量标准

(一)外观质量标准

以主根粗长、油润、支根少、外皮黄褐色、断面黄白色、气味浓郁者为佳品。

(二)内在质量标准

《中华人民共和国药典》(2020年版)规定：当归水分不得超过12.0%，总灰分不得超过7.0%，酸不溶性灰分不得超过2.0%，挥发油不得少于0.4%，醇溶性浸出物不得少于45.0%；按干燥品计，阿魏酸($C_{10}H_{10}O_4$)不得少于0.050%。

丹　参

丹参(*Salvia miltiorrhiza* Bunge)为唇形科多年生宿根草本植物,以干燥的根入药。药材名丹参,别名血参、紫丹参、赤参、红根等。其味苦,性微寒。具有活血祛瘀、养血安神、消肿止痛等功效;用于冠心病、心肌梗死、心绞痛、月经不调、产后瘀阻、瘀血疼痛、痈肿疮毒、心烦失眠等症。全国大部分地区均有栽培,主产于安徽、江苏、山东、河北、陕西、四川、山西等地(图7-3)。

图7-3　丹参

一、生物学特性

丹参分布广,适应性强,常野生于林缘坡地、沟边草丛、路旁等阳光充足、空气湿度大的地方。喜温暖气候,较耐寒,可耐受−15 ℃以上的低温,生长最适温度为20～26 ℃,最适空气相对湿度为80%。产区一般年平均气温11～17 ℃,海拔500 m以上,年降水量500 mm以上。丹参根部发达,长度可达60～80 cm,怕旱忌涝。丹参对土壤要求不严,但以地势向阳、土层深厚、中等肥沃、排水良好的砂壤土为好,从微酸性到微碱性均可栽培。

当5 cm土层地温达到10 ℃时,丹参开始返青。一般3—5月为茎叶生长旺季;4—6月枝叶茂盛,陆续开花结果;7月之后根生长迅速;8月中、下旬根系加速分枝、膨大,此时应防止积水烂根;10月底至11月初,地上部分开始枯萎。

二、栽培技术

(一)选地与整地

丹参是深根性药材,选择向阳、土层深厚、排水良好、疏松肥沃的砂壤土为宜。土壤过黏,排水不良的低洼地,不宜选用,容易引起烂根。忌连作,可与小麦、玉米、大蒜、薏苡、蓖麻等作物或非根类中药材轮作,或在果园中套种。前茬作物收割后深翻整地,翻地的同时施足基肥,再耕翻平整开沟。多雨地区高垄种植,雨水较少的地区平畦种植。

(二)繁殖方法

丹参的繁殖方法有种子繁殖、分根繁殖、扦插繁殖和芦头繁殖。以芦头作繁殖材料产量最高,其次是分根繁殖。

1.种子繁殖

可采用育苗移栽或直播。

(1)育苗移栽　丹参种子于6—8月成熟,采摘后即可播种。在整理好的畦上按行距25～30 cm开沟,沟深1～2 cm,将种子均匀地播入沟内,覆土,以盖住种子为度,播后浇水盖草保湿。用种量4～5 kg/667 m^2,15 d左右可出苗,苗高6～10 cm时间苗。一般11月左右,即可定植于大田。北方地区在2—3月采用阳畦育苗,5—6月移栽。

(2)直播 3 月播种,采取条播或穴播。穴播方法是:行距 30～40 cm,株距 20～30 cm,每穴播 5～10 粒,覆土 2～3 cm。条播方法是:沟深 3～4 cm 时,覆土 2～3 cm;沟深 1～1.3 cm 时,覆土 0.7～1 cm,播种量 0.5 kg/667 m^2。如果遇干旱,应浇透水再播种,半个月左右即可出苗,苗高 7 cm 时间苗。

2. 分根繁殖

(1)备种 一般选直径 1 cm 左右,色红、无病虫害的 1 年生侧根作种,最好用上、中段,细根萌芽能力差。留种地当年不挖,到翌年 2—3 月随栽随挖,也可在 11 月收获时选取好种根,埋于湿润土壤或沙土中,翌年早春取出栽种。

(2)根段直播 要选一年生的健壮无病虫的鲜根作种,侧根为好,根粗 1～1.5 cm,老根、细根不能作种。栽种时期一般在 2—3 月,按行距 30～40 cm,株距 20～30 cm 开穴,穴深 3～5 cm,穴内施入农家肥,每 667 m^2 施入 1 500～2 000 kg。将选好的根条切成 5～7 cm 长的根段,一般取根条中上段萌发能力强的部分和新生根条,边切边栽,大头朝上,直立穴内,不可倒栽,每穴栽 1～2 段,盖土 1.5～2 cm 压实。盖土不宜过多,否则妨碍出苗,每 667 m^2 需种根 50～60 kg。栽后 60 d 出苗。为使丹参提前出苗,延长生长期,可用根段催芽法。方法是于 11 月底至 12 月初挖 25～27 cm 深的沟槽,把剪好根段铺入槽中,约 6 cm 厚,盖土 6 cm,上面再放 6 cm 厚的根段,再上盖 10～12 cm 厚的土,略高出地面,以防止积水。天旱时浇水,并经常检查根段,以防霉烂。第二年 2—3 月初,根段上部长出白色的芽,即可栽植大田。采用该法栽植,出苗快、齐,不抽薹,叶片肥大,根部充分生长,产量高。

3. 扦插繁殖

南方于 4—5 月,北方于 6—8 月,剪取生长健壮的茎枝,截成 17～20 cm 长的插穗,剪除下部的叶片,上部留 2～3 片叶。在整好的畦内浇水灌透,按行距 20 cm、株距 10 cm 开沟,将插穗斜插入土 1/2～2/3,顺沟培土压实,搭矮棚遮阳,保持土壤湿润。一般 20 d 左右便可生根,成苗率 90%以上。待根长 3 cm 时,便可定植于大田。

4. 芦头繁殖

一般在休眠期收获丹参时进行,以 3 月上、中旬为宜。选无病虫害的健壮植株,剪去地上部的茎叶,留长 2～2.5 cm 的芦头作种苗,按行距 30～40 cm、株距 25～30 cm、深 3 cm 挖穴,每穴 1～2 株,芦头向上,覆土以盖住芦头为度,浇水,40～45 d 即 4 月中、下旬芦头即可生根发芽。

(三)田间管理

1. 定苗

种子繁殖直播的,在幼苗开始出土时,要进行查苗,若苗密度过大,则要间苗;若缺苗,则要及时补苗;发现土壤板结,覆土较厚而影响出苗时,要及时把土疏松,扒开,促其出苗,并于苗高 6 cm 时最后 1 次间苗定苗,密度在每 667 m^2 10 000 株左右。

2. 中耕除草

采用分根繁殖法种植的,常因盖土太厚,妨碍出苗,因此 3—4 月幼苗出土时要进行查苗。如果发现盖土太厚或表土板结,应将穴土挖开,以利于出苗。丹参生育期内需进行 3 次中耕除草:苗高 5～7 cm 时进行第一次,为避免伤根,应浅耕;第二次在 6 月进行;第三次在 7—8 月进行。封垄后停止中耕。育苗地应拔草,以免伤苗。

3.追肥

生长期内，结合中耕除草追肥2～3次，第一次以氮肥为主，每667 m^2 施尿素10～15 kg，钾肥适量，以促进生长，培育壮苗；以后在5—8月配施磷肥、钾肥，例如饼肥、过磷酸钙、氯化钾等。饼肥每667 m^2 用量25～50 kg，磷肥每667 m^2 可施15 kg，氯化钾每667 m^2 施10 kg左右。

4.排灌

丹参系肉质根，怕田间积水，故必须经常疏通排水沟，严防积水成涝，造成烂根。但出苗期和幼苗期需水量较大，要经常保持土壤湿润，遇干旱应及时灌水。

5.摘蕾

除了留种株外，对丹参抽出的花薹应及时摘除，以抑制生殖生长，减少养分消耗，促进根部生长发育，这是丹参增产的重要措施。

(四)病虫害及其防治

1.病害

(1)根腐病　发病植株根部发黑腐烂，地上部个别茎枝先枯死，严重时全株死亡。防治方法：选择地势高的地块种植；雨季及时排除积水；选用健壮无病种苗；轮作；发病初期用50%甲基托布津800～1 000倍液浇灌；拔除病株并用石灰消毒病穴。

(2)叶斑病　5月初发生，一直延续到秋末。发病初期叶片上产生圆形或不规则形深褐色病斑，严重时病斑扩大，致使叶片枯死。防治方法：发病前喷1∶1∶(120～150)波尔多液，7 d喷1次，连喷2～3次；发病初期用50%多菌灵1 000倍液喷雾；加强田间管理，实行轮作；冬季清园，烧毁病残株；注意排水，降低田间湿度，减轻发病。

(3)根结线虫病　病原线虫是圆形动物门线虫纲的低等线形动物。由于线虫的寄生，在须根上形成许多瘤状结节，地上部生长瘦弱，严重影响产量和质量。防治方法：选地势高燥、无积水的地方种植；与禾本科作物轮作，不重茬；建立无病留种田；拌施辛硫磷粉剂2～3 kg/667 m^2 或棉隆2 kg/667 m^2，对根结线虫有明显的防治效果。

(4)菌核病　发病植株茎基部、芽头及根茎部等部位逐渐腐烂，变成褐色，并在发病部位及附近地面以及茎秆基部的内部，生有黑色鼠粪状的菌核和白色菌丝体，植株枯萎死亡。防治方法：加强田间管理，及时疏沟排水；发病初期及时拔除病株并用50%氯硝胺0.5 kg加石灰10 kg，撒在病株茎基及周围土面，防止蔓延，或用50%速克灵1 000倍液浇灌。

2.虫害

丹参主要的虫害有蚜虫、银纹夜蛾、棉铃虫、蛴螬、地老虎等。

(1)蚜虫　主要为害叶及幼芽。防治方法：用50%杀螟松1 000～2 000倍液喷雾，7 d喷1次，连打2～3次。

(2)银纹夜蛾　幼虫咬食叶片，夏、秋季发生，严重时可把叶片吃光。防治方法：冬季清园，烧毁田间枯枝落叶；悬挂黑光灯诱杀成虫；在幼龄期，喷90%敌百虫1 000倍液，7 d喷1次，连续2～3次；幼虫期可用苏云金杆菌防治，制成每毫升水含1亿孢子的菌液喷雾，用量0.6～0.8 kg/667 m^2。

(3)棉铃虫　幼虫为害蕾、花、果，影响种子产量。防治方法：现蕾期喷洒50%辛硫磷乳油1 500倍液或50%西维因600倍液防治。

(4)蛴螬类、地老虎类　4—6月发生为害，咬食幼苗根部。防治方法：撒毒饵诱杀；在上午

10时人工捕捉;用90%敌百虫1 000～1 500倍液浇灌根部。

此外,还有中国菟丝子的发生,生长期应及时铲除病株,清除菟丝子种子。

三、采收与加工

(一)采收

春栽于当年10—11月地上部枯萎或次年春萌发前采挖。丹参根入土较深,根系分布广泛,质地脆而易断,应在晴天较干燥时采挖。先将地上茎叶除去,在畦一端开一深沟,使参根露出,顺畦向前挖出完整的根条,防止挖断。

(二)加工

挖出后,剪去残茎。如需条丹参,可将直径0.8 cm以上的根条在母根处切下,顺条理齐,暴晒,经常翻动,七八成干时,扎成小把,再暴晒至干,装箱即成"条丹参"。如不分粗细,晒干去杂后装入麻袋者称"统丹参",有些产区在加工过程中有堆起"发汗"的习惯,但此法会使有效成分含量降低,故不宜采用。

四、商品质量标准

(一)外观质量标准

以身干、条粗壮、色紫红、无芦头、无须根、无霉蛀、无7 cm以下碎片者为佳。

(二)内在质量标准

《中华人民共和国药典》(2020年版)规定:丹参水分不得超过13.0%,总灰分不得超过10.0%,酸不溶性灰分不得超过3.0%,水溶性浸出物不得少于35.0%,醇溶性浸出物不得少于15.0%,丹参酮ⅡA($C_{19}H_{18}O_3$)不得少于0.20%,丹酚酸B($C_{36}H_{30}O_{16}$)不得少于3.0%。

黄　芪

黄芪为豆科多年生草本植物蒙古黄芪[*Astragalus membranaceus*(Fisch.)Bge. var. *mongholicus*(Bge.)Hsiao]和膜荚黄芪[*Astragalus membranaceus*(Fisch.)Bge.]的干燥根。其性微温,味甘。具有补气固表、利尿、托毒排脓、生肌等功效,用于气短心悸、乏力、虚脱、自汗、盗汗、体虚浮肿、慢性肾炎、久泻、脱肛、子宫脱垂、痈疽难溃及疮口久不愈合等症。蒙古黄芪(图7-4a)分布于黑龙江、吉林、河北、山西、内蒙古等地,膜荚黄芪(图7-4b)分布于黑龙江、吉林、辽宁、河北、山东、山西、内蒙古、陕西、宁夏、甘肃、青海、新疆、四川和云南等地。栽培品种以蒙古黄芪质量为佳。

(a)蒙古黄芪　(b)膜荚黄芪

图7-4　黄芪

一、生物学特性

黄芪适应性强,南北各地均有栽培。喜凉爽气候,有较强的耐旱、耐寒性,怕涝、怕高温。野生于干燥向阳坡地、开阔稀疏的灌木林及沟边或林间草地。适宜生长在土层深厚、肥沃、疏松、透水力强的砂壤土。如土质黏重，则主根生长较短小、侧根多、生长缓慢，产量低。土壤以中性和微碱性为宜。黏重板结、含水量大的黏土以及瘠薄、地下水位高、低洼易涝易积水的地块均不宜种植。

黄芪为多年生深根系植物，自然状态下的野生黄芪根多而深，少分枝（膜荚黄芪）或不分枝（蒙古黄芪）。地上部生长繁茂，多分枝，每年秋季地上部分枯死，第二年由更新芽萌发新的地上部分。秋季果实成熟后，荚果开裂，种子自然脱出。种子具硬实性，在正常温度和湿度条件下，约有80%的种子不能萌发，播种前要对种子进行前处理，打破种皮的不透水性，提高发芽率。黄芪种子吸水膨胀后，在地温5～8 ℃时即可萌发，以25 ℃时发芽最快，仅需3～4 d。

二、栽培技术

（一）选地与整地

平地、山坡地均可种植。选地时要注意选土层深厚、土质疏松、肥沃、排水良好、向阳或高燥的中性微碱性砂壤土，pH 7～8为宜。选好地后进行整地，以秋季翻地为好。一般深翻30～45 cm，整平耙细，施肥可在深翻前撒于地面或做垄时扣入垄底。要施足基肥，基肥以腐熟农家肥为主，每亩施2 500～3 000 kg，过磷酸钙25～30 kg或磷酸氢二铵15～20 kg。膜荚黄芪可做60 cm左右宽的垄，蒙古黄芪可做40～50 cm宽的垄。畦作的可做高20 cm、宽1～1.2 m的高畦。

（二）繁殖方法

为了提高出苗率，打破种皮不透性、打破休眠，必须用机械损伤或物理化学药剂处理的方法促进发芽。

1.播种前处理

一般采用机械法或硫酸法对黄芪种子进行预处理。

(1)机械处理　用开水催芽法及沙磨法均可提高黄芪硬实种子发芽率。

①开水催芽法。将种子放入开水中搅拌1 min，然后加入冷水调温至40 ℃，浸泡2 h，将水倒出，种子加覆盖物闷2 h，待种子膨胀或外皮破裂后，趁墒情好时播种。

②沙磨法。将掺入细沙的种子置于石碾上，待种子碾至外皮由棕黑色变为灰棕色时即可播种。生产上将温汤浸种法与沙磨法结合使用，效果良好。

(2)硫酸处理　用70%～80%的硫酸溶液浸泡3～5 min，迅速取出，在流水中冲洗半小时后播种。此法能破坏硬实种皮，发芽率达90%以上，因硫酸腐蚀性强，应用此法时应慎重。

2.种子直播

黄芪可在春、夏、秋三季播种。春播在“清明”前后，最迟不晚于“谷雨”，一般地温达到5～8 ℃时即可播种，保持土壤湿润，15 d左右即可出苗；夏播在6—7月雨季到来时进行，土壤水分充足，气温高，播后7～8 d即可出苗；秋播一般在“白露”前后，地温稳定在0～5 ℃时播种。

播种方法一般采用条播或穴播。条播行距20 cm左右，沟深3 cm，播种量2～2.5 kg/667 m^2。播种时，将种子用菊酯类农药拌种防地下害虫，播后覆土1.5～2 cm镇压，施底肥磷酸氢二铵8～10 kg/667 m^2，硫酸钾5～7 kg/667 m^2。播种至出苗期要保持地面湿润或加覆盖物以促进出苗。穴播多按20～25 cm穴距开穴，每穴点种3～10粒，覆土1.5 cm，踩平，播种量1 kg/667 m^2。

3. 育苗移栽

选土壤肥沃、排灌方便、疏松的砂壤土，要求土层深度 40 cm 以上，在春、夏季育苗，可采用撒播或条播。撒播的，直接将种子撒在平畦内，覆土 2 cm，用种量 7 kg/667 m^2；条播的，行距 15～20 cm，用种量 2 kg/667 m^2。

移栽时，可在秋季取苗贮藏到次年春季移栽，或在田间越冬次年春季边挖边移栽，忌日晒，一般采用斜栽，株行距为(15～20)cm×(20～30)cm，起苗时应深挖，严防损伤根皮或折断芪根，并将细小、自然分岔苗淘汰。栽后踩实或镇压紧密，利于缓苗，移栽最好是浇水后或趁雨天进行，利于成活。

(三)田间管理

1. 除草间苗

黄芪幼苗生长缓慢，出苗后往往草苗齐长。因此在苗高 4～6 cm 时，应及时进行中耕除草，同时进行间苗，当苗高 15～20 cm 时，按株距 20～30 cm 定苗，穴栽的按每穴 1～2 株定苗。

2. 追肥

黄芪第一、二年生长发育旺盛，根部生长也较快，每年可结合中耕除草施肥 2～3 次。第一次于 5 月上、中旬，每亩施硫酸铵 15 kg 左右或尿素 10 kg 左右；第二次于 5 月下旬至 6 月上旬，每亩施尿素 10 kg；第三次于 6 月下旬至 7 月上旬，每亩施磷酸氢二铵 15 kg；视生长情况于 8 月底前可叶面喷施 0.3%尿素 3～4 次，间隔 7～10 d 施一次；8 月后施钾肥、磷肥；第一年秋大冻前最好每亩施腐熟农家肥 1 000 kg，防冻防旱。要多施农家肥，少施化肥。

3. 灌溉与排水

黄芪耐干旱，一般不需浇水，若遇特殊干旱，可适当浇水。雨季湿度大时，根向下生长缓慢，易烂根，应及时排水。

4. 打顶摘蕾

为了控制黄芪株高，减少养分消耗，在 7 月底前要进行打顶(摘去顶芽)，这是黄芪获得丰产的重要措施。黄芪开花结实消耗养分，影响根的产量，故商品田应及时摘除花蕾，以促使养分向根部转移。

(四)病虫害及其防治

1. 病害

(1)白粉病　主要为害黄芪叶片，初期叶两面生白色粉状斑；严重时，整个叶片被一层白粉所覆盖，叶柄和茎部也有白粉。被害植株往往早期落叶，产量受损。防治措施：加强田间管理，合理密植，注意株间通风透光；施肥以有机肥为主，注意 N、P、K 肥比例配合适当，不要偏施 N 肥；实行轮作，尤其不要与豆科植物和易感染此病的作物连作；用 25%粉锈宁可湿性粉剂 800 倍液或 50%多菌灵可湿性粉剂 500～800 倍液喷雾；用 75%百菌清可湿性粉剂 500～600 倍液或 30%固体石硫合剂 150 倍液喷雾；用 50%硫黄悬浮剂 200 倍液或 25%敌力脱乳油 2 000～3 000 倍液喷雾；25%敌力脱乳油 3 000 倍液加 15%三唑酮可湿性粉剂 2 000 倍液喷雾。用以上任意一种杀菌剂或交替使用，每隔 7～10 d 喷 1 次，连续喷 3～4 次，具有较好的防治效果。

(2)紫纹羽病　俗称“红根病”，发病后黄芪根部变成红褐色，多在 6—8 月份发生，在高温多湿季节，地下水位高，土质黏重的条件下容易发病。防治方法：黄芪收获时，应清除病根及病残组织，集中烧毁，减少越冬菌源；与玉米、小麦等禾本科作物轮作，3～4 年种植一次；雨季注意排水，降低田间湿度；发病后用退菌特 600～800 倍液、甲基托布津 800～1 000 倍液进行浇灌，都有一定的防治效果。

(3)根结线虫病　黄芪根部被线虫侵入后，导致细胞受刺激而加速分裂，形成大小不等的瘤结状虫瘿。防治措施：忌连作，及时拔除病株；施用农家肥应充分腐熟；土壤消毒。

(4)锈病　为害叶片，叶面有黄色的病斑，后期布满全叶，最后叶片枯死。防治措施：实行轮作，合理密植；彻底清除田间病残体，及时喷洒硫制剂或 20%粉锈宁可湿性粉剂 2 000 倍液；注意开沟排水，降低田间湿度，减少病菌为害；选择排水良好、向阳、土层深厚的砂壤土种植；发病初期喷 80%代森锰锌可湿性粉剂 1∶(600～800)倍液或敌锈钠防治。

2. 虫害

(1)蒙古灰象甲、金龟子、网目拟地甲　皆为苗期害虫，在 4 月份出苗期为害幼苗。一般用毒饵防治：花生饼粉碎炒香，加入少量敌百虫，按花生饼∶水∶80%敌百虫＝2∶2∶0.1 的比例于晴天早上撒于地面或排水沟，效果较好。

(2)种蝇　以幼虫在土中钻蛀黄芪幼苗，为害根部。防治方法：用吡虫啉防治；4 月份在种蝇发生严重地片，沿垄沟喷洒 25%敌百虫，每 667 m^2 喷 1.5～2 kg，毒杀前来产卵的成虫。

(3)蚜虫　为害叶、花、果的幼嫩部分，整个生长期均可发生。受害株常造成黄叶，花果脱落或干瘪，严重影响商品和种子的产量。防治方法：用吡虫啉喷雾防治，忌与豆科作物邻作。

(4)豆荚螟　于 6 月中旬至 9 月下旬发生，成虫在黄芪嫩荚或花苞上产卵，孵化出幼虫即蛀入荚内食害种子，食完一荚又转入第二荚，老熟幼虫钻出荚外，入土结茧越冬，每年发生一代。防治方法：可在成虫期傍晚喷 50%敌敌畏 1 000 倍液毒杀成虫，或在幼虫孵化初期喷杀虫脒 800 倍液，毒杀幼虫。

三、采收与加工

(一)采收

生长 3～4 年的黄芪质量最好。目前生产中一般都在播种后的第二年(有的第三年)秋季从落叶到霜降或春季解冻后至萌芽前采挖。采收时可先割除地上部分，然后将根部挖出。黄芪根深，采收时注意不要将根挖断，以免造成减产和商品质量下降。

(二)加工

将挖出的根除去泥土，剪掉芦头，晒至七八成干时剪去侧根及须根，分等级捆成小捆再阴干。干品放通风干燥处贮藏。

四、商品质量标准

(一)外观质量标准

以根条粗长、质韧、断面淡白色、无黑心及空洞、味甘、粉性足者为佳。

(二)内在质量标准

《中华人民共和国药典》(2020 年版)规定：黄芪水分不得超过 10.0%，灰分不得超过 5.0%。按干燥品计算，含黄芪甲苷($C_{41}H_{68}O_{14}$)不得少于 0.040%，毛蕊异黄酮葡萄糖苷($C_{22}H_{22}O_{10}$)不得少于 0.020%。

天　麻

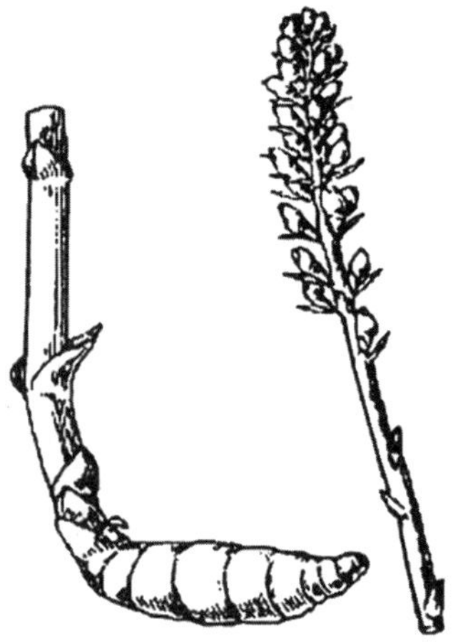

图 7-5　天麻

天麻(*Gastrodia elata* Blume)为兰科多年生共生草本植物,以块茎入药。生药称天麻,别名赤箭、定风草、鬼督邮、白龙皮、明天麻等。天麻味甘,性微温。具有平肝、息风、止痉功效;用于风湿痹痛、腰腿痛、四肢痉挛、眩晕头痛、小儿惊厥、肢体麻木、手足不遂、口眼歪斜、高血压等症。主产于四川、云南、湖北、陕西、贵州等地,东北及华北部分地区也有生产(图 7-5)。

一、生物学特性

野生天麻多生长于夏季冷凉、海拔 1 000～1 800 m、年降雨量 1 400～1 600 mm、空气相对湿度 80%～90%、土壤湿度 50%～70%、气温不超过 25 ℃的凉爽环境。生产实践证明,人工栽培天麻,一般在海拔 800～1 800 m 地区均可进行。如果能做到人工控制土壤温、湿度,在海拔较低的平坦地区及室内同样可栽种天麻,在地下室防空洞也可栽天麻。天麻喜生长在疏松、腐殖质丰富、透气性好的微酸性土壤中,在黏土(如黄泥地)中生长不良。

天麻是具有特殊习性的药用植物,它一生无根又无绿色叶片,在长期进化过程中适应了与真菌共生的异养生活方式。天麻的种子很小,种子中只有胚,无胚乳,需借助外部营养供给才能发芽;胚在吸收营养后,迅速膨胀,将种皮胀开,形成原球茎。随后天麻进入第一次无性繁殖,分化出营养繁殖茎,营养繁殖茎必须与蜜环菌建立营养关系,才能正常生长。被蜜环菌侵入的营养繁殖茎短而粗,其上有节,节间可长出侧芽,顶端可膨大形成顶芽。顶芽和侧芽进一步发育便可形成"米麻"和"白头麻"。

第二年春季,当地温达到 6～8 ℃时,蜜环菌开始生长,米麻、白麻被蜜环菌侵入后,继续生长发育。当地温升高到 14 ℃左右时,白麻生长锥开始萌动,在蜜环菌的营养保证下,白麻可分化出 1～1.5 cm 长的营养繁殖茎,在其顶端可分化出具有顶芽的箭麻。箭麻的顶芽粗大,先端尖锐,芽内有穗原始体,次年可抽薹开花,形成种子,可供有性繁殖。所以,天麻从种子萌发到新种子形成一般需要 3～4 年的时间。天麻一生中除了抽薹、开花、结果的 60～70 d 植株露出地面外,其他的生长发育过程都是在地表以下进行的。

二、栽培技术

(一)品种

全世界天麻有 30 余种。中国有 6 种,即天麻、原天麻、细天麻、南天麻、疣天麻及 *Gastrodia flabilabella* S. S. Ying。其中,细天麻、南天麻和 *Gastrodia flabilabella* S. S. Ying. 主要分布在我国的台湾地区,所谓的红秆天麻、乌秆天麻、绿秆天麻都是天麻的不同生态型,即天麻的 3 个变型。

1. 红秆天麻

红秆天麻主产于我国黄河及长江流域各省,遍及西南至东北地区。适宜在海拔 500～

1 500 m的长江流域生产。花茎肉红色,花橙红色,果实椭圆形,肉红色,种子发芽率高。块茎肥大、粗壮,长圆柱形或哑铃形,含水量78%～86%,具有生产快、适应广、分生力强及耐旱等特性,是驯化后的优良高产栽培品种。

2.乌秆天麻

其花为蓝绿色,花葶为灰棕色,带白色纵条纹,植株高1.5 m左右,个别高达2 m以上。成体块茎椭圆形、卵圆形或卵状长椭圆形,节较密,含水量70%以内。有的仅为60%,大块茎长达15 cm左右,粗5～6 cm,最大块茎重800 g左右。乌秆天麻是我国东北、西北各省区驯化后的主栽品种。

3.绿秆天麻

其花及花葶为淡蓝绿色,植株高1～1.5 m。成体块茎为长椭圆形,节较短而密,鳞片发达,含水量70%左右。它是我国西南、东北地区的驯化栽培的珍稀品种,单个块茎最大者可达700 g。我国西南、东北各省区有野生型分布,日本、朝鲜也有分布。

(二)选地与整地

天麻与蜜环菌是一对共生体,存在着消化与被消化的营养关系。在一定条件下,天麻块茎通过蜜环菌获取营养以供自身生长发育需要,而在另一种环境条件下,蜜环菌反之会分解消耗天麻块茎,使天麻块茎腐烂、空壳。因此,场地的选择既要考虑天麻的生长,同时也要考虑对蜜环菌生长有利。土壤质地、坡向、荫蔽条件,对天麻和蜜环菌生长都非常重要。所以,培菌或栽麻要选择透气性和排水性较好的沙土或砂壤土地作为场地,黏重的土壤不宜栽植。生产中可以根据本地的情况选择合适的栽培场所,如稀疏林地、竹林、山后的二荒地、坡地和平地等。如果有自留山或林地可选择林下仿野生栽培,坡度25°以下,坡向一般选择阴坡或半阳坡;如果有条件可选择日光温室;如果有不积水并能看护的农田可选择农田栽培天麻;也可利用房前屋后用塑料筐或木箱栽培天麻。

整地时,只需砍掉过密的杂树、竹林,清除杂草、石块,便可直接挖坑或开沟种植。

(三)繁殖方法

人工栽培天麻的繁殖方法有有性繁殖和无性繁殖两种。有性繁殖是采用箭麻培育出天麻种子来繁殖;无性繁殖是采用米麻和白麻作繁殖体。在有性繁殖过程中,需要与萌发菌和蜜环菌两种共生菌伴栽;而无性繁殖只需要与蜜环菌伴栽共生。

1.天麻的有性繁殖

采用有性繁殖可以培育出优良的天麻种子,是防止天麻品种退化、提高产量的主要途径之一。因此,人工栽培中提倡采用有性繁殖培育天麻。

(1)种子培育

①箭麻的选择。选择优良的箭麻种是育种的关键。秋季天麻采收时,选择麻体椭圆形,顶芽红润、饱满、无病虫害、无机械损伤、质量在100～150 g的箭麻留作种麻。选好的种麻要单独用沙藏法贮藏。箭麻的低温休眠期要在1～5 ℃下贮藏75 d,若不通过低温休眠,则不利于抽薹、开花、结果。

②栽培时间。箭麻从地上茎出土到果实成熟需60～70 d。一般7—8月天麻种子成熟可按冬种和春种的时间要求,随采随种。

③栽培方法。箭麻栽培时不必添加蜜环菌和其他营养物质。主要有以下两种方式。

室内栽培：利用木箱、竹筐或用砖砌成的池子栽植均可。栽培所用的填充料，多采用河沙或腐殖土。方法是在箱或地的底部铺 5 cm 厚沙土，四周平摆箭麻，间距为 8 cm，顶芽向四周朝上，覆盖沙土，将麻体盖严压实，顶芽稍露出土，然后浇一次透水即可。

日光大棚栽植：可在 3 月下旬地温稳定在 10 ℃以上时栽麻。先将地面整平，按宽 40 cm、长 1 m 做育苗床，做成平畦，在床底铺 5 cm 厚沙土，畦床两边各栽一行箭麻。

④苗床管理。温度：天麻地上茎生长速度与温度密切相关。旬平均气温达 14 ℃时，茎芽开始出土，气温达到 20 ℃左右为茎秆迅速生长期，气温超过 23 ℃停止生长，之后倒苗。在栽培期，温度应控制在 18～22 ℃，如果温度过高应及时通风降温。

水分：箭麻生长发育期每周浇水 1 次，苗床湿度应保持在 50%左右。花期除适当浇水外，每天应向空间喷雾 2～3 次，空气相对湿度保持在 60%～65%，有利于其生长发育。

光照：散射光线有利于天麻地上茎的生长发育，但花薹最怕阳光直射，应适当避光，授粉后，若光线强，不利于果实成熟。

⑤授粉方法。箭麻为两性花，花药在花蕊的顶端，雌蕊柱头孔在蕊柱的下部。人工授粉有自花授粉和异花授粉两种方法。实践证明，异株异花授粉好于自花授粉。采用不同品种人工异株授粉(杂交)是防止天麻退化、改良品种、保持优质高产的有力措施。授粉时间以箭麻花刚开放效果最好，坐果率高，果子饱满。箭麻开花的顺序是由花穗下端开始，逐渐向上开。授粉时，左手捏住花朵，右手持针伸入花筒内，将唇瓣压平或拔掉，从另一株刚开的花朵内挑取蕊柱顶端冠状的花帽连同花药块一起放在被授粉的花筒内匙形柱头孔上，然后再将该花朵的花药授在采过花药的花朵柱头孔上。可根据开花的情况，每天在早晚时进行授粉，以防错过最佳授粉期。

⑥种子采摘。在适宜条件下，一般于授粉后 17～19 d 种子成熟。果子成熟度直接影响其种子发芽率，果实开裂前采摘的种子发芽率高达 94%，开裂当日的种子发芽率降到 88.4%。因此，掌握种子的成熟度，适时采收果实至关重要。应注意观察，当果子 6 条纵缝线稍微突起，即将裂果而尚未开裂时为最适采收期。成熟一个采摘一个，装入小瓶内。

⑦种子的保存。种子应边采边播，存放时间过长或储藏条件不当，都会影响发芽率。在自然室温下贮藏 3 d 发芽率便下降到 22.3%，在 30 ℃的气温下 1 d 即可失去发芽力。若采摘当日不能播种，应把种子装入玻璃瓶内，保存在 0～5 ℃条件下，5～6 d 内播种。也可将种子拌入萌发菌中装入塑料袋内，室温下存放，于 2～3 d 内播种。

(2)播种前的准备

①播种数量。1 个天麻果子中有种子 2 万～5 万粒，平均 3.5 万粒，1 棵天麻有果实 20～100 个，有种子 70 万～350 万粒。目前，天麻有性繁殖播种量以蒴果 10～15 个/m^2 为宜。

②菌叶拌种。由于天麻种子无胚乳，自身不能发芽，只有与真菌类小菇属萌发菌(如石斛小菇、紫萁小菇、兰小菇、开唇兰小菇、CSF、8103、8104 等)拌播，种子才能发芽。其中与石斛小菇(*M. dendrobii*)的拌播天麻种子发芽率高达 84.18%。而培养萌发菌适宜的培养料为阔叶树的树叶。拌种的方法：播种前先将萌发菌均匀接种在树叶内，袋装压紧封严，培养好伴栽菌叶，播种时用铁钩从培养袋中挖出，放在已消毒的盆内，用手将萌发菌树叶撕成小片，再将天麻种子从果实中抖出，撒在盆内的菌叶上，边撒边拌，力争拌得均匀，然后装入方便袋内备用。拌种量：每两袋(14 cm×28 cm)菌叶拌入 10～15 个果实，可播种 1 m^2。

③材料准备。首先将播种前收集足量的阔叶树树叶、柞树枝(手指粗)切成 4～5 cm 长的小段。柞木棒，直径 3～6 cm，截成 30 cm 长的木段，砍 3～4 行鱼鳞口，播种的前一天晚上将

树叶、树枝段、木棒浸泡于清水中；然后将培养好的蜜环菌菌枝挖出备用；最后填充原料，天麻栽培的填充料以河沙和山皮土为宜，比例为 3∶1，混合后加入少量水拌匀。

(3)播种技术　天麻有性繁殖常采用林地播种和室内播种两种方法。

①林地播种法。选地做床：场地应选择海拔 800～1200 m 的半阴半阳坡，地势须较平坦，为排水良好的砂壤土或腐殖质的林间，将地面的草根及小树根刨掉整平地面，根据地形大小按宽 60 cm、长 1 m、走道 40 cm 做床。

播种：先在床面铺 5 cm 厚的砂壤土，其上撒一薄层湿树叶，将拌好天麻种子的菌叶均匀地撒播在树叶上，播种量为两袋(10～15 个果实)/m^2。再按 3～4 cm 的间距摆放木棒，木棒两侧放入蜜环菌菌枝 3～4 个，再将湿树叶、树枝段撒放在木棒的间隙中，之上覆盖 6～8 cm 厚山皮土，再盖上一层树叶及小树枝，遮阴保湿即可。

②室内播种法。室内播种是利用木杆搭起床架，分 2～3 层立体栽培。床架宽 60 cm，长度不限，层距 50 cm，室内栽培生长期 7～8 个月。由于生长期短，栽培使用的菌棒为直径 3～8 cm，长 10 cm 的短木棒。播种方法：首先在床面铺上单层的编织袋，再铺上 5 cm 厚的填充料，撒上一薄层湿树叶，再将已拌好种子的萌发菌叶均匀地撒播在树叶上，之后按 6 cm×6 cm 的间距"品"字形摆放短木棒，棒两端各放一个蜜环菌菌枝，再将湿树枝段撒放在木段的间隙中，加入填充料至木段之上 1 cm，然后再按上述操作顺序播种第二层，最后在上面覆盖 6～8 cm 厚的填充料即可。此外，还可采用箱栽或筐栽。

(4)播种后的管理

①湿度。床内适当的湿度是天麻种子发芽、原球茎迅速生长，以及蜜环菌生长发育的重要条件。播种后 20 d 内不能浇大水，以防冲散天麻种子；如床面及四周干燥，可适当喷水，保持床面湿润，一般播种后 40 d 左右可见到天麻原球茎，之后才能浇透水，将床内湿度控制在 40％～50％。

②温度。天麻种子在 15～28 ℃下均能发芽，超过 30 ℃时生长受到抑制。因此，播种后的整个生长过程中要求温度保持在 20～25 ℃。林地栽培的，春、秋两季气温低时，应在栽培场地搭建塑料棚保温培养。夏季温度超过 30 ℃时，要搭遮阴棚或喷冷水降温。室内栽培的，冬季应用火墙或火炉等增温，持续到翌年 2 月初，以保证天麻正常生长。2 月中旬停止取暖，床温降至 1～5 ℃，低温休眠 60 d 以上，4 月便可采挖翻栽。

③通风换气。蜜环菌是一种好气菌，天麻生长也有向气性。因此，保持栽培场所通风良好、空气新鲜有利于天麻的生长。播种时要在栽培床内每隔 30 cm 插一捆手电筒粗的"透气把"，以利于床内通气。室内栽培的，每天要适当开放门窗通风换气。

④越冬管理。如果在北方采用林间栽培天麻，冬季休眠期的防寒管理至关重要。要在封冻前做好防寒工作，架好防风障，添加覆盖物，在床上覆土 8～10 cm 厚，然后再覆盖厚 8～10 cm 的树叶或稻草。冬季只要没有"缓阳冻"(上冻后因阳光直射速化，入夜又速冻，如此使种子受害称"缓阳冻")，便能自然安全越冬。

2. 天麻的无性繁殖

天麻人工栽培主要采用米麻和白麻作为繁殖体。天麻必须与蜜环菌菌棒相伴，才能生长发育。

(1)蜜环菌的培养　蜜环菌(*Armillaria mellea*)是兼性寄生的真菌，它与天麻营共生生活，天麻的块茎靠蜜环菌为其提供营养才能生长发育。在天麻生长后期或箭麻果实成熟后衰老时，反过来天麻又成为蜜环菌的营养来源。因此，人工栽培天麻必须培养出优质的蜜环菌菌材用以伴栽天麻。

①树种选择。蜜环菌能在很多阔叶树树种上生长，常用的有青杠柞、栓皮栎、槲树及桦树等。将直径 3～8 cm 的枝条截成 10 cm 长的短木段备用。

②菌棒培养。采用室内床架培养，床架宽 60 cm，长度不限，层距 50 cm，四周高 20 cm。先在床面铺上单层编织袋，撒上约 5 cm 厚的河沙，沙上摆放一层木棒，木棒的断面间均接入一个已长好蜜环菌的菌枝，整个床面摆满后，填上沙子，将棒间空隙填满，盖平木棒。然后，再按此顺序接种第二、第三层，每层床架接种 3～4 层木棒为宜，最后在上面覆盖 6 cm 厚的河沙，浇一次透水即可。培养温度保持在 20～25 ℃，沙内含水量控制在 60%～65%，如水分不足，可适当浇水。室内经常通风换气，保持空气新鲜以利于其生长。若夏季培养菌材，也可在露地地面做高畦培养，其方法是将地面整平，做成宽 60 cm、长 1 m 的床，栽培方法与床架培养相同。如条件适宜，培养 50～60 d，菌棒便能长好。

(2)天麻的栽培方法　如果采用林间栽培天麻，应选择半阴半阳的缓坡地做畦，栽单层用就近的山皮土做填充料。其方法是：根据林间的地形，平整后，用山皮土做高出地面 5 cm、宽 60 cm、长 1 m 左右的高畦，畦底铺一层浸湿的枯枝落叶，撒一薄层山皮土，再将短菌棒按 10 cm×6 cm 的间距摆放成“品”字形，菌棒的两端各放一枚天麻作种，中间再适当撒放些鲜短树枝及菌枝，再在菌棒上覆盖 8 cm 左右山皮土，浇一次透水，上面再盖一层树叶。

(3)麻床管理　在天麻整个生长发育的过程中，栽培管理上要重点调控好温度、湿度和通气条件。

①温度。蜜环菌在 6～30 ℃温度下均能生长，最适温度为 25 ℃。天麻地下茎在 14 ℃开始生长，20～25 ℃生长最快，30 ℃以上生长受到抑制。一年内整个生长季总积温 3 800 ℃左右，根据二者对温度的要求，栽培初期温度要控制在 15 ℃以上，随之温度逐渐提升，生长旺季温度要提高到 20～25 ℃，如超过 30 ℃，就要采取遮阴、喷冷水等降温措施。

②湿度。水分对天麻的生长至关重要。4 月中旬后天麻块茎开始萌发，此时需要蜜环菌迅速生长，萌发的天麻才能及时接上蜜环菌。因此，这个阶段床内的水分要充足，含水量应在 60%左右，以满足蜜环菌的需要，天麻也就能正常生长。7 月至 9 月上旬是天麻的生长旺季，如雨量充沛，可不必人工浇水，如雨量过大，要及时排水，防止床内积水，造成烂麻。9 月下旬后，天麻长势减弱，此时若水分过高会引起蜜环菌徒长，反而会吸收天麻的营养。因此，天麻生长后期要控制麻床的水分，其含水量应降至 35%左右。

③通风。在天麻生长过程中，要加强通气，保持场地空气新鲜，床内填充料应疏松，通透性要好；要在床中间每隔 30 cm 插一捆透气把，以促进天麻生长。

(四)田间管理

天麻栽后要精心管理，严禁人畜踩踏。栽培期的管理主要包括防旱、防涝、防冻、防高温和防病虫害。由于 6—8 月是天麻生长旺季，也是高温期，应搭棚或间作高秆作物遮阴；天旱时应及时浇水，一般每隔 3～4 d 浇 1 次，应勤浇轻浇，使土壤经常湿润；雨季到来之前清理好排水沟，及时排除积水，以防块茎腐烂；雨后或浇水后，如果土壤表面板结，要及时松动，但不宜过深，以防碰伤幼麻。春、秋季节应接受必要的日光照射，以保持一定的温度。9 月以后，天气渐凉，要降低湿度，防止烂麻。越冬前应加厚盖土或覆盖稻草、树叶、薄膜等防止冻害。

另外，需要注意的是，由于蜜环菌也是森林里的一大病害，所以要采取相应保护措施，栽完天麻的菌棒不要随处乱扔，对没有完全分解的菌棒集中埋土管理，对已腐烂的菌棒要集中起来，在冬季用火烧掉，这样既可以防止蜜环菌对树木的腐蚀，还可以增加林地的肥力，促进林木生长。

(五)病虫害及其防治

1.病害

主要有块茎腐烂病、蜜环菌病理侵染、日灼病等，综合防控措施是：育种圃应搭棚遮阳或选择遮阴的地点作育种圃；严格筛选麻种；严格"两菌"培育；加强麻园管理，及时排水控湿。

(1)杂菌　蜜环菌同类的其他担子菌，没有发光特性，腐生于菌材上，与蜜环菌争夺营养，抑制蜜环菌的生长。防治方法：选择的地块要排水良好，菌材无杂菌感染，菌材间隙要填好，阴雨天气注意覆盖。

(2)块茎腐烂病　发生腐烂病的块茎，皮部萎黄、中心组织腐烂，严重时整窖腐烂。防治方法：选地势较高、不积水、土壤疏松、透气性好的地方种植天麻；加强窖场管理，做好防旱、防涝，保持窖内湿度稳定，提供蜜环菌生长的最佳条件，以抑制杂菌生长；选择完整、无破伤、色鲜的初生块茎作种源，采挖和运输时不要碰伤和日晒；用干净、无杂菌的腐殖质土、树叶、锯屑等做培养料，并填满填实，不留空隙；每窖菌材量不宜过大，以免污染后全部报废。

2.虫害

天麻主要的虫害有蛴螬、蝼蛄、介壳虫、蚜虫等。

(1)蛴螬　俗名地蚕(金龟子幼虫)。幼虫咬食天麻块茎，形成空洞，并在菌材上蛀洞越冬，毁坏菌材。防治方法：布设黑光灯，以灯光诱杀成虫；用90%敌百虫800倍液、75%辛硫磷乳油700倍液浇灌；在栽培场周围种蓖麻，可引起蛴螬成虫中毒、麻痹，甚至死亡。

(2)蝼蛄　以成虫或幼虫在天麻表土层下开掘隧道，咬食天麻块茎，破坏天麻与蜜环菌的共生关系。防治方法：布设黑光灯，以灯光诱杀；用90%敌百虫0.15 kg兑水成30倍液，加5 kg半熟麦麸或豆饼，拌成毒饵诱杀。

(3)粉蚧　为害天麻的主要害虫。天麻收获时常见到有成群的粉蚧集中于天麻的块茎上，为害处颜色加深，严重时块茎瘦小停止生长。防治方法：收获天麻以后，对栽培坑进行焚烧，天麻蒸煮加工入药；收获的天麻不作为种麻使用，收获地不宜再种。

(4)蚜虫　以成虫及若虫群集于天麻的花茎及嫩花上刺吸汁液，使花茎生长停滞，植株矮小，变为畸形，严重时引起枯死。防治方法：用20%速灭杀丁8 000～10 000倍液喷雾1～2次，有较好的防治效果。

三、采收与加工

(一)采收

天麻应在休眠期采收，即秋季10—11月或春季3—4月采收。收获一般在晴天进行，收获方法是慢慢扒开表土，揭起菌材，即露出天麻，小心地将天麻取出，防止撞伤，然后向四周挖掘，以搜索更深土层中的天麻。将挖起的商品麻、种麻、米麻分开盛放，种麻作种，米麻继续培育，商品麻加工入药。

(二)加工

天麻收获后应及时加工。

(1)清洗　先将天麻按个体大小分大(200 g 以上)、中(100～200 g)、小(100 g 以下)及外伤者 4 个等级，将分级后的天麻放进水盆中清洗干净，装入筐内准备加工。

(2)蒸煮

①笼蒸法。先将蒸笼放在蒸锅上用浇沸的开水预热，同时准备好火烤架，然后将天麻按大、中、小分别放进蒸笼里焖蒸。蒸时，火力要强，蒸笼要严，以便能迅速抑制麻体内的酶类流失，减少药用成分损失。大天麻蒸 40～50 min，中天麻蒸 30 min，小天麻和有外伤的蒸 10～20 min，以蒸透为宜。检验方法：将蒸透的天麻对着光看，以透亮不见黑心为准。在蒸天麻的同时，要准备好火烤架。蒸好后，取出放在火烤架上进行烘烤，烘烤时要经常翻动，开始火可旺一点，当烘烤至麻体开始变软时，则转入温火烘烤，以避免麻体起气泡，形成离层，出现空心，影响质量。一旦麻体出现气泡，要用竹针扎麻体排气，当烘烤到七成干时，取出用木板压扁，压扁后再烘烤至全干即成商品天麻，这样加工的天麻色泽鲜艳、质量好。此外，也可先放在阳光下暴晒，晚上进行烘烤，可节省部分燃料。

②水煮法。烧沸清水，然后按天麻个体大、中、小分别放入沸水中煮，大天麻煮 15～20 min，中天麻煮 10～15 min，小天麻和有外伤的煮 5～10 min，煮透后捞出烘烤，具体烘烤方法与笼蒸法相同。不过，水煮法容易造成麻体内部分养分流失，质量次于笼蒸法。

(3)烘干　天麻的干燥方法很多，有日光晒、火炕烘、烘烤箱烘及干燥室烘烤等。生产数量较小的，可采用晴天日光晾晒，夜间炕上烘干的简易方法。若是大批量生产的，可采用烘干室或烘烤箱进行。烘烤的起始温度以 50 ℃为宜，逐渐升温至 65 ℃左右。当烘至七八成干时，用手或木板将天麻压扁、整形，温度保持在 65～70 ℃。在烘烤过程中，适当通风排气，以利于干燥。一般烘烤 60 h 左右，天麻便达到了干燥的标准。加工好的天麻应存放干燥通风处，以防回潮发霉。

四、商品质量标准

(一)外观质量标准

以个大肥厚，完整饱满，色黄白，明亮，质坚实，无空心、虫蛀、霉变者为佳品。

(二)内在质量标准

《中华人民共和国药典》(2020 年版)规定：天麻水分不得超过 15.0%，总灰分不得超过 4.5%。按干燥品计算，天麻素($C_{13}H_{18}O_7$)含量不得少于 0.20%。

甘　草

甘草为豆科多年生草本植物甘草(*Glycyrrhiza uralensis* Fisch.)的干燥根和根茎，别名甜草。性平味甘。具有补脾益气、清热解毒、祛痰止咳、缓急止痛、调和诸药的功效，用于治疗脾胃虚弱、倦怠无力、心悸气短、咳嗽痰多、脘腹四肢挛急疼痛、痈肿疮毒等症。可缓解其他药物毒性、烈性。我国甘草主要分布在西北、华北及山东等地，以新疆产量最大，内蒙古及宁夏次之。

一、生物学特性

甘草野生于干旱的沙性土中；喜阳光充足，雨量较少，夏季酷热，冬季严寒和生长期间昼夜温差大的生态条件；属旱生植物，分布区年降水 180～500 mm，根系发达，能利用地下深层水分，但地下水位高达距地面 1～3 m，对其生长不利，容易引起根茎腐烂，以至死亡。甘草是钙土指示植物，又是抗盐性很强的植物，因此，土壤酸碱度以中性或微碱性为宜，在酸性土壤上生长不良。

甘草种子有较厚的角质层，透性差，吸水困难，处于强迫休眠状态，不经处理很难出苗。甘草幼苗为子叶出土萌发型，在幼苗的茎、叶上即可看到附属物的存在。出现真叶后常先具 7～8 片单叶，而后过渡为 3 片复叶，进而产生羽状复叶。当第一片羽状复叶出现时，幼苗根头在茎的两侧各有 1 芽产生，将来由此芽发育出横生根茎。当年生苗可高达 50 cm，入冬前根头直径多在 0.5～0.8 cm；2 年生苗高可达 80 cm，根头直径平均 1.3 cm 左右，最粗可达 2.8 cm，根头处可发出 10 多条长短不等的水平根茎；3 年生苗高达 1 m，并能开花结实(图 7-6)。

图 7-6 甘草

二、栽培技术

(一)选地与整地

选择肥沃疏松、排水良好、阳光充足、地下水位低、盐碱程度低的砂壤土或壤土种植。地下水位高的涝洼积水地、黏土地及含盐量高于 0.4%的盐碱地均不可选用。选地后，均匀撒基肥于地表，而后以机械翻耕，要深翻、整平、耙细。

(二)繁殖方法

1. 种子繁殖

(1)采种　剪下成熟果穗，将荚果晾晒干燥后，用专用粉碎机械粉碎果荚，选取饱满、无病虫害的种子。目前，甘草种子大多来自野生，在选择种子时应尽量遵循就近取种的原则，在距离栽培区较近的野生甘草分布区，选择籽粒成熟饱满无虫害的种子，以保障高产优质。

(2)种子处理　甘草种子的种皮比较厚，为了提高种子的发芽率，育苗之前，甘草种子最好做如下处理。

①硫酸处理法。将纯净的种子每千克用 80%的硫酸 20～30 mL 搅拌均匀，见种皮有均匀的硫酸腐蚀痕迹后用清水冲洗晒干待用。

②碾破种皮法。将种子放在碾盘上，厚 3 cm，随碾随翻动，当碾到种皮呈黄白色时即可，然后将碾过的种子放入 40 ℃的温水中浸泡 2～4 h，捞出用凉水冲洗掉黏液即可播种。

③湿沙埋藏法。先将种子在 70 ℃的温水中浸泡 8～10 h 捞出后埋藏在湿沙土中，用湿布或草帘覆盖，经常洒水，保持湿润，待气温回升到 18～20 ℃时，取出播种，此法在育苗前 50～60 d 进行。

④增温复浸法。将种子放入 60 ℃的温水中浸泡 6～8 h，吸水膨胀种子与未吸水硬实种子分离成两层，将上层膨胀吸水的种子倒出，将下层未吸水的硬实种子用 100 ℃开水烫 3～5 s，捞出后投入到冷水中使种皮受到变温刺激，再捞出放入 60 ℃水中继续浸泡 3～4 h，此时已基本浸好，捞出与先期吸水膨胀种子合在一起，用清水洗去黏液，晾去种皮浮水，即可播种。

(3) 育苗移栽　甘草在春、夏、秋三个季节均可播种。春播一般在 4 月中、下旬或农历的谷雨前后进行；对于灌溉困难的地区，可在夏季或初秋雨水丰富时抢墒播种，夏播一般在 7—8 月；秋播一般在 9 月进行。将种子均匀撒播或条播，每亩用种子 10～15 kg。覆土 2.5～3 cm，不可过深，7～10 d 出苗。

当年秋季移栽比翌春移栽产量高。可分平栽、垄栽，将甘草苗在育苗床上挖出后先按大小分级，再分级栽苗。先在移栽田开出 10～15 cm 深的沟，然后将甘草苗按行距 30 cm、株距 10～15 cm 栽于沟内，覆土后进行镇压，每 667 m^2 栽 1.8 万～2.2 万株，有条件的最好在上冻前浇一次定根水。

此外，也可采用直播法。直播法指播种后间苗、定苗，至采挖前不再进行移栽的一种栽培方法。

2. 根茎繁殖

选直径 0.5～0.8 cm 新鲜健壮的横生根茎切成 10～15 cm 长的小段，每段应有不定芽 2～3 个。按行距 30 cm、株距 15 cm、深度 8～10 cm 条栽或穴栽。春季 4 月上旬、秋季 10 月中旬栽植。根茎繁殖是野生资源保护中进行补缺连片的好措施，大面积栽培中很难采用。

(三)田间管理

1. 间苗、定苗

当幼苗出现 3 片真叶、苗高 6 cm 左右时，结合中耕除草间去密生苗和重苗，定苗株距以 10～15 cm 为宜。

2. 中耕除草

当年播种的甘草幼苗生长缓慢，易受杂草侵害。尤其在幼苗期要及时除草，从第二年起甘草根开始分蘖，杂草很难与其竞争，不再需要中耕除草。

3. 排灌

播种期和幼苗期应保持土壤湿润，墒情不足应浇水，栽植时也应浇水，生长后期浇水过勤则会导致甘草萌发大量侧根，影响药材根形，一般不必浇水。雨季土壤湿度过大会使根部腐烂，应注意排除积水，充分降低土壤湿度，以利于根部正常生长。

4. 追肥

甘草有根瘤菌，自身可以固氮。追肥应以 P 肥、K 肥为主，少施 N 肥，N 肥过多会引起植株徒长，使营养向枝叶集中，影响根、茎的生长。甘草喜碱，若种植地为酸性或中性土壤，可在整地时或在甘草停止生长的冬季或早春，向地里撒施适量熟石灰粉，调节土壤为弱碱性，以促进根系生长。第一年在施足基肥的基础上可不追肥，第二年春天在芽萌动前可追施部分有机肥，以厩肥和圈肥为宜，第三年可雨季追施少量速效肥，一般追施磷酸二氢铵 15 kg/667 m^2，以加速甘草的生长。每年秋末甘草地上部分枯萎后，每 667 m^2 用 2 000 kg 腐熟农家肥覆盖畦面，以增加地温和土壤肥力。

(四)病虫害及其防治

1.病害

(1)锈病 一般于5月甘草返青时始发,为害幼嫩叶片,感病叶背面产生黄褐色疱状病斑,表皮破裂后散出褐色粉末,即为夏孢子。8—9月形成黑色冬孢子堆,可使叶片发黄,严重时叶片脱落,影响产量。防治方法:集中病株残体烧毁;发病初期喷97%敌锈钠400倍液或0.3~0.4波美度石硫合剂或粉锈宁1 000倍液喷雾防治。

(2)褐斑病 受害叶片产生圆形和不规则形病斑,病斑中央灰褐色,边缘褐色,在病斑的正反面均有灰黑色霉状物。防治方法:集中病残株烧毁;发病初期喷1∶1∶120波尔多液或70%甲基托布津可湿性粉剂1 000~1 500倍液。

(3)白粉病 被害叶正反面产生白粉,后期叶变黄枯死。防治方法:喷0.2~0.3波美度石硫合剂或用20%粉锈宁800~1 000倍液防治。

2.虫害

(1)蚜虫 成虫及若虫为害嫩枝、叶、花、果,刺吸汁液,严重时使叶片发黄脱落,影响结实和产品质量。防治方法:发生期用飞虱宝(25%可湿性粉剂)1 000~1 500倍液或赛蚜朗(10%乳油)1 000~2 000倍液或吡虫啉(10%可湿性粉剂)1 500倍液或蚜虱绝(25%乳油)2 000~2 500倍液喷洒,并间隔5~7 d再喷一次,便可较长期有效控制蚜虫为害。

(2)甘草跗粗角萤叶甲 食叶害虫,于6—7月始发,严重时可将甘草叶子全部吃光,是发展甘草生产的主要障碍之一。防治方法:可用敌百虫1 000倍液于上午11时前喷雾杀虫。

(3)甘草胭脂蚧 于4月下旬开始严重为害,一直持续到7月下旬。发生时在土表下5~15 cm的根部,可见有玫瑰色的"株体",即蚧虫群集根部,吸食汁液,其可使根上部组织受到破坏,地上部长势衰弱,以致全株干枯死亡。防治方法:避免重茬,减少虫源;在成虫羽化盛期(7月下旬),可地面喷施10%克蚧灵1 000倍液,以减少次年的虫口密度。

三、采收与加工

(一)采收

直播甘草种植3年后采挖,移栽甘草2年后采挖。在秋季9月下旬至10月初,地上茎叶枯萎时采挖。甘草根深,必须深挖,不可刨断或伤根皮,如为直播田,先在一侧贴垄挖一道60 cm深窄沟,使甘草根露出,然后向田中逐垄将甘草根挖出。育苗移栽根在土中较浅,逐行将根刨出即可。

(二)加工

采收后,除去残茎、泥土,忌用水洗,趁鲜分出主根和侧根,去掉芦头、毛须、枝杈,晒至半干,捆成小把,再晒至全干。

四、商品质量标准

(一)外观质量标准

以条长、皮细色红、质坚、油润、断面黄白、味甜、粉足者为佳。

(二)内在质量标准

《中华人民共和国药典》(2020年版)规定:甘草水分不得超过12.0%,总灰分不得超过

7.0%,酸不溶性灰分不等超过 2.0%;含甘草苷($C_{21}H_{22}O_9$)不得少于 0.50%,甘草酸($C_{42}H_{62}O_{16}$)不得少于 2.0%。

半 夏

半夏[*Pinellia ternata*(Thunb.)Breit.]为天南星科草本植物,又名三叶半夏、半月莲、三步跳、地八豆、守田、水玉、羊眼等,以干燥块茎入药。具有燥湿化痰、降逆止呕、消痞散结功效,用于痰多咳喘、痰饮眩悸、风痰眩晕、痰厥头痛、呕吐反胃、胸脘痞闷等症。主产于四川、湖北、安徽、江苏、河南、山东等地,其中以四川种植面积大、产量高、药材质量佳(图 7-7)。

图 7-7 半夏

一、生物学特性

半夏多野生于潮湿而疏松肥沃的砂壤上或腐殖土上,常见于草坡、荒地、玉米地、田边或疏林下;喜温暖、湿润气候和荫蔽的环境;怕干旱,忌高温,较耐寒,为浅根性植物。

半夏于 8~10 ℃萌动生长,15 ℃开始萌芽出苗,15~26 ℃为最适生长温度,30 ℃以上生长缓慢,超过 35 ℃而又缺水时开始出现倒苗,地上部分枯死,以使地下块茎度过不良环境。故春季生长旺盛,夏季倒苗休眠,秋季凉爽时,苗又复出,继续生长,有的地区可出现两次以上倒苗。秋后低于 13 ℃时开始枯叶。半夏的块茎、珠芽、种子均无生理休眠特性。种子寿命为 1 年。

二、栽培技术

(一)选地与整地

宜选湿润肥沃、保水保肥力较强、质地疏松、排灌良好、土壤中性的砂壤土或壤土种植,也可选择半阴半阳的缓坡山地。在平原地区种植半夏,需选择能浇能排、地势较高的地块,种植前一定要挖好排水沟。

选地后,于 10—11 月,深翻土地 20 cm 左右,除去石砾及杂草,使其风化熟化;同时施基肥,每 667 m^2 施农家肥 3 000 kg,加过磷酸钙 30 kg,均匀撒施地面,浅耕细耙,整平做成 1~1.2 m 宽的畦,长度不宜超过 20 m,以利于灌排。

(二)繁殖方法

生产上多用块茎繁殖,也可用珠芽和种子繁殖。

1.块茎繁殖

秋季收获时,选当年生,直径 1~1.5 cm 的块茎作种茎。将无病虫害、生长健壮的种茎拌以干湿适中的细沙土,贮藏于通风阴凉处。翌年春季日平均气温稳定上升到 10 ℃时栽种,此方法能使块茎快速增重,当年就可收获。

在整好的畦内顺畦开 4 条沟,沟距 20~25 cm、宽 10 cm、深 5 cm。每沟栽双行,株距 3~5 cm 交错将种茎栽入沟内。顶芽向上,覆土 5 cm 搂平,稍加镇压,每 667 m^2 用种茎 110~

125 kg。也可在9月下旬进行秋播，方法与春播相同，以春播为好。

2. 珠芽繁殖

夏秋间利用叶柄下成熟的珠芽进行条栽，按行距10 cm、株距3 cm、条沟深3 cm播种。播后覆以厚2～3 cm的细土及草木灰，稍加压实；也可按行株距10 cm×8 cm挖穴点播，每穴播种2～3粒；也可在原地盖土繁殖，即每倒苗一批，盖土一次，以不露珠芽为度，同时施入适量的混合肥，既可促进珠芽萌发生长，又能为母块茎增施肥料。

3. 种子繁殖

二年以上的半夏，在夏、秋季节种子成熟时，随收随种。当佛焰苞萎黄下垂时，采下种子，贮存于湿沙中。翌年春季，按行距15 cm开2 cm深的沟，将种子均匀撒入沟内，搂平畦面，保持土壤湿润，半个月可出苗，但出苗率较低。当年可长出一片卵状心形单叶，第2年长出3～4片心形叶，第3年才能长出三出复叶。实生苗当年块茎直径0.5 cm左右。种子繁殖，出苗率低，生产时间长，播种后第3年才能收获，不常采用。可于第2年选取大块茎移栽，方法同块茎繁殖。

半夏怕烈日照射，平地栽培多与玉米等作物间作，常在畦沟种两行玉米遮阴。

(三)田间管理

1. 中耕除草

苗出齐后应及时除草松土，半夏属须根系植物，根扎得浅而集中，因此，半夏行间的杂草宜勤锄浅锄，深度不超过3 cm，以免伤根；株间杂草用手拔除。

2. 追肥、培土

半夏喜肥，及时追肥是重要的增产措施。6月上旬，叶柄下部长出珠芽时，每667 m^2 施入农家肥1 500 kg，尿素10 kg。结合中耕除草把行间的土培到半夏苗基部，以盖好珠芽为度。

3. 灌溉、排水

播种后，春季一般20 d出苗，如遇干旱，应及时浇水，以保全苗。6月后，气温逐渐升高，应多浇水，保持土壤湿润，可延迟地上部枯萎时间，增加营养的积累。雨季及时排除田间积水，以防烂根。

4. 摘花薹

除收留种子外，为使半夏养分集中于地下块茎，发现花薹应及时摘除。

5. 地膜覆盖

早春地膜覆盖可使半夏早出苗，延长生长周期，增加产量，也可用麦草或作物秸秆覆盖。当苗高2～3 cm、种子70%以上出苗时应揭去地膜或除去覆盖物。

6. 套种遮阳

半夏在生长期间可与玉米、小麦、油菜、果、林等进行套种。不仅提高土地的使用效率，增加收入；还可利用其他作物为半夏遮阳，避免阳光直射，延迟半夏倒苗，增加半夏产量。

(四)病虫害及其防治

1. 病害

(1)根腐病　多发生在高温多雨季节，田间积水时易发生，造成地下块茎腐烂，地上部茎叶枯萎死亡。防治方法：雨季及时排除田间积水；采用高畦；发现病株及时拔除，并用5%石灰水处理病穴；播种时用0.5%～2%石灰水浸种12～30 h；及时防治地下害虫以免伤口被杂菌感染而烂根。

(2)叶斑病　6—7 月发生,发病时叶片有紫褐色病斑,严重时植株渐渐枯萎死亡,多发于高温、多雨季节。防治方法:发病初期喷 1∶1∶120 波尔多液,或 65%代森锌 500 倍液,或 50%多菌灵 800～1 000 倍液,每 7～10 d 喷 1 次,连喷 2～3 次。也可用大蒜汁 1 kg 加水 20～25 kg 喷洒。

(3)病毒病　多在夏季发生,为全株性病害,发病时叶片上产生黄色不规则的斑,使叶变为花叶状,叶片皱缩,卷曲,直至死亡,且地下块茎畸形瘦小,质地变劣。防治方法:防治刺吸式蚜虫、螨类等害虫;选无病株留种。

2. 虫害

(1)红天蛾　7—8 月发生,幼虫为害叶子,咬成缺刻,空洞,甚至吃光叶片。防治方法:人工捕捉幼虫;幼龄期 90%敌敌畏 800 倍液喷雾防治。

(2)蚜虫　为害叶片,群居于嫩叶上吸取汁液,造成植株萎缩,生长不良。防治方法:清洁田园,铲除田间杂草,减少越冬虫口;发生期间用吡虫啉防治。

三、采收与加工

(一)采收

块茎和珠芽繁殖的在当年或第二年采收,种子繁殖的在第三、第四年采收。一般于夏、秋季茎叶枯萎倒苗后采挖。采挖过早影响产量,过晚则难以去皮和晒干。以夏季芒种至夏至间采收为好,此时半夏水分少,粉性足,质坚硬,色泽洁白,药材质量好,产量高。起挖时选晴天小心挖取,避免损伤。抖去泥沙,放入筐内盖好,切忌暴晒,否则不易去皮。

(二)加工

将鲜半夏洗净泥沙,按大、中、小分级,分别装入麻袋内,先在地上轻轻摔打几下,然后倒入清水缸中,反复揉搓,去净外皮,取出暴晒,不断翻动,晚上收回平摊于室内,晒干为止,即为生半夏。半夏采收后要及时加工,否则去皮困难。出口半夏质量要求较高,还需进一步加工,即将生半夏按等级过筛后,分别放进清水中浸泡 10～15 min,用手反复轻揉搓,除去浮灰、霉点、杂质,至表面为洁白为止。然后捞出晒干,即成出口半夏。如遇阴雨天气,采用炭火或炉火烘干,但温度不宜过高,一般应控制在 35～60 ℃。在烘时,要微火勤翻,力求干燥均匀,以免出现僵子,造成损失。

四、商品质量标准

(一)外观质量标准

以色白、质坚实、粉性足者为佳。

(二)内在质量标准

《中华人民共和国药典》(2020 年版)规定:半夏水分不得超过 14%;总灰分不得超过 4.0%;水浸出物不得少于 9.0%;按干燥品计算,含总酸以琥珀酸($C_4H_6O_4$)计,不得少于 0.25%。

桔　梗

桔梗[*Platycodon grandiflorus* (Jacq.) A. DC.]为桔梗科多年生药、食、赏兼用草本植物，以干燥根入药，别名铃铛花、包袱花、僧帽花等。性味微温，苦、辛。具有宣肺散寒、祛痰镇咳、消肿排脓功效，用于感冒咳嗽、咳痰不爽、咽喉肿痛、支气管炎、胸闷腹胀等症。分布于中国、俄罗斯远东、朝鲜半岛和日本等地区。桔梗在我国栽培历史悠久，各地区均有分布，主产于安徽、山东、江苏、河北、河南、辽宁、吉林、内蒙古、浙江、四川、湖北和贵州等地。

图 7-8　桔梗

一、生物学特性

桔梗(图 7-8)喜凉爽气候，耐寒、喜阳光。宜栽培在海拔 1 100 m 以下的丘陵地带，半阴半阳的沙壤土中，以富含磷钾肥的中性夹沙土生长较好，怕风害，遇大风易倒伏。

桔梗播种后约 15 d 开始出苗，从种子萌发至倒苗，一般分为 4 个时期。从种子萌发至 5 月底为苗期，生长缓慢，高度至 6～7 cm；此后，生长加快，进入生长旺盛期，至 7 月开花后减慢；7—9 月孕蕾开花，8—10 月陆续结果，为开花结实期；10—11 月中旬地上部开始枯萎倒苗，根在地下越冬，进入休眠期。种子萌发后，胚根当年主要为伸长生长，1 年生主根长可达 15 cm，2 年生长可达 40～50 cm，并明显增粗；一般当年生植株开花结实都很少，2 年生植株全部开花，通常在早晨开花。桔梗属异花授粉植物，种子在室温下贮存，寿命 1 年；5 ℃以下低温贮藏，可以延缓种子寿命，活力可保持 2 年以上。

二、栽培技术

(一)选地与整地

桔梗适宜在我国的东北、西北、华北地区栽培，平地或土质较好的缓坡地均可种植。具体栽培地应选择阳光充足、排水良好、土层较深的砂壤土或壤土。选地后深翻 30～40 cm，打碎土块，施足底肥，一般不施化肥。每亩施腐熟的农家肥 2 500 kg 以上，再施磷酸氢二铵 10～15 kg 或草木灰。做成宽 50～60 cm 的垄，或者做成宽 1～1.2 m、高 15～20 cm 的高畦，作业道宽 30～40 cm，将土耙细，整平畦面，以备播种。

(二)繁殖方法

桔梗的繁殖方法有种子繁殖、根茎或芦头繁殖等，生产中以种子繁殖为主。种子繁殖在生产上多采用直播，因直播产量高于育苗移栽，且根直，分杈少，便于刮皮加工，可秋播、冬播或春播，以秋播为好。

1. 种子繁殖

(1)直播　春播在 3 月下旬至 4 月中旬，秋播在 10 月上旬至结冻之前。春季播种宜早，土壤全部解冻后即可开犁播种。北方地区秋季播种效果较好，第二年春季出苗早，苗全，开花结实较早。播种时先在垄上开 4～5 cm 深的播种沟，播幅尽量宽一些，为增宽播幅可先踩出底格，将种子拌适量干净的细沙均匀地撒在播种沟内，覆土 1～1.5 cm，稍加镇压，每亩地用种量 2～2.5 kg。大面积栽培时多采用直播法，生长 2 年后根条较直，侧根少，便于加工。畦作直播有条播和撒播两种方式，条播按沟心距 15～25 cm、沟深 3.5～6 cm、条幅 10～15 cm 开沟，将种子均匀撒于沟内，或用草木灰拌种撒于沟内，播后覆盖草木灰或细土 0.5～1 cm，以不见种子为度。撒播将种子拌草木灰均匀撒于畦内，撒细土覆盖，以不见种子为度。条播每 667 m^2 用种 0.5～1.5 kg，撒播用种 1.5～2.5 kg。播后在畦面上盖草保温保湿，干旱时要浇水保湿。春季早播的可以采取覆盖地膜措施。

播前，种子可用温水浸泡 24 h，或用 0.3%的高锰酸钾浸种 12～24 h，取出冲洗去药液，晾干播种，可提高发芽率。也可温水浸泡 24 h 后，用湿布包上，上面用湿麻袋片盖好放置催芽，每天早晚各用温水淋 1 次，3～5 d 种子萌动，即可播种。

(2)育苗移栽　育苗方法同直播。一般培育 1 年后，在当年茎叶枯萎后至次春萌芽前出圃定植。将种根小心挖出，勿伤根系，以免发杈，按大、中、小分级栽植。移栽时先在畦面上或垄上开沟，沟的深度根据栽子的长短而定，株距 8 cm 左右，行距 20 cm，用移植铲将种栽稍斜向栽于沟内，然后覆土，覆土略高于根头，稍压即可，浇足定根水。为了合理密植，可进行一垄双行移栽，即栽拐子苗，每亩地保持基本苗 4 万株左右。

2. 根茎或芦头繁殖

根茎或芦头繁殖可春栽或秋栽，以秋栽较好。在收获桔梗时，选择发育良好、无病虫害的植株，取茎的基部一段约 10 cm 长，去掉下半部叶，用萘乙酸 100 mg/L 处理 3 h，进行扦插，成活率高。或从芦头以下 1 cm 处切下芦头，用细火土灰拌一下，即可进行栽种。

(三)田间管理

1. 中耕除草、间苗

幼苗出土后如遇天气干旱应及时浇水，幼苗初期生长较缓慢，而各种杂草生长很快，应及时除去田间或育苗床内的杂草，并结合除草适当松土。直播田苗高 5 cm 左右时进行间苗，按株距 5～7 cm 定苗。育苗地除经常松土除草之外，应经常保持床土湿润，苗高 3～5 cm 时将过密的弱苗除去，或者移栽到他处。夏、秋时节应注意拔去田间的大杂草，防止杂草种子成熟落地。

2. 追肥

桔梗为喜肥植物，生长期间至少追肥两次，第一次追肥多在首次除草松土以后进行，每亩追施腐熟的农家肥 500～1 000 kg。第二次追肥在开花初期进行，施农家肥或每亩施 15 kg 磷酸氢二铵或复合肥，追肥后要向茎基部培土。2 年生苗生长盛期可以叶面喷施 0.3%～0.5%的磷酸二氢钾溶液，补充磷钾肥，利于植株结实及根部生长。1 年生苗 8 月份之前可适当追施氮肥，促进地上部分生长，生长后期以增施磷钾肥为主。桔梗全部生长过程中的追肥次数及肥料种类应该根据具体生长情况决定。若植株徒长可喷施矮壮素或多效唑以抑制增高，使植株增粗，减少倒伏。

3. 防止桔梗杈根

桔梗以根顺直、少杈为佳。直播法相对发杈少一些，适当增加植株密度也可以减少发杈。桔梗第 2 年易出现一株多苗，一株多苗影响根的生长，而且易生杈根。因此，春季返青时要把多余的芽苗除掉，保持一株一苗，可减少杈根。

4. 除蕾

桔梗花期长达3个月，单株开花数量很多，生产中不留种子的植株要在开花之前摘除花蕾，控制生殖生长，促进根部生长及贮藏营养物质，以达到增产目的。但人工摘除花蕾费时费工，花蕾摘除后，又在新生侧枝上开花，因此效果不显著。近年来，生产中开始采用乙烯利除花，方法是在盛花期用0.05%的乙烯利喷洒花朵，以花朵沾满药液为度，每667 m^2 用药液75～100 kg，此法省工省时，效率高，成本低，使用安全。

（四）病虫害及其防治

1. 病害

（1）轮纹病　6月开始发病，7—8月发病严重，受害叶片病斑近圆形，直径5～10 mm，褐色，具同心轮纹，上生小黑点。严重时叶片由下而上枯萎。高温多湿易发此病。防治方法：冬季注意清园，枯枝、病叶及杂草集中处理。发病季节，加强田间排水。发病初期用1∶1∶100波尔多液，或65%代森锌600倍液，或50%多菌灵可湿性粉剂1 000倍液，或50%甲基托布津的1 000倍液等喷洒。

（2）斑枯病　受害病叶两面有病斑，圆形或近圆形，直径2～5 mm，白色，常被叶脉限制，上生小黑点。严重时，病斑汇合，叶片枯死。防治方法：同轮纹病。

（3）紫纹羽病　为害根部，先由须根开始发病，再延至主根。病部初呈黄白色，可看到白色菌索，后变为紫褐色，病根由外向内腐烂，外表菌索交织成菌丝膜，破裂时流出糜渣。地上病株自下而上逐渐发黄枯萎，最后死亡。防治方法：实行轮作，及时拔除病株烧毁，病区用10%石灰水消毒，控制蔓延；多施基肥，改良土壤，增强植株抗病力，山地每667 m^2 施石灰粉50～100 kg，可减轻病害。

（4）立枯病　主要发生在出苗展叶期，幼苗受害后，病苗基部出现黄褐色水渍状条斑，随着病情发展变成暗褐色，最后病部缢缩，幼苗折倒死亡。防治方法：播种前每667 m^2 用75%五氯硝基苯1 kg进行土壤消毒；发病初期用75%五氯硝基苯200倍液灌浇病区，深度约5 cm。

（5）炭疽病　主要为害茎秆基部。此病发生后，蔓延迅速，常成片倒伏、死亡。防治方法：出苗前，喷洒70%退菌特500倍液；发病期喷1∶1∶100波尔多液，每10～15 d喷1次，连续喷3～4次。

2. 虫害

（1）蚜虫　在桔梗嫩叶、新梢上吸取汁液，导致植株萎缩，生长不良。4—8月为害。

（2）地老虎　从地面咬断幼苗，或咬食未出土的幼芽。1年发生4代。

（3）红蜘蛛　以成虫、若虫群集于叶背吸食汁液，为害叶片和嫩梢，使叶片变黄，甚至脱落；花果受害造成萎缩干瘪。红蜘蛛蔓延迅速，为害严重，尤以秋季天旱时为甚。

以上虫害可按相应常规方法防治。

三、采收与加工

（一）采收

栽培的桔梗一般在生长两年之后采收，采收通常在秋季茎叶枯萎后至次年春萌芽前进行，以秋季采收为好。采收时先除去地上茎叶。采收时，先将茎叶割去，从地的一端起挖，依次深挖取出，或用犁翻起，将根拾出，去净泥土，运回加工。要防止伤根，以免汁液外流，更不要挖断主根，以免影响桔梗的等级和品质。

(二)加工

采收回的鲜根，清洗后浸清水中，去芦头，趁鲜用竹刀或瓷片等刮去栓皮，洗净，并及时晒干或烘干。来不及加工的桔梗，可用沙埋，防止外皮干燥收缩而不易刮去，但不要长时间放置，以免根皮难刮。刮皮时不要刮破中皮，以免内心黄水流出影响质量。刮皮后应及时晒干或烘干，以免发霉变质和生锈色，晒干时经常翻动，晒至全干。

四、商品质量标准

(一)外观质量标准

以根肥大、白色、质充实、味苦者为佳。

(二)内在质量标准

《中华人民共和国药典》(2020 年版)规定：桔梗水分不得超过 15.0%，灰分不得超过 6.0%。按干燥品计算，含桔梗皂苷($C_{57}H_{92}O_{28}$)不得少于 0.10%。

浙　贝　母

浙贝母(*Fritillaria thunbergii* Miq.)为百合科多年生草本植物(图 7-9)，以鳞茎入药，又称浙贝、大贝、象贝。味苦，性寒。具有清热散结、化痰止咳的功效，用于风热犯肺、痰火咳嗽、肺痈、瘰疬、疮毒等症。浙贝主产浙江，尤以象山出产者为佳，江苏、安徽、江西、湖北、湖南等地也有栽培。除了浙贝外，按产地不同，常用贝母还有川贝、平贝、板贝、伊贝、皖贝和太贝等，其中川贝、伊贝和太贝多为野生，栽培面积和产量最大的是浙贝母，其次为平贝母。

图 7-9　浙贝母

一、生物学特性

浙贝母喜温暖湿润、雨量充沛的海洋性气候，较耐寒、怕水浸。平均气温在 17 ℃左右时，地上部茎叶生长迅速，超过 20 ℃，生长缓慢并随气温升高而枯萎，高于 30 ℃或低于 4 ℃则生长停止。地下鳞茎于 10～25 ℃时正常膨大，高于 25 ℃时进入休眠，−6 ℃下鳞茎受冻。生长期 3 个半月左右，为短命植物。

浙贝母秋种夏收。9 月下旬至 10 月上旬栽种，10 月中旬发根，11—12 月萌芽，地下鳞茎略有膨大，2 月上旬出苗，2 月下旬至 5 月中下旬为鳞茎主要膨大期，3 月中下旬地上部生长最快，除有一个主秆外，还可抽出第二个茎秆(称“二秆”)，并现蕾开花，4 月上旬凋谢，4 月下旬至 5 月上旬植株开始枯萎，5 月中下旬种子成熟，鳞茎停止膨大，全株枯萎，6 月鳞茎越夏休眠。浙贝母鳞茎和种子均有休眠特性。鳞茎从地上部枯萎开始进入休眠，经自然越夏到 9 月即可解除休眠；种子在 5～10 ℃下 2 个月左右或经自然越冬可解除休眠。

二、栽培技术

(一)选地与整地

选择河流、山脚、大溪两侧的冲击土为好。以阳光充足、土层深厚、富含腐殖质、排水良好的微酸性或中性砂壤土为佳。不宜连作,可与玉米、大豆、甘薯等作物轮作。选好地后深翻18～20 cm,耙细耙平,按宽200 cm,高12～15 cm做畦,畦沟深15～20 cm、宽30 cm左右。每公顷施腐熟的厩肥或堆肥37 500～75 000 kg,均匀施入表土层。

(二)繁殖方法

生产上多用鳞茎和种子繁殖。

1. 鳞茎繁殖

浙贝母多用磷茎繁殖。栽培浙贝母可分为种子地和商品地两种。种子地待地上部枯萎后在原地过夏,9—10月间将磷茎挖起,按磷茎直径大小,进行挑选后分别栽植于新的种子地和商品地,随挖随栽;先在畦上开沟,沟距20 cm,种子地沟深10～15 cm、商品地沟深5～7 cm,株距15 cm,鳞茎芽头朝上。

浙贝母的磷茎繁殖从磷茎栽种到出苗需要3～4个月时间,为了充分利用土地和肥力,可套种蔬菜等,原则必须冬至前要收完,给浙贝母施冬肥;4月以后,在浙贝行间套种甘薯、花生、大豆、谷类、茄子等作物,这些作物5月中下旬长起来之后,浙贝母地上部已枯萎,除去杂草等枯叶,利用套种作物遮阳,使贝母休眠,9月采挖浙贝母,套种作物也可以收获了。

2. 种子繁殖

种子繁殖需5年才能采收,年限长,不易保苗和越夏,故生产上较少采用。但在种鳞茎获取困难的地区可采用。种子有胚后熟特性,采收后宜当年秋播(9月中旬至10月中旬),如延迟到11月中旬以后播种,则出苗率显著下降。播前选好种,条播或撒播,以条播为好,按行距6.5 cm,开浅沟,深1.5～2 cm,沟内撒施灰肥土(指有机物燃烧后的残渣),播种覆土后,再在畦面覆盖一薄层砻糠或腐熟的羊厩肥。

(三)田间管理

1. 中耕除草

中耕除草要勤而早,一般3～4次,主要在浙贝母未出土时和植株生长的前期进行。第一次2月上旬齐苗时浅锄;第二次2月下旬至3月下旬适当深锄;第三次在4月上旬进行,注意避免损伤“二秆”。也可与施肥结合起来。在施肥之前要除1次草,使土壤疏松,肥料易吸收。苗高12～15 cm时抽薹,之后每隔15 d除草1次,或者见草就拔,种子地5月份中耕1次。

2. 施肥

套种作物收获后,施冬肥很重要,用肥量大。浙贝母地上部生长期仅有3个月左右。肥料需求期比较集中,仅是出苗后追肥不能满足整个生长的需要,而冬肥能够满足整个生长期,冬肥应以迟效性肥料为主。重施基肥,在畦面上开浅沟,每公顷施腐熟人粪尿15 000 kg,覆土,上面再盖厩肥和饼肥混合发酵的肥料,打碎,整平,以免妨碍出苗,次年2月苗齐后再浇施腐熟人畜粪尿,稀释后浇于行间。摘花以后再施1次花肥,方法同上。浙贝母以低氮(7～11.5 kg/667 m^2)与低钾K_2O,(205.5 kg/667 m^2)配施效果较好。氮肥按出苗期、齐苗期和现蕾期3次施入,钾肥主要在现蕾期、开花期施入。

3. 灌溉排水

浙贝母在2—4月需水多，如果这时期缺水，植株生长不好，直接影响鳞茎的膨大，影响产量。整个生长期水分不能太多，也不能太少。北方春季干旱，每周浇一次水；南方雨季要注意排水，尤其是浙贝母越夏期间，要做好排水沟，防止地面积水，以免造成鳞茎腐烂。

4. 摘花打顶

摘花打顶可以减少养分消耗，促进鳞茎膨大，又可促进“二秆”生长，增加光合作用面积。3月中下旬植株已开花3～4朵、顶部还有2～3朵未开放时，将花连同6～10 cm长的顶梢一起摘除，花和顶梢晒干后可供药用。

5. 套种

浙贝母越夏期间，可在浙贝母地上套种瓜类、豆类、蔬菜等，以降低地温，有利于浙贝母安全越夏，并可促进越夏期间浙贝母地下部分缓慢的生长。

(四)病虫害防治

1. 病害

(1)软腐病　鳞茎6—8月过夏期间发病，初为褐色水渍状，很快变成豆腐渣状或糨糊状腐烂，具酒酸臭味。防治方法：过夏期间开好排水沟；用50%苯并咪唑1 000倍液浸种15 min，晾干后下种，效果较好。

(2)干腐病　鳞茎基都受害后呈蜂窝状，鳞片被害后呈褐色皱褶状。这种鳞茎种下后，根部发育不良，植株早枯，新鳞茎很小。防治方法：选用健壮无病的鳞茎种子；越夏保种期间合理套作，以创造阴凉通风环境；发病种茎在下种前用50%甲基托布津300～500倍液浸种10～20 min。

(3)灰霉病　一般3月下旬至4月上旬发生，4月中旬盛发，为害植物地上部。发病后，叶片上病斑淡褐色，长椭圆形或不规则形，边缘有水渍状环，湿度大时，出现灰色霉状物，茎部病斑灰色，花干缩不能开放，幼果呈暗绿色干枯。防治方法：实行轮作；增施磷、钾肥，增强抗病能力；防止积水降低田间湿度；发病前用1∶1∶100倍波尔多液喷雾预防；清除残株病叶并烧毁；发病时用50%多菌灵800倍液或50%甲基托布津1 000倍液喷施。

(4)黑斑病　4月上旬始发，尤以雨水多时严重，为害叶部。防治方法：同灰霉病。

2. 虫害

蛴螬为铜绿金龟子的幼虫。为害浙贝母鳞茎，4月中旬开始，过夏期间为害最盛。防治方法：进行水旱轮作；冬季清除杂草，深翻土地；用灯诱杀成虫。

三、采收与加工

(一)采收

鳞茎繁殖1～2年可采收；种子繁殖4～5年可采收。商品地于5月上中旬植株枯萎后选晴天采挖，从畦的一端采挖，不伤鳞茎。种子地鳞茎在9月或10月栽种时起土，随挖随栽，一般做种，不加工成商品。

(二)加工

浙贝母的加工工艺一般包括洗泥、挖心分档、去皮加石灰、晒干4个过程。将挖出的鳞茎立即洗净，按大小分档，直径3 cm以上的大鳞茎先挖出贝心芽，再加工成“元宝贝”，小个的则不挖贝心芽，加工成“珠贝”，挖下的心芽可加工成贝芯。把鲜贝放入加有蚌壳灰（主要成分石灰）的机动撞船里，来回撞击至表皮脱净，浆液渗出为止，加入4%的贝壳粉，使贝母表面涂满贝壳粉，倒入箩内过夜，促使贝母干燥，于第二天取出，摊开，日晒，晴天晒3～4 d，稍停1～3 d，使其内潮外透，再晒，如此反复，直至干透。回潮后也可置烘灶内，用70 ℃以下的温度烘干。

四、商品质量标准

（一）外观质量标准

以鳞片肥厚、粉性足、质坚实、断面色白，无杂质、虫蛀、霉变者为佳。

（二）内在质量标准

《中华人民共和国药典》（2020年版）规定：浙贝母水分不得超过18.0%；总灰分不得超过6.0%；按干燥品计算，含贝母素甲（$C_{27}H_{45}NO_3$）和贝母素乙（$C_{27}H_{43}NO_3$）的总量，不得少于0.080%。

山　药

山药（*Dioscorea opposita* Thunb.）也称薯蓣，为薯蓣科薯蓣属多年生草质缠绕藤本植物（图7-10），以干燥根茎入药。性平味甘。具有补脾养胃、生津益肺、补肾涩精功效，用于脾虚食少、久泻不止、肺虚咳喘、肾虚遗精、带下、尿频、虚热消渴等症；另有调节和增强免疫功能与抗肿瘤作用，可作为增强免疫能力的保健药及作为抗肿瘤及化疗的辅助药；还有防止高血脂、高血压及防治心脑血管疾病和调整胃肠道功能；也有抗衰老、延年益寿功能。主产河南温县、武陟等地和山西平遥、祁县，此外，湖南、湖北、四川、河北、陕西、江苏、浙江等地也产。怀山药最为有名，系著名“四大怀药”之一。

图7-10　山药

一、生物学特性

山药常生长于海拔150～1 500 m的山坡、山谷林下，溪边、路旁的灌丛中或杂草中，是短日照喜温作物，对气候条件要求不甚严格，但以温暖湿润气候为佳；适宜生长在土层深厚土壤中，但扁形种和块状种在土层较浅、较黏重的土壤中也可生长；耐旱不耐涝，不宜种在地下水位太浅或过分潮湿的土壤中，含水量以18%左右为宜。

除湖北省蕲春、武穴的“广济佛手山药”形似手掌且长有支节、道地性强之外，大多山药根茎直立，肉质肥厚，呈圆柱状棍棒形，长可达1 m，直径2～7 cm，外皮灰褐色，生有须根。苗期生长最适温度15～20 ℃，生长盛期最适温度25～28 ℃。

二、栽培技术

（一）选地与整地

宜选地势高燥，土层深厚，疏松肥沃，避风向阳，排水流畅，酸碱度适当的砂壤土。整地除施肥后耕翻外，主要是开挖供块茎向下伸长的疏松沟，一般沟深 1 m 以上，沟宽 20～25 cm，沟间距 80～100 cm。人工开沟比较费时，一般在冬季或前作收获后进行，开沟后回填土时，注意不要打乱土层顺序。用专门的开沟机效率高，可在播前一个月进行。

(二)繁殖方法

山药种子不易发芽，无性繁殖能力强。繁殖方法有 3 种：一是采用龙头(块根上端有芽的部位即芦头)繁殖；二是采用零余子(即山药豆)繁殖；三是采用山药块根繁殖。目前生产上主要采用前两种。

1. 龙头繁殖(芦头繁殖)

龙头，又称“芦头”，指山药块根上端有芽的一节。秋末冬初挖取山药时，选择颈短粗壮、无分枝、无病虫害的山药，将上端有芽的一节取下作种。芦头剪下后，放在室内通风处晾 4～5 d，使表面水汽蒸发，断面愈合收浆，然后河沙层积贮藏至第二年春栽种。

沙藏方法：在通风干燥的屋内地面，先铺一层稍干的河沙，约 15 cm 厚，将芦头平放于沙上，上面再铺一层河沙，如此分层堆积至 80～100 cm 高时，再盖一层河沙，最后覆盖一层稻草保温越冬。室内温度一般控制在 5 ℃左右。也可室外贮藏，在室外选一沙质斜坡地挖沟，将芦头依次直立放入沟内，挖土覆盖龙头，依法连续挖沟存入即可。

一般要求 5 cm 地温稳定通过 9～10 ℃后，即可定植。定植方法是用锄头开沟 8～10 cm，将种薯纵向平放在沟中，以芽嘴为准，均匀铺开，排好种后，覆土拍平。播种密度一般 2 500～3 000 株/667 m^2，株距 25～30 cm，行距 80～100 cm。

2. 零余子繁殖

霜降前后，山药地上茎叶枯萎时，从叶腋间采摘或拾起落在地下的零余子(珠芽)，晾 2～3 d 后，放在室内竹篓里或木桶里贮藏，室温控制在 5 ℃左右。第二年春，选择土壤深厚的地块，深翻细整、整平，开 1.3 m 宽的高畦。按行株距 20 cm×10 cm 开穴播种，穴深 5～8 cm，每穴播芽 2～3 粒。然后，施人畜粪水，盖草木灰，覆土与畦面平齐，播种后 15～30 d 便可出苗，出苗后，注意浅耕和除草，可施 2～3 次人畜粪水催苗。

以上两种繁殖方法在生产上必须兼用，因山药每株只有 1 个芦头，还有各种损耗，数量一年比一年减少；尤其是芦头在栽培中逐年变细变长，产量下降，不能再作为繁殖材料，需要用零余子繁殖的“栽子”来更换。零余子播种培育栽子，要一年时间，通过严格选用，可以复壮，提高山药产量。零余子培育出的栽子在大田栽培中，第一年产量一般，第二年产量提高，以后又逐年下降。因而到了第四、第五年，所有的芦头都需要更换，也就是说零余子培育的种栽，在生产上使用的年限常不超过 3 年。

3. 块根繁殖

将山药块根切成 4～5 cm 长的段，切口涂上草木灰，晾 3～5 h，伤口愈合后，促其长不定芽，按栽龙头的方法进行种植。

(三)田间管理

1. 中耕除草

山药出苗后，天气渐暖，易滋生杂草，因此应适时中耕松土和除草，通常在苗高 20～30 cm 时，进行一次浅锄松土；6 月中旬及 8 月初再视苗情及杂草滋生情况进行中耕除草。中耕除草时，注意勿伤芦头根茎和蔓。

2. 施肥

山药为喜肥植物，除在整地时施足基肥外，在生长发育期间尚需多次追肥。通常结合每次除草，每667 m^2 施人畜粪水2 000～2 500 kg；立秋前后，叶面喷施0.3%磷酸二氢钾液2～3次，以促进地下块茎的迅速膨大。

3. 搭支架

山药地上茎蔓生，长约3 m。通常于藤苗长20 cm左右，即出苗15～20 d时，选用2 m以上的小竹子、树枝等及时搭好"人"字形支架，并引蔓向上攀缘。有条件的每束架中再增插一根支撑物，并横向加固，以免风雨过后倒伏，以保证足够的营养面积进行光合作用。

4. 排灌

灌溉是山药管理中重要的环节，适量灌溉，可使山药长得圆、大、长、上下均匀，否则会造成根部畸形生长或分杈，粗细不均，尖头，扇形，影响产量和质量。灌溉的原则是"不旱不浇"，且根据山药的发育情况"由浅入深"，以水的渗透度不超过根部下扎的深度为度，雨季应及时排水，防止畦内积水，造成根茎部腐烂。

(四)病虫害及其防治

1. 病害

(1)炭疽病　是山药成株期地上部的主要病害，7—8月发生，为害茎叶，造成茎枯、落叶。防治方法：移栽前用1∶1∶150波尔多液浸种10 min；发病后用65%代森锌可湿性粉剂500倍液或50%退菌特可湿性粉剂800～1 000倍液防治。

(2)白锈病　7—8月发生，为害茎叶，茎叶上出现白色突起的小疙瘩，破裂，散出白色粉末，造成地上部枯萎。防治方法：及时排灌，防止地面积水；不与十字花科作物轮作；发病期喷1∶1∶100波尔多液或65%代森锌可湿性粉剂800～1 000液防治。

2. 虫害

(1)线虫病　为害块根，使受害块根出现大小不等的小瘤，影响质量和产量。防治方法：避免在有线虫害发生的土地上栽种；播种前用40%克线磷1 000倍液浸泡48 h；严格选择，淘汰感染线虫病的芦头和种栽。

(2)叶蜂　幼虫灰黑色，是为害山药的一种专食性害虫，5—9月密集山药叶背，蚕食叶片，吃光大部分叶片。防治方法：2%敌杀死3 000倍液或90%晶体敌百虫1 000倍液防治。

(3)蛴螬　咬食块根，使块根变成"牛筋山药"，煮不烂，味变苦。防治方法：灯光诱杀成虫；75%辛硫磷乳油按种子质量的0.1%拌种；90%晶体敌百虫1 000倍液或75%辛硫磷乳油700倍液浇灌。

三、采收与初加工

(一)采收

山药春栽于当年霜降前后即可收获。10月下旬当地上茎叶枯黄时，先采收珠芽，再拆除支架，割去茎蔓，挖出地下块根。挖时要小心，注意保持山药块根完整无损。挖取后，先切下芦头贮藏作种栽，块根加工成药材。

(二)加工

传统加工方法是反复用硫黄熏，制成毛山药或光山药，并可进一步切片。硫黄处理能够保持山药雪白的外观，并能防腐、加速干燥，但硫黄含有铅、硫、砷等有害物质，在熏制过程中附着在山药中，食用后会对人体呼吸道产生危害，严重的甚至会直接侵害肝脏、肾脏。目前，山药护色保鲜剂(如1% NaCl)、微波干燥、脱水风干技术加工效率高且不引入含硫物质，能最大限度地保持山药的营养成分和其药用价值。

四、商品质量标准

(一)外观质量标准

以色白，质坚实体重，断面白色、粉性足者为佳。

(二)内在质量标准

《中华人民共和国药典》(2020年版)规定：毛山药或光山药水分不超过16.0%；灰分不超过4.0%；水溶性浸出物不低于7.0%；二氧化硫残留量不得超过过400 mg/kg。山药片水分不超过12.0%；灰分不超过5.0%；水溶性浸出物不低于10.0%；二氧化硫残留量不得超过100 mg/kg。

川　芎

川芎(*Ligusticum chuanxiong* Hort.)为伞形科藁本属多年生草本植物(图7-11)，以干燥块茎入药，为四川道地药材。味辛性温。具有活血行气、祛风止痛等功效，用于月经不调、经闭痛经、胸胁刺痛、感冒风寒、头晕头痛、风湿痹痛及冠心病、心绞痛等症。主产于四川，云南、贵州、广西、湖北、湖南、江西、浙江、江苏、陕西、甘肃等地均有引种栽培。

图7-11　川芎

一、生物学特性

川芎喜气候温暖、日照充足、雨量充沛的环境。在四川，川芎多栽于海拔500～1 000 m的平坝或丘陵地区。在主产区都江堰市，川芎主要栽培于海拔700 m左右，年平均气温15.2 ℃，绝对最高气温33 ℃，绝对最低气温−2.6 ℃，无霜期265～305 d；年平均降雨量约为1 200 mm，相对湿度约81%的地区。

川芎很少开花结实。以地上茎的茎节(俗称"苓子")进行扦插繁殖。川芎苓种培育阶段和贮藏期间，要求冷凉的气候条件，生长期280～290 d。

二、栽培技术

(一)选地与整地

1. 育苓地

在海拔1 000～1 500 m的中山区，选择阳山或半阴半阳山的壤土地。清除地表杂草，翻挖深度30～40 cm。翻挖后施用底肥，每667 m^2 施用油枯60 kg、过磷酸钙50 kg、堆杂肥

1 000 kg，将几种肥混合均匀，撒在翻挖后的土壤上。然后沿坡向开厢，厢面宽 150 cm，沟深 20 cm，沟宽 30 cm。开厢后将地整细整平。

2. 商品药材栽培地

在水稻收获前 10 d 左右排干水稻田中的水，水稻收割后及时开厢、挖沟排水。厢面宽 200 cm，沟宽 20 cm，沟深 25 cm。开厢沟的同时用铲锄铲掉稻茬与杂草。开沟后翻挖，翻挖深度 25 cm 以上，翻挖后晾晒几天，施底肥后整地；也可进行免耕栽种，即把开沟挖出的土壤整细，在厢面上铺匀后挖窝栽种。

(二)繁殖方法

川芎用无性繁殖，繁殖材料用地上茎的茎节，俗称“苓子”。主产地在中山区培育“苓子”，平地种植川芎。平地育苓影响块茎的生长，易发生病虫害及退化，不宜采用。

1.“抚芎”准备

一般 12 月下旬至翌年 1 月上旬，先将平地栽培的川芎根茎崛起，除去须根、泥土和茎叶，成为“抚芎”。将“抚芎”倒入准备好的 50%多菌灵可湿粉剂 500 倍液浸 15～25 min，捞出来晾干，装入干净的麻袋中，运到中山地区的苓种培育地种植。

2. 苓种培育

选晴天栽种川芎苓种，按 30 cm×30 cm 的密度挖穴，穴深 5～10 cm。穴过浅，栽种的川芎苓种遇雨冲刷后块茎露在土表，容易遭受干旱；穴过深，块茎发芽慢。每穴栽种 1 个块茎，栽种时将块茎的须根理顺，把块茎的芽朝上放入穴中，用土盖住块茎大部分、压紧，再在块茎上盖一层薄薄的细土，穴内施入适量堆肥或畜粪水。培育川芎苓种的田间管理包括中耕除草、施肥、防止倒伏等。

(三)栽种

1. 苓种准备

6 月下旬至 7 月中上旬，茎中下部叶片开始枯黄，茎盘膨大，茎节上的腋芽饱满膨大，应及时采收，将川芎苓种植株全株挖起，选择健壮和无病的植株，去掉叶片、块茎，捆成小捆，用麻袋装好及时运到产区。苓种运到产区后，及时取出摊晾，并喷洒 50%多菌灵可湿粉剂 800 倍液，晾干后，在地上放一层经过多菌灵 800 倍液处理的稻草，一层苓种一层薄稻草交叉层放至高 1 m 左右，盖上一层稻草。

2. 栽种

8 月中旬水稻收后，及时整地栽种。选茎秆中间部位茎节，从两个节盘中间剪断，每节 1 个节盘。将剪好的苓种，用 50%多菌灵可湿性粉剂 1∶500 倍溶液浸泡 15～25 min 后，捞出晾干。选晴天栽种，按行株距 30 cm×20 cm 挖穴，穴深约 3 cm，每穴栽 1 个“苓子”。将“苓子”平放沟内，芽头向上并按紧，不宜过深或过浅。在厢面的两端行间要栽种 2 个川芎“苓子”，常称作“封口苓子”，主要是培育“抚芎”植株，每隔 5～10 行的行间密栽“苓子”1 行，以备补苗。栽后用细肥土盖住“苓子”，盖草保湿以防暴雨冲刷及强光暴晒。

(四)田间管理

1. 中耕除草

栽后半个月左右，幼苗出齐，揭去盖草，每隔 20 d 左右中耕除草 1 次。缺苗处结合中耕进行补苗。最后一次中耕除草，在根茎周围培土，以保护根茎越冬。中耕时只能浅松表土，以免伤根。

2. 施肥

在栽后 2 个月内集中追肥 3 次，每隔 20 d 追 1 次，末次要求在霜降前施下，否则气温降低，施肥效果不明显。施肥前中耕除草，以沤好的人畜粪水和腐熟饼肥为主，可适量加入速效氮磷钾肥。春季茎叶迅速生长时再追肥 1 次，应根据植物生长情况，酌情施用。

3. 排灌

出苗期或苗期，如遇连晴不雨，可引水灌溉，以利于出苗。干旱时可引水入畦沟灌溉，保持表土湿润。阴雨天要注意清沟排水，以免地内积水引起根茎腐烂。

（五）病虫害及其防治

1. 病害

（1）块茎腐烂病　为害川芎块茎。发病初期植株嫩叶、根系变黄，继续发生造成块茎逐渐变成褐色直至腐烂，叶片、茎尖干枯直至植株完全枯死。防治方法：通过处理川芎苓种与轮作方式预防，苓种贮藏与栽种前用药剂浸泡、川芎与水稻轮作可有效预防病害发生；川芎块茎腐烂病发生后，用 50% 的多菌灵可湿粉剂淋于川芎植株周围。

（2）白粉病　发生病害时叶片背面和叶柄出现白粉，并不断发展，直至长满整片叶。叶片逐渐变黄枯死。防治方法：喷施 500 倍的多菌灵溶液可有效防治。

（3）叶枯病　发生病害的植株叶片上出现褐色斑点，随着斑点的增多而扩大，叶片干枯死亡。防治方法：可喷施 1∶100 的波尔多液进行防治。

2. 虫害

（1）茎节蛾　茎节蛾为害时，幼虫从心叶或叶鞘处蛀入茎内，咬食茎节盘。防治方法：可用 90% 的晶体敌百虫 1 000 倍液喷洒进行防治。

（2）蛴螬　为害根部。防治方法：用 800 倍的敌百虫液施入植株基部周围，能有效防治地下害虫为害川芎块茎。

三、采收与加工

（一）采收

栽后第二年 5 月中下旬至 6 月上旬为最适采挖期，不宜过早或过迟。选择晴天上午，用二齿耙将川芎植株挖起，顺着行间放在田间晾晒至下午，拔掉茎秆、抖掉泥沙后，运回加工。

（二）加工

多用晒干法进行加工。将块茎晒在晒席上或水泥地上，上午、下午各翻动一次，傍晚收装时抖掉块茎上的泥沙。晒 2 d 后，用专用的撞篼抖撞去须根。再晒至块茎全干，撞掉须根即成商品药材。

也可用烘干法加工。需要修制专用的烘干炕，进行隔烟烘干，烘炕时火力不宜过大。每天翻炕一次。经 2～3 d，块茎散发出浓郁香气时，放入竹篼里抖撞，除掉须根和泥土，烘至全干即为成品。

四、药材质量标准

（一）外观质量标准

以无苓珠、无苓盘、无杂质、无虫蛀者为合格品，以个大、饱满、坚实，断面呈黄白色，油性足，香气浓者为佳。

（二）内在质量标准

《中华人民共和国药典》（2020 年版）规定：川芎水分不得超过 12.0%；灰分不得超过 6.0%；酸不溶性灰分不得超过 2.0%；按干燥品计算，含阿魏酸（$C_{10}H_{10}O_4$）不得少于 0.10%。

知识扩展

西洋参栽培技术

党参栽培技术

任务实施

技能实训 7-1　调查当地主要根和根茎类药用植物栽培技术要点

一、实训目的要求

通过调查，了解当地主要根和根茎类药用植物栽培技术要点。

二、实训材料用品

记录本、笔、嫁接刀、修枝剪、农具、肥料、实训基地根和根茎类药用植物等。

三、实训内容与方法

（1）实地调查　在实训基地进行调查，记录主要根和根茎类药用植物的栽培技术要点。

（2）现场实训　以小组为单位，结合当地主要根和根茎类药用植物各生长期特点适时进行选地与整地、繁殖方法、田间管理、病虫害防治、采收和加工等内容实训。

（3）上网搜索　记录当地主要根和根茎类药用植物种类及栽培技术要点。

四、实训报告

列举当地主要根和根茎类药用植物栽培技术要点及其注意事项。

五、成绩评定及考核方式

根据实训报告及实训表现综合评分。

【思考与练习】

1. 简述西洋参的生物学特性。
2. 简述西洋参的繁殖方法及操作要点。
3. 简述西洋参的采收及加工技术。
4. 查阅资料，比较人参和西洋参的异同点。
5. 简述三七的繁殖方法及操作要点。
6. 简述三七的田间管理技术要点。
7. 简述三七的采收及加工技术。
8. 简述当归的生物学特性。
9. 简述当归的繁殖方法。
10. 如何防止当归早期抽薹开花？
11. 简述丹参的生物学特性。
12. 简述丹参的繁殖方法。
13. 如何对丹参进行追肥？
14. 简述黄芪的生物学特性。
15. 黄芪种子播种前如何预处理？
16. 简述黄芪的播种时期和播种方法。
17. 简述黄芪采收和加工的方法。
18. 简述天麻与蜜环菌的关系。
19. 简述天麻的栽培方法。
20. 简述天麻的加工方法。
21. 简述甘草的生物学特性。
22. 简述甘草种子的选择和处理。
23. 如何对甘草进行田间管理？
24. 简述半夏的生物学特性。
25. 简述半夏的繁殖方法。
26. 半夏的田间管理措施有哪些？
27. 半夏如何进行加工？
28. 简述桔梗种子的特性。
29. 如何进行桔梗的选地、整地？
30. 简述桔梗种子繁殖的要点。
31. 桔梗如何进行采收和加工？
32. 简述浙贝母种子的特性。
33. 如何进行浙贝母的选地、整地？
34. 简述浙贝母鳞茎繁殖的要点。
35. 浙贝母如何进行采收和加工？
36. 山药的繁殖方式有哪几种？种薯（芦头）的处理方法是什么？
37. 山药在采收时应注意些什么？如何进行加工？

38.山药在选地方面有何特殊要求？
39.简述川芎的生物学特性。
40.川芎如何繁殖？
41.川芎田间管理有哪些措施？
42.川芎有哪些常见病虫害？如何防治？
43.川芎如何进行采收和加工？
44.简述党参的生物学特性。
45.党参如何进行育苗和移栽？
46.党参田间管理有哪些措施？
47.党参有哪些常见病虫害？如何防治？

任务2 花类药用植物

知识目标

- 了解当地主要花类药用植物的生物学特性。
- 掌握当地主要花类药用植物的栽培技术。
- 掌握当地主要花类药用植物的采收和加工技术。

能力目标

- 能熟练进行当地主要花类药用植物的种子繁殖和营养繁殖操作。
- 能顺利进行当地主要花类药用植物的田间管理、采收和加工。

素质目标

- 培养学生搜集资料、利用资料能力和团队协作、求真务实的职业精神。

相关知识

忍 冬

忍冬(*Lonicera japonica* Thunb.)又名金银花、二花、双花、银花，为忍冬科常绿或半常绿缠绕灌木(图7-12)，以花蕾或带初开的花和藤入药，药材名分别为金银花和忍冬藤，为常用中药。两者均味甘性寒。具清热解毒、凉散风热功效。金银花偏于散风消肿，忍冬藤偏于通经活络。金银花治温病发热、风热感冒、咽喉肿痛、肺炎、痈肿疔疮、喉痹、丹毒等症；忍冬藤治疗关节红肿等湿热之症。忍冬主产于河南、山东，全国大部分地区均有栽培，其中以河南新密的“南银花”和山东平邑、费县的“东银花”最著名。

图7-12 忍冬

一、生物学特性

忍冬喜温暖湿润的气候，适应性强，耐寒、耐热、耐旱，生长适温在20～30 ℃。对土壤要求不严，酸性、盐碱地均能生长。宜在疏松、肥沃、土层深厚的土壤种植，在荫蔽处生长不良，土壤湿度过大，会影响生长，叶易发黄脱落。忍冬实生苗的侧根非常发达，主根不明显；扦插苗的须根系庞大，没有主根，是极好的固土保水植物，常生于溪边、河谷、山坡灌木丛之中。人工种植可充分利用房前屋后、沟边路旁、园边地头等空隙地，是发展副业的好门路。

河南、山东冬季忍冬半数以上叶枯落，为半常绿藤本，经整形修剪可形成直立灌木；在南方是常绿藤本，茎长可达10 m以上，枝条缠绕性强，整形修剪无法改变其习性。忍冬定植2年就会开花，5年后花的产量增长最快，8～10年进入盛花龄，20年后植株生长衰退，开花减少，要进行更新。种子有休眠特性，属低温生理后熟型种子，必须在低温5 ℃条件下持续2个月，才能解除休眠而萌发。

二、栽培技术

（一）选地与整地

忍冬栽培对土壤要求不严，育苗地宜选择地势平坦，便于排灌，耕作层深厚，较肥沃的砂壤土或壤土，pH稍低于7.5为好。土地深翻后，做成宽1 m的平畦；栽培地可利用荒山、路边等进行栽培，以地势平坦、土层深厚、肥沃、排水良好的砂壤土为好。深翻土地，施足基肥，然后做成高畦。

（二）繁殖方法

以扦插繁殖为主，种子繁殖和分根、压条繁殖不普遍。

1. 扦插繁殖

分直接扦插育苗和扦插移栽育苗两种，春、夏、秋季均可进行。选择生长健壮、无病虫害的1～2年生枝条，截成30 cm左右，摘去下部叶子，每根枝条至少具3个节位，上部留2～4片叶，将下端近节处削成平滑斜面，每50根扎成1小捆，用500 mg/L吲哚丁酸（IBA）溶液快速浸蘸下斜面5～10 s，稍晾干后立即进行扦插。

大田直接扦插育苗，是在整好的土地上，按行株距165 cm×150 cm挖穴，穴径和深度40 cm，挖松底土，施入腐熟厩肥或堆肥5 kg，每穴插入3～5根，入土深度为插条的1/3～1/2，地上露出7～10 cm，栽后填土压实，浇1次透水，保持土壤湿润，15 d左右即可生根发芽。

若扦插移栽育苗，在整平耙细的插床上，按行距15～20 cm划线，每7～10 cm插一根插条，压实，浇透水。早春低温时扦插，插床上要搭拱形棚，覆盖薄膜，保温保湿。春季扦插的于当年冬季或翌年春季出圃定植；夏、秋季扦插的于翌年春季出圃定植。利用荒坡、隙地或因坡度较大应退耕还林的山区耕地栽种，不必全面翻垦，可按株距1.3～1.7 m挖穴，穴深约33 cm，每穴施土杂肥4～5 kg，与土拌匀。每穴栽苗1～2株，用细土压紧，淋定根水。

2. 种子繁殖

秋季种子成熟时采集成熟的果实，置清水中揉搓，漂去果皮及杂质，捞出沉入水底的饱满种子，晾干贮藏备用。秋季可随采随种。如果第二年春播，可用沙藏法处理种子越冬，春季开冻后再播。在苗床上开21～22 cm宽的沟，将种子均匀撒入沟内，盖3 cm厚的土，压实，畦面盖上一层杂草，每隔2 d喷1次水，保持畦面湿润，10 d后即可出苗。苗期要加强田间管理，当年秋季或第二年春季幼苗可定植于生产田。

3. 分株繁殖

于2月上中旬、茎蔓尚未萌动时进行，从生长茂盛的忍冬株丛中挖出一部分植株移栽，株行距与直接扦插的相同。分株繁殖的优点是新植株开花早，生长茂盛；缺点是影响母株花的产量，且繁殖系数低。

4. 压条繁殖

在夏末秋初雨水较多时进行，将生长旺盛的茎蔓压在地上，每3～4节压上厚5 cm的土，踏实，20～30 d新根发出后截断茎蔓即可单独成苗。

（三）田间管理

1. 深翻园地

为防止土壤板结，提高其保水保肥能力，对忍冬园地要求1年深翻一次，深度30～40 cm，方法是：每年春季2—3月和秋后封冻前，距主干20～30 cm处向外挖环状沟，将表土和基肥混合翻入地下，整平地面。对于黄黏土进行压沙，厚度10～20 cm，然后深刨，使土沙均匀混合。对于瘠薄的山地，若有土源，可进行压土以加厚土层，为忍冬根的生长发育创造良好的条件。

2. 中耕除草

忍冬栽植成活后，要及时中耕除草。中耕除草在栽植后的前3年必须每年进行3～4次，例如，发出新叶时进行第一次，7—8月进行第二次，最后一次在秋末冬初霜冻前进行，并结合中耕培土，以免根露出地面。3年以后可视植株的生长情况和杂草的滋生情况适当减少除草次数，每年春季2—3月和秋后封冻前要进行培土。

3. 追肥

忍冬每年早春萌芽后和每次采花后，都应进行一次追肥。春、夏季施用充分腐熟的人畜粪尿或硫酸铵、尿素等氮肥，于忍冬墩旁开浅沟施入，施后覆土；冬季每墩施用充分腐熟的厩肥或堆肥5～10 kg、硫酸铵100 g、过磷酸钙200 g，在忍冬墩周围开环状沟施入，施后用土盖肥并进行培土。在现蕾时喷施0.4%～0.8%的磷酸二氢钾，增产效果较好。

4. 排灌

花期若遇干旱天气或雨水过多时，均会造成大量落花、沤花、幼花破裂等现象。因此，要及时做好灌溉和排涝工作。在每茬花蕾采收前，结合施肥浇1次促蕾保花水，土壤干旱时要及时浇水，以利于植株新梢生长，可促进多次开花。

5. 整形修剪

忍冬自然更新的能力较强，新生分枝多，枝条自然生长时匍匐于地，不利于立体开花，为使株型改善以保证成花的数量，需进行合理的修剪。对忍冬进行冬季修剪和夏季修剪，是一项提高产量、复壮更新、延长丰产年限的重要技术措施。

（四）病虫害及其防治

1. 病害

（1）褐斑病　5—7月发生，发病后，叶片上病斑呈圆形或椭圆形，初期水浸状，边缘紫褐色，中间黄褐色，潮湿时叶背病斑中生有灰色霉状物。防治方法：清除病枝落叶，减少病源；加强栽培管理，增施有机肥料，增强抗病力；用 1∶1∶200 的波尔多液或 65％代森锌可湿性粉剂 400～500 倍液，从 5 月初开始，连续喷 2～3 次。或在发病初期用 3％井冈霉素 50％液连续喷治 2～3 次或用 75％百菌清可湿性粉剂 800 倍液喷施 2～3 次。

(2)白粉病　多为害花、叶片和嫩茎，在气温高、湿度大时发生。发病初期叶片出现圆形白色绒状霉斑，后不断扩大，连接成片，形成大小不一的白色粉斑，最后引起落花、落叶、枝条干枯。防治方法：选育枝粗、节密而短、叶片浓绿质厚、生茸毛的抗病品种；合理密植，整形修剪，改善通风透光条件，发现病枝叶及时剪除并集中烧毁；发病前期喷 65％代森锰锌 500 倍液，发病严重时用 50％甲基托布津 1 000 液，每 7 d 喷 1 次，连喷 3～4 次。严禁用粉锈宁（又名三唑酮）喷施，以免造成落花、落叶等药害。

2. 虫害

(1)咖啡虎天牛　咖啡虎天牛是为害忍冬的重要蛀茎害虫，为害严重时造成茎秆枯死。防治方法：成虫 5 月中、下旬开始产卵，可于产卵期用 50％辛硫酸乳油 600 倍液或 50％马拉硫磷乳油 800 倍液喷雾，每 7～10 d 喷 1 次，连喷 2～3 次；5 月上旬和 6 月下旬，在幼虫尚未蛀入茎干之前，也用 80％敌敌畏乳油 1 000 倍液喷雾各 1 次。当幼虫蛀入茎后，可用注射器吸取 80％敌敌畏原液注入茎干，再用稀泥密封蛀孔。另外，剪除枯枝集中烧毁。

(2)豹蠹蛾　主要为害枝条。幼虫多自枝杈或嫩梢的叶腋处蛀入，向上蛀食，受害新梢很快枯萎。防治方法：及时清理树枝，收花后，一定要在 7 月下旬至 8 月上旬结合修剪，剪掉有虫枝，如修剪太迟，幼虫蛀入下部粗枝再截枝对树势有影响；7 月中、下旬为其幼虫孵化盛期，吡虫啉进行喷雾，以促进药液向茎秆内渗透，可收到良好的防治效果。也可采用防治咖啡虎天牛的方法。

(3)银花叶蜂　幼虫为害叶片，发生严重时，可将全株叶片吃光，使植株不能开花，不但严重影响当年花的产量，而且使次年发叶较晚，受害枝条枯死。防治方法：发生数量较大时可在冬、春季在树下挖虫茧，减少越冬虫源；幼虫发生期喷 90％敌百虫 1 000 倍液或 2.5％敌杀死 2 000～3 000 倍液。

(4)金银花尺蠖　金银花尺蠖是为害其叶片的主要害虫，严重时整株叶片和花蕾被吃光，造成毁灭性危害。防治方法：敌敌畏 800 倍液或敌百虫 500 倍液喷施；青虫菌和苏云金杆菌天门 7216 菌粉悬乳液 100 倍喷雾；20％杀灭菊酯 2 000 倍液或 2.5％溴氰菊酯 1 000～2 000 倍液喷雾。

(5)蚜虫　一般在清明前后开始发生，多在叶子背面。立夏前后阴雾天、刮东风时，为害极为严重，能使叶片和花蕾卷缩，生长停止，造成严重减产。一般于清明和谷雨时各喷 1 次吡虫啉即可控制。

三、采收与加工

（一）采收

一般栽后第三年开始开花，忍冬开花时间较集中，大约 15 d，适时采摘是提高忍冬花产量和质量的关键。一般于 4 月底至 5 月上旬采摘第一茬花，6 月中旬为第二茬，8 月上中旬为第三茬，9 月中、下旬为第四茬。摘花最佳时间是花蕾上部膨大略带乳白色、下部青绿、含苞待放时，称之为“10 分开花，9 分采”。一天之内，以晴天早晨露水刚干时摘取花蕾为最佳，上午以前结束。采下的花蕾尽量减少翻动和挤压，并及时送晒或烘房，或用机器加工。采收时也应注意,不能带入枝秆、整叶及其他杂质。

(二)加工

忍冬花采收后,必须及时加工干燥,否则短时的堆放也会引起变色或霉烂。多采用自然晒干。用竹席等作垫,在上面薄薄的摊上一层,切记不宜翻动,否则花干后颜色将变褐色或黑褐色,严重影响花的质量,当晾晒至八成干时,才能翻动,争取当天晒干(摊得过厚,或过早翻动,都会引起花色变黑)。如当天未晒干,入室内也应摊开,切忌堆放。为了加快干燥,也可稍蒸后晒干或炕干。炕干时温度掌握在 40 ℃左右,且应是逐渐升温,在炕干的过程中,不能翻动,也不能中途停火,否则会引起变质、变色。

忍冬藤在秋、冬修剪时,把过密的枝条剪下,晒干即成。

四、商品质量标准

(一)外观质量标准

以身干、花蕾多、黄白色、气清香者为佳。

(二)内在质量标准

《中华人民共和国药典》(2020 年版)规定:忍冬水分不得超过 12.0%;总灰分不得超过 10.0%;酸不溶性灰分不得超过 3.0%。按干燥品计算,含绿原酸($C_{16}H_{18}O_9$)不得少于 1.5%;含木犀草苷($C_{21}H_{20}O_{11}$)不得少于 0.050%。

款 冬 花

款冬花为菊科款冬属多年生草本植物款冬(*Tussilago farfara* L.)(图 7-13)的干燥花蕾,别名冬花。其性温味辛、微苦。具有润肺下气、止咳化痰的功效,用于新久咳嗽、喘咳痰多、劳嗽咳血等症。分布于东北、华北、华东、西北地区及四川、湖北、河南等省的高寒山区。目前,款冬主要依靠人工栽培品供应市场需求。

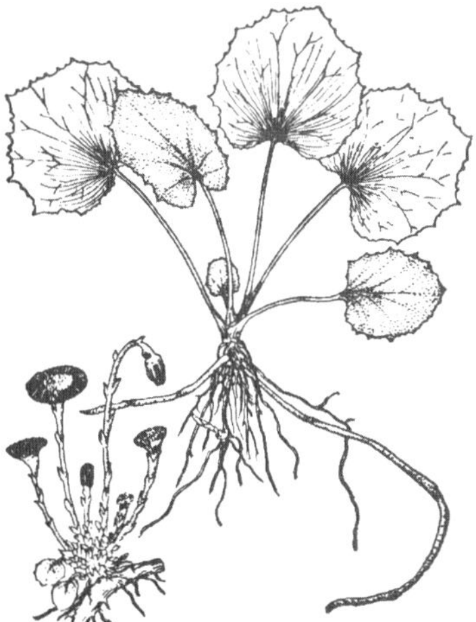

图 7-13 款冬

一、生物学特性

款冬喜凉爽湿润的山区气候,耐寒、怕热、怕旱又怕涝。在气温 9 ℃以上就能出苗,16~24 ℃生长最好,超过 36 ℃就会枯萎死亡,适宜在高寒山区种植。种植地区在北方应选海拔在 800~1 500 m,冷凉湿润气候的山区种植。种植地应选土质疏松肥沃、排水良好的砂壤土,山地以东南向为宜,黏土或低洼地不宜选用,以免雨季积水而引起烂根。

款冬自出苗至开花结子,可分为 5 个时期。①幼苗期:3—5 月,从出苗至 5 片叶,此时幼苗生长缓慢;②盛叶期:6—8 月,从 6 片叶开始到叶丛出齐,直至外叶分散呈平伏状态,此时根系发达,根横向伸展 30~70 cm,地上茎叶生长迅速;③花芽分化期:9—10 月,地上部分逐渐停止生长,除心叶外,一般茎叶下垂平伏,变为黄褐色;④孕蕾期:10 月至翌年 2 月,花芽逐渐形成花蕾;⑤开花结果期:翌年 2—4 月,从茎中央抽出花梗,长出紫红色花蕾,逐渐开放,头状花呈黄色，花凋谢结子。

二、栽培技术

(一)选地与整地

一般低山区多选择阴坡地，中、高山区选择阳坡低地。以土壤肥沃、质地疏松、排水良好的砂壤土，且有排灌条件的地块为好。忌重茬连作。于冬季土壤结冻前或春季土壤解冻后进行深耕，整平、耙细，并结合耕翻施足底肥，以施用充分腐熟的堆肥、圈肥或草木灰为佳，每亩施肥量 1 000～1 500 kg。然后视地势高低做平畦或高畦，并开好排水沟。

(二)繁殖方法

多采用根茎繁殖，种子繁殖因种子成熟度差和生长时间长，生产上很少采用。

1. 根茎繁殖

于秋末冬初，选择粗壮多花、颜色较白的没有病虫害的根状茎做种栽，老根茎及白嫩细长的根茎不宜做繁殖材料。栽种分春栽、冬栽两种方法。春栽的种苗可于上年冬季收花时，将做种栽的根状茎就地埋于土中贮藏，也可在室内堆藏或窖藏，堆藏应于地面上先铺一层湿润的细沙，然后放一层根状茎再铺一层细沙，如此堆放至 33 cm 高，其上盖草席或茅草即可，窖藏时窖口要高出地面；冬栽则结合收花挖取根状茎，随挖随栽种。春栽于 2 月上旬至 3 月下旬、冬栽于 10 月上旬至 11 月上旬进行。栽前将选好的根状茎剪成 10～15 cm 小段，每段保留 2～3 个芽苞。在整好的畦面上，按行距 25～30 cm 开沟，深 7～10 cm，每隔 10～15 cm 放 1 根段，覆土填平。也可按株行距 25 cm×30 cm 穴栽，深 7～10 cm，每穴栽 2～3 段，三角形摆放，覆土填平，适当镇压。

2. 种子繁殖

款冬种子成熟时，将果实带座摘下，用纸包上，置于阳光下晒干，搓去冠毛，待作种用。育苗：将春季收获的成熟种子均匀撒播于已整好的畦面上，然后覆一层薄薄的细土，上面再覆盖一层蒿草，约一周后陆续出苗。移栽：于秋末冬初或第二年早春土壤解冻后进行移栽。

(三)田间管理

1. 间苗定苗

款冬属于耐寒性植物，在初春即可发芽，一般 3 月底至 4 月初出苗展叶。4 月中下旬当款冬幼苗出齐后，视出苗情况适当间苗，间苗原则是留壮去弱，留大去小；如若存在缺苗现象，可移苗补苗，使株距最终保持在 25 cm 左右，以防止因密度过大、通风透光不良而诱发病害。

2. 中耕除草

结合间苗定苗，进行第 1 次中耕除草，此时款冬根系幼小，为防止中耕伤及幼苗及其根部，中耕宜浅，且苗附近的杂草应用手拔除；春季若干旱，影响款冬出苗效果，应及时浇水，以促进款冬出苗和发芽。第 2 次中耕在 6—7 月，此时，款冬苗叶已出齐，根系发育良好，可适当加深中耕深度，培土并拔除高大杂草。此后，保持田间无高大杂草即可。

3. 追肥

9 月之前，款冬以营养生长为主，不宜追肥，以免生长过旺，导致植株抗病力差。9 月后，因营养器官生长放缓，生殖器官开始生长，此时需要追肥并结合松土、培土，以保证土壤肥效，提高产量。一般于 9 月上旬每 667 m^2 施土粪 1 000 kg 左右，9 月下旬至 10 月上旬每 667 m^2 施氮肥 15 kg、磷肥 7.50 kg、钾肥 5～8 kg。追肥方法：在植株旁开沟或穴施入，施后盖土结合培土。

4. 排灌

款冬喜水，但忌积水。春季干旱，应连续浇水 2～3 次，以保证出苗率。雨季到来之前，应做好排水准备，防止淹涝。

5. 割叶

款冬的叶片过密会造成通风透光不良而影响花芽的分化并易患病害。为此，于每年的 9 月上中旬将款冬的老叶割掉，只留 3～4 片心叶。秋季不能收获的，应培土盖没植株，翌年春季收获。

（四）病虫害及其防治

1. 病害

（1）褐斑病　为害叶片。夏季发病重，叶片上的病斑呈圆形或近圆形，直径 5～20 mm，中央略凹陷呈褐色，边缘紫红色，有褐色小点，较大病斑表面可见轮纹，严重时见黄色至黑褐色霉层，导致叶片枯死。防治方法：收获后清园，烧毁病残株；加强田间管理，实行轮作；及时疏叶，摘除病叶，增强通风透光性，提高植株抗病力；亦可发病前或发病初期用 1∶1∶120 波尔多液或 65%代森锌可湿性粉剂 500 倍液喷雾，7～10 d 喷 1 次，连续喷施 2～3 次。

（2）枯叶病　雨季发生较重。病斑由叶缘向内延伸，形成黑褐色不规则斑点，边缘波纹状，色深；与正常组织交界明显，质脆、硬，致使局部或全叶干枯，病斑可蔓延至叶柄，导致全株萎蔫而死。防治方法：剪除枯叶，其他方法同褐斑病。

（3）根腐病　发病初期表现为款冬中午时间叶片略有萎蔫，部分根系及维管束呈褐色，发病中期可见款冬叶片翻卷，一半根系变褐，维管束见深褐色；发病后期则见款冬叶片由下至上枯萎死亡，根系全部变黑死亡，茎的基部变黑腐烂，叶柄维管束变成黑褐色，最后整株植株死亡。防治方法：农业防治法同褐斑病，另外也可在发现病株后及时拔除，并用生石灰消毒病穴；或用 50%的甲基硫菌灵 500 倍液，或 30%的苯噻氰乳油 1 200 倍液灌根防治。

此外，款冬也可发生菌核病、锈病等病害，均可参考农业上防治褐斑病的方法进行防治。

2. 虫害

（1）蚜虫　为害叶片和花蕾，多在 6—7 月夏季干旱时病发严重。防治方法：冬季清园，将枯株和落叶深埋或烧毁；发生期喷天然除虫菊素 2 000 倍液，或 0.3%苦参碱乳剂 800～1 000 倍液，或 10%烟碱乳油杀虫剂 500～1 000 倍液，或 1%蛇床子素 500 倍液，或 10%吡虫啉可湿性粉剂 1 000 倍液，或 1.8%阿维菌素乳油 800 倍液，或 3%啶虫脒乳油 1 500 倍液交替喷雾防治。

（2）蛴螬　为害款冬幼苗。防治方法：入冬前将地块深耕多耙，杀伤虫源，降低幼虫数量；施用充分腐熟的有机肥；浇灌整田，增加土壤含水量，减少虫卵孵化和低龄幼虫成活；及时清除田间及地边杂草，消灭虫类的栖息场所；利用成虫的趋光性，用黑光灯诱杀成虫。或用 5%毒死蜱颗粒剂，每 667 m^2 用 0.6～0.9 kg，混 25～30 kg 细土毒杀；或用 3%辛硫磷颗粒剂 3～4 kg，拌细沙土 10 kg，于栽植时撒施田间后浇水。也可在蛴螬发生较重的地块，用 80%敌百虫可湿性粉剂 800 倍液，或 50%辛硫磷乳油 1 000 倍液灌根，每株灌 150～250 mL，可有效防治。

三、采收与加工

(一)采收

初冬地冻前款冬花蕾未出土时采收。应掌握好季节,宜早不宜迟,采摘晚了,款冬开花,质量降低,不宜做药用,一般以栽种当年 10 月中旬至 11 月上旬采收最好。采收时,将植株与根茎全部刨出,随手将花蕾连同花梗一起摘下,轻轻放入筐内,不可挤压;然后将根茎仍埋地下,以待来年再收。若花蕾上带有泥土,切勿用水冲洗揉擦,此外,需避免遭受雨露霜雪淋湿,使花蕾颜色变黑。一般每 667 m^2 可收干燥款冬花 50 kg,高产时可达到 70~80 kg。

(二)加工

将采收的新鲜花蕾薄摊在干燥通风处晾干,晾晒过程中不可用手随便翻动,一般 3~4 d 水分晾干后,筛去泥土杂质,去除花梗,再晒至全干。若连续阴天,可在 40~50 ℃的温度下烘干。烘干时应注意花蕾摊放 5~7 cm 厚,前期烘干温度不宜过高,待花蕾变软后再缓慢升温,当花蕾四五成干时,取出进行“发汗”。“发汗”是将花蕾以 3~5 cm 厚度堆放在室外(防雨淋),湿度较高时“发汗”8 h,湿度较低时“发汗”12 h,待花蕾表面回潮,或表面起露水珠,即可。“发汗”后继续晒干、阴干或烘干,至花蕾全干即成。

四、商品质量标准

(一)外观质量标准

以个大、肥壮、色紫红、花梗短者为佳。木质老梗及已开花者不可供药用。

(二)内在质量标准

《中华人民共和国药典》(2020 年版)规定:醇溶性浸出物不得少于 20.0%。按干燥品计算,含款冬酮($C_{23}H_{34}O_5$)不得少于 0.070%。

菊　花

图 7-14　菊花

菊(*Chrysanthemum morifolium* Ramat.)为菊科多年生草本植物(图 7-14),以干燥头状花序入药,药材名菊花。菊花味甘、苦,性微寒,具有疏风、清热、明目、解毒的功效,用于头痛、眩晕、目赤、心胸烦热、疔疮、肿毒等症。药材按产地和加工方法不同,有杭菊、亳菊、滁菊、贡菊和祁菊等之分。杭菊主产浙江桐乡和江苏射阳,有白菊和黄菊之分;亳菊主产安徽亳州;滁菊主产安徽滁州;贡菊主产安徽歙县一带,也称徽菊,浙江德清也产,另称德菊;祁菊主产河北安国。此外,还有产自河南的怀菊、四川的川菊、山东的济菊和湖北麻城福白菊和神农架香菊等。

一、生物学特性

菊花喜气候温暖和阳光充足的环境。能耐寒,稍能耐旱，怕水涝。菊花是短日照植物，不耐荫蔽，否则分枝花朵减少。生长期要求土壤湿润，过于干旱时，植株分枝少，发育缓慢，产量低。尤其是近花期不能缺水，否则花蕾产量大减；但水分过多则易造成烂根死苗。菊花喜肥，适宜生长在肥沃疏松、排水良好、含腐殖质丰富的夹沙土中，黏土、低洼地或盐碱地不宜种植。以 pH 为 6.5～7.5 的中性至微酸或微碱性土壤为好，忌连作。

每年春季气温稳定在 10 ℃以上时，菊花宿根开始萌发，在 25 ℃以下，随着温度的升高生长速度加快，生长最适温度为 20～25 ℃。

二、栽培技术

(一)选地与整地

扦插育苗的苗床，应选地势平坦、土质疏松、肥沃有条件的地块，施入腐熟的厩肥或堆肥作基肥，翻耕、做畦，畦面要整细整平，四周开好排水沟。宜选地势高燥、阳光充足、土质疏松、土层深厚、排水良好的夹沙土。每亩施堆肥或腐熟厩肥 2 000～2 500 kg 作基肥，在栽种前翻耕 25 cm 左右，然后耙细整平，做畦，一般畦宽 1.2～1.5 m，畦间距 40 cm，沟深 20 cm，四周做好排水沟。

(二)繁殖方法

菊花一般以分株繁殖和扦插繁殖为主。

1.分株繁殖

菊花采摘后，将菊花茎齐地面割除，选择生长健壮、无病虫害的植株，根蔸挖起，栽植在一块肥沃的地块上，覆盖腐熟厩肥或土杂肥保暖越冬。翌年春季芽孢萌动时，扒开土粪，浇施 1 次稀薄的腐熟人畜粪水，促其萌发生长。当苗高 15～20 cm 时，挖全株，顺着苗株分成带根的单株，选取茎粗壮、须根发达的新菊苗，立即栽植于大田中。

2.扦插繁殖

结合菊花打顶，选择充实粗壮、无病害的新枝作插条进行扦插。取其中段，剪成 10～15 cm 长的小段，并将下部的叶子全部剪去，上部叶子保留，下端剪口近节处，削成马耳形斜面，湿润后，快速地蘸一下 1 000～1 500 mg/kg 吲哚乙酸(IAA)，随即插入已整好的苗床上。苗床预先按沟距 20～25 cm 开沟，沟深 7 cm。插时可用小木棒或竹筷在畦面上按株距 6～7 cm 打孔，再将插条 1/2 插入孔内，压实浇水，盖松土与畦面齐平。插后要加强管理，注意松土、除草和浇水，经常保持苗床土壤湿润，约 20 d 即可发根。当苗高 20 cm 左右时，出圃定植。

3.移栽

当分株苗、扦插苗苗龄 40 d 左右时进行移栽。在整好的畦面上，按株行距各 40 cm 挖穴，穴深 6 cm，然后带土挖取幼苗，每穴栽 1 株。栽后覆土压紧，浇透定根水，促使分枝。

(三)田间管理

1.中耕锄草

菊苗移栽成活至现蕾前要及时进行中耕除草。第一次要深松，使表土干松，地下稍湿润，利于根向下扎，俗称“蹲苗”。根部发达后，宜浅锄，以免伤根，一般清除杂草即可。中耕除草的同时要进行培土，防止植株倒伏。

2. 追肥

菊花根系发达，细根多，吸肥能力强，需肥量大。结合中耕锄草，可进行 3～4 次追肥。第一次在菊苗转青或移栽成活后 5 月上中旬打顶时进行，每 667 m^2 施人粪尿 1 500 kg；第二次在 6 月下旬，植株开始分枝时，每 667 m^2 施人粪尿 1 500 kg 或硫酸铵 10 kg，施后培土；第三次在 9 月下旬，菊花花蕾将形成时，每 667 m^2 用较浓的人粪尿 2 000 kg、肥饼 50 kg、过磷酸钙 30 kg，以促使多结花蕾，也可进行根外追肥，用 2%过磷酸钙水溶液均匀喷于叶面。先将过磷酸钙用水发散，充分搅拌，务使无颗粒，用水泡一昼夜。施前加足水搅匀，用布袋过滤，而后在晴天下午喷射，最好在傍晚进行，容易吸收。每隔 3～5 d 喷 1 次，共喷 2～3 次。

3. 排灌

菊花喜湿润，但怕涝，春季要少浇水，防止幼苗徒长，按气候而定，保证成活即可。6 月下旬以后天旱，要经常浇水，如雨量过多，应疏通大小排水沟，切勿有积水，否则易生病害和烂根。

4. 摘心

为了促进菊花多分枝、多结蕾开花和主干生长粗壮，应于苗高 15～20 cm 时，进行第 1 次摘心，选晴天摘去顶心 1～2 cm。以后每隔半个月摘心 1 次，共分 3 次完成。但对生长不良的植株，应少摘心。

(四)病虫害及其防治

1. 病害

(1)褐斑病　又称叶枯病、斑枯病，为害叶片。初期病斑圆形，黄色至紫褐色，后期病斑中心变为灰褐色至灰黑色，并有许多小黑点。严重时，叶片枯死脱落。防治方法：拔除病残叶，集中烧毁；前期控制水分，防止疯长，以利于通风透光；雨后及时排水，降低田间湿度；发病前喷 1∶1∶120 波尔多液，发病初期喷 50%甲基托布津 1 000 倍液防治，每 7～10 d 喷 1 次，连续 3～4 次。

(2)霜霉病　春、秋两季雨水大时容易发生。被害叶片出现一层灰白色霉状物。严重时全株枯死。防治方法：实行轮作；选育抗病品种和健康种苗栽种；种苗用 40%霜疫灵 300 倍液浸 10 min 后栽种；发病初期用 50%瑞毒霉 300～400 倍液或 40%霜疫灵 200～300 倍液喷雾防治。

2. 虫害

(1)菊天牛　又叫"蛀心虫"。成虫和幼虫均能为害菊花。在 7—8 月菊花生长旺盛时，咬食菊花嫩茎梢，并产卵于茎髓部，使茎梢枯死，易折断。卵孵化的幼虫，多在茎秆分枝处蛀入茎内，因此茎秆分枝处易折断，被害枝不能开花或整枝枯死。防治方法：成虫发生期，趁早晨露水未干时，进行人工捕杀；晴天上午在植株和地面喷 5%西维因粉；7 月间释放天牛的天敌肿腿蜂进行生物防治。

(2)大青叶蝉　成虫、若虫为害叶片，被害叶片呈现小黑点。防治方法：用 50%杀螟松乳油 1 000～1 200 倍液喷雾。

(3)菊蚜　于 4—5 月或 9—10 月，成、若虫密集于菊花叶背、花蕾和嫩枝梢，吸取汁液，使叶片变黄皱缩，花朵减少或变小。防治方法：实行轮作；清除杂草；发生初期喷施吡虫啉防治。

任务实施

技能实训 7-2 调查当地主要花类药用植物栽培技术要点

一、实训目的要求

通过调查，了解当地主要花类药用植物栽培技术要点。

二、实训材料用品

记录本、笔、嫁接刀、修枝剪、农具、肥料、实训基地花类药用植物等。

三、实训内容方法

(1)实地调查　在实训基地进行调查，记录主要花类药用植物的栽培技术要点。

(2)现场实训　以小组为单位，结合当地主要花类药用植物各生长期特点适时进行选地与整地、繁殖、田间管理、病虫害防治、采收和加工等实训。

(3)上网搜索　记录当地主要花类药用植物种类及栽培技术要点。

四、实训报告

列举当地主要花类药用植物栽培技术要点及其注意事项。

五、成绩评定及考核方式

根据以实训报告及实训表现综合评分。

【思考与练习】

1. 掌握忍冬的生物学特性。
2. 简述忍冬的主要繁殖的方法。
3. 忍冬有哪些病害？如何防治？
4. 忍冬如何进行采收加工？
5. 简述款冬的生物学特性。
6. 简述款冬的主要繁殖的方法。
7. 款冬花如何进行采收加工？
8. 简述菊花的主要繁殖方法。
9. 简述菊花田间管理的主要措施。
10. 简述菊花病虫害防治方法。
11. 简述菊花的采收加工方法。
12. 简述红花的生长习性。
13. 简述红花的采收和加工方法。
14. 简述红花的主要病虫害及其防治方法。

任务3 果实和种子类药用植物

知识目标

- 了解当地主要果实和种子类药用植物的生物学特性。
- 掌握当地主要果实和种子类药用植物的栽培技术。
- 掌握当地主要果实和种子类药用植物的采收和加工技术。

能力目标

- 能熟练操作当地主要果实和种子类药用植物的种子繁殖和营养繁殖操作。
- 能顺利进行当地主要果实和种子类用植物的田间管理、采收和加工。

素质目标

- 培养学生搜集资料、利用资料的能力和团队协作,求真务实职业精神。

相关知识

枸　杞

枸杞(*Lycium barbarum* L.),别名宁夏枸杞、西枸杞、中宁枸杞、茨果子、明目子,茄科多年生灌木,以干燥成熟果实入药,药材名枸杞子(图7-15)。其性平味甘。具有滋补肝肾、益精明目的功效,用于肝肾阴虚、精血不足、腰膝酸痛、视力减退、头晕目眩等症。主产宁夏、内蒙古、甘肃、青海、河北等地。宁夏中宁、银川为道地产区,产品称“宁夏枸杞”;产河北、天津等地的称“津枸杞”。枸杞根皮干燥后入药,生药称地骨皮,有清热、凉血、降压的功效。

图7-15　枸杞

一、生物学特性

枸杞原系野生植物,对气候及土壤要求均不甚严格,耐寒、耐碱、耐肥、抗旱、怕渍水。宁夏地区枸杞多生于坡地,天津则多栽培于盐碱地。对肥力要求高,结果3～4年的植株,增施追肥对于增收果实有明显的效果。根的萌蘖性和地上部分发枝能力强。实生苗第二、第三年开花结果,扦插苗当年秋季结果,5～6年进入结果旺期,40～50年树势渐衰。

枸杞种子生活力强,在适宜的条件下,7～10 d发芽出土。果实保存4年以内,种子生活力无明显变化,发芽率在91%以上,5年以后,种子生活力急剧下降。种子发芽适宜温度为20～25 ℃。

二、栽培技术

(一)选地与整地

苗圃地应选择阳光充足、地势平坦、排灌方便、土质较肥沃的砂壤土或轻壤土,土壤含盐量0.3%以下,pH 8 左右为好。于秋冬季节深耕 1 次,深 25～30 cm,结合翻地每 667 m^2 施厩肥 2 000～2500 kg,并灌冬水,第二年春季播种前再浅耕 1 次,深约 15 cm,耙平,做高畦,畦宽 1～1.5m。定植地宜选择有效土层 30 cm 以上的壤土、砂壤土或冲积土,灌溉方便。选好地后进行秋耕,并施足基肥,第 2 年春季耙平,按一定株行距开穴,备好基肥以待栽植。

(二)繁殖方法

枸杞主要用种子繁殖和扦插繁殖,其次是分株繁殖和压条繁殖,生产上以种子繁殖和扦插繁殖为主。

1. 种子繁殖

春、秋两季皆可。播种前将干果在水中浸泡 1～2 d,搓除果皮和果肉,在清水中漂选出种子,捞出稍晾干,然后与 3 份细沙拌匀,再在室内 20 ℃条件下催芽,待种子有 30%露白时,按行距 30～40 cm 开沟,将催芽后种子拌细沙或细土撒于沟内,覆土 1 cm 左右,播后稍镇压,并覆草保墒。每 667 m^2 播种量为 0.5 kg。

2. 扦插繁殖

多在春季树液流动后,萌芽放叶前进行。选粗 0.5～0.8 cm 的一年生完全木质化的枝条,截成 15～20 cm 的插条,上端剪成平口,下端削成楔形,按行株距 30 cm×15 cm 斜插于苗床内,保持土壤湿润,成活率达 95%以上。

3. 分株繁殖

枸杞是丛生的,因而可行分株繁殖,成活率也高。但此法费工大,不宜大量繁殖。目前,宁夏产区还多用此法,因其不需要专门的育苗田和专人培育。

4. 压条法

枸杞枝条软,有的匍匐地面,故可进行压条繁殖。此法与分株法一样,繁殖慢,费工,多不用。

当苗高 60 cm 以上便可出圃移栽定植,春、秋两季均可,以春季为好。春季宜在 3 月下旬至 4 月上旬、秋季宜在 10 月中下旬定植。定植时,按 1.7 m×1.7 m 的株行距,挖 50 cm 深的坑,每坑里施用 5～6 kg 腐熟的农家肥料做基肥,每穴通常栽苗 2 棵或 3 棵。

(三)定植

当苗高 60 cm 以上时便可出圃移栽定植,春、秋两季均可,以春季为好。春季宜在 3 月下旬至 4 月上旬、秋季宜在 10 月中下旬定植。定植时,如采用小面积分散栽植,则株行距为 1 m×2 m,每 667 m^2 栽植 333 株;如采用大面积集中栽植,则株行距为 1 m×3 m,每 667 m^2 栽植 222 株,也可采用 2 m×3 m 或 1.5 m×3 m 的株行距。

(四)田间管理

1. 中耕锄草

枸杞地里以不生长杂草为好,一般一年进行 5～6 次锄草即可。锄草时还应松土,以增加地面渗透雨水的能力,防止积水。

2. 施肥

枸杞对肥料的需要很敏感，追肥对结果的质量、数量都有很大影响。每年开春整理园地，松土后，要随即施入人粪或圈肥一次，每棵施肥 5.0～7.5 kg，谷雨至立夏期间，则追施 1～2 次化学肥料，促使枝叶繁茂及开花结实，立秋后再施 1 次，促使秋果丰收。可施豆饼(每株 0.5～1.5 kg)或大粪(每株 2.5～5.0 kg)。

3. 灌溉排水

枸杞定植后，隔一天浇一次水，浇水越勤苗长得越快，所以栽后要适当注意浇灌。假如枸杞的苗子遇到了大水淹没，可以把苗子挖出来暂放在高燥的地方，待大水退去，再重新移植。

春分前后，要整理好灌溉水沟，结合施肥灌水，促使枝叶生长。以后在谷雨至立夏期间，根据情况，每隔 3～5 d 继续浇水 2～3 次。总之，在生长期中，应根据气候情况，及时进行灌水；而且要严防雨后积水，否则易烂根。

4. 疏树

株行距较密的田里，当枸杞的枝叶长到互相交错，各株之间达到过不去人的程度时，就要每隔一株移去一棵老树。移老树应在土壤刚刚解冻时或在秋后已经落叶时进行。

5. 整枝和更新

整枝是使枸杞生长良好，提高产量的一种重要措施。移植后，每年都要进行。移植后第一年内，树长到 1.3～1.5 m 高时，将树尖剪去，使它发杈，形成一定的树形，如自然半圆形、“三层楼”“一把伞”等，以自然半圆形为多见，结果多，摘果方便。以后每年整枝 2～3 次，成形树每年修剪 2 次，春季剪刺尖，防止碰伤果实和便于采摘果实，秋天则剪去老枝和枯枝，使来年能发新枝。此外还要剪除油条(徒长枝)，在剪除徒长枝时，要根据树势，适当选留，避免剪枝过多，使树木的生长遭受影响。

枸杞的寿命约为 30 年，有的可达 40～50 年。树龄在 4～5 年的枸杞，树势生长得最旺盛，结果也最多。10 年以后的老树，株高可达 2 m 以上，嫩枝上仍能结果，但下部粗枝过老，结果特别少。因此，对超过 10 年的老树，应考虑培植由它根部自然生出的小树，分批逐年更新，使枸杞园中始终保持一定的产量，不致因树老而逐年减产。

6. 越冬前后的管理

收果后到冻结前，应浇冻水 1 次，浇水的多少要由当年的气象条件来决定。如在天旱的年岁里就应浇足冻水。如秋雨很多，土地相当潮湿，可不必浇灌冻水。春季发芽前，要在植株周围把地面刨成环状的小沟，向沟内追施腐熟的农家肥料。枸杞特别需要磷肥，多施一些磷肥，增产效果显著。

(五)病虫害及其防治

1. 病害

宁夏枸杞因其叶、枝梢鲜嫩，果汁甘甜，常遭受 20 多种病虫为害，防治工作中优先采用农业防治措施：统一清园，将树冠下部及沟渠路边的枯枝落叶及时清除销毁，早春土壤浅耕、中耕除草、挖坑施肥、灌水封闭和秋季翻晒园地，均能杀灭土层中羽化虫体，降低虫口密度。通过加强栽培管理、中耕除草、清洁田园等一系列措施起到防治病虫的作用，能降低越冬虫口基数 30%以上。

(1)黑果病　5 月中旬至 6 月中旬发生，7—8 月为害严重，为害果实、嫩枝、叶、花、花蕾。防治方法：注意天气预报，有连续阴雨时，提前喷施 50%甲基托布津 1 000 倍液，全园预防；雨后开沟排水，降低田间湿度，可减轻病虫害；发病初期，摘除病叶、病果，再喷洒一遍百菌清或绿得保800倍液。

(2)流胶病　此病多在夏季发生。受害植株树干皮层开裂，从中流出泡沫状白色液体，有腥臭味，常有黑色金龟子和苍蝇吮吸。防治方法：田间作业避免碰伤枝、干皮层，修剪时剪口平整。一旦发现皮层破裂或伤口，立即涂刷石硫合剂。

2. 虫害

(1)蚜虫　每年4月枸杞发芽时开始为害枸杞嫩梢叶，严重时每一枝条均有蚜虫密集，使叶片变形萎缩，树势衰弱。可持续为害至10月上旬，一年发生20代。防治方法：枸杞展叶、抽梢期使用2.5%扑虱蚜3 500倍液树冠喷雾防治，开花坐果期使用1.5%苦参素1 200倍液树冠喷雾防治。

(2)木虱　每年3～4代，以成虫在杞园土块、树干上及附近墙缝间、树上枯叶中越冬。4月初产卵于枝条、叶片上，卵黄色。6—7月间盛发，为害枸杞枝叶，成虫、若虫均以刺吸式口器插入叶组织内吮吸汁液，使树势衰弱。防治方法：成虫出蛰期，使用40%辛硫磷乳油500倍液喷洒园地后浅耙，喷洒时，连同园地周围的沟渠路一并喷施；若虫发生期使用1.5%苦参素1 200倍液树冠喷雾防治；秋末冬初及春季4月以前，灌水翻土以消灭越冬成虫。

(3)瘿螨　主要在叶片、嫩茎、花蕾上形成紫色虫瘿或畸形。使树势衰弱，严重时，引起早期脱果落叶，对产量影响极大。防治方法：成虫转移期虫体暴露，选用40%毒死蜱800倍液进行树冠及地面喷雾防治。

(4)锈螨　又名枸杞刺皮瘿螨。一年发生十几代，以成螨在枝条皮缝、芽眼、叶痕等隐蔽处越冬，常数虫至更多的虫体挤在一起。枸杞发芽后出蛰爬到新芽上为害并产卵繁殖。使叶面密布螨体呈锈粉状。被害叶片变厚质脆，呈锈褐色而早落。防治方法：成虫期选用硫黄胶悬剂600～800倍，若虫期使用20%牵牛星可湿性粉剂3 000～4 000倍液树冠喷雾防治。

三、采收与加工

(一)采收

果实膨大后果皮红色、发亮、果蒂松时即可采摘。春果9～10 d采一蓬；夏果5～6 d采一蓬；秋果10～12 d采一蓬最为适宜。枸杞鲜果为浆果，且皮薄多汁。为防止压破，同时也为了采摘方便，采摘所用的果筐不宜过大，容量以(10±3) kg为宜。

(二)加工

分为晒果、烤果两种加工方法。

1. 晒果

将果实摊摆在苇席片上，放在晾架上晾晒，夏季要在早晨晾晒，上午10点以后果实晒热了，应及时把晾架盖起来并移动到通风良好、没有直射阳光、比较背阴的地方去，到下午3点以后摊开再晒，一直晒到天黑。至9月中旬以后阳光不太强烈，可以整天暴晒。7～8 d就能晒干。

晒果的时候最忌用手直接抚摸果皮，用手抚摸后果皮容易变成黑色。如在强烈的阳光下晒果时间过长，从果实的果柄处往外渗汁液，就表明晒果过度了，这种情况下果皮会变成黑色，产品质量降低。如把果实的基部(果柄处)晒得抽皱了，就表明晒果的质量较好。

2. 烤果

在阴雨连绵的季节里，把收下来的果实薄摊在晾果架子上，移到室内分层垛起来，一间

12 m^2 的精选房可以摆三垛架子，每垛20层。架垛与架垛的空隙间，放上烘烤器进行烘烤。一般室内温度在38 ℃左右，以不超过40 ℃为宜。烤果时门窗要堵严，保持室内温度，果实随干随收。烤果时不要用手抚摸果实。烤完质量良好的枸杞果实是鲜红的，以色泽一致、干燥程度一致为佳。

四、商品质量标准

（一）外观质量标准

以纺锤形或椭圆形，颗粒大，表皮鲜红色，有不规则皱纹，具光泽，肉质厚，味甜者为佳。

（二）内在质量标准

《中华人民共和国药典》（2020年版）规定：枸杞杂质不得超过0.5%；水分不得超过13.0%；总灰分不得超过5%；水溶性浸出物不得少于55.0%。按干燥品计算，含枸杞多糖以葡萄糖（$C_6H_{12}O_6$）计，不得少于1.8%；甜菜碱（$C_5H_{11}NO_2$）不得少于0.30%。

薏　苡

薏苡（*Coix lacryma-jobi* L.）为禾本科一年生或多年生草本植物（图7-16），以去除外壳和种皮的种仁入药，药材名薏苡仁或薏仁。其性微寒，味甘、淡。具有健脾利湿、清热排脓功效，用于脾虚泄泻、水肿脚气、白带、风湿、关节疼痛、肠痈、肺痿等症。主产于辽宁、河北、江苏、福建等地，河南、陕西、四川、云南、贵州、浙江、江西、湖南、湖北、广东、广西等地也有栽培。

图7-16　薏苡

一、生物学特性

薏苡适应性强，对土壤要求不严，除过于黏重的土壤外，一般土壤均可种植。但以向阳、肥沃、深厚、潮湿、保水性好的黏质壤土为好。干旱贫瘠、保水保肥能力差的沙土不宜种植。忌连作，一般不与其他禾本科植物轮作。

薏苡喜温暖、不耐寒，整个生育期间要求较高的温度。气温高于25 ℃、相对湿度80%～90%时，幼苗生长迅速。在荫蔽条件下薏苡植株纤细矮小、分蘖、分枝少、产量低。薏苡耐涝，不耐干旱。如遇干旱，植株生长矮小，开花结实少且不饱满，产量低，品质差。

二、栽培技术

（一）选地与整地

各类土壤均可种植，以向阳、稍低洼、不积水、平坦的土地及肥沃的壤土或黏土为宜。薏苡对盐碱地、沼泽地的盐害和潮湿的忍受性较强，可以在这些地区发展薏苡生产。也可选择湖畔、河道和灌渠两侧等零星土地种植。过干的山地和沙丘如没有灌水条件的土地是不太适宜的。秋季整地前，每667 m^2 施腐熟的农家肥3 000 kg和过磷酸钙30 kg作基肥，翻耕深度20～25 cm，整平耙细，地块四周开好排水沟以利排灌。

(二)繁殖方式

1. 旱地直播

在旱地上依照预定的株行距进行直接播种，分春播和夏播两种；春播即在早春4月中、下旬(长江流域)在冬闲地和绿肥田中播种，其生育期较长、产量较高。夏播则是在油菜或大、小麦收获以后再播种，因生育期较短、植株比较矮小，可适当增加密度，一般以行株距20 cm×10 cm、播种量为2.5～3.5 kg/667 m^2，田间基本苗数在2.5万株左右为宜。在江苏试种夏播产量可达250～300 kg/667 m^2。

2. 育苗移栽

此法具有节约土地面积、提高土地利用率、便于管理等特点，近年来在生产上加以应用证明，可以在夏收的基础上获得薏苡高产。具体做法如下：

(1)苗床制作　可采用类似水稻的旱育秧和湿润育秧苗床的制作方法，做宽1～2 m、高10～15 cm的苗床，早春播种还可做成塑料薄膜苗床，以防春寒，促使早发快长。

(2)苗床管理　播种期以移栽期决定，一般控制在移栽前40 d左右下种。播种量35 kg/667 m^2左右，每667 m^2秧田可栽1 hm^2左右。播种后，稍加细土覆盖2～3 cm，保持苗床湿润。3～4叶时可追施一次提苗肥，每667 m^2施硫酸铵或尿素5 kg，促使苗粗苗壮、早分蘖。叶龄为7～8叶时重施追肥，每667 m^2施尿素10 kg，作为移栽前的“出嫁肥”。

(3)移栽　以旱地方式整地，按行距30～35 cm开沟，依株距10～15 cm定株移栽一株，以带土秧苗为好，覆土、压紧，并在田间灌水，约一周后即可成活、返青。

(三)田间管理

1. 合理施肥

薏苡是需肥较多的作物。施肥方法和数量随各地的施肥水平和习惯决定。应注意以下几方面：

(1)基肥　用土杂肥2 000～3 000 kg/667 m^2作为基肥，如667 m^2能加入100～150 kg腐熟的鸡、鸭干粪和100 kg饼肥、15 kg过磷酸钙则更好。

(2)追肥　一般分3次。苗肥在叶龄为6～8片叶时追施硫酸铵10 kg/667 m^2，常结合锄草、培土进行；穗肥在叶龄为10～11片叶时，一般每667 m^2要追施10～15 kg硫酸铵和15 kg过磷酸钙、10 kg钾肥(硫酸钾或氯化钾)，此期施肥对增加产量效果显著；粒肥在基本齐穗之后，为了促进粒重，防止植株早衰，每667 m^2追施10 kg硫酸铵。如能结合治虫喷药进行根外追肥(磷、钾肥，浓度为2%左右)，对增加粒重、提高产量亦有显著效果。

2. 水分管理

根据前述的湿生习性，田间水分管理以湿、干、水相间管理为原则，即采用湿润育苗、干旱拔节、有水孕穗、足水抽穗、湿润灌浆、干田收获。

3. 辅助授粉

薏苡是雌雄同株异穗植物，同一花序中雄小花先成熟，与雌小花不能同步，往往需异株花粉受精。一般靠风媒即可授粉，如能在开花盛期以绳索等工具振动植株(上午10—12时)使花粉飞扬，对提高结实率有明显效果。

(四)病虫害及其防治

1. 病害

(1)黑穗病 一般在苗期不易发现，随着植株的生长，在茎、叶部形成瘤状体。穗部被害后肿大，褐色，球形，内部充满黑褐色粉末，变成黑穗。防治方法：实行轮作；用 60 ℃的温水浸种 10～20 min，再用布袋包好置于 3%～5%的生石灰水中浸 2～3 d，或用 1∶1∶1 000 波尔多液浸 24～72 h，既可防治黑穗病，又有催芽、促进出苗的作用；生长期经常检查，发现病株应立即拔除烧毁。

(2)叶枯病 叶和叶鞘，初现黄色小斑，不断扩大使叶片枯黄。雨季多发病。防治方法：合理密植，注意通风透光；加强田间管理，增施有机肥料，增强抗病能力。

2. 虫害

主要为玉米螟。1～2 龄幼虫钻入幼苗心叶咬食叶肉或中脉，被害心叶展开后可见一排整齐小孔洞，造成枯心苗。穗期幼虫钻入茎内，形成白穗并易被风折断。以老熟幼虫在薏苡、玉米秆内越冬。江南一带一年发生 4 代，世代重叠，以第一代和第三代为害严重。防治方法：4 月下旬前处理薏苡、玉米等秸秆，消灭越冬幼虫；薏苡周围种植蕉藕诱杀；做好预测预报，掌握 1～2 龄幼虫防治时间，心叶期用 50%西维因粉 0.5 kg，加细土 15 kg，配成毒土或用 90%敌百虫 1 000 倍液灌心叶；用生物制剂复方 Bt 乳剂 300 倍液灌心叶。

此外，还有黏虫的幼虫在生长期或穗期为害，应注意田间检查及时防治。

三、采收与加工

(一)采收

薏苡的分枝性极强，籽实成熟期不尽一致。可在田间籽粒 80%左右成熟变色时，即可收割。割下的植株可集中立放 3～4 d 再予脱粒，这样可以使尚未完全成熟的种子仍可继续后熟。

(二)加工

脱粒后种子经 2～3 个晴天晒干，干燥的籽实含水量为 12%左右，则可入仓贮存。茎秆可粉碎做饲料加以使用，也可干燥做造纸原料。干燥后的薏苡籽实，其外有较坚硬的总苞，其内又有红色种皮。可用脱壳机械脱去总苞和种皮，则得薏苡仁，出米率为 50%左右。加工时应注意种子是否干透，如已干透，加工机械选择得比较适宜，加工的薏苡仁比较完整，否则易出碎米。完整的薏苡仁，白色如珍珠，即可做药材和食品原料。

四、商品质量标准

(一)外观质量标准

以粒大、饱满、粉足、色白、无破碎者为佳。

(二)内在质量标准

《中华人民共和国药典》(2020 年版)规定：杂质不得超过 2%；水分不得超过 15%；总灰分不得超过 3.0%；按干燥品计算，含甘油三油酸酯($C_{57}H_{104}O_6$)不得少于 0.50%。

罗 汉 果

罗汉果[*Siraitia grosvenorii* (Swingle) C. Jeffrey ex Lu et Z. Y. Zhang]为葫芦科多年生攀缘藤本植物(图 7-17)，以干燥果实入药。别名拉汗果、假苦瓜、光果木鳖。性凉，味甘。具有清热润肺、利咽开音、滑肠通便的功效，用于肺热燥咳、咽痛失音、肠燥便秘等症。另外，罗汉果中富含甜苷、维生素 C 和多种氨基酸，可以作为安全的天然保健型甜味剂，在国际市场久负盛名，被誉为"东方神果"，具有极高的开发利用价值。主产于广西永福、临桂、龙胜等地，近年来湖南、江西、福建等地有少量栽培。

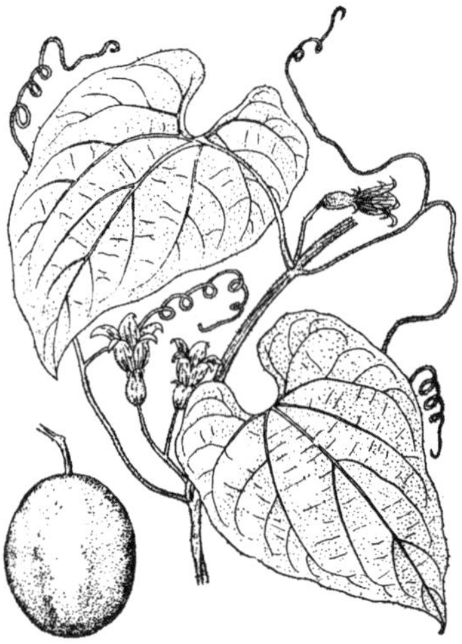

图 7-17 罗汉果

一、生物学特性

罗汉果喜温暖，不耐高温，怕霜冻，温度适应范围 8～32 ℃，以 25～28 ℃最为适宜。春分至清明时节，气温达 15 ℃以上，块茎上休眠芽萌动，随着气温升高到 25～28 ℃藤蔓迅速生长，每昼夜可伸长 3～10 cm。35 ℃以上的高温对植株生长发育不利，坐果率明显下降。罗汉果叶面积大，花、果期长，适合在空气湿度 75%以上，田间持水量 60%～80%的条件下生长。因此，要求栽培区年降雨量 1 500～2 000 mm。罗汉果属短日照植物，光照以 6～7 h/d 为宜。幼苗耐阴，喜生活在半阴条件下；成年植株喜光。如光照不足，植株生长纤细，叶片薄，影响结果；如在强光下暴晒，又会导致花粉不育，叶片受灼。罗汉果喜欢生长于土层深厚、疏松肥沃、通气排水良好的土壤。以富含腐殖质、疏松湿润的壤土或红黄壤为佳。

罗汉果为单性花，雌雄异株。6 月份，藤蔓陆续现蕾开花，花期长约 120 d。7 月份为盛花期，一般在早晨 6:30—8:30 雌、雄花同时开放，雄花药开裂散粉基本上与开花同步。罗汉果授粉后第三天子房开始膨大，15 d 内为幼果迅速生长期，21 d 以后进入缓慢期，1 个月左右果形稳定，种子逐渐饱满和硬化，一般从谢花至果实成熟需 60～75 d。8—10 月份，果实分批成熟。

二、栽培技术

(一)选地与整地

宜选海拔 300～500 m 及以下，背风向阳、昼夜温差大、排水良好、土层深厚且疏松肥沃、水源方便的山地、旱地或旱田。原种植茄科、葫芦科以及其他藤蔓作物的熟地，易造成病虫害交叉侵染，不宜选用；沙土种植易遭受根结线虫为害，漏水漏肥严重，黏土排水不良，植株根茎易感病，都不宜选用。

秋、冬季深翻土地，深 25～30 cm，暴晒土壤越冬。翌年春种植前碎土、平整土地，每 667 m^2 用生石灰 100 kg 均匀撒施后翻入土中，进行土壤消毒及调节土壤 pH。耙平后，按等高线整成宽 90 cm 左右的梯地，沿梯地内壁走向开浅排水沟，另外，还要沿山坡坡势，开主排水沟。在平坦地区种植时，整成宽 130～160 cm 的畦，畦沟深 30 cm、宽 40 cm 左右，四周开好排水沟，田块大的还需开好"十字沟"。种植前在畦面上按株距 180～200 cm 挖定植穴，长宽各

50 cm，深 30 cm，每个畦种植一行。每穴施入腐熟有机肥 10～20 kg，磷肥 0.25 kg，50％多菌灵可湿性粉剂 2～3 g，与细土拌匀，回土堆成高出畦面约 20 cm、大小 80～100 cm 的龟背状土堆，待种。

（二）种植前的准备

1. 基肥的准备

罗汉果是喜肥和耐肥作物，其生长发育过程中需要较多的养分，要使罗汉果植株生长健壮和获得优质高产，必须施足基肥。基肥以有机肥为主，化肥为辅，各种禽粪、畜粪、桐麸、茶麸及沼渣等都是较好的有机肥料，基肥中的化肥以磷肥、硅钙肥和硫酸钾复合肥为主。在施前可将以上肥料混合堆沤。

2. 种苗的准备

将购回的种苗放在屋里或棚内（如气温低于 12 ℃时，一定要在棚内保温）炼苗，当种苗叶子有 3 片以上且气温稳定在 12 ℃以上时，即可种植。

3. 定植前搭好棚架

用杉木、杂木或毛竹作支柱，柱长 2.2～2.4 m、粗 4～6 cm，埋桩的密度约为 3 m×3 m 或 2.5 m×3 m，埋桩要稳，地面留高 1.8 m 左右；在木桩上端中央钉 1 颗约 2 寸长的铁钉，用 14～16 号铁丝拉直拉紧系于木桩尾部铁钉处，将木桩纵横紧密连接起来，拉成主经纬线，边柱用铁丝斜拉在地面打锚固定；棚面覆盖 15～20 cm 眼的塑料网，拉紧，并固定于铁线平面上。

（三）繁殖方法

罗汉果传统的生产中主要有薯块和压蔓等营养繁殖的方式生产种苗，繁殖系数低，且长期的无性繁殖易累积病毒病，导致品种退化，质量下降，产量锐减，现产区已淘汰。目前主产区主要采用组培脱毒苗和组培苗扦插扩繁苗种植，每年更新种苗。

1. 组培脱毒苗生产

组培脱毒苗一般由组培公司生产。种植户可根据近几年来各供苗公司提供的组培种苗质量表现慎重选择种苗，不同的组培公司提供的苗品种有较大的差异，选苗时要注意：①要选择好的组培苗品种，考察该品种的挂果及果的特性。②要选择生长健壮的组培苗，一般要苗高 7～8 cm 以上，叶片无感病特征（如花斑纹）。

2. 组培苗扦插扩繁

由于组培苗价格昂贵，生产成本高，而利用组培苗扦插扩繁后再种植是目前生产上常用的方法。建采穗圃，根据植株挂果情况，选择挂果性能佳、果形美观、个头大、无病毒特征的健壮植株作为来年繁殖用苗的材料。一般扦插育苗时间选择在 9—10 月为好。采用单芽一叶一芽扦插法，选取叶片完整、叶芽饱满、无病虫害且未现蕾的半木质化的组培苗藤蔓作插穗，剪成 10～15 cm 的插条，上切口平剪，下切口斜剪。用生根诱导剂将插穗基部浸泡 30～60 min 后捞出，等插穗表面没有水滴时，将插穗扦插在脱毒营养基质苗床中培养，在扦插的第一天和以后的每 5 d 使用促根营养剂 1 次进行促根，直到生成根苗为止。育苗期间大棚内温度应保持在 25 ℃左右，湿度 80％～90％，并用 1 500 倍的噁霉灵对大棚消毒。为了提高育苗的成活率，可选用育苗杯繁殖，在育苗繁殖中选用脱毒营养基质代替营养土，以减少病害传播。当室外温度较高时，应及时采用遮阳网遮盖大棚并及时通风以保证幼苗生长环境良好。扦插后 15 d 左右生根，次年 3 月上旬当苗高 10～15 cm 时即可移栽。

(四)定植

一般在清明节前后种植，培育壮苗和提早种植有利于果实提早成熟，争取优质高产，提高经济效益。种植时在提前整好的土堆中央扒出一个种植窝，其深度和营养杯高度一致，若土壤过干，应适当淋一次水，使其湿润，以免种植时伤根，不利于小苗成活。扒好种植窝后用防治线虫的药物按照说明书制成药土，每个种植窝内撒施药土 0.25～0.5 kg，并与窝内土壤拌匀。种植时脱去种苗的营养杯，将带有营养土的种苗置于种植窝中部，用细碎肥土培稳种苗并压实，让泥土与种苗根系充分接触，淋一次定根水。

罗汉果是雌雄异株植物，要保证授粉挂果，在种植上要有一定的雌雄植株搭配，一般采用雌雄株比例 100∶3。定植时最好是将雌、雄株种苗分开种，以方便加强对雄株的管护，确保使雌株在整个开花期都有雄花授粉。

(五)田间管理

1.套袋管理

种植初期，注意加强对幼苗的管护。种植完成后，在种苗周围等距离插上 4 根小木棒或竹托，套上两端不封口的塑料袋，底部用泥土压实。如遇低温阴雨或下大雨将套袋上端开口用别针扎紧，以保温或防雨水冲刷小苗；遇到长期阴雨天气，要每隔 2 d 在无雨时打开袋口 2 h 左右。晴天袋口要打开，如发现小苗有萎蔫现象，应用树枝等物遮阴，遇高温天气，可将套袋放平至泥面。一般果苗长至 20 cm 时，即可将套袋去除。

2.水分管理

罗汉果喜湿润环境，整个生长期需水量大，抗旱耐涝能力差。因此，遇旱要注意浇(灌)水，宜在早上或傍晚进行；雨后及时排涝，避免因积水引发烂根死苗。忌持久干旱或长期积水，保持土壤相对湿度 70%左右。注意久旱不能突然浇(灌)猛水，否则易引发病害和造成大量生理裂果。罗汉果植株现蕾(即“来籽”)前要适当控制水分，以促进花芽的分化和生长，若此时土壤水分过多，会造成植株贫长，花期推迟，不利于早结丰产。

3.中耕除草

罗汉果藤蔓上棚前结合除草，进行浅耕 2～3 次，保持土壤疏松，增强透气性，减少水分蒸发，增加保水能力。除草要小心勿锄断茎蔓，中耕宜浅，以免伤根。保持土壤疏松，畦内无杂草。

4.合理施肥

罗汉果生长旺盛，需肥较多，必须施足基肥，勤施追肥。结合中耕除草及时追肥，以腐熟有机肥为主，适当补充磷、钾肥和复合肥。

(1)基肥　每株罗汉果施腐熟猪牛栏粪 10～20 kg(鸡、羊粪减半)，磷肥、高效硫酸钾复合肥及硅钙肥每株施 0.5～1.0 kg，以上肥料可在种植前混合配制施用。

(2)提苗肥　从小苗定植后 5 d 左右开始，用 2%～3%的腐熟沼气液加 0.2%的硫酸钾复合肥淋施(长势差、生长慢的植株还可加入 0.2%的尿素)，每隔 5～7 d 淋施一次，直至罗汉果藤蔓长至离棚顶 30 cm 左右时停止施用。一般施 5～7 次，在规定的浓度范围内要掌握“先稀后浓、先少后多”的原则，后面几次尽量少用尿素等氮肥，防止植株徒长，推迟结果，甚至不结果。

(3)促花肥　当藤蔓长到距棚顶 30 cm 左右时施用促花肥，以促使植株能及早进行花芽分化。每株用高浓度硫酸钾复合肥 0.15～0.25 kg、硫酸钾 0.2 kg、硼砂 10 g 充分混匀，在离根部 40 cm 左右地方开一条深约 15 cm 的环形沟，将肥料均匀施入沟内并盖土，藤蔓上棚后结合防治病虫喷施 3～4 次 0.3%的磷酸二氢钾，隔 5 d 左右喷 1 次。

(4)壮籽肥和壮果肥　当全园现蕾株数达 40%～50%时施壮籽肥，全园开花株数达 40%～50%时施壮果肥。每次淋施 3%～5%腐熟稀沼气液，加 0.4%～0.6%的硫酸钾复合肥。也可在现蕾时距根部 50 cm 左右开环沟，每株施用 0.5 kg 左右的高效硫酸钾复合肥。

总之，施肥的原则是：前期(藤蔓离棚顶 30 cm 前)以促苗为目的，以施用含速效氮肥的水肥为主，要勤施薄施；后期以促花促果为目的，主要以磷钾肥为主，切忌再多施氮肥，否则会引起营养生长过旺，枝蔓徒长，不开花。后期的施肥方法是水肥和撒施相结合，要重施多施，以达到高产的目的。

5.引蔓上棚和整形

(1)插扦绑蔓　小苗定植后，在离根部 10 cm 处插一根竹(木)扦。当苗高 30 cm 左右时，将幼蔓逐段用塑料绳轻缚在竹(木)扦上，以后每长 30 cm 左右绑 1 次，直至主蔓上棚。

(2)抹芽整蔓　主蔓上棚前的侧芽(侧蔓)全部摘除，以培养健壮的主蔓。在侧芽(侧蔓)长到 5 cm 左右长度时，用手指拿住向外将其折断。抹芽工作应选在晴天露水干后进行。

(3)打顶整蔓　罗汉果是以二、三级侧蔓为主要结果蔓，因此，主蔓上棚后长至 7～10 叶时，从 4～6 叶处打顶，促发一级侧蔓，选留 4 条左右健壮的一级侧蔓继续生长，其余抹掉。当一级侧蔓长至 7～10 叶时打顶，去掉 2～3 个节，促发二级侧蔓，每条一级侧蔓上选留 3～4 条健壮的二级侧蔓生长结果，其余抹掉，但若二级侧蔓长至 15 叶左右时仍未见现蕾，应立即进行打顶促发三级侧蔓结果，每条二级侧蔓上留 2～3 条健壮的三级侧蔓结果。

当每株结果量达 150 个左右时，可把藤蔓摘心打顶，其他不“来籽”结果的枝条也及时剪去，以减少营养消耗和减少遮光。

(4)摆蔓和引蔓　将主蔓摆向上坡方向或顺风方向，将各级侧蔓均匀地引导摆放于棚面上，尽量避免藤蔓过多地交叉重叠，以提高植株功能叶的光照面积。

抹芽、打顶和整枝摆蔓工作也要选择在晴天进行，先处理健康无病的植株，最后再整理有病的植株，防止病菌交叉感染。

6.人工授粉

罗汉果属雌雄异株作物，花粉因具有黏性，难以通过虫媒或风媒授粉，必须进行人工授粉才能挂果，获得产量。

罗汉果的授粉方法是：在雄花开花期，每天清晨 5—7 时采摘发育良好、含苞待放的雄花花朵，置于阴凉处备用，待雌花开放时，用竹签刮取花粉，轻轻涂抹在雌花柱头上，切勿损伤雌花的子房和柱头，一般每朵雄花可授 10～12 朵雌花，授粉时间以早上 7—10 时较适宜。

一般情况下，同时种植的果苗，雌株比雄株开花早 5～7 d，这种情况叫雌雄花期不遇，不同年份花期不遇持续时间的长短差异很大。为避免雌雄花期不遇影响生产，可采取以下方法预防：①配置一定数量的不同品种雄株种植，使其在不同年份或气候条件下都能有雄花成熟；②选用上年种植的罗汉果无病雄株，同时选择较好的地块单独种植；③加强对新种果苗雄株的肥水管理，增施磷钾肥，不偏施氮肥。

(六)病虫害及其防治

1.病害

(1)根结线虫病　由根结线虫引起,使植株根部呈结节状膨大,轻则影响植株正常生长,重则造成植株死亡,是当前罗汉果生产中的主要病害之一。防治措施:轮作;提早翻晒种植地,搞好果园排水;不施未腐熟农家肥,增施磷钾肥,增强植株抵抗力;及时清除病株,集中烧毁;小苗定植时,用杀线虫药物制成药土撒于根部,一般施用1次,若发现病株,可在发病初期再施药1次。

(2)病毒病　由病毒感染引起,是当前罗汉果生产中最主要的病害。植株受害后叶片变成黄绿相间的花叶、蕨叶、疱叶、卷叶等,有的腋芽早发成丛枝,果子畸形,易裂果,严重时不能开花结果。防治措施:建立无病种苗基地,选用经严格脱毒的苗木种植;加强肥水管理,多施有机肥和磷钾肥,增强植株抗性;实行轮作,清除病源,果园劳动先操作健康植株,后操作病株,并用肥皂水洗手,防止交叉感染;杀灭传毒昆虫(主要是蚜虫);药剂防治,从植株长至1 m左右时开始,用防治病毒病的药物进行防治,每隔10～15 d喷一次,并可结合喷施叶面肥,增强植株抗性。

(3)根腐病　由真菌引起的病害,用熟地、瓜菜地、黏性大和低洼地种植易发生。主要为害根和茎基部,病株矮小,初期不明显,随病情加重,植株长势越来越差,底叶变黄,最后整株叶片萎蔫,植株枯死。防治措施:选择排水方便的地块种植,不选用瓜菜地和黏性重的地块种植;要高畦深沟种植,搞好田间排水;种植时淋施敌克松,发病初期用根腐灵加克毒纳斯兑水喷施根部,发病严重时用扑海因或代森锰锌1 000倍液灌根。

(4)生理性裂果　是由于土壤水分失调,气温急剧变化引起的。果实膨大期高温、生理性缺钙、偏施氨肥以及病毒病和果实受害虫为害的果园裂果严重。防治措施:施用石灰或硅钙肥,不偏施氨肥;加强水分管理,保持土壤水分平衡;加强病毒病等病虫害的防治。

2.虫害

罗汉果易发生的虫害较多,主要有黄守瓜、蟋蟀、蝼蛄、红蜘蛛、愈斑瓜天牛、蚜虫、果实蝇及家白蚁等,应注意观察,及早发现并杀灭。防治措施:可根据实际情况采取人工后捕抓、药剂防治,以及使用诱虫灯和黄板等。

三、采收与加工

(一)采收

罗汉果一般在10—11月份成熟。果皮毛变硬、果皮变为老青色、果柄枯黄时为最佳采收期,即可选晴天的下午采摘(早晨露水未干时和雨天不宜采收)。采果时用剪刀剪下,轻放于竹筐中。由于罗汉果开花授粉时间不一,果实成熟期也不相同,一般于授粉后60～75 d即可成熟,所以应分批进行采收,严禁采收不成熟果实。

(二)加工

罗汉果有一定的后熟作用,收回后摊放在楼板或竹垫上任其水分蒸发和后熟。摊晾时,每1～2 d翻动一次,经7～10 d,见果皮有50%转黄时,即可按大小分级装箱,进行烘烤。

烘果应力求温度稳定,不能时冷时热,应连续进行,一次性烘干,否则会影响果品质量。罗汉果的干燥,使用烘房、烘炉均可。烘果时一般前期和后期温度宜低,中期温度宜高,即第1～

三、采收与加工

（一）采收

一般于霜降至立冬分期采收。当管状花（即花心）散开 2/3 时选晴天露水干后进行采收。若将全部开放的花朵采下，则加工后质量差；若将露水花采下则容易腐烂、变质、色逊、质差。采时在花枝分杈处折下，然后扎成小束，以利于干燥。菊花采收完后，用刀割除地上部分，随即培土，并覆盖熏土于菊花根部。

（二）加工

菊花由于品种较多，产地各异，因此，加工方法也不同，有阴干、晒干、烘干等，以烘干效果最好。

（1）亳菊　在花盛开齐放、花瓣普遍洁白时，连茎干割下，扎成小捆，倒挂于通风干燥处晾干，不能暴晒，否则香气差。晾至八成干时，即可将花摘下，置熏房内用硫黄熏白。熏后再薄摊晒一天即可干燥。

（2）滁菊　菊花采后，阴干，熏白，晒至六成干时，用竹筛将花头筛成圆球形，再晒至全干即成。晒时切忌用手翻动，可用竹筷轻轻翻晒。

（3）贡菊　菊花采后，置烘房内烘焙干燥，以无烟的木炭作燃料。烘房的温度控制在 40～45 ℃。烘时将贡菊薄摊于竹帘上，当第一轮烘至九成干时，再转入第二轮，第二轮的温度较第一轮低，30～40 ℃。当花色烘至象牙白时，即可从烘房内取出，再置通风干燥处阴至全干。此法加工菊花，清香而有甘味，花色洁白而又鲜艳，且挥发油损失甚少，较晒、熏、蒸法加工质量好。

四、商品质量标准

（一）外观质量标准

以花序完整、颜色鲜艳、气清香者为佳；花序散碎、颜色暗淡、香气弱者次之。

（二）内在质量标准

《中华人民共和国药典》（2020 年版）规定：水分不得超过 15.0%。按干燥品计算，含绿原酸（$C_{16}H_{18}O_9$）不得少于 0.20%；含木犀草苷（$C_{21}H_{20}O_{11}$）不得少于 0.080%；含 3,5-O-二咖啡酰基奎宁酸（$C_{25}H_{24}O_{12}$）不得少于 0.70%。

知识扩展

红花栽培技术

2 d控制在35～40 ℃，因此时果实水分多，逐步升温有利于水分慢慢蒸发，避免爆果；第3～4天温度可升到45～60 ℃，此时果实内水分减少，果内温度均匀，适当增温有利于加速果实干燥；经5～6 d，温度应降到50 ℃以下，因为这时果实接近干燥，适当降温可减少响果、爆果和焦果，保证果品质量。烘烤期间，要严格控制烘房温度，温差不能过大，以免造成破果和斑点果。每天早晚各翻果一次，注意将上、中、下、边缘和中间等部位的果实交换位置，使果实受热均匀。见果皮颜色转黄时，翻动宜勤，以免烘焦。一般烘7～8 d即可干燥。

四、商品质量标准

(一)外观质量标准

以皮色黄褐悦目，嗅之清香、无焦味，用手指轻弹声音清脆，表皮无焦黑，内面的果囊成团，皮与囊不分者为佳。

(二)内在质量标准

《中华人民共和国药典》(2020年版)规定：水分不得超过15.0%；总灰分不得超过5.0%；水溶性浸出物不得少于30.0%；按干燥品计算，含罗汉果皂苷Ⅴ($C_{60}H_{102}O_{29}$)不得少于0.50%。

栀 子

栀子(*Gardenia asminoides* Elis)为茜草科栀子属常绿灌木(图7-18)，以干燥成熟果实入药，又名黄栀子、山栀、白蟾。具有泻火除烦、清热利湿、凉血解毒等功效，用于热病心烦、湿热黄疸、淋证涩痛、血热吐衄、目赤肿痛、火毒疮疡等症；外用治疗因扭挫伤引起的淤血肿痛，消肿效果良好。栀子除药用外，还是饮料、糖果、酒类、糕点、化工及制药工业等的重要原料。花可食用，常用作蔬菜。主产于湖南、江西、浙江、安徽、河北、福建、四川、贵州等地，我国长江以南大部分地区均有野生分布和人工栽培。

图7-18 栀子

一、生物学特性

栀子喜温暖气候，不耐寒，耐干旱。喜阳，在光照充足的环境里，植株较矮壮，分枝多而大，果实充实饱满。对土壤有较明显的选择性，以冲积壤土生长最好，其次是紫色土、山地红壤土，pH为5～7适宜生长，凡碱性土或盐碱地均不宜栽培。

栀子生长适温为20～25 ℃，－5 ℃以上可安全越冬，10 ℃以上萌动，30 ℃以上生长受抑。4月中旬孕蕾，5月上旬至6月初开花，6—10月果实渐大，11—12月果实成熟。

二、栽培技术

(一)选地与整地

育苗地应选择地势平坦、灌溉方便、土壤疏松肥沃、排水良好的砂壤土。选地后秋季深翻细整,施足基肥,然后做成 1.5 m 宽的高畦播种或扦插育苗。栽植地可选海拔高度在 500 m 以下的缓坡山地的中、下部及背阴向阳的山地、丘陵、平原均可。要求土层深厚、疏松肥沃、排水良好的红壤土或冲积壤土。秋、冬季进行全垦或带状整地或块状整地,清除灌木杂草、石块、树根等杂物,然后整成水平梯田,以利于保持水土,并深翻耕一遍。结合整地,每 667 m^2 施入腐熟厩肥或堆肥 1 500~2 000 kg 加过磷酸钙 30~50 kg,翻入土内作基肥,然后挖定植穴栽植。

(二)繁殖方法

以种子繁殖为主,亦可扦插繁殖。

1. 种子繁殖

(1)选种与采种　选择生长健壮、树冠呈现伞状、主枝开阔、叶色浓绿、枝条节短粗壮、果实肉厚饱满且色泽金黄或黄红、无病虫害的优良母株作为留种树。于 10 月下旬至 11 月上旬,采集成熟的果实。然后再选择单果鲜重 4 g 左右、无伤病的果实作种用。先将种果摊开晾干 2~3 d,再用清洁湿润的河沙层积贮藏 25~30 d。后熟处理后,筛出果实,置清水中揉搓,洗去果皮与果胶等杂物,捞去浮在水面的瘪籽,将沉于清水中的饱满种子取出,晾干,切忌暴晒或烘干,否则影响发芽率。再用麻袋装好,置通风、干燥处贮藏备用。

(2)播种育苗　春播或秋播,以春季 3 月下旬播种为好。播前将种子浸泡 12 h。播时,在整好的苗床上按行距 25~30 cm 开横沟条播,沟深 5~7 cm,播幅 10 cm。先浇施稀薄的人畜粪水湿润沟底,然后种子拌草木灰均匀地撒入沟内,随即覆盖细土,厚 1~1.5 cm,再盖杂草保温保湿,以利于出苗。每 667 m^2 用种量 2~3 kg。播后经常浇水,保持苗床湿润,20 d 左右即可出苗。齐苗后揭去盖草,进行中耕除草、间苗、定苗和追肥等苗床管理,培育至翌年早春 2—3 月出圃定植。每 667 m^2 可培育合格幼苗 3 万~4 万株。

2. 扦插繁殖

栀子枝条易发根。春、夏、秋季均可扦插,但以春季 3—4 月扦插成苗率较高。插穗从生长健壮、果大肉厚、枝条节间粗短、树皮黑褐色、无病虫的母株上剪取 1~2 年生枝条,将其截成 20 cm 长的插条,每段需有 3 个以上的节位,并剪去下端叶片,仅留上端 2~3 枚小叶,每 20~30 根扎成 1 捆。然后,将下端剪口放入 500 mg/kg 生根粉或 500~1 000 mg/kg 萘乙酸溶液中浸渍 10 min 左右,取出晾干药液后立即扦插。扦插时,按行株距 10 cm×8 cm 斜插入整好的苗床内,插条入土深度为穗长的 1/2~2/3。扦插完毕后,用细孔喷水壶将插床喷水淋透,压紧,使插穗基部与土壤密接,以利于其吸收土壤中的水分。发芽生根后,需搭棚遮阴,并进行除草、追肥、浇水等苗床管理。培育 1 年,当苗高 30 cm 以上时,即可出圃定植。

(三)定植

秋末冬初,在整好的栽植地上,按行株距 1.5 m×1.2 m(370 株/667 m^2)挖定植穴,穴深与宽各 50 cm,每穴施入适量腐熟厩肥或堆肥,与底土充分拌匀作基肥,每穴栽入壮苗 1 株,分层填土压紧,使根系在穴内舒展。栽后浇水淋透,覆盖细土略高于地面,以利于保墒和成活。

定植的时期以春季2月中旬至3月中旬为好。宜成片集约栽培，有利于丰产和良种化，便于管理和采收。

（四）田间管理

1. 中耕除草

定植成活后，前几年因苗木较小，行间可间作矮秆作物或蔬菜。可结合间作物的管理，进行中耕除草和追肥。植株郁闭后可停止中耕除草。

2. 保花保果

人工栽培的栀子一般落果率达20%～40%，严重时可达50%以上。造成落花落果现象的主要原因：一是树体缺乏营养；二是营养生长与生殖生长不平衡；三是花芽分化期养分供给不足；四是开花期授粉不完全；五是病虫为害严重所致。为此，生产上必须采取以肥水为中心的一系列综合管理措施，以克服落果现象。

3. 科学施肥

在栀子生长前期，以营养生长为主，此时应多施氮肥，加速营养生长，促进枝叶茂盛，增强同化能力，积累更多的有机物。每年于春、夏、秋季结合中耕除草，追施清淡的人畜粪水或尿素液肥，增施磷钾肥，以促进栀子多开花结果。每年春季施花前肥；夏季施壮果肥；秋季施花芽分化肥；冬季重施腊肥。如春季植株萌发后于3月下旬至4月初，每667 m^2 施尿素3～4 kg，以利于春梢的生长；夏季在花粉受精后，于6月下旬每667 m^2 施用复合肥4～6 kg，以提高坐果率；立秋后重施1次秋肥，每667 m^2 施尿素6 kg加人畜粪水1 000 kg，以促进栀子花芽分化，为翌年多开花结果打下基础；冬季采果后，重施1次腊肥，每667 m^2 施用腐熟厩肥或堆肥2 000 kg，加过磷酸钙30 kg、饼肥20 kg，充分拌匀，混合堆沤后，于植株旁开环状沟施入，施后培土，以利于恢复树势和植株安全越冬，为植株翌年的生长提供充分的养分。

4. 喷施植物生长素

在栀子盛花期，喷施0.15%硼砂；谢花3/4时，喷施50 mg/kg赤霉素或8～10 mg/kg的2,4-D+0.3%尿素+0.2%磷酸二氢钾配制成的混合液，每隔10～15 d喷洒1次，连喷2次，可加速细胞分裂和增殖，减少果柄离层的形成，加速果实生长，从而提高栀子坐果率。

5. 整枝修剪

栀子定植成活后，经常抹除主干下部的萌芽，并于栽后第1年，苗高60 cm以上时，剪去顶梢，作为定干高度，将主干离地面30 cm范围内的萌动芽全部抹除，仅留其上3～4个向不同方向生长的强壮侧枝，使其形成树冠外圆内空、枝条疏朗、层次分明、通风透光、单杆开阔的自然开心形的丰产树形。从而有效地调节生长、开花、结果之间的平衡关系，减少养分无谓的消耗，达到增产的目的。此外，每年冬季还要剪去枯枝、纤弱枝、密生枝、徒长枝和病虫枝。每次修剪之后，均要追肥1次，以利于恢复树势。

（五）病虫害及其防治

1. 病害

褐纹斑病，主要为害幼叶，发病严重时，叶片失绿变黄或变成褐色，导致叶片脱落，引起植株生长发育不良，直至死亡。防治方法：在5月下旬和8月上旬可分别喷施50%甲基托布津1 000倍液，或用1∶1∶100的波尔多液防治，或65%代森锌可湿性粉剂500倍液防治。

2. 虫害

（1）日本龟蜡蚧　6—7月若虫大量发生，栖息于叶片或枝梢上吸食为害。防治方法：用

1∶10的松脂合剂喷雾或用0.2～0.3波美度的石硫合剂防治，效果较佳。

(2)咖啡透翅蛾　幼虫为害嫩叶，通常1～2条幼虫便可为害整株幼苗。防治方法：在5月和7月上旬用90%晶体敌百虫100液或50%敌敌畏乳油1 500倍喷雾防治。

(3)卷叶螟　幼虫为害嫩叶，在7—9月为害严重。防治方法：虫害发生时，用50%敌敌畏乳剂1 500倍液喷杀，防治效果较好。

(4)蚜虫　为害嫩芽，可用4.5%高效氯氰菊酯3 000倍液喷雾。

(5)蛞蝓　可在清晨撒生石灰防治。

此外，跳甲等害虫也时有发生，可根据实际情况喷洒相应药剂防治。

三、采收与加工

(一)采收

栀子定植成活后2～3年开始结果。11月份前后，当果皮呈金黄色或红黄色时，选晴天采摘。采摘过早，果皮青绿色未成熟，所加工商品质地松泡、呈黑色，折干率低，色素提取率也低，质量差；采摘过迟，果实已熟透变软，会自行脱落以及为鸟雀所食，加工时干燥困难且易霉变。采摘时，不论果实大小应一次采净。

(二)加工

果实采回后先在通风干燥处摊开晾干数日，使少数青黄或青色果实后熟变为红黄色。然后，将果实放入蒸笼内蒸至上大气为止；或用100 kg沸水兑明矾0.8 kg，将果实煮烫20 min，捞出沥干水分，再置晒席上薄摊日晒至八成干后，将其堆放通风干燥处发汗(即回潮)3～5 d，再晒至全干即成商品。遇阴雨天，可用炭火炕干。炕干时，先在55～60 ℃温度下炕2 d，取出摊凉7 d，再在45～50 ℃温度下复炕1 d，取出摊开放凉后即成商品。

四、商品质量标准

(一)外观质量标准

以长卵圆形或椭圆形，表面红黄色或棕红色，具翅状纵棱，气微，味微酸而略苦者为佳。

(二)内在质量标准

《中华人民共和国药典》(2020年版)规定：栀子的水分不得超过8.5%；总灰分不得超过6.0%；按干燥品计算，栀子苷($C_{17}H_{24}O_{10}$)不得少于2.60%。

车　　前

车前(*Plantago asiatica* L.)为车前科车前属多年生草本植物(图7-19)，以种子和全草入药，又名车轮菜、车轱辘菜、田菠菜等。味甘性寒。车前子具有清热利尿通淋、渗湿止泻、明目、祛痰的功效，用于热淋涩痛、水肿胀满、暑湿泄泻、目赤肿痛、痰热咳嗽等症。车前草具有清热利尿通淋、祛痰、凉血、解毒的功效，用于热淋涩痛、水肿尿少、暑湿泄泻、痰热咳嗽、吐血衄血、痈肿疮毒等症。车前主产于江西、河南，东北、华北、西南、华东等地均有栽培。

一、生物学特性

车前喜温暖湿润、阳光充足环境，怕涝怕旱，适宜日均气温20～25 ℃、全年日照时数≥

1 880 h、全年降雨量 1 450～1 600 mm 的草地、河滩、沟边、草甸、田间及路旁。喜肥，耐贫瘠，对土壤要求不严，但以酸性的沙质冲积土地块生长较好。

在春季日均温度上升到 12 ℃时开始出苗，20～24 ℃时种子发芽较快，夏季气温达 20～27 ℃时植株生长最迅速，气温超过 32 ℃时，则会出现生长缓慢，逐渐枯萎直至整株死亡。夏末秋初种子相继成熟，可自播繁殖。

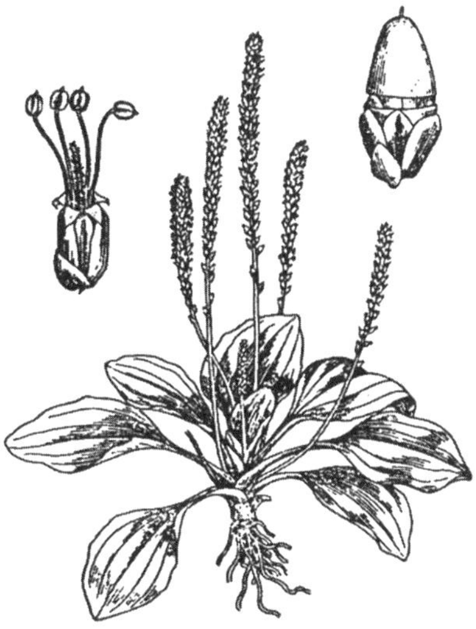

图 7-19　车前

二、栽培技术

(一)选地与整地

育苗地选择排灌良好、土层深厚、疏松肥沃、无污染的壤土(稻田或旱地)。地块深耕 20～30 cm，经充分风化，除净杂草，做到细、平、实、湿、肥，以待播种。每公顷施农家肥 15 000 kg，混施 1 500 kg 过磷酸钙。开沟做畦，畦面宽 100～110 cm，高 20～30 cm。

移植地应选择无污染、阳光充足、排灌方便、土壤疏松肥沃、地势平坦、肥力较均匀、pH 为 5.5～7.5、便于管理的土地，以旱地壤土或晚稻田种植为好，红壤坡地亦可种植。种植地移栽前要“二犁二耙”，深耕 20～30 cm，土壤充分风化、细碎、除净杂草；开沟做畦。多水网的平原地区，为避免车前生长中、后期因畦宽沟浅、排水不畅而造成烂根死苗，应大力推广窄畦深沟防止渍害的高产抗灾栽培措施。一般畦面宽 80～100 cm，畦高 15～20 cm，畦间沟宽 30～40 cm，并开好腰沟和围沟，做到三沟相通，以利于排灌水和日常管理。施基肥，每公顷施腐熟农家肥 25 000～30 000 kg，混施 1 500 kg 过磷酸钙(或复合肥 300～450 kg)，腐熟饼肥 1 500 kg，三者充分混匀于畦面土中。

(二)繁殖方法

车前多以种子繁殖，采用育苗移栽的方法。

1. 精选种子，拌种消毒

选颗粒饱满、棕褐色而具光泽、无病虫害的种，播种前用 1% 高锰酸钾或 1% 氯水浸 5～10 min，再用清水洗净待播，或用 50% 多菌灵粉剂掺细火土灰与种子拌匀(种子：多菌灵＝100：1)。

2. 适期早播，培育壮苗

车前在早播条件下，由于温光条件好，营养生长充分，幼苗素质好，养分积累多，有利于多枝多籽，为稳产高产打下基础。北方 3 月底 4 月中旬或 10 月中下旬播种，南方 3—4 月或 9—10 月播种。育苗一般采用露地苗床育苗为主，苗床面积与大田面积为 1：10。用种量每公顷控制在 15～22.5 kg，将处理后的种子均匀撒于苗床上，盖一薄层细火土灰或草木灰拌的细土，为防鸟虫吃种子和雨后土壤表层板结，在畦面盖一层稻草。播后每隔 3～5 d 浇 1 次水，以保持土壤湿润，促其发芽，出苗后揭去盖草，分期施稀薄氮肥催苗。种子出苗后生长缓慢，易被杂草抑制，幼苗期应及时除草，一般进行人工拔草 2～3 次。拔草同时进行间苗工作，做到苗不搭苗，出苗后 10 d 开始，每 10～15 d 施水肥 1 次，每公顷苗床施 1 500 kg 水＋15 kg 复合肥，施 2～3 次。根据病虫害发生情况，及时做好病虫害防治。

3. 适时移栽，合理密植

春季播种在 4 月下旬到 5 月中旬移栽，秋季播种的移栽时间一般为 11—12 月，苗龄为 40～50 d、苗高 7～10 cm 时便可移栽。秧龄过短返苗慢，长势弱，抗逆性差，不利于越冬，秧龄过长则幼苗老化，生育期短，不利于产量的形成。移苗前育苗床淋足水，用小铁铲带土移苗，随移随栽，秋季栽植按株行距 30 cm×35 cm 开穴，每穴栽 1 苗，每公顷控制密度为 9 万～10 万株，做到大、小苗分栽，栽后盖土、淋足定根水。

（三）田间管理

1. 中耕除草

一般进行 3 次，幼苗返青后 15 d 左右进行第 1 次中耕除草，第 2 次中耕除草在立春至雨水间，第 3 次在旺长期封行前进行。畦面的杂草人工拔除，或用小铲边松土边除草，垄沟内可用工具锄草，做到田间无杂草。中耕除草松土选择在晴天进行。

2. 查苗补苗

苗成活后经常查苗，及时查漏补缺，保证全苗。

3. 科学施肥

肥料种类以有机肥为主、化学肥料为辅。施肥方法以基肥为主，追肥为辅。基肥以腐熟农家肥为主，混合过磷酸钙或复合肥。追肥以复合肥、腐熟农家肥为主。不能使用城市垃圾肥。幼苗定植成活后，一般进行 3 次追肥，第 1 次在幼苗返青后 10～15 d 进行，每公顷用尿素 300 kg 或稀的人畜粪水 18 000～22 500 kg；第 2 次于栽后 25～30 d 进行，每公顷施尿素或磷酸二铵 150 kg、氯化钾 225 kg；第 3 次于抽穗后，每公顷施氯化钾 75 kg，并用磷酸二氢钾 2 250～3 000 g、硼肥 1 500～2 250 g，叶面喷施，以促进花芽分化和种子发育，注意控制氮肥用量，防止营养生长过旺和导致病虫害发生。

4. 灌溉和排水

由于秋冬季雨水较少，移栽后根据天气情况及时淋水和浅灌水，一般每 5～7 d 一次，保持土壤湿润。车前中后期雨水较多，田间易积水，应及时清沟排水，降低土壤湿度，减少病虫害的发生。

（四）病虫害及其防治

车前病害均在 3 月下旬至 4 月中下旬发病最重，主要有白粉病、褐斑病、叶斑病、根癌病、霜霉病、穗枯病等，特别在雨水多、排水不良的土壤中易发生；虫害主要有车前圆尾蚜、刺蛾幼虫。防治应以预防为主，综合防治，车前与水稻合理轮作，以减少土壤中病原细菌；合理均衡施肥，不偏施氮肥；选用健壮不带病菌种子和做好种子消毒，及时清除杂草、病株和进行土壤消毒处理，在车前草抽穗前后加强调查，发现中心病株及时拔除、集中烧毁，并用药防治。春季防治从抽穗时开始喷药，用 50%多菌灵或 70%甲基托布津 400～500 倍液或井冈霉素 150～200 倍液进行预防，每隔 4～5 d 一次，连喷 3～4 次防止病菌侵染穗，并注重开沟排水，降低田间湿度。

三、采收与加工

(一)采收

车前果穗下部果实外壳初呈淡褐色、中部果实外壳初呈黄色、上部果实已膨大、穗顶已收花时，即可收获。车前抽穗期较长，先抽穗的早成熟，所以要分批采收，每隔 3～5 d 割穗一次，半个月内将穗割完。收获宜在早上或阴天进行，以防裂果落粒。用镰刀将成熟的果穗割下，装入箩筐运回。

(二)加工

将采回的果穗放在干燥通风室内堆放 1～2 d，然后放置于竹晒垫上暴晒 2 d。脱粒后再晒，除去粗壳杂物，筛出种子，扬净种壳，晒至全干。清除杂质，以手抓一把种子全部种子即从指缝中滑落出来为干燥适度。种子晒干后用麻袋或塑料尼龙布包装。挂上标签，记录品名、批号、规格、质量、重量、产地、生产日期。贮存在清洁、干燥、阴凉、通风、无异味的仓库中，注意避光、防潮、防鼠虫为害。

四、商品质量标准

(一)外观质量标准

车前子呈椭圆形、不规则长圆形或三角状长圆形，略扁，长约 2 mm，宽约 1 mm。表面黄棕色至黑褐色，有细皱纹，一面有灰白色凹点状种脐。质硬，气微，味淡。以粒大、色黑、饱满者为佳。

(二)内在质量标准

《中华人民共和国药典》(2020 年版)规定：车前子水分不得超过 12.0%；总灰分不得超过 6.0%；酸不溶性灰分不得超过 2.0%；膨胀度应不低于 4.0；按干燥品计算，含京尼平苷酸($C_{16}H_{22}O_{10}$)不得少于 0.50%；毛蕊花糖苷($C_{29}H_{36}O_{15}$)不得少于 0.40%。

枳壳(酸橙)

枳壳为芸香科植物酸橙(*Citrus aurantium* L.)及其栽培变种的干燥未成熟果实，以果皮入药。其味苦、辛、酸，微寒。具有理气宽中，行滞消胀功效，用于胸胁气滞，胀满疼痛，食积不化，痰饮内停，脏器下垂等症。枳壳产区主要分布于中国长江流域及以南的湖南、江西、四川、浙江、重庆等地。其中，湖南产量最大，占全国产量的 40%以上，湖南沅江是全国著名的枳壳药材生产基地；江西枳壳品质最佳，尤其是樟树市黄土岗镇和新干县三湖镇的枳壳最著名，为传统道地药材(图 7-20)。

一、生物学特性

枳壳喜温暖潮湿的气候，适宜在年平均温度 15 ℃以上的地区栽培。发芽时有效温度为 10 ℃以上。最低温度在－5 ℃以上时，生长较安全；在－10～－5 ℃，如果持续时间不长，还不致发生严重的冻害；如果气候骤然降低和昼夜温差太大，便容易遭受冻害。枳壳对高温有忍耐力，在水分充足的条件下，温度高至 40 ℃左右也不会枯萎。它不但喜欢温暖，而且喜欢比较湿润的气候，宜生长于年降雨量为 1 000～2 000 mm、相对湿度为 65%以上的地区。由于它的生

图 7-20　枳壳

长季节很长，而水分对抽枝和果实生长的关系又很大，因此，还要求降雨量分布较均匀。如果空气湿度太小，果实往往油少皮薄，色泽不鲜，产量、质量均差。

枳壳果圆球形或扁圆形，果皮稍厚至甚厚，难剥离，橙黄至朱红色，油胞大小不均匀，凹凸不平，果心实或半充实，瓢囊 10～13 瓣，果肉味酸，有时有苦味或兼有特异气味；种子多且大，常有肋状棱，子叶乳白色，单或多胚。花期 4—5 月，果期 9—12 月。

二、栽培技术

(一)选地与整地

枳壳对土壤的适应范围较广，各种土壤，即使是土壤理化性状较差的红壤和黄壤都能栽种。但以土层深厚、质地疏松、排水透气良好，具微酸微碱(pH 为 6.5～7.5)性的土壤为好。在这种土壤上栽种，产量高，树龄较长。过于黏重、排水不良的土壤，都不宜栽培。对地势的选择不严，无论山坡、平原、丘陵、河滩均可栽培，但在坡地栽培应选向阳的地方。

栽植枳壳的土地如系山地或丘陵地宜选择 15°～20°的南向坡。为了利于水土保持和土壤改良，最好将坡地改成梯地。整地最好在定植前一年进行。深翻土地并挖好定植的穴，经日晒夜露，土壤松散。成片栽种，行株距约 5m；零星栽种可稍密。定植穴一般直径大约 70 cm，深约 50 cm；行间错开呈三角形。每穴施入腐熟堆肥、厩肥约 20 kg，与穴内土混合均匀。

(二)繁殖方法

可用种子繁殖、芽接、高枝压条法繁殖。

1. 种子繁殖

冬播在当年采种后，春播在翌年 3 月上中旬，按行距 30 cm、株距 3～6 cm 条播，播后用肥土盖种再覆草，保持床土湿润，幼苗破土后及时去掉覆盖物，翌春待苗高 1 m 左右时，再按行距 30～50 cm、株距 25～30 cm 移栽。

2. 嫁接繁殖

嫁接用的砧木可用种子繁殖 2～3 年的幼株。每年 2 月、5—6 月、9—10 月均可进行。嫁接一般用腹接法最好，也可用“T”形芽接等，嫁接时要求刀利、手稳，削口要平滑，包扎紧实，成活 1～2 年后，发育正常即可定植。

3. 高枝压条法

在 12 月前后，选壮树上 2～3 年生的枝，环切一条宽约 1 cm 的缝，剥去树皮，并浇湿泥土，外用稻草包好，每天或隔天浇水一次，约 15 d 可生根，壮树每树可接 6～10 枝，约 2 个月后切断，栽于地里，5—6 月再定植。

(三)定植

实生苗生长 2～4 年，高 1 m 左右时即可移栽定植；压条苗生长一年，即可锯下定植；嫁接苗成活后 1～2 年，发育正常的即可定植。起苗有带土和裸根两种方式。带土移栽易成活，不影响树势，适宜于就近移植；裸根掘苗省工，但需疏去大量叶子，才能保证成活，适用于运送至较远地定植的情况。定植可在春、秋两季进行，宜选无风阴天或雨后晴天。每穴植苗1株，根系应舒展，然后填入碎土，不使根际留有空隙，填入一点碎土后(约半穴)，再将苗木略向上提动数次，使根系先略向下，并与土壤密接，用棒捣实，再填土踏实，表面覆盖松土，然后浇水。定植深度以根系略高于土面为宜；不宜过深、过浅。定植后，还要在株侧插立支柱，捆稳苗木，苗长稳后撤除。

(四)田间管理

1.中耕除草

每年应中耕除草三四次；过干灌水，过湿则排水。

2.施肥

采用环状施肥法，再树冠下挖一条宽7～8 cm，深约3 cm的圆沟，于开花前，果如指大(生理落果已定后)和采果后各施肥一次，可用人粪尿、塘泥、草木灰、骨粉、厩肥等，每次施25～35 kg/株。

3.修枝

成年树多在冬季进行修枝，可剪去下垂枝、枯枝及分布不匀的密生侧枝、重叠枝、交叉枝和病虫害枝等。

(五)病虫害及其防治

1.病害

(1)柑橘溃疡病　为害叶、枝梢和果实。该病由细菌引起，病菌主要在枝叶病组织内越冬，第2年由风雨、昆虫和树枝接触传播。高温(25～30 ℃)是发病的主要条件。南方一般在3月底至4月初开始发生，6—7月盛发。幼树比老树更易感病。此外，潜叶蛾为害也易使溃疡病发生。防治方法：在冬季或早春发芽前，剪除病枝、病叶并就地烧毁；在春芽萌动前开始，每隔10～15 d喷射1∶2∶200波尔多液1次，共喷5～6次；冬前施足基肥，春秋及时追肥、避免夏至前施肥过多；适时中耕排灌，增强树势，并防治潜叶蛾。

(2)柑橘疮痂病　为害叶、果和新梢幼嫩组织。由真菌侵染引起，一般5月下旬至6月中旬发病最重，嫩叶最易感病。防治方法：剪除病枝、病叶，集中烧毁；加强培管，使树势健壮，以增强抗病力；春芽萌发和落花时，各喷施0.8∶1∶100波尔多液1次，或喷施50%退菌特500倍液。

(3)柑橘霉病　为害叶、果实和枝梢，是真菌性病害。发病时生很薄的暗褐色霉斑，最后形成绒状黑色霉层，影响光合作用，使树势衰弱，开花少、果形小，品质差，易腐烂。病菌以靠蚧、粉虱和蚜虫等分泌物为营养源，在病部越冬，第2年借气流传播，落于蚜虫、蚧类等的分泌物上，再度引起发病。管理不良、荫蔽、潮湿和虫害多的果园易发生此病。防治方法：积极减除蚧类、粉虱、蚜虫的滋生，适当整枝，以利通风透光，增强树势。

2.虫害

(1)天牛　幼虫蛀食树干皮下，严重时蛀成孔道。防治方法：捕杀成虫，并用80%敌敌畏乳液浸药棉，塞入蛀孔，用泥封口，熏杀或用铁丝将幼虫勾出杀死。

(2)红蜘蛛　四季都可发生。干旱时发生严重，为害叶、花及果实，使叶、花、果脱落，产量减少。防治方法：可用0.2～0.3波美度的石硫合剂，但花期不宜喷药，以免引起落花。

(3)锈壁虱　多发生在夏、秋季之间，主要为害果实。果实被害后，凹陷处生赤色小斑点，逐渐扩大，最后全果变成乌黑或赤黑色，表面粗糙而皱裂，严重时引起落果。此虫在气温 10 ℃以下停止发育，25～30 ℃繁殖最快。防治方法：在 6—7 月虫害猖獗时，可用 0.2～0.3 波美度的石硫合剂，每隔 15～20 d 喷施 1 次，连续施 2～3 次；也可用 400 倍的胶体硫黄或 25%杀虫脒水剂 500～1 000 倍液防治。

(4)介壳虫　为害枝叶及果实，并可引起煤病，轻者影响产量和质量，重者导致全株死亡。防治方法：用松脂合剂，夏季加水 10～15 倍，春、冬季加水 8～30 倍，每隔 15～20 d 喷施 1 次，直至消灭为止，药剂浓度应视气候而定，气温高或天旱时，浓度宜小，气温低或湿度大时，可稍浓，在干旱季节，用松脂合剂往往引发药害，喷射前应当灌溉，以防大量落叶；也可用 25%亚胺硫磷乳油 500～800 倍液。

三、采收与加工

(一)采收

酸橙结果年龄因种苗来源不同而异，一般空中压条和嫁接苗在栽后 4～5 年结果，种子繁殖的在栽后 8～10 年才开始开花结果。采收枳实可在大暑前，每日早晨拣落地幼果加工，稍大的横切为二，小的可以不切，晒干或烘干即成。枳壳应在伏天采收，头伏起至三伏止(7 月下旬至 8 月上旬)，最好是二伏为宜，才能达到皮青白口菊花心的规格，同时体质坚实。

(二)加工

果实采收后横切成两半，可以晒干，也可用无烟煤炕干，要摊在晒席或草地上晒，切忌摊在石坝和三合土坝上，否则温度太高，果皮容易变成黄色。晒时要先晒切面，后晒果皮，至切面已干时，再晒果皮，干后才能呈肉白皮青。如用火炕，火力不能过大，以免炕焦或色泽不好。

四、商品质量标准

(一)外观质量标准

以无虫蛀、霉变、枯炕、泡壳、横面宜径在 3.5 cm 以上者为合格。以青皮白口、肉厚、皮细、坚实、气香者为佳。

(二)内在质量标准

《中华人民共和国药典》(2020 年版)规定：枳壳水分不得超过 12.0%；总灰分不得超过 7.0%；按干燥品计算，含柚皮苷($C_{27}H_{32}O_{14}$)不得少于 4.0%，含新橙皮苷($C_{28}H_{34}O_{15}$)不得少于 3.0%。

知识扩展

山茱萸栽培技术

任务实施

技能实训7-3　调查当地主要果实和种子类药用植物栽培技术要点

一、实训目的要求

通过调查，了解当地主要果实和种子类药用植物栽培技术要点。

二、实训材料用品

记录本、笔、嫁接刀、修枝剪、农具、肥料、实训基地果实和种子类药用植物等。

三、实训内容方法

(1)实地调查　在实训基地进行调查，记录主要果实和种子类药用植物的栽培技术要点。

(2)现场实训　以小组为单位，结合当地主要果实和种子类药用植物各生长期特点适时进行选地与整地、繁殖方法、田间管理、病虫害防治、采收和加工等实训。

(3)上网搜索　记录当地主要果实和种子类药用植物种类及栽培技术要点。

四、实训报告

列举当地主要果实和种子类药用植物栽培技术要点及其注意事项。

五、成绩评定及考核方式

根据实训报告及实训表现综合评分。

【思考与练习】

1. 简述山茱萸的生物学特性。
2. 如何对山茱萸进行选地、整地？
3. 简述山茱萸种子处理的方法及要点。
4. 山茱萸如何进行扦插繁殖和嫁接繁殖？
5. 简述山茱萸采收和加工的方法。
6. 简述枸杞的生物学特性。
7. 枸杞的繁殖方法有哪些？
8. 怎样合理对枸杞进行整形和修剪？
9. 枸杞主要病虫害有哪些？如何防治？
10. 枸杞鲜果如何进行加工？
11. 简述薏苡的生物学特性。
12. 薏苡的繁殖方法有哪些？
13. 薏苡主要病虫害有哪些？如何防治？
14. 薏苡鲜果如何进行加工？
15. 罗汉果田间管理的主要措施有哪些？
16. 简述罗汉果采收与加工的方法。

17. 简述栀子的生物学特性。
18. 栽培栀子如何进行选地、整地？
19. 栀子主要繁殖方法有哪些？
20. 简述栀子采收和加工技术。
21. 如何进行车前苗床选择和移植地选择？
22. 车前种子繁殖有哪些要点？
23. 车前田间管理有哪些主要措施？
24. 简述枳壳(酸橙)的生物学特性。
25. 简述枳壳采收和加工的方法。

任务 4　全草类药用植物

知识目标

- 了解当地主要全草类药用植物的生物学特性。
- 掌握当地主要全草类药用植物的栽培技术。
- 掌握当地主要全草类药用植物的采收和加工技术。

能力目标

- 能熟练进行当地主要全草类药用植物的种子繁殖和营养繁殖操作。
- 能顺利进行当地主要全草类药用植物的田间管理、采收和加工。

素质目标

- 培养学生搜集资料、利用资料能力和团队协作、求真务实的职业精神。

相关知识

薄　荷

薄荷为唇形科多年生草本植物薄荷(*Mentha haplocalys* Briq.)的干燥地上部分，以全草入药。味辛性凉。具有宣散风热、清头目、透疹疏肝行气的功效，用于风热感冒、风温初起、头痛、目赤、咽喉肿痛、口疮、风疹、麻疹、胸肋胀闷等症。还可提取薄荷油、薄荷脑作为制药、制香油的原材料，可用于制造清凉油、八卦丹等，还可加入糕点或作为牙膏、香皂的添加剂。薄荷主产于江苏、浙江、江西、湖南、四川、广东等地，全国各地均有栽培(图 7-21)。

一、生物学特性

薄荷适应性很强，海拔 2 100 m 以下地区均能生长。阳光充足，海拔 300～1 000 m 的地区栽培的薄荷，薄荷油含量高。光照不充足、连阴雨天，薄荷油和薄荷脑含量低。喜温暖湿润环境，根茎在 5～6 ℃就可萌发出苗，适宜生长温度为 20～30 ℃，地上部分能耐 30 ℃以上的温度，气温降至－2 ℃植株枯萎。根茎比较耐寒，只要土壤保持一定湿度，在冬季－30～－20 ℃仍能越冬。生长初期和中期需要雨量充沛，现蕾期、花期需要阳光充足、干旱的天气。生长期

图 7-21 薄荷

缺水或开花期雨水过多，均不利生长，影响产量和品质。薄荷整个生长发育期都需要充足的阳光，日照时间长能提高薄荷油、薄荷脑的形成。薄荷对土壤的要求不严格，一般土壤都能生长，但以疏松肥沃，排水良好、pH 为 5.5～6.5 的砂壤土和壤土为好。

薄荷的再生能力较强，其地上茎叶收割后，又能抽生新的枝叶，并开花结实，所以生产上多采用根茎繁殖。我国多数地区可 1 年收割 2 次，广东、广西、海南可收割 3 次。

二、栽培技术

(一)选地与整地

选土壤肥沃、地势平坦、排灌方便、阳光充足、2～3 年内未种过薄荷的微酸性砂壤土。光照不足、干旱易积水的土地不宜栽种。薄荷病虫害多，吸肥力强，不宜连作。前茬收获后，每 667 m^2 施腐熟堆肥或厩肥 2 000～3 000 kg、过磷酸钙 15 kg 作基肥，然后深耕地 25～30 cm，耕耙整平，把肥料翻入土中，碎土，做宽 120～150 cm、高 15～20 cm 的高畦，畦沟宽 25～30 cm，雨水少的地区或排水较好的地块也可作平畦。

(二)繁殖方法

薄荷的繁殖方法主要是根茎繁殖、分株繁殖和扦插繁殖。种芽不足时可用扦插繁殖和种子繁殖，分株繁殖和扦插繁殖多在育种时采用，生产上不采用。

1. 根茎繁殖

在冬季或春季均可进行。春栽一般在 2 月中旬至 4 月上旬进行；冬季宜在 10 月上旬至 11 月下旬栽种。冬季栽种效果比较好，植株生根快、发棵早。种用根茎要随挖随栽，选色白、粗壮、节短、无病虫害的新根茎作种用，剪去老根和黑根，切成 6～10 cm 小段。按行距 25 cm 在畦面开小沟，沟深 6～10 cm，将根茎小段均匀放入，下种密度以根茎首尾相接为好，随即覆土 6～8 cm，压实。有些地区采用穴栽，按行株距各 25 cm 挖穴，穴径 7 cm，深 6～10 cm，每穴放根茎 2～3 节，施入畜粪水后覆土。

2. 分株繁殖

分株繁殖也称幼苗繁殖或移苗繁殖。选择没有病虫害的健壮母株，使其匍匐茎与地面紧密接触，浇水、追肥两次，每 667 m^2 施尿素 10～15 kg。待茎节产生不定根后，将每一节剪开，每一分株就是一株幼苗。

3. 扦插繁殖

5—6 月份，将地上茎枝切成 10 cm 长的插条，在整好的苗床上，按行株距 7 cm×3 cm 进行扦插育苗，待生根、发芽后移植到大田培育。该法比无根茎繁殖产量高，多用来选种和种根复壮。

4. 种子繁殖

春季 3—4 月，把种子均匀撒入沟内，覆土 1～2 cm 厚，浇水，盖稻草保墒。2～3 周即可出苗。种子繁殖生长慢，容易变异，只能用来育种。

（三）田间管理

1. 查苗补苗

在 4 月上旬移栽后，苗高 10 cm 时，要及时查苗补苗，保持株距 15 cm 左右，即每 667 m^2 留苗 2 万～3 万株。

2. 中耕除草

3—4 月间中耕除草 2～3 次。因薄荷根系集中于土层 15 cm 处，地下根状茎集中在土层 10 cm 处，故中耕宜浅不宜深。第一次收割后，再浅锄一遍。

3. 追肥

每次中耕除草后都应施肥。追肥以氮肥为主，苗期和生长后期可少施些，生长盛期应多施些，每次收割后也应多施些。肥料一般用人畜粪水，每次施人畜粪水 1 500～2 000 kg/667 m^2，或施尿素 8～10 kg/667 m^2。人畜粪水与尿素混合追肥效果更好。在第一年、第二年当年最后一次收割后，每 667 m^2 用油籽饼 50～70 kg 与堆肥或厩肥 2 500～3 000 kg 混合堆沤腐熟之后，撒施于畦面作为冬肥，促使次年出苗早，生长健壮整齐。

4. 排灌

每次施肥后都要及时浇水。当 7—8 月出现高温干燥以及伏旱天气时，要及时灌溉抗旱。遇多雨季节，应及时排出田间积水。

5. 去杂

良种薄荷种植几年后，均会出现退化混杂，主要表现为植株高矮不齐，叶色、叶形不正常，成熟期不一，抗逆性减弱，原油产量和质量下降。当发现野杂薄荷后，应及时去除，越早越好，最迟在地上茎长至 8 对叶之前去除。

6. 摘心

薄荷是否摘心应因地制宜。摘心是指摘去顶端，以促进新芽萌发生长。一般密度大的单种薄荷田不宜摘心，而密度稀时或套种薄荷长势较弱时需摘心，以促进侧枝生长，增加密度。摘心以摘掉顶端两对幼芽为宜，应选晴天中午进行，以利于伤口愈合，并及时追肥，以促进侧芽萌发。

（四）病虫害及其防治

1. 病害

（1）斑枯病　为害叶片。叶片受侵害后，叶面上产生暗绿色斑点，后渐扩大成褐色近圆形或不规则形病斑，直径 2～4 mm，病斑中间灰色，周围有褐色边缘，上生黑色小点（分生孢子器）。危害严重时病斑周围的叶组织变黄，早期落叶。防治方法：收获后清除病残体，生长期及时拔除病株，集中烧毁，以减少田间菌源；选择土质好、容易排水的地块种植薄荷，并合理密植，使行间通风透光，减轻发病；实行轮作；发病期喷洒 1∶1∶160 波尔多液或 70％甲基托布津可湿性粉剂 1 500～2 000 倍液，7～10 d 喷 1 次，连续喷 2～3 次。

（2）锈病　主要为害叶片和茎。发病初期叶背面有黄褐色斑点突起，随之叶正面也出现黄褐色斑点，为害重者，病斑密布，叶片黄枯、反卷、萎缩而脱落，植株停止生长或全株死亡，导致严重减产。防治方法：加强田间管理，改善通风条件，降低株间湿度，以增强抗病能力；发现少数病株立即拔除；发病初期用 1∶1∶100 的波尔多液喷洒，防止传播蔓延，发病后用敌锈钠

250 倍液防治；如在收获前夕发病，可提前数天收割。

2. 虫害

主要虫害有小地老虎、银纹夜蛾、斜纹夜蛾。防治方法：用 90%敌百虫 1 000～1 500 倍液防治。

三、采收与加工

（一）采收

薄荷收获期是否适当和产量有密切关系。薄荷一般收 2 次，个别地方收 3 次。第一次收割在 7 月下旬，称头刀；第二次收割在 10 月下旬，称二刀。头刀在初花期，基部叶片发黄或脱落 5～6 片，上部叶下垂或折叶易断，开花未盛，每株仅开花 3～5 节时，选晴天上午 10 时至下午 3 时，用镰刀齐地割下茎叶；二刀在可在花蕾期或叶片渐厚发亮时选晴天收割。

（二）加工

空气干燥的地区，薄荷可挂于屋檐下阴干。湿度较大的地区如四川，一般采用摊薄晾晒，每 2～3 h 翻动 1 次，至七八成干时停晒回润，将其扎成小把，每把重约 1 kg；然后将捆成的小把基部朝外，梢部朝内，相互压叠堆放成圆堆或长堆，上放木板或石块压实发汗，使其干燥程度一致，堆放 2～3 d 后，再翻堆晒至全干即成。干燥后，打包成件。若加工薄荷油，可晒至半干，分批放入蒸锅内蒸馏，即得。

四、商品质量标准

（一）外观质量标准

以身干、叶多、色绿、气味浓者为佳。

（二）内在质量标准

《中华人民共和国药典》（2020 年版）规定：薄荷叶不得少于 30%；水分不得超过 15.0%；总灰分不得超过 11.0%；酸不溶性灰分不得超过 3.0%；挥发油不得少于 0.80%（mL/g）。

芦　荟

芦荟为百合科多年生植物库拉索芦荟（*Aloe barbadmsis* Miller）、好望角芦荟（*Aloe ferox* Miller）或其他同属近缘植物叶的汁液浓缩干燥物。味苦性寒。具有泻下通便、清肝泻火、杀虫疗疳的功效，用于热结便秘、惊痫抽搐、小儿疳积、外治癣疮等症。主产于广东、广西、云南、福建、海南等地，现各地均有栽培（图 7-22）。

一、生物学特性

芦荟原产于非洲热带干旱地区，分布几乎遍及世界各地，适宜生长在气候炎热、干旱，雨量稀少，地面蒸发量高的海边沙滩或岩石缝隙中。芦荟喜光，要求阳光温和。过于荫蔽，容易引起叶的局部腐烂；光照太强，则处于半休眠或停止生长状态。怕寒冷，气温降至 0 ℃时即受冻害。忌积水、潮湿的环境，否则易导致烂根、烂叶。对土壤要求不严，虽耐贫瘠的土壤和干燥的环境，但还是喜疏松肥沃、排水良好、富含有机质的砂壤土。在此环境中生长快，叶片肥厚而浓绿；在黏性板结土质中生长，根系不发达，生长不良。

图 7-22 芦荟

芦荟为常绿、多肉质的草本植物，茎较短。叶近簇生或稍二列（幼小植株），肥厚多汁，条状披针形，粉绿色，长 15～35 cm，基部宽 4～5 cm，顶端有几个小齿，边缘疏生刺状小齿。花葶高 60～90 cm，不分枝或有时稍分枝；总状花序具几十朵花；苞片近披针形，先端锐尖；花被长约 2.5 cm，裂片先端稍外弯；雄蕊与花被近等长或略长，花柱明显伸出花被外。

二、栽培技术

（一）选地与整地

选光照充足、疏松肥沃、排水良好、富含有机质的砂壤土种植。每亩地施用土杂肥 5 000 kg、豆饼 50 kg，撒匀，深耕。必要时，可用必速灭每亩 7～10 kg 均匀混入土层 20 cm 处，覆盖薄膜密封，进行土壤消毒。7 d 后，揭膜通风，晾 15 d。根据栽培地区雨量大小，做成畦宽 120 cm 的平畦，或畦面宽 100 cm、沟底宽 40 cm、沟深 30 cm 的高畦。

（二）繁殖方法

芦荟多用分株和芽插繁殖。

1. 分株繁殖

将芦荟萌蘖出的小株连根挖取，并切离母株，按 50 cm×50 cm 的株行距开穴定植，每穴 1 株。以春季 3—4 月份、秋冬季 9—12 月份定植为好。

2. 芽插繁殖

从母株上切取顶芽或侧芽，长 5～10 cm，置阴凉处，夏季放置 4～5 h，秋冬季放置 1～2 d，待切口稍收缩干燥后，将芽扦插在搭有荫棚的苗床上。插后 20 d 左右生根，2～3 个月后出圃，按株行距 50 cm×50 cm 定植。

（三）定植

于春季（3—4 月）或秋季（9—11 月）定植，用 10～20 cm 高的分株苗或芽插苗，株行距为 50 cm×50 cm 或 40 cm×50 cm，每畦种 2 行，每穴栽 1 株。定植时将根舒展，覆土压紧。土壤干燥时，需浅水定根，并用小树枝临时遮阴。

（四）田间管理

1. 中耕除草

中耕能疏松表土，促进土壤有机物的分解，为根系正常生长和吸收营养创造良好的条件，并能清除田间杂草。在没有杂草的情况下，每次灌水后也应中耕松土或培土一次。在苗期，由于大部分地表暴露在阳光下，这时除土表容易干燥外，杂草也繁殖很快，要勤中耕除草，每年至少 2～3 次。结合除草同时松土和培土。中耕的深度应随着芦荟植株的生长逐渐加深，远离苗株的行间应深耕，植株附近应浅耕，平均深度 3～6 cm，并应把土块打碎。

2. 追肥

为促进植株的生长，要及时追肥。每年应追肥 3～4 次，以腐熟农家肥为主结合施用化肥。

追肥时根据植株大小、生长时期来确定施肥量的大小和次数。原则上少施、勤施，保证植物正常生长所必需的养分。春、秋季是芦荟生长的旺季，施肥量应适当多，且次数勤；夏冬季施肥量应小，次数也要少。成株芦荟的施肥量比小苗和老株芦荟要大，次数也要更多。施肥的方法有沟施、穴施和灌水冲入地中，也可浇施。如果是干粪肥或颗粒无机肥，沟施或穴施后应通过中耕将它们翻入表土内，然后立即灌水。

3. 灌溉排水

定植时如土壤干燥，需浇定根水。以后要根据土壤干湿、天气、苗情来掌握浇水次数和浇水量，春、夏季气温高，蒸发量大，常遇干旱，此时要适当浇水，每次浇水都要浇透。夏季浇水宜在傍晚后进行，切记不要在中午浇水，以免烫伤茎部，引起死亡。雨季注意排除积水，以免烂根。

4. 遮阴

芦荟生长所需适宜的温度为 15～28 ℃，空气相对湿度为 75%～85%。当夏季气温高，光照强烈时，应搭棚遮阴，以免日光灼伤叶片，使叶片失绿而呈现红色，影响生长，降低产量。

5. 越冬防寒

芦荟栽植地如果最低气温达不到 5 ℃以上，就应采取相应的防寒保温措施。一是搭棚保温，必要时辅以加温；二是采用“急救干燥过冬法”保存植株，从芦荟的根部切断或连根拔出，用草绳轻轻地绑起来。然后倒挂在无直射光线、空气流通和温度在 5 ℃以上的室内。这样既可保持芦荟的生命力，又使过冬的芦荟到春季重新栽培在地里时，具有强大的生命力。

（五）病虫害及其防治

1. 病害

主要是黑斑病，在芦荟中发生普遍，主要为害叶片。发病初期，叶片上产生丝状污斑，后发展成近圆形的黑褐色病斑，病斑边缘呈放射状，周围有黄色晕圈。发病后期，病斑上常有许多黑色疱状颗粒。发生严重时，产生紫色到黑色条状病斑，叶表下陷。防治方法：选用抗病品种，皂质芦荟最能抗病；加强栽培管理；发病初期喷施 75%百菌清可湿性粉剂 800 倍液，或 16.7%农利灵（乙烯菌核利）可湿性粉剂加 50%百菌清可湿性粉剂 800 倍液，喷洒防治，直至无病害发生。

2. 虫害

主要有红蜘蛛、蚜虫、棉铃虫、介壳虫。这些害虫主要为害幼苗或嫩叶，发生量不多，可按常规方法防治。

三、采收加工

（一）采收

当芦荟植株下层叶片小于上层叶片时，可进行第 1 次采收。一般栽培一年半即可少量采收。当芦荟种植生长到 2～3 年后，可进行大量采收。在生长旺盛期，春、夏、秋季分批收割，一般每 2 月采收 1 次。每次每株可采割 2～3 片，要留足上部嫩叶 8～9 片。采收时，应在早晨、上午进行，选底部发育好的叶片（叶龄 2 年以上），从叶片与茎处，用刀从一边割一开口，然后用手掰下。这样，不会造成较大的伤口或使黏液流出来。采收下的鲜叶应整齐地码放在木箱或竹筐中，便于运输和加工。

(二)加工

将割下的鲜叶片,切口向下,直放于盛器中,取其流出的液汁干燥即成。也可将叶片洗净,横切片,加入同量的水煮 3～4 h,用纱布过滤,将滤液浓缩成黏稠状,倒入模具内烘干或暴晒干,即得药用芦荟膏。或采用工业化加工方法加工。

四、商品质量标准

(一)外观质量标准

以色墨绿、质脆、有光泽、无杂质、气味浓者为佳。

(二)内在质量标准

《中华人民共和国药典》(2020 年版)规定:芦荟水分不得过 12.0%;总灰分不得过 4.0%;按干燥品计算,含芦荟苷($C_{21}H_{22}O_9$)库拉素芦荟不得少于 16.0%,好望角芦荟不得少于 6.0%。

穿 心 莲

穿心莲[*Andrographis paniculata* (Burm. f.) Nees]为爵床科一年生草本植物(图 7-23),以全草入药,药材名穿心莲,别名春莲秋柳、一见喜、榄核莲、斩蛇剑、四方莲、金香草、金耳钩、印度草、苦草等。性寒味苦。具有清热解毒、消炎消肿等功效,用于治疗扁桃体炎、胃肠炎、泌尿系感染等症;主产于广东、广西、海南、福建等地,现长江南北各地均引种栽培。

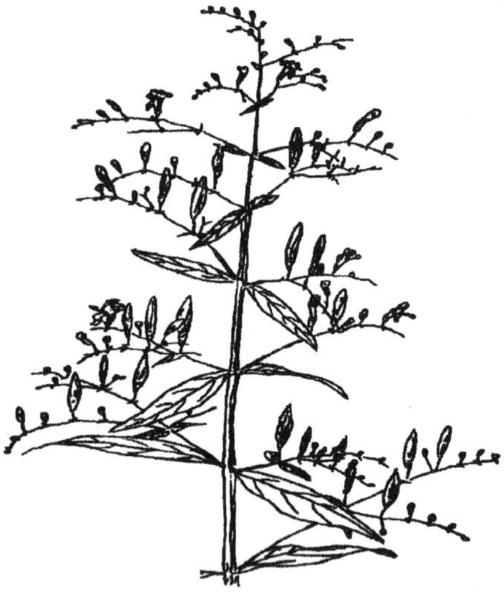

图 7-23 穿心莲

一、生物学特性

穿心莲是短日照植物,喜阳光充足、温暖湿润的气候条件,不怕高温,但怕低温与干旱。种子发芽和幼苗生长期适温为 25～30 ℃,气温下降到 15～20 ℃时生长缓慢;气温降至 8 ℃左右,生长停滞;遇 0 ℃左右低温霜冻,植株全部枯萎。穿心莲生长发育各阶段应控制好土壤湿度,保持土壤湿润。穿心莲为喜光喜肥植物,对氮肥尤其敏感,在生长旺盛季节勤施氮肥,能显著增产。穿心莲应栽培于向阳地势,土壤以疏松、肥沃、排水良好的砂壤土和壤土为宜。黏土、贫瘠土、盐碱土不适合栽培。土壤最适 pH 5.6～7.0,以微酸性或中性为好。穿心莲种子细小,种皮坚硬。种子发芽率与成熟程度密切相关,完全成熟的棕褐色种子发芽率接近 100%,而中等成熟的黄褐色种子发芽率仅为 50%左右。种子表面的蜡质成分有抑制种子发芽的作用,摩擦掉蜡质成分,在 30 ℃下,可缩短种子发芽时间并加快发芽速度。

二、栽培技术

(一)选地与整地

应选择地势平坦,背风向阳,肥沃、疏松、排灌良好的山地或平地,但不宜以茄科作物作前茬,以防传染病害。整地后,施足基肥,每亩施腐熟猪牛粪 2 000 kg、钙镁磷肥 20 kg,翻耕做畦待植。翻耕深度为 20～25 cm,耙平,做畦,一般畦宽 1～1.3 m,高 15～20 cm,修好灌、排水沟。

(二)繁殖方法

穿心莲的繁殖方法有种子繁殖和扦插繁殖 2 种。

1.种子繁殖

(1)种子处理　因穿心莲种皮较坚硬,表面又有一层蜡质,妨碍种子吸水萌发。播种前用细沙 2 份、种子 1 份放入袋内或在水泥地上搓揉,待种皮失去光泽,蜡质层部分磨损即可。或将种子用 40～45 ℃温水浸种 1～2 d,捞起摊开,用湿纱布覆盖保湿,待少量种子萌发,即可播种。

(2)播种期　春播在 2 月下旬至 3 月上旬,天气较寒冷的年份可推迟至 4 月上旬;秋播在 7 月上旬至 8 月下旬。

(3)播种方法　播种以晴天为宜,播种前先将苗床灌 1 次透水,水渗下后在畦面扬一薄层过筛细土,每平方米苗床播种 7.5～10 g。将种子与草木灰拌匀撒播于苗床上,盖上薄土,覆土厚度以刚刚盖没种子,仍有少量种子外露为度。喷洒清水,再覆上树叶或稻草保湿。条件适宜时,播后 6 d 出苗,15 d 小苗出满畦面。

(4)移栽　当播种苗长有 4～5 对真叶、苗高 10 cm 时即可移栽。株行距 20 cm×20 cm 或 20 cm×25 cm,种植密度为 1 万～1.2 万株/667 m^2。选阴天、小雨天或傍晚带土移栽,成活率较高。移栽后及时浇水。缓苗前要保持土壤湿润疏松,以利于幼苗扎新根。

另外,也可采用直播,播种期视气候而定。江南于 4 月中下旬进行,北京 5 月中旬进行,重庆 4 月中旬至 5 月上旬进行。播种方法有穴播和条播。穴播株行距为 25～30 cm,播种后覆土,以不见种子为度,每 667 m^2 可播种 0.25 kg;条播行距为 17 cm,深约 1 cm,播后浇水,覆细土。

2.扦插繁殖

选排水良好、疏松肥沃的壤土或砂壤土,或掺入清洁的河沙,做成苗床。将穿心莲枝条切成 10 cm 长,去除下部叶片,按行距 15 cm、株距 6 cm 斜插入苗床内,必须有 1 个以上的节埋入土中,以便生根。可适当荫蔽,防止烈日照射,早晚浇水保持土壤湿润。在南方,插后 8 d 即可生根,13～15 d 可移栽到大田。扦插法不如种子繁殖法好,仅在种苗不足而又需要扩大繁殖时采用此法。

(三)田间管理

1.间苗补苗

过密的植株互相争光争肥,植株瘦小,易染病虫害,因此,在苗高 7 cm 左右时应进行间苗,间去过弱、过小的幼苗,每穴留壮苗 1～2 株,或按株距 9～12 cm 留壮苗 1 株。间苗宜早不宜迟。过稀的田块易生杂草,空耗肥料。在缺苗处,应及时结合间苗,选健壮苗或从苗床取同龄苗补栽到缺苗处,最好带土移栽,成活率高。

2. 浇水施肥

栽后若无雨天，每天应于早晚各浇 1 次水，缓苗之后每隔 3～5 d 浇 1 次水，经常保持畦面湿润。在 6—8 月的高温干旱期，一般采用沟灌，在傍晚或早晨进行，待水渗湿畦面后即可将水排除。结合淋水进行追肥，追肥次数不少于 3 次。穿心莲需大量氮肥，定植后 10 d 每 667 m^2 施用稀释人粪尿 3 000 kg 或尿素 10 kg，以后每隔 15～25 d 追肥 1 次，每 667 m^2 用较浓的人粪尿 2 000 kg 或硫酸铵 20 kg，封行后，可视长势适当追施氮肥，但留种地应停止施氮肥，以利于花果生长。为避免灼伤幼苗，一般在苗幼嫩时和根系生长初期不宜施过浓的肥料，特别是化肥，如确需施用化肥，使用量可减半并加水稀释后再施用。

3. 中耕除草

定植初期，要勤除杂草、松土。每隔 15～20 d 需中耕锄草 1 次，中耕宜浅，以 2 cm 深为宜，以免伤根。

4. 摘心培土

穿心莲以全草入药，当苗高 30～40 cm 时，摘去顶芽，促进侧芽生长，使其枝多叶茂以提高产量。并结合中耕，适当培土，促进不定根生长，增强吸收水肥能力。此外，由于穿心莲茎秆很脆，适当培土还可以防止风害。留种的植株，应在现蕾时，摘去主茎顶端的嫩枝，使营养集中供应中、下部的花果，使果实饱满，以提高种子的质量和产量。

5. 田间套作

为了减少病虫害，穿心莲应间作，忌连茬栽培。可与黄瓜等蔬菜类植物间作；在穿心莲畦上可种植芥菜、萝卜，行间可套种地丁；穿心莲移栽前，园地可种一茬萝卜、小白菜、油菜或豌豆。但不宜种茄科作物，以免感染黑茎病(青枯病)。

(四)病虫害及其防治

1. 病害

(1)立枯病　4—5 月育苗期发生，多于幼苗长出 1～2 片真叶时发病严重。发病时近土表的茎基部呈浅黄褐色水渍状长形病斑，后向茎部周围扩展，形成绕茎病斑。患病处因失水腐烂缢缩，失去输送养分和水分的功能，使幼苗枯萎，造成地上部分倒伏，成片死亡。防治方法：播种前，每 667 m^2 土壤用 15～20 kg 硫酸亚铁消毒，发现病株，立即清除，用 5%石灰乳消毒；发病时用 50%托布津可湿性粉剂 1 000 倍液喷雾。

(2)黑茎病　该病多于 7—8 月高温高湿季节发生。发病时，近地面茎基出现长条状黑斑，向上下扩展，使茎秆萎缩，叶色变黄绿，叶片下垂，叶缘内卷，严重时整株萎黄而死。防治方法：加强田间管理，及时排涝，适当追施磷钾肥，提高抗病能力，选择良好壮株种植。

2. 虫害

(1)斜纹夜蛾　斜纹夜蛾一般 1 年发生多代，初孵化的幼虫群居于叶背取食，将穿心莲叶片吃成纱网状，2～3 龄后开始分散，4 龄进入暴食期，为害严重。防治方法：及时清除杂草落叶，集中处理，以减少虫源；结合田间管理，及时摘除卵块和初孵幼虫；利用成虫的趋光性和趋化性，在盛发期，于田间设置黑光灯诱杀成虫，或用糖、醋、酒、水按 3∶4∶1∶2 配制溶液诱杀成虫；对斜纹夜蛾的幼虫，可用 90%晶体敌百虫 1 000 倍液喷雾，或用 50%辛硫磷乳油 1 000 倍液，或用 20%杀灭菊酯乳油 3 000～4 000 倍液喷雾。

(2)棉铃虫　多发于 8—10 月结果期，其幼虫为害种子。防治方法：冬季深耕土壤，消灭蛹虫；用黑光灯诱杀成虫；幼虫孵化期用 90%敌百虫 1 000 倍液喷雾。

三、采收与加工

(一)采收

穿心莲在栽培当年将要在开花现蕾期即7月下旬或8月中旬收获。1年采收1次的地区可全株拔起或齐地割取。1年可采收2次的地区,首次于8月,用镰刀在茎基2~3节处割取;收割后继续中耕除草、培土、施肥、浇水,加强水肥管理,使其重新发芽,于11月进行第2次收割。

(二)加工

收获后晒干,并要随时翻动,使其上下均匀受到太阳光照,待晒至茎秆发脆时,扎成把,即可入库,翻动时动作要轻,以免叶片脱落而影响质量。遇雨天应在室内摊开,不能堆积,保持通风,防止发热霉变。

四、商品质量标准

(一)外观质量标准

全草以身干,色绿、叶多,无杂质、霉变者为合格。

(二)内在质量标准

《中华人民共和国药典》(2020年版)规定:其叶不得少于30%;醇溶性浸出物不得少于8%;按干燥品计算,穿心莲内酯($C_{20}H_{30}O_5$)和脱水穿心莲内酯($C_{20}H_{28}O_4$)的总量不得少于0.80%。

任务实施

技能实训7-4　调查当地主要全草类药用植物栽培技术要点

一、实训目的要求

通过调查,了解当地主要全草类药用植物栽培技术要点。

二、实训材料用品

记录本、笔、嫁接刀、修枝剪、农具、肥料、实训基地全草类药用植物等。

三、实训内容方法

(1)实地调查　在实训基地进行调查,记录主要全草类药用植物的栽培技术要点。

(2)现场实训　以小组为单位,结合当地主要全草类药用植物各生长期特点适时进行选地与整地、繁殖方法、田间管理、病虫害防治、采收和加工等内容实训。

(3)上网搜索　记录当地主要全草类药用植物种类及栽培技术要点。

四、实训报告

列举当地主要全草类药用植物栽培技术要点及其注意事项。

五、成绩评定及考核方式

根据实训报告及实训表现综合评分。

【思考与练习】

1.薄荷繁殖有哪些要点?
2.薄荷田间管理主要措施有哪些?
3.芦荟繁殖有哪些要点?
4.芦荟田间管理主要措施有哪些?
5.简述穿心莲种植田间管理的方法。
6.穿心莲采收与加工的方法。

任务5 皮类药用植物

知识目标

- 了解当地主要皮类药用植物的生物学特性。
- 掌握当地主要皮类药用植物的栽培技术。
- 掌握当地主要皮类药用植物的采收和加工技术。

能力目标

- 能熟练进行当地主要皮类药用植物的种子繁殖和营养繁殖操作。
- 能顺利进行当地主要皮类药用植物的田间管理、采收和加工。

素质目标

- 培养学生搜集资料、利用资料的能力和团队协作、求真务实的职业精神。

相关知识

杜 仲

杜仲(*Eucommia ulmoides* Oliv.)为杜仲科多年生木本植物(图7-24),以干燥的树皮入药,药材名杜仲、绵杜仲、丝连皮等。杜仲性温味甘,微辛。具有补肝肾、强筋骨、安胎、降血压等功效,用于腰酸膝痛、筋骨无力、肾虚阳痿、肝肾不足、经血亏虚、肝阳上亢、眩晕头痛、目昏等症。主产于四川、湖北、贵州、云南、河南、陕西、甘肃及浙江等地,全国多数地区也产。近年来,其叶、枝等也被橡胶工业、保健食品工业所看好。

一、生物学特性

杜仲为落叶乔木,高达20 m,胸径50 cm。树冠圆球形。树皮深灰色,枝具片状髓,树体各部折断均具银白色胶丝。单叶互生,花单性,花期4—5月,雌雄异株,无花被,生于幼枝基部的苞叶内,与叶同放或先于叶开放。翅果扁平,长椭圆形,顶端2裂,种子一粒。果期9—

10 月。

杜仲喜温暖湿润气候和阳光充足的环境，能耐严寒，成株在 −30 ℃的条件下可正常生存，我国大部地区均可栽培，适应性很强，对土壤没有严格要求，但以土层深厚、疏松肥沃、湿润、排水良好的、pH 为 5～7.5 的砂壤土为宜。杜仲的生长速度在幼年期较缓慢，速生期出现在 7～20 年，20 年后生长速度又逐年降低，50 年后，生长基本停止，植株自然枯萎。

图 7-24　杜仲

二、栽培技术

（一）选地与整地

苗圃选择向阳、肥沃、土质疏松、富含腐殖质、微酸到中性壤土或砂壤土为好。春播于立冬前深翻土地，立冬后浅犁放入基肥。每 667 m^2 施腐熟的厩肥 5 000 kg，草木灰 150 kg，与土混匀、耙平，做成高 15～20 cm，宽 1～1.2 m 的高畦，低洼地区要在苗圃四周挖好排水沟。定植时可零星种植在田边地角、路旁、房前屋后；成片营林，最好选择土层深厚、疏松肥沃、酸性或微碱性土壤、排水良好的向阳缓坡、山脚、山的中下部地段，在石灰岩山地或肥沃的酸性土壤上都生长较好。定植前清理好土地，除去杂草、灌木及石块等杂物。深翻土壤，施足底肥，耙平，按株行距（2～2.5）m×3 m 挖穴，深 30 cm，宽 60 cm，穴内施入厩肥、饼肥、过磷酸钙、骨粉、火土灰等基肥少许，与穴土拌匀。

（二）繁殖方法

杜仲可用种子繁殖、扦插繁殖、伤根萌芽繁殖、余根繁殖等方法繁殖。生产上多用种子繁殖方法。

1. 种子繁殖

（1）种子选择与处理　杜仲种子属短命种子，在常温下只能贮存半年，超过 1 年便丧失发芽能力。播种前选出籽粒饱满、成熟度好的种子。由于杜仲果皮含有胶质，阻碍水分的吸收，因此未处理的种子发芽率低。种子处理方法有：①层积法，将种子与干净湿沙混匀或分层叠放在木箱内。经过 15～20 d，种子开始露白后即可播种。②热水浸泡法，先用 60 ℃的热水浸种，不停搅拌到水冷却后，再用 20 ℃的温水浸泡 2～3 d，每天换水 2 次，待种子软化后，捞出晾干再播种。③浸泡层积法，先用清水浸泡 2～3 d，捞出，与湿沙混合堆放，覆盖塑料薄膜保湿，待种子露白后播种。

（2）播种方法　一般以春播为主（也可在每年冬季 11—12 月播种），春季 2—3 月，月均温度达 10 ℃以上时播种，将已处理好的种子在苗圃地上按 20～25 cm 的行距条播，开沟深 2～4 cm，种子均匀撒入后，覆盖 1～2 cm 的疏松肥沃细土。浇透水后盖一层稻草，保持土壤湿润，以利种子萌发。幼苗出土后，于阴天揭除盖草。每 667 m^2 用种量 7～10 kg，可出苗 2 万～3 万株。

2. 扦插繁殖

选择当年新生、木质化程度较低的嫩枝作插穗，扦插前 5 d 剪去顶芽，这样可使嫩枝生长得更加粗壮，扦插后也容易发根。插穗剪成 6～8 cm 长，每枝只保留 2～3 片叶，插入湿沙 3 cm，插后每天浇水 2～3 次，经 15～40 d 可长出新根，应及时移入苗圃地，培育 1 年后定植。

3. 伤根萌芽繁殖

将 10 年生以上、长势良好的大树根皮挖伤，覆土少许，在根皮伤口处便能萌生出新苗，1 年后即可将其挖出移栽。

4. 压条繁殖

将杜仲下部萌发的幼嫩枝条埋入土中 7～13 cm，枝梢露出地面，枝条埋在地下的部分便能萌发出新根，第二年挖出便可移栽。

5. 余根繁殖

苗木移栽时，从主根下端 2/5 处挖断，再将上面的泥土刨走，使断根的上端稍露出土面，随后平整苗床，余根上会抽出新苗。经过 1 年后可移栽定植。

（三）定植

秋季苗木落叶后至次年春季新叶萌芽前可将幼苗移出定植。定植前按 3 m×(2～2.5) m 的行株距挖穴，穴宽 60 cm、深 30 cm，穴底施厩肥、饼肥、过磷酸钙等基肥少许，与土搅匀，然后将健壮、根系发育得较好、无严重损伤的苗木置于穴内，使根系舒展，再逐层加土踏实，浇足定根水，最后覆盖一层细土，以减少水分蒸发，利于成活。

（四）田间管理

1. 苗圃管理

杜仲幼苗不耐干旱，在苗出齐后于阴天将盖草移到行间，并保持土壤湿润。多雨季节要清理好排水沟，及时排出积水，以免土壤过湿，影响幼苗生长。除草要做到随生随除，保持苗圃无草。中耕 3～4 次，在幼苗长出 3～5 片真叶时按 6.6～8.5 cm 株距间苗、补苗，拔除弱苗、病苗。间苗后应及时追肥，4—8 月为杜仲追肥期，每次每 667 m^2 用充分腐熟的人粪尿 1 000 kg、硫酸铵或尿素 5～10 kg，加水稀释后施入，每隔 1 个月追肥一次。立秋后最后一次追施草木灰或磷肥、钾肥 5 kg，以利于幼苗生长和越冬。

2. 定植园管理

定植当年要经常浇水，保持土壤湿润，每年春、夏季中耕除草一次，将杂草晒干后埋于根际附近作肥料。结合除草，每 667 m^2 每年追施厩肥 2 000 kg，另加过磷酸钙 20～30 kg、氮肥和钾肥各 10 kg，秋冬季节结合园地深翻施基肥，每 667 m^2 施腐熟厩肥 2 000 kg。如有条件，可以施用杜仲专用肥，施用专用肥能极显著地促进杜仲树高、树径的生长及树体的生物量，而且专用肥具有较长的后效。

定植后 3～5 年植株较小，林间可套种豆类、玉米或其他矮秆作物或药用植物，既充分利用土地和空间，又能增加土壤肥力，有利于田间管理。以后随着植株逐渐长大，就不宜套种。

主干发育正常的杜仲树，要适当疏剪侧枝，使其通风透光，分布均匀。修剪工作多在休眠期进行。侧枝保留多少，要根据生长年限和主干高度而定。应逐年向上修剪，一般成树在 5 m 以下不保留侧枝，并随时打去树身上的新枝，使主干高大，树木成材，杜仲皮质量好。

为获得通直的主干，对定植一年生的苗，弯曲不直的可于春季萌动前 15 d 将主干剪去平茬。平茬部位在离地面 2～4 cm 处，平茬后剪口处的萌条，除留一粗壮萌条外，其余除去。留下的萌条在生长过程中腋芽会萌发，必须抹去下部腋芽（苗高 1/3～1/2 以下）。

(五)病虫害及其防治

1. 病害

(1)苗木立枯病　主要为害当年实生幼苗。使种芽腐烂，幼苗猝倒，苗木立枯。防治方法：选择疏松、肥沃湿润、排水良好、pH 在 5～7.5 的土壤，忌用黏重土壤和前茬为蔬菜、瓜类、马铃薯等作物的土壤；土壤用 1%～3%硫酸亚铁液喷洒，每平方米喷 4.5 kg，7 d 后播种；种子催芽前用 1%的高锰酸钾溶液浸泡种子 30 min；用 1∶1∶200 波尔多液(每 2.5 kg 加赛力散 10 g)进行喷洒，10～15 d 施 1 次，共 3 次。

(2)灰斑病　本病为害叶片和嫩梢，严重时病叶早落，削弱树势，影响植株生长。防治方法：应加强抚育管理，增强树势，清除侵染源；发芽前采用 0.3%五氯酚钠或 5 波美度石硫合剂喷杀枝梢越冬病菌；发病期用 50%甲基托布津或退菌特 400～600 倍液或 25%多菌灵 1 000 倍液喷杀。

(3)杜仲枝枯病　本病为害杜仲树枝干，引起叶片早落、枝条枯死。防治方法：促进林木生长健壮，防治各种伤口，是防治本病的重要措施；感病枯枝应进行修剪，连同健康部剪去一段，伤口用 50%退菌特 200 倍液喷雾，也可用波尔多液涂抹剪口；发病初期，喷施 65%代森锌可湿性粉剂 400～500 倍液，每 10 d 喷 1 次，共喷 2～3 次。

2. 虫害

(1)金龟子　主要以幼虫为害杜仲幼苗。防治方法：适时翻耕土地；人工捕杀和放养家禽啄食，可减轻虫害；成虫盛发期，利用灯光诱捕；苗圃地必须使用充分腐熟的农家肥作肥料，以免滋生蛴螬；幼苗生长期发现幼虫为害，可用 50%辛硫磷乳油或 25%乙酰甲胺磷 1 000 倍液灌注根际，可取得较好的防治效果。

(2)地老虎　是苗圃中常见的害虫，各产区均有发生。初龄幼虫群集于幼嫩部分取食，从根茎部咬断幼苗嫩茎。防治方法：及时清除杂草，减少消灭成虫产卵场所，改变幼虫的吃食条件；幼虫危害期间，每天早晨在断苗处将土挖开，捕捉幼虫；在幼虫 3 龄前用 50%辛硫磷乳油 800～1 000 倍液喷施根茎部；或利用地老虎食杂草的习性，在苗圃堆放用 6%敌百虫可湿性粉剂拌过的湿润鲜杂草，诱杀地老虎，草药比例为 50∶1；用黑光灯诱杀成虫。

(3)蝼蛄　华北地区较普遍。蝼蛄喜食刚发芽的种子，为害幼苗。防治方法：施用充分腐熟的有机肥料，可减少蝼蛄产卵；做苗床前，每公顷以 50%辛硫磷颗粒剂 375 kg 用细土拌匀，撒于土表再翻入土内；用 50%辛硫磷乳油 0.3 kg 拌种 100 kg，可防治多种地下害虫，不影响发芽率；用 90%敌百虫原药 1 kg 加饵料 100 kg，充分拌匀后撒于苗床上，可兼治蝼蛄和蛴螬及地老虎；一般在闷热天气，晚上 8—10 点用灯光诱杀。

(4)豹纹木蠹蛾　为蛀干性害虫。防治方法：冬季检查清除被害树木，并进行剥皮等处理，以消灭越冬幼虫；于成虫羽化初期，产卵前利用白涂剂涂刷树干，可防产卵或产卵后使其干燥，而不能孵化；幼虫孵化初期，可在树干上喷洒敌百虫等；当幼虫蛀入木质部后，可根据排出的虫粪找出蛀道，再用废布、废棉花等蘸取敌百虫原液或 50%久效磷等塞入蛀道内，并以黄泥封口。

三、采收与加工

(一)采收

5—7 月高温湿润季节，栽培 10～20 年的杜仲可采收树皮，可用半环剥法和环剥法剥取树皮。

半环剥法：先在树干分枝下面横割一刀，再纵割一刀，呈“T”形，深达韧皮部，但不要伤害木质部，然后撬起树皮，沿横割的刀痕向下撤至离地面 10 cm 处，再割下树皮。剥皮时动作要轻，不能戳伤木质部外层的幼嫩部分。更不能用手触摸，否则会变黑死亡。10 年生杜仲环剥后经过 3 年新皮能长到正常厚度，又可再行剥皮。

环剥法：用刀在树干分枝处的下方，绕树干环切一刀，再在离地面 10 cm 处再环切一刀，再垂直向下纵切一刀，只切断韧皮部，不伤木质部，然后剥取树皮。剥皮应选多云或阴天，不宜在雨天及炎热的晴天进行。

(二)加工

剥下树皮用开水烫泡，将皮展平，把树皮内面相对叠平，压紧，四周上、下用稻草包住，使其发汗，经 1 周后，内皮略呈紫褐色，取出，晒干，刮去粗皮，修切整齐。置通风干燥处贮藏。

四、商品质量标准

(一)外观质量标准

以皮厚而大，糙皮刮净，外面黄棕色，内面黑褐色而光，折断时白丝多者为佳。皮薄、断面丝少或皮厚带粗皮者质量差。

(二)内在质量标准

《中华人民共和国药典》(2020 年版)规定：本品水分不得超过 13.0%，总灰分不得超过 10.0%。醇溶性浸出物不得少于 11.0%，含松脂醇二葡萄糖苷($C_{32}H_{42}O_{16}$)不得少于 0.10%。

厚 朴

中药厚朴来源于木兰科高大落叶木本植物厚朴(*Magnolia officinalis* Rehd. et Wils.)及凹叶厚朴(*Magnolia officinalis* var. *biloba* Rehd. et Wils.)两种植物(图 7-25)，以树皮、枝皮及根皮入药。其味苦、辛，性温。具有温中理气、燥湿散满、降逆平喘的功效，用于胸脘痞满、痞闷疼痛、呕吐泄泻、气滞血瘀、痰饮咳喘等症。其花及果实也可入药。花性微温，味苦。具有宽中理气，开郁化湿之功效，用于胸脘痞闷胀满、纳谷不香等症；果实具有理气、温中、消食等功效。厚朴分布于四川、湖北、陕西、甘肃、云南、贵州、广西等地，主产于四川、湖北的，习称“川朴”。凹叶厚朴分布于浙江、江苏、江西、福建、安徽、河南、湖南等地，主产于浙江、江苏、江西的，习称“温朴”。

图 7-25 厚朴

一、生物学特性

厚朴为南方高山特有树种，喜凉爽潮湿、多雨雾的气候，怕炎热，能耐寒，冬季积雪 3 个月，绝对最低气温在 −10 ℃以下也不会受冻害；在夏季温度达 38 ℃以上的地方栽培，生长极为缓慢。凹叶厚朴喜温暖，多分布在海拔

300～600 m 的山区，耐炎热能力比厚朴强，在气温高达 40 ℃的情况下能正常生长，也能耐寒，但其耐寒力不及厚朴，如海拔超过 1 000 m，则生长缓慢。

这两种厚朴的幼苗都怕强光高温，需适当遮阳才能生长良好。而成年树要求阳光充足，如遇荫蔽，则不适合生长。土壤以疏松肥沃、含腐殖质较多、呈中性或微酸性的砂壤土为宜，山地黄壤、黄红壤也可以种植。

厚朴和凹叶厚朴的种子均具有后熟性和坚硬性，寿命短。外种皮坚硬，富含油脂，内种皮厚而坚硬，水分不易渗入。因此，其发芽困难，若失水过度，则出苗率会显著下降。

两种厚朴萌蘖力均较强，故常出现萌芽而形成多干现象，影响主干的形成与生长，尤以凹叶厚朴为甚，如果主干被折断，则会形成灌木。它们都是生长较缓慢的树种，仅幼树阶段生长较快，而且凹叶厚朴比厚朴生长快。

凹叶厚朴的形态特征与厚朴相似，主要区别是：叶片先端有凹陷，深达 1 cm 以上而成 2 钝圆浅裂片（幼苗叶片先端不凹陷而为钝圆），侧脉 15～25 对。

二、栽培技术

（一）选地与整地

育苗地宜选向阳、湿润、土层深厚、疏松肥沃，富含腐殖质的微酸性砂壤土地块。每 667 m^2 施厩肥 3 000 kg、过磷酸钙 50 kg。深翻 30 cm，耙细整平，做宽 1.2 m 的高畦，畦沟宽 40～45 cm，挖好排水沟。

厚朴定植地宜选海拔 1 000～1 200 m、地势平缓的地方，如系坡地，则将其改成梯地，以利于保持水土；凹叶厚朴宜选海拔 500～800 m 的山地，尤以山谷为宜。选地后，清除杂草、灌木，集中沤制或烧毁作基肥用，然后全面翻耕地块，深度为 30 cm，并将表层肥土堆放在一边，以便植苗时垫入穴底作基肥。整地应再 9 月中下旬进行，以利于心土风化。

（二）繁殖方法

繁殖方式主要有种子繁殖、分株繁殖、压条繁殖和扦插繁殖，生产上以种子繁殖和扦插繁殖为主。

1.种子繁殖

（1）采种选种　10—11 月当果实的果皮由青绿色变为紫黑色并开裂露出红色种子时进行采种。采种时，将果实摘下，暴晒 2～3 d，取出种子。选择深黑色、饱满，净度不低于 98%，含水量在 22.0%～38.0%，千粒重不低于 140 g，发芽率不低于 75%，发芽势不低于 50%的种子备用。

（2）种子处理　将选好的种子摊放于室内，厚 10～15 cm，待红色的外种皮变黑后，用清水浸泡 1～2 d，将种子置于箩筐内，撮去外种皮，用清水冲洗干净，摊放于阴凉处晾干。晾干的种子用 0.3%高锰酸钾溶液消毒后用湿沙贮藏，贮藏高度以不超过 50 cm 为宜。贮藏期间每半个月检查一次，发现沙子干燥发白时，应适当补充水分，并将种子与沙子重新翻一次。

（3）播种育苗　厚朴播种育苗可秋播也可春播。秋播多在 11 月中下旬，春播于 2 月下旬至 3 月上旬进行。播种方法是在整好的苗床上开横沟条播，沟距 25～30 cm，沟深 3 cm，种距 6 cm，将处理好的种子播下，然后覆盖细土 2～3 cm 厚，再盖草。播种量：厚朴 12 kg/667 m^2，凹叶厚朴 15 kg/667 m^2。

播种后 20 d 左右即可出苗。出苗后要及时揭去盖草，并予以适当遮阳。当幼苗长出 3 片真叶时进行松土除草、追肥，肥料以腐熟农家肥为主，也可用复合肥，每 667 m^2 施入农家肥 100 kg 或复合肥 30 kg。当苗高 7 cm 时，结合间苗进行移栽培植，间苗按苗距 30～35 cm 进行留苗，所间出的幼苗按 30～35 cm 苗距另行栽植培育。整个苗期追肥 2～3 次，高温干燥时要及时浇水，多雨季节要及时清沟排水，以防积水，发生烂根现象。厚朴当年生苗高仅 35～40 cm，不分枝，不可出圃定植，需在苗圃内培育 2 年后，当苗高达 1 m 左右时，方可出圃定植。

2. 分株繁殖

厚朴分蘖能力强，常可产生许多萌蘖，可用萌蘖进行分株（蘖）繁殖。方法是立冬前或早春，选择 35～50 cm 的萌蘖，挖开母株根部泥土，在萌蘖与母树连接处的外侧，用利刀横切萌条茎干的 1/2，握住萌蘖中、下部，将与切口相反的一面下压，使萌条从切口处向上纵裂，裂口长约 5 cm，在裂缝中夹一小石块，每株施入腐熟农家肥 3 kg，随之培土，高出地面 15～20 cm，稍加压实，到第二年早春，将培土挖开，见切口基部长出多数细根，便可将萌蘖苗从母树根部挖出定植。

3. 压条繁殖

在 8 月上旬至 10 月下旬或在翌年 2 月上旬至 4 月下旬，选择母树上近地面的 1～2 年生健壮枝条，用利刀将其皮部环切约 3 cm 长，并除去部分叶片，将切口处埋入土中，用石块或树枝等进行固定，再培土高约 15 cm，枝梢要露出土外，并扶正直立。第二年春季，大的可剥离母体定植，小的可继续培育一年再行定植。

4. 扦插繁殖

2—3 月选择径粗约 1 cm 的 1～2 年生健壮枝条，剪成长约 20 cm 的插条，扦插于苗床中，苗期管理与种子育苗相同。

（三）定植

以上各种繁殖方法所得苗木，于 2—3 月或 10—11 月落叶后进行定植。在选好的种植地上按株行距 3 m×4 m 或 3 m×3 m 开穴，穴长 60 cm、宽 40 cm、深 30～50 cm。有条件的地方，每穴施入腐熟厩肥或土杂肥 120 kg，磷钾肥各 1.5 kg 作基肥，然后覆土约 10 cm，使苗木的根系和枝条适度修剪后，每穴栽入 1 株，将根系舒展、扶正，边覆土边轻轻向上提苗、踏实，使根系与土壤密接，覆土与地面平后浇足定根水。定植深度以根颈露出地面约 5 cm 为宜。幼树期间可套种豆类等农作物，以利于幼树的抚育管理。

（四）田间管理

1. 中耕除草

幼树期每年中耕除草 4 次，分别于 4 月中旬、5 月下旬、7 月中旬和 11 月中旬进行。林地郁闭后一般仅在冬天中耕除草、培土 1 次。

2. 追肥

结合中耕除草进行追肥，肥料以腐熟农家肥为主，辅以适量麸饼、复合肥。每 667 m^2 每次施入农家肥 500 kg、复合肥 5 kg。施肥方法是在距苗木 6 cm 处挖一环沟，将肥料施入沟内，施后覆土。若专施化肥，其氮、磷、钾的配比为 3∶2∶1。

3. 除萌、截顶

厚朴萌蘖力强，常在根际部或树干基部出现萌芽而形成多干现象，除需压条繁殖者的以外，应及时剪除萌蘖，以保证主干挺直、生长快。为促使厚朴加粗生长，增厚干皮，在其定植10年后，当树高到10 m左右时，应将主干顶梢截除，并修剪密生枝、纤弱枝，使养分集中供应主干和主枝生长。

4.斜割树皮

当厚朴生长10年后，于春季用利刀从其枝下高15 cm处起一直至基部围绕树干将树皮等距离地斜割4～5刀，并用100 mg/kg的ABT2号生根粉溶液向刀口处喷雾，促进树皮增厚。这样，15年生的厚朴即可剥皮。

（五）病虫害及其防治

1.病害

（1）根腐病　为害幼苗。根部发黑腐烂，呈水渍状，全株枯死。防治方法：注意排出田间积水；发现病株立即拔除，并用石灰消毒病穴；发病初期用50%甲基托布津1 000倍液灌根。

（2）立枯病　幼苗出土不久，靠近土面的茎基部呈暗褐色病斑，病部缢缩腐烂，幼苗倒伏死亡。防治方法：注意排出苗床积水；发现病株立即拔除，并用石灰消毒病穴；发病初期用50%多菌灵1 000倍液或50%甲基托布津1 000倍液浇灌病区。

（3）叶枯病　发病初期叶上病斑呈褐色，逐渐扩大呈灰白色布满叶片，潮湿时病斑上生有小黑点，叶片枯黄，植株死亡。防治方法：冬季清林时清除病叶枯枝；发病前喷1∶1∶120波尔多液、发病初期喷50%多菌灵1 000倍液防治。

2.虫害

（1）褐天牛　雌虫在5年以上幼株距地面30～50 cm的树干基部咬破树皮进行产卵，刚孵出的幼虫先钻入树皮中为害，咬食树皮，影响植株生长。初龄幼虫在树皮下穿蛀不规则虫道，长大后，蛀入木质部，为害木质部，虫孔常排出木屑，被害植株逐渐枯萎死亡。防治方法：成虫期进行人工捕杀；幼虫蛀入木质部后，用药棉浸80%美曲膦酯原液塞入蛀孔，毒杀幼虫。冬季刷白树干防止成虫产卵。

（2）白蚁　筑巢于地下，4月初白蚁在土中咬食林木和幼苗的根，出土后沿树干蛀食树皮，侵害木材。防治方法：用灭蚁灵毒杀，或于11—12月白蚁群居于巢时挖巢灭蚁。

（3）褐边绿刺蛾和褐刺蛾　幼虫咬食树叶下表皮及叶肉，使树叶仅存上表皮，形成圆形透明斑。4龄后咬食全叶，仅残留叶柄，严重影响林木生长，严重时甚至使树木枯死。防治方法：幼虫可喷90%晶体美曲膦酯1 000倍液或50%辛硫磷乳油1 500～2 000倍液，或用每克含孢子100亿个的青虫菌500倍液加少量90%敌百虫液喷雾，效果均好。

三、采收与加工

（一）皮的采收与加工

1.皮的采收

厚朴及凹叶厚朴定植后15年以上即可剥皮，于4—6月植株旺盛生长期剥皮，此时植株含水量大，细胞活动旺盛，形成层与木质部易剥离。主要是砍树剥皮，按60 cm长环剥树干基部树皮，再将树砍倒，按以上长度环剥干皮和枝皮。不进行林木更新的，根皮也要剥下，然后将皮卷成筒运回加工。近年来也研究出与杜仲一样活树多次剥皮的方法，既可以保护资源，又能提高厚朴的产量，可参照杜仲进行。

2. 皮的加工

(1)厚朴　干皮、枝皮及根皮置沸水中烫软后，取出直立于木桶内或室内墙角处，覆盖湿草、棉絮、麻袋等使其“发汗”一昼夜，待内表皮和断面变得油润有光泽，呈紫褐色或棕褐色时，将每段树皮大的卷成双筒状，小的卷成单筒状，用利刀将两端切齐，用井字法堆放于通风处阴干或晒干均可；较小的枝皮或根皮直接晒干即可。

(2)凹叶厚朴　在通风的室内搭好木架，木架离地面 1 m，将干皮、枝皮及根皮斜立于木架上，其余的平放，经常翻动，风干即可。

(二)花的采收与加工

1. 花的采收

厚朴定植后 5～8 年开始开花，于花将开放时采摘花蕾。宜于阴天或晴天的早晨采集，采集时注意不要折伤枝条。

2. 花的加工

鲜花运回后，放入蒸笼中蒸 5 min 左右取出，摊开晒干或温火烘干。也可将鲜花置沸水中烫一下，随即捞出晒干或烘干。

四、商品质量标准

(一)外观质量标准

以不破碎、体重、外皮细、肉厚、断面色紫、油性大、香气浓、嚼之渣少者为佳。

(二)内在质量标准

《中华人民共和国药典》(2020 年版)规定：本品水分不得超过 15.0%；醇溶性浸出物含量不少于 10.0%；厚朴酚($C_{18}H_{18}O_2$)与和厚朴酚($C_{18}H_{18}O_2$)的总含量不少于 2.0%。

肉　桂

肉桂(*Cinnamomum cassia* Presl)为樟科多年生常绿乔木(图 7-26)，以其干燥树皮或枝皮入药。药材名肉桂，原名牡桂，别名肉桂皮、桂、桂皮、玉桂、企边桂、桂楠、筒桂及官桂。肉桂性大热，味辛、甘。具有补火助阳、引火归元、散寒止痛、活血通经的功效，用于治疗阳痿宫冷、肢冷脉微、虚寒吐泻、心腹冷痛、腰膝冷痛、肾虚咳喘、痛经、经闭、低血压及寒性脓疡等病症。主产于广西、广东、福建、海南等地。

图 7-26　肉桂

一、生物学特性

肉桂喜温暖湿润、阳光充足的气候，适生于亚热带无霜地区。多分布在北纬 24.5°以南海拔 400 m 以下，年平均气温 22～25 ℃，年平均降雨量 1 200 mm 以上的亚热带地区。属半阴性植物，幼树喜荫蔽，要求 60%～70%荫蔽度，忌烈日直晒，随着树龄的增长，逐步能耐较多阳光;成株喜阳光充足。

肉桂为深根性植物,喜土层深厚、排水良好、通透性强、肥沃的砂壤土、灰钙土或呈酸性(pH 4.5～5.5)的红色砂壤土。在0～5 ℃时,成龄树未见寒害。相对湿度在80%以上时,生长旺盛。肉桂种子千粒重156～193 g。种子不耐贮藏,贮藏期不可超过20 d;种子容易萌发,萌发适温为15～30 ℃的变温,萌发率为90%以上。

二、栽培技术

(一)选地与整地

育苗地宜选日照时间短、有适当荫蔽、水源方便、疏松、肥沃湿润、排水良好的东南向坡地,土壤以酸性红、黄壤为好。地势低洼积水,排水不良地块不宜选用。选地后,于头年冬季耕翻土壤,经过冬充分风化熟化,碎土,除去宿根性草根和石块。于播种前1个月,施腐熟有机肥,耙平后做畦,畦面宽1 m,高15～20 cm,畦间距33 cm,四周开好排水沟。种植地宜选用背风向阳,坡度15°～30°的缓坡山林腹地,适当选留部分原有林木作定植苗未成林前的荫蔽树,于冬季进行整地,挖大穴施基肥以待种植。

(二)繁殖方法

种子繁殖、扦插繁殖、高空压条繁殖和嫁接繁殖均可,生产上多采用种子繁殖,随采随播。

1. 种子繁殖

(1)选种　选10～15年生、种子粒大饱满、树干通直、皮厚多油、味道芬芳甘辛、生长健壮、无病虫害、由实生苗长成的植株为母株。

(2)采种与种子处理　当果实呈紫黑色时分批采收成熟果实,随即除去果皮,采果后堆放3～4 d,待其果肉腐烂后,将果肉全部去除,经水选后,取出种子,晾干表面水分,不能日晒。播种前用0.3%的福尔马林浸种半分钟,然后倒出多余的药液,放入密闭缸内处理2 h,用清水洗去药液,并用清水再浸种24 h。为加速种子发芽,可用湿沙层积催芽,种子与湿沙比例为1∶(3～4),混匀,然后放瓦盆中,底垫2～3 cm厚的湿沙,再放入湿沙种子,上盖沙2 cm,加盖,当种子出现芽点时即可播种。

(3)播种期　由于种子容易失去发芽力,宜随采随播。如无法做到时,应立即将种子与2倍体积的湿沙混合贮藏在阴凉处,但贮藏期不要超过1个月。

(4)播种方法　采用开沟点播法,行距21～25 cm,沟宽15 cm,沟深1.5～2 cm,粒距3～4 cm。播后覆土1.5 cm,并在床面覆一层没有种子的杂草或稻草,以保持苗床的温度和湿度。播后20～40 d出苗,出苗率为80%～90%。

2. 扦插繁殖

(1)插条选择和截取　选择生长健壮的优良母树嫩枝(皮层青绿色)和半嫩枝(皮层稍带灰褐色)作扦插材料。插穗用利刀剪切,下端切口斜形,上端切口宜与干轴垂直,插穗长为20 cm左右,嫩枝插条顶端留3～4片叶,并将每片叶剪去4/5。切好后的插穗应放在阴湿处。

(2)扦插季节　以3月下旬至4月上旬为宜。

(3)扦插方法　插条可用1 500 mg/L的NAA溶液浸泡10 min后,直插入沙床或清洁的泥床中。一般扦插行距为20～24 cm,株距为5～8 cm,斜插入土达2/3,露出地面1/3,插后覆土压实。注意遮阳与保温,土壤干燥要淋水,30～50 d开始生根。

3. 高空压条繁殖

(1)枝条选择　选择 2～3 年生、直径 1～2 cm 以上优良健壮枝条进行高空压条。

(2)季节　在新梢尚未长出，树干营养较集中的 3—4 月进行。

(3)方法　先于枝条基部环状剥皮一圈，长 2～3 cm，切口要整齐干净，勿伤及木质部而折断，切口的皮层不要破裂或松脱而影响发根。用泥土和腐熟稻草拌匀，糊上剥皮部位并用塑料薄膜包裹，注意淋水，保持一定湿度。如气温适宜，10～15 d 切口愈合，30～40 d 便可发根，待新根由白转黄或在春天新芽萌动时，即可将枝带根切断移栽在苗床上或盛有营养土的小竹箩内。

4. 嫁接繁殖(芽接)

(1)砧木的选择　选用生长健壮的 2～3 年生本地肉桂作砧木，在砧木离地 15～20 cm 处(东向较好)，先横切长 0.5～0.8 cm 的切口，再从切口中央从上到下纵切一刀，大小与芽片相等，切开韧皮部 2 cm 左右。

(2)接穗的选择和截取　选取同砧木粗度相应、叶芽饱满的 1～2 年生枝条作接穗，用利刀在芽的上方 2 cm 处横切一刀，再在芽的下方 1～1.5 cm 处，用刀向上削成长 3～4 cm 的芽片，略带木质部，要求光洁、平滑。

(3)嫁接时期　夏季。

(4)嫁接方法　将削好的芽片贴入砧木接口中，勿使芽片倒放，用塑料薄膜由下而上包扎紧密，但要露出芽头，防止雨水侵入和芽片失水，影响愈合。

(三)定植

以早春 3 月新芽尚未萌发前为好。定植前于秋冬整地，坡度较大者，宜采取水平带状整地，也可按初植密度进行穴状整地。穴的规格为 60 cm×60 cm×50 cm，每穴施 10 kg 有机肥作基肥，将土、肥混匀后填入穴内，以待定植。定植一般在新梢尚未萌发前，选阴雨天进行，株行距 3 m×3 m 或 3.5 m×4 m，每穴定植 1 株。

起苗时要尽量带土，并先剪去部分叶片，仅留顶芽和 1～2 个叶片，起苗后稍修剪过长的主根，立即用黄泥浆根，保持湿润。栽时将苗木直立穴中，用熟土覆盖苗根，当填土到苗木根际原土痕时，将苗木轻轻上提，使根系舒展，防止绕曲，最好分次填土与踏实，浇定根水，天旱时用草盖穴面。

(四)田间管理

1. 育苗地管理

(1)遮阳　育苗地荫蔽度控制在 50%～60% 为宜，若无荫蔽条件，需搭棚遮阳。待苗高 15～18 cm 时，撤去荫棚。

(2)除草、淋水　要防止杂草侵害，勤除杂草，并注意淋水灌溉。

(3)间苗　苗高 7～10 cm 时开始间苗，每隔 6 cm 左右留苗 1 株。

(4)施肥　间苗后 20 d 薄施人畜粪尿或尿素，以后每半个月或每月施肥 1 次，半年后每 2～3 个月施肥 1 次。

(5)嫁接苗管理　包括松绑、解绑，剪断芽上方部分及萌条，固定新枝条等。

2. 种植地管理

(1)中耕除草　定植后，每年冬末春初中耕除草 1～2 次。中耕时不要碰伤近地面的茎皮，以免促使萌发过多的萌蘖条，影响主干生长。冬末中耕后，注意做好覆盖和保温。

（2）间作　幼树株行间可间种高秆作物；成林树下，仍可间种喜阴湿的草本药用植物。

（3）施肥　幼龄期多施N肥，每667 m^2 施有机肥500～750 kg、硫酸铵10～12 kg。成龄后每株施由厩肥和过磷酸钙沤制的混合肥5～8 kg。

（4）修枝、间伐　幼林期把靠近地面的侧枝、多余的萌蘖剪去。成龄树剪除病虫枝、弱枝和过密的侧枝。造林8～10年，可间伐干形不直、生长弱和有病虫害的植株，减少荫蔽，促进生长。

（5）林木更新　成年桂树砍伐剥皮后，树桩萌蘖力很强，应及时选留直立粗壮的新枝1株继续培育成材，其余的除去。经抚育管理，可连续采伐。

（五）病虫害及其防治

1. 病害

（1）根腐病　梅雨季节，在排水不良的苗圃地表现严重，主根首先腐烂，其后逐渐蔓延，使整个根系死亡，全部枯萎。防治方法：防止积水；及时发现病株并拔除烧毁，以生石灰消毒畦面。

（2）桂叶褐斑病　4—5月发生，为害新叶，初期叶缘或叶尖出现病斑，并逐渐扩展成不规则的大斑块，初为黑褐色，后变成灰白色，表面密生黑色小粒点，严重时整株落叶。防治方法：可用波尔多液喷洒。

（3）枝枯病　病枝从顶端向下干枯1/5～4/5，严重时整株枯死。病菌主要从枝干的虫伤口、自然伤口或垂死组织处侵入肉桂植株，感病后植株大多数在梢顶10～80 cm处干枯，叶变为红褐色而不脱落，林分似被火烧。防治方法：加强田间管理，增强抗病能力，施肥时应补充硼砂；及时清除病株，集中烧毁，防止病菌传播；选育抗病品种；严格检疫，病苗不用。

2. 虫害

（1）肉桂木蛾　是肉桂的主要害虫之一，幼虫钻蛀茎干并取食附近树皮和叶片，被害枝干易折断或干枯，虫口密度大时，严重影响肉桂生长。防治方法：在其幼虫孵化时期，可用50%磷胺乳油1 000～1 500倍液或2.5%敌杀死4 000倍液喷雾，10 d喷1次，共喷2～3次；用白僵菌喷粉防治；结合剪枝，剪除被害枝。

（2）卷叶虫　幼虫于夏、秋间，将数张叶卷成巢，潜伏其中，食害苗叶。防治方法：用敌百虫1 000倍液或80%敌敌畏乳剂1 500倍液喷雾。

（3）肉桂褐色天牛　幼虫为害树干。防治方法：夏秋季用铁丝插入树干幼虫蛀孔内，刺死幼虫，或用敌敌畏棉塞入虫孔毒杀；4月初，发现成虫进行人工捕杀。

三、采收与加工

（一）采收

1. 桂皮

当树龄10年生以上，即可采收。采收在树液流动、皮层容易剥脱时进行。每年可分两次采收。4—5月采收的称“春剥”，9月采收的称“秋剥”。剥皮分环状剥皮和一定面积的条状剥皮。环剥法就是按商品规格长度稍长（一般为41 cm），将桂皮剥下来，然后按商品规格的宽度略宽（8～12 cm）截成条状。条形剥皮即在树上按商品规格的长宽度稍大的尺寸划好线，逐条地从树上剥下来。

2. 桂枝

每年修枝剪下筷子般粗细的枝条，或砍伐后不能剥皮的细小枝梢及伐桩的多余萌蘖，均可作桂枝入药。

3. 桂子

除留种外，于10—11月采收幼果或拣拾掉落地面的青果。

4. 桂油

肉桂叶、小枝、果实、桂碎均可用于蒸馏桂油。

（二）加工

1. 桂皮

加工方法有多种，目前多采用竹篓外罩薄膜闷制法：将采下的桂皮，放入水池中浸泡一昼夜后捞起，洗去杂物，擦干表面水分或稍晾干，放入竹篓内闷制。竹篓外面用薄膜封严，篓内底部铺垫约10 cm厚的稻草、鲜桂叶，周围铺垫5～10 cm厚，然后将桂皮逐块地竖放于竹篓内，上面再铺10 cm厚的稻草、桂叶，并盖上厚麻布，用砖头压紧，置室内阴凉处。每天或隔天将篓内桂皮上下倒换一次，如此闷制至竹篓内的桂皮内表面由黄白色转棕红色，即可取出晾干。

2. 桂枝

将肉桂树的小枝截成约40 cm长的段条晒干，也可趁鲜湿时用切片机切成桂片晒干。

3. 桂子

将青果晒干，即采集肉桂未成熟的果实晒干或阴干而成。

4. 桂油

桂油以水蒸气蒸馏法加工，蒸馏前，肉桂枝叶须阴干至四五成，再将原料堆放室内1～2个月，待叶片转色再蒸油。

四、商品质量标准

（一）外观质量标准

以大小整齐、外形美观、皮细而坚实、肉厚而沉重，断面紫红色、油性充足、香气浓厚、辛甜味大、嚼之渣少者为佳。

（二）内在质量标准

《中华人民共和国药典》（2020年版）规定：桂皮水分不得超过15.0%，总灰分不得超过5.0%；挥发油不得少于1.2%（mg/g），按干燥品计算，含桂皮醛（C_9H_8O）不得少于1.5%。

知识扩展

牡丹栽培技术

任务实施

技能实训7-5　调查当地主要皮类药用植物栽培技术要点

一、实训目的要求

通过调查，了解当地主要皮类药用植物栽培技术要点。

二、实训材料用品

记录本、笔、嫁接刀、修枝剪、农具、肥料、实训基地皮类药用植物等。

三、实训内容方法

(1)实地调查　在实训基地进行调查，记录主要皮类药用植物的栽培技术要点。

(2)现场实训　以小组为单位，结合当地主要皮类药用植物各生长期特点适时进行选地与整地、繁殖方法、田间管理、病虫害防治、采收和加工等内容实训。

(3)上网搜索　记录当地主要皮类药用植物种类及栽培技术要点。

四、实训报告

列举当地主要皮类药用植物栽培技术要点及其注意事项。

五、成绩评定及考核方式

根据实训报告及实训表现综合评分。

【思考与练习】

1. 简述杜仲繁殖的方法。
2. 简述杜仲采收与加工的方法。
3. 简述厚朴的主要生物学特性。
4. 对厚朴和凹叶厚朴选地有何要求？
5. 厚朴主要繁殖方法有哪些？
6. 简述肉桂的生物学特性。
7. 简述肉桂的主要繁殖方法。
8. 如何对肉桂种植地进行管理？
9. 简述牡丹的种子处理方法及育苗方法。
10. 简述牡丹的田间管理措施。
11. 简述牡丹的采收及加工技术。

任务6　茎木及树脂类药用植物

知识目标

- 了解当地主要茎木及树脂类药用植物的生物学特性。

- 掌握当地主要茎木及树脂类药用植物的栽培技术。
- 掌握当地主要茎木及树脂类药用植物的采收和加工技术。

能力目标

- 能熟练进行当地主要茎木及树脂类药用植物的种子繁殖和营养繁殖操作。
- 能顺利进行当地主要茎木及树脂类药用植物的田间管理、采收和加工。

素质目标

- 培养学生搜集资料、利用资料的能力和团队协作、求真务实的职业精神。

相关知识

白　木　香

白木香为瑞香科常绿乔木白木香[*Aquilaria sinensis* (Lour) Gilg]含有树脂的木材，除去木材中不含树脂的部分即为沉香是珍贵的“南药材”之一。味辛、苦，微温。具有行气止痛，温中止呕，纳气平喘功效，用于胸腹胀闷疼痛、胃寒呕吐呃逆、肾虚气逆喘急等症。同时又可取芳香油，作为调香原料。白木香多生于山地雨林或半常绿季雨林中，主要分布于广东、海南、广西、福建及云南景洪等地(图 7-27)。

图 7-27　白木香

一、生物学特性

白木香喜高温环境，年平均温度 24 ℃以上，最高气温达 37 ℃以上才能生长良好。幼苗耐阴，不耐暴晒，应适当遮阴 40%～50%较宜，成龄木则喜光，光照可保证正常开花结果，并促进高质量香生成。白木香适应性较强，喜湿润，也耐干旱，种植地年降雨量应在 1 500～2 000 mm，在比较湿润的环境下，白木香的高生长和径生长均比较快，而在干旱瘦瘠的坡上，长势较差。白木香在 pH 4.5～6.5 的砂壤土、黄壤土和红壤土均能生长。

白木香喜生于低海拔的山地、丘陵以及路边向阳处的疏林中，分布区位于北回归线附近及其以南，属高温多雨、湿润的热带和南亚热带季风气候。白木香喜土层厚、腐殖质多的湿润而疏松的砖红壤或山地黄壤。常与托盘青冈、黄桐、橄榄、水石梓等混生。为弱阳性树种，幼时尚耐蔽荫。幼年生长较慢，10 年后逐渐增快，20～30 年生植株，年平均高生长可达 90 cm，平均胸径生长可达 1 cm。3—6 月开花，果实 9—10 月成熟。

二、栽培技术

(一)选地与整地

育苗地选择有适当荫蔽、空气湿度较大、坐西向东的缓坡，或平地作育苗地。深翻后整

1 m 宽、20 cm 高的畦，也可用营养袋育苗，但要用大号营养袋。

种植地白木香宜在海拔 800～1 000 m 的缓坡、丘陵或山地黄壤种植。植地要深翻，然后按株行距 2 m×3 m 的距离挖穴，穴的规格为 50 cm×50 cm×40 cm，每穴施 20 kg 基肥，每 667 m^2 种植 110 株左右。

（二）繁殖方法

可利用母树下一年生以内的野生幼苗造林，或用种子育苗繁殖。

1. 采种及种子处理

种子一定要在生长 10～15 年及以上的健康且无病虫害的母树上采选，一般在 6—7 月，当果实由青绿转黄白，种子呈棕褐色时，连果枝一并采下，采回的果枝放在通风处阴干，不能日晒，经 2～3 d，果壳开裂，种子自行脱出，白木香种子不耐贮藏，易失水，失水后会影响种子的发芽率。因此，最好及时播种，若不能及时播种要妥善贮藏，一般采用沙藏，种子与湿沙以 1∶3 的比例混匀，置于通风、低湿处贮藏，贮藏期间要保持一定的湿度，贮藏时间不可超过 10 d，否则会大大降低种子发芽率。

2. 播种

播种可采用条播或撒播，条播时先将苗床整平，然后在苗床上按行距 15～20 cm 开浅沟播种；撒播时先将苗床整平，然后将种子均匀撒在苗床上，并轻压入土，宜稀播、浅播，播后覆盖 1 cm 火烧土或透气性极好的细沙，以不见种子为度。有条件的可用稻草覆盖在播好种子的苗床土并淋水保湿。播种地若无天然荫蔽，则应搭荫棚遮阳，透光度为 50%～60%为佳。

3. 移栽

幼苗长出 2～3 对真叶、苗高 5～8 cm 时，可分床移植入袋，分床移苗时以选择阴天或下午为宜，移苗时应用移植锹或竹签起苗，起苗时注意不伤根尖，随起随栽，移植时先用削尖的木棒在营养袋中引穴，再把幼苗栽在穴内，宜浅不宜深，以刚没过种子为宜，并用竹签将苗周边土向苗压实，移苗后淋足水，使土壤与根系紧密接触。

（三）定植

在春季或温暖多雨季节定植为宜，有灌溉条件的地区可随时栽植，栽植时间应选阴天或雨后晴天下午进行。栽植密度一般为株行距 2 m×3 m，每亩栽植 111 株。播种苗在起苗时要深锄，尽量带土团；营养袋苗栽植时去除营养袋，剪去过长主根和大部分叶片，把苗放在栽植穴正中，根要舒展，分层填土压实，踩紧，淋足定根水，最后覆一层松土或覆盖杂草以保湿，之后酌情淋水，直到幼苗成活为止。

（四）田间管理

1. 松土除草

白木香栽植后每年要进行松土除草两次，以 5—6 月伏旱前和 8—9 月秋末冬初进行为宜。将清除的杂草铺盖于根际周围，逐年逐次翻埋入土，增加有机质。

2. 施肥

每年最少施肥一次，以 2—3 月春梢萌动前，施入人畜粪尿水，可以促进抽梢发芽、加速生长，有条件的地方，在 9—10 月施入腐熟有机肥，并把杂草翻埋，这时要进行沟（穴）施。随着树龄增大，施肥量也要相应增加。

3. 修剪

白木香是主干结香树种，为促进主干生长，利于结香，一定要适时修剪，把下部的分枝、病虫枝，过密枝逐步剪去。

4. 立体间、套种

人工种植的白木香生长期长，在幼龄期，植株间空隙较大，定植前3年可间作粮、油作物如薯类，豆类及短期药材如金钱草、穿心莲等；当行间较郁闭时，可间作较耐阴的中药材如益智、草豆蔻、高良姜等，以充分利用土地资源、调节白木香生长环境、增加经济收入。

5. 促进结香

在正常情况下，白木香的茎干未受伤前是不会结香的，只有经过刀砍、虫蛀、病腐后，被一种真菌感染，在菌丝所分泌的酶类作用下，木材的一些薄壁细胞里贮藏的淀粉或其他有机物质产生一系列的变化，最后才形成香脂。据此，可以通过人工干预促进其结香。

(1)砍伤法　通常选择8～10年生及以上，直径30 cm左右的树木，在距地面1.5～2 m处，顺砍几刀，刀与刀之间的距离为30～40 cm，伤口深3～4 cm。经过一段时间后，伤口即分泌黑棕色沉香。

(2)人工接菌结香法　在避风向阳处，从树干同侧自上而下，每隔40～50 cm，用锯或凿，按垂直于树干的方向“开香门”，深约树干的1/3，口宽1～2 cm，凿去中间的断木，将结香菌种塞满“香门”，再用塑料薄膜包扎封口，两年时间即可获得合格的商品沉香。

(3)凿洞法　在距树干基部1～3 m处的树干上，凿数个6～8 cm宽和高、深3～4 cm的圆形小洞。然后用泥巴封闭，小洞孔附近的木质部会逐渐分泌树脂，经数年后便可结香。一般情况下，这种方法结香快、结香好。

(4)枯树取香法　白木香树干常有病虫为害或遭风倒、风折及雷击，造成树干枯烂腐朽或枯死，这些部位常常结香，但历时较长。

(5)半断干法　在距树干基部1～2 m处的树干上锯伤口，深度为干粗的1/4～1/3，可在同一方向、不同高度锯几个伤口，伤口之间的距离为30～40 cm，伤口宽3～4 cm，经数年后便可在伤口取香。

(6)化学法　用甲酸、硫酸、乙烯利处理树上的伤口，可刺激伤口结香，采收后再用药物处理，仍可继续结香。

(五)病虫害及其防治

1. 病害

(1)炭疽病　为害叶片，严重时叶片脱落，影响林木的光合作用和生长，在阴雨或露水大时易发生。防治方法：发病初期喷80%炭疽福美600～700倍液或75%百菌清500～700倍液或75%甲基托布津800倍液2～3次，每次间隔7～10 d，严重时间隔4～5 d喷洒1次。

(2)幼苗枯萎病　幼苗枯萎病发生于苗床致幼苗枯萎死亡。老苗床、排水不良、种植密集时易发病。防治方法：种植前消毒苗床、合理密植；发病初期及时拔除病株并使用70%敌克松1 000～1 500倍液、50%多菌灵800倍液淋土壤2～3次，每次间隔7～10 d。

2. 虫害

(1)卷叶虫　卷叶虫每年夏秋之间为害，以幼虫吐丝将叶片卷起，并躲藏在内蛀食叶肉，致使树的光合作用减弱，影响正常的生长。防治方法：人工灭杀，发现卷叶及时剪除，集中深埋，减少虫害。该虫是白木香主要害虫，严重时会把树叶吃光；可在害虫卷叶前或卵初孵期用

25%杀虫脒500倍液，或80%敌敌畏乳油600～1 000倍液，进行喷洒，每5～7 d喷1次，连续2～3次。

(2)天牛 幼虫从茎干、枝条或茎基、树头蛀入，咬食木质部，受害严重时树干枯死。防治方法：人工捕杀卵块和幼虫；发现蛀孔时，用注射器注入80%敌敌畏800～1 000倍液，再用黄泥封口。

(3)金龟子 金龟子常在抽梢和开花期为害幼芽、嫩梢、花朵。这也是白木香主要虫害。防治方法：人工捕杀或喷80%敌敌畏1 000倍液防治。

三、采收与加工

(一)采收

白木香的枝干只有受到外界促进结香技术的刺激时，才能形成树脂类物质，并成为药材。全年均可进行采收，即把凝结成黑褐色、带有芳香性的枝砍下。

(二)加工

将结香后的树干回收，劈净其周围大部分白木，留下黑色带树脂的坚硬木质；用具有半圆形刀口的小凿和刻刀雕挖，尽量剔净不含树脂的白色轻浮木质和腐朽木质；再加工成块状、片状或小块状，于室内阴干。

四、商品质量标准

(一)外观质量标准

白木香为片状或不规则的长条状，大小不一，一面多具纵沟，由棕黑色的含树脂部分与淡黄色木质部交错形成花纹，微有光亮；另一面(人工伤面或虫伤面)多为黄褐色腐朽的木质，表面凹凸不平，入水半浮或上浮。气芳香，味苦，燃烧时发浓烟，并有强烈的愉快香气及黑色油状物浸出。本品以色黑质重，树脂显著，入水下沉者为佳。

(二)内在质量标准

《中华人民共和国药典》(2020年版)规定：白木香水分不得超过10.0%，浸出物不得少于15%。本品按干燥品计算，含沉香四醇($C_{17}H_{18}O_6$)不得少于0.10%。

苏 木

苏木(*Caesalpinia sappan* L.)为豆科落叶灌木或小乔木(图7-28)，以干燥心材入药。其味甘、咸、微辛，性平。具有活血祛瘀、消肿止痛的功效，用于跌打损伤、骨折筋伤、瘀滞肿痛、经闭痛经、产后瘀阻、胸腹刺痛、痈疽肿痛等症。现代药理研究证明，苏木能降低血液黏度、促进血液循环，有抑制诱变等作用。苏木干燥心材除药用外，其枝干可以提取红色染料，根可以提取黄色染料，是食品、染料、纺织工业的重要原料。主产于东南亚地区，在我国主要分布于广东、广西、云南、海南、福建、四川、贵州等地，其中，以广西为主要生产及栽培区。

一、生物学特性

苏木生长于海拔200～1 050 m的山谷丛林或栽培地，多见于高温高湿、阳光充足和肥沃的山坡、沟边和村旁。喜阳，耐旱，耐轻霜；忌阴和积水，多分布在雨量较少的地区。苏木树干

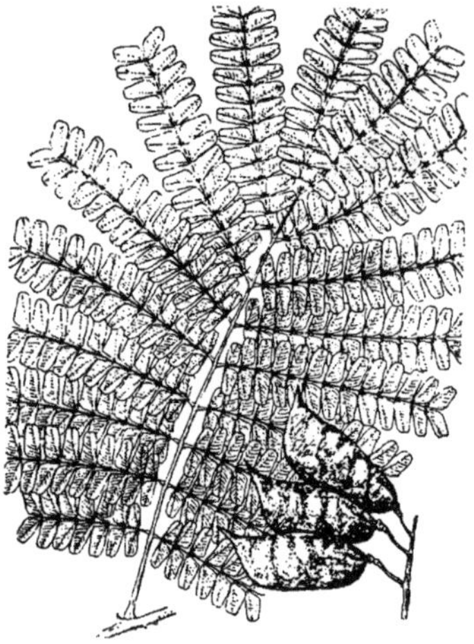

图 7-28　苏木

每年都要萌生很多不定芽，形成许多侧枝。荫蔽、积水等环境常引起植株死亡，因此其自然分布在年降雨量低于 2 000 mm 的地区。

苏木可高达 4～13 m。种子不耐贮藏，9 月采集的种子到第二年春天播种时，发芽率不足 30%，到夏天则完全丧失萌发力。温度在 24.1～31.5 ℃时，6～12 d 种子萌发、出苗；平均温度降至 21.3 ℃时，出苗期则延迟 17 d。幼苗怕严寒，当气温低于 8 ℃时即受冻害。生长 5～6 年，其心材和边材有明显的差异，树龄越长，树干越粗，心材色泽越深，呈深黄红色。

二、栽培技术

（一）选地与整地

选海拔 500～1 800 m 的热带、亚热带河谷；土壤肥沃、排水良好的向阳山坡连片种植。也可在村旁、路旁、林缘等闲散地零星种植。一般采用穴植，穴植规格为 50 cm×50 cm×40 cm，每穴施有机肥 10～15 kg 作基肥，与表土混匀后填入穴内，覆土高出地面大约 10 cm，以待播种或栽植。地四周开好排水沟。

（二）繁殖方法

用种子繁殖，多采用育苗移栽法，也可直播。

1. 育苗移栽

2 月份选饱满、无虫蛀、有光泽、坚实的种子，将种皮磨损少许，用 40～50 ℃的温水浸泡 12 h 至自然冷却；或用 0.05%的硼酸浸泡 12 h。可用塑料袋育苗或苗床育苗，将种子播入袋内土中或苗床上，每袋播种 1～2 颗；苗床育苗按株行距 20 cm×5 cm 开沟点播；淋水保湿。

待苗高 30 cm 以上时，选择阴雨天移苗定植。一般每 667 m^2 栽苗 160～180 株，株行距为 2 m×2 m，穴规格为 50 cm×50 cm×40 cm。起苗时剪去过长的主根，每穴栽苗一株，使根须舒展，苗挺直，填土踏实后，淋水定根。

2. 直播

于雨季选阴雨天进行，每穴播种 2～3 粒，深 1.5～2 cm，覆盖稻草保湿，出苗时揭去稻草。直播苗高 20 cm 时，进行间苗，每穴留粗壮苗 1 株。

（三）田间管理

苗期要经常除草、松土、浇水，以保证成活。无论是育苗移栽还是直播，幼苗出土后都要揭去盖草，并适当进行遮阳。待苗长到 12～15 cm 时进行补苗、匀苗、留壮去弱，每穴留苗 1 株。苗高 1.5～2 m 时进行修枝，把主干基部的分枝剪去，促使主干粗大，加速药用心材的增加。每年夏、秋季节应中耕除草、追肥各一次；此时追肥以氮肥为主，可将化肥溶入人畜粪水中泼施，促使苗木快速生长。待苗高 2 m 以上时，管理可以粗放，每年只需在夏季中耕除草、追肥一次，此时可施堆肥，并加入适量尿素。常见害虫有吹绵蚧、金龟子和蚜虫，可采用相应药物进行防治。

采伐作药后留下树桩，进行松土施肥，浇水，促使其萌发更新。

三、采收与加工

苏木种植8年后可采收入药。在秋、冬季节，将树干从基部15～20 cm处砍下，削去外围的浅色边材，截成每段长60 cm，粗者对半剖开，阴干或晒干后扎捆，即成商品，置于阴凉干燥处贮藏。

四、商品质量标准

(一)外观质量标准

呈长圆柱形或对剖半圆柱形、质坚硬、断面具光泽，年轮明显，有可见的暗棕色、质松、带亮星的髓部，气微，味微涩者为佳。

(二)内在质量标准

《中华人民共和国药典》(2020年版)规定：本品水分不得超过12.0%；总灰分不得超过4.0%；醇溶性浸出物不得少于7.0%；苏木心材中含巴西苏木素约2.0%。

任务实施

技能实训7-6　调查当地主要茎木及树脂类药用植物栽培技术要点

一、实训目的要求

通过调查，了解当地主要茎木及树脂类药用植物栽培技术要点。

二、实训材料用品

记录本、笔、嫁接刀、修枝剪、农具、肥料、实训基地茎木及树脂类药用植物等。

三、实训内容方法

(1)实地调查　在实训基地进行调查，记录主要茎木及树脂类药用植物的栽培技术要点。

(2)现场实训　以小组为单位，结合当地主要茎木及树脂类药用植物各生长期特点适时进行选地与整地、繁殖方法、田间管理、病虫害防治、采收和加工等实训。

(3)上网搜索　记录当地主要茎木及树脂类药用植物种类及栽培技术要点。

四、实训报告

列举当地主要茎木及树脂类药用植物栽培技术要点及其注意事项。

五、成绩评定及考核方式

根据实训报告及实训表现综合评分。

【思考与练习】

1. 简述白木香的生物学特性。

2. 简述白木香的人工栽培要点。
3. 简述促进白木香结香方法。
4. 简述苏木的繁殖方法。
5. 简述苏木的采收加工技术。

任务7 药用菌类

知识目标

- 了解当地主要药用菌类的生物学特性。
- 掌握当地主要药用菌类的栽培技术。
- 掌握当地主要药用菌类的采收和加工技术。

能力目标

- 能熟练操作当地主要药用菌类的菌种接种。
- 能顺利进行当地主要药用菌类的采收和加工。

素质目标

- 培养学生搜集资料、利用资料的能力和团队协作、求真务实的职业精神。

相关知识

灵　芝

赤芝[*Ganoderm lucidum*(Leyss. ex Fr.) Karst.]和紫芝(*Ganoderma sinense* Zhao, Xu et Zhang)为多孔菌科真菌,别名灵芝草、木灵芝、瑞草等,以子实体入药,药材名灵芝(图7-29)。其性温平,味甘、苦涩。具有益精气、益心肺、安神补肝、强筋骨、利关节的功效,用于心悸失眠、健忘、体疲乏力、慢性支气管炎、神经衰弱、风湿性关节炎、冠心病、心绞痛、慢性肝炎、糖尿病等症;能抗缺氧,调节免疫,延缓衰老,抑制肿瘤,用于辅助治疗癌症。主产于山东、吉林、河北、山西、陕西、安徽、江苏、湖北、浙江、福建等地。

图7-29　赤芝(左)和紫芝(右)

一、生物学特性

灵芝担孢子在适宜的条件下萌发成芽管,经过质配、核配、减数分裂亲和过程,形成单核菌丝,两个不同极的单核菌丝经过锁状联合,形成双核菌丝;双核菌丝生长到一定阶段,再通过特化、聚集、密接形成子实体原基,生理成熟后即产生子实体;从菌盖下的子实层散发出孢子,即又产生担孢子,可以开始新的发育周期。灵芝生活史:担孢子→芽管→单核菌丝→双核菌丝→子实体→新的担孢子。在其生活史中,需要适宜的营养、温度、湿度、光照、酸碱度等条件才能生长发育良好。

1. 营养

灵芝营腐生生活，也属于兼性寄生菌，野生于腐朽的木桩旁。其营养以碳水化合物和含氮化合物为基础，碳氮比为22∶1。碳源有葡萄糖、蔗糖、淀粉、纤维素、半纤维素、木质素等；氮源有蛋白质、氨基酸、尿素、氨盐。还需要少量矿物质如钾、镁、钙、磷、维生素和水等。人工栽培需满足这些营养条件，大多数阔叶树的木屑、树叶及稻草粉、甘蔗渣、作物秸秆、棉籽壳等，加入麦麸后均可作灵芝的培养料。

2. 温度

灵芝适应温度范围12～32 ℃。为高温型真菌，在生长发育过程中，要求较高的温度，以25～28 ℃为最佳。高于35 ℃，菌丝体易衰老自溶，子实体死亡；低于12 ℃，菌丝生长受到抑制，子实体也不能正常生长发育。温度不适，会产生畸形菌盖。

3. 湿度

包括基质含水量和空气相对湿度。灵芝生长需要较高的湿度。菌丝生长阶段，以培养基含水量55%～65%、空气相对湿度65%～70%为宜。水分过少，菌丝生长细弱，难以形成子实体；水分过多，菌丝生长受到抑制。子实体生长阶段，以培养料含水量60%～65%、空气相对湿度85%～95%为宜，空气相对湿度低于80%会引起生长不良。

4. 空气

灵芝为好气性真菌，培养过程中，要加强通风换气，增加新鲜空气，减少有害气体，使灵芝正常生长发育，并减少霉菌和病虫害的发生与蔓延。在通风不良、二氧化碳积累过多（>0.1%）的情况下，菌柄长、不能形成菌盖、畸形或生长停顿。

5. 光照

菌丝生长阶段不需要光照，强光对生长有明显的抑制作用，因此在黑暗或微弱光照下培养菌丝为宜。子实体生长阶段，需要适量的散射或反射光，忌直射光，特别是幼芝对光照最敏感，光照过强或过弱均不利于子实体生长。

6. 酸碱度

灵芝喜偏酸性环境，适宜pH在3～7.5。灵芝生长以pH 5～6最为适宜。

二、栽培技术

灵芝培养分菌种培养和子实体（灵芝）栽培两个阶段。

（一）菌种培养

灵芝菌种培养包括灵芝纯菌种的分离与母种（一级种）培养、原种（二级种）生产、栽培种（三级种）生产。各级菌种的培养或生产包含培养基（料）的制备、灭菌、消毒、分离、接种、培养、保存等环节。所用器皿、工具要消毒，在无菌条件下操作。

1. 灵芝纯菌种的分离与母种培养

即用组织分离或孢子分离法得到原始菌种，然后接种到培养基中培养得到母种的过程。

（1）母种培养基配方及制备　母种培养基多采用马铃薯-琼脂培养基。其配方是：去皮马铃薯200 g（切碎）、葡萄糖20 g、琼脂20 g、磷酸二氢钾3 g、硫酸镁1.5 g、维生素B_{12}、水1 000 mL。可制120支试管培养基。制备方法：去皮切碎马铃薯，加水煮沸0.5 h，用双层纱布过滤去渣，滤液加入琼脂，煮沸并搅拌使溶化，再加入其他成分。溶解后，补充水至1 000 mL，调pH至4～6，分装于试管中。以1.1 kg/cm^{2}高压灭菌30 min，稍冷后斜放，凝固后即成斜面培养基。

(2)组织分离法与母种培养　取新鲜、成熟的灵芝用清水洗净，然后用75%的酒精或冷开水冲洗。无菌条件下，在菌盖或菌柄内部，切取一小片如黄豆大小的组织块。将器具和组织块一起放入接种箱内，用5∶1的甲醛及高锰酸钾熏蒸4 h，然后用接种刀将组织块切成小块，存放在无菌的培养皿中。接种于斜面培养基中央，置24～25 ℃温度下培养7～10 d，待菌丝长满斜面，便得母种。正常菌丝为白色，均匀，生长旺盛，布满斜面。淘汰生长缓慢、菌丝少、产生色素的试管。

(3)孢子分离法与母种培养　选优良的、已开始释放孢子的灵芝子实体，消毒备用。收集孢子有多种方法，一般方法是将菌管朝下置于培养皿中，然后罩一玻璃罩，一段时间后，大量孢子散落在培养皿内。取孢子接种到培养基上，经过培养，可获得1层薄薄的菌苔状的营养菌丝，即母种。所得母种应及时使用或在冰箱中冷藏备用，用于转接培养二级种和三级种，也可转接扩大培养母种。优良母种可用石蜡保藏法、液氮保藏法等长期保存。

2. 原种和栽培种生产

即把母种接种到培养料上，扩大培养原种，再由原种扩大培养栽培种，以满足栽培所需。生产量不大时，可直接用母种或原种接种栽培。原种或栽培种生产方法相同，只是前者用母种接种培养，后者用原种接种培养。

生产原种或栽培种的培养料配方与子实体袋(瓶)栽法的培养料配方相同，且有多种配方。主要原料为木屑或棉籽壳，再加适当辅料制成混合培养料。

按配方每100 kg干料加水140～160 kg，把料拌匀配好。把料装入菌种瓶内，至2/3高，用尖木在中间打一孔至近瓶底，洗净污物，用牛皮纸封口。高压或常压高温灭菌。冷却后接上菌种，大约一试管母种接原种5瓶，一瓶原种接栽培种50～60瓶。接种后放入培养室培养，注意控制条件。25～30 d菌丝长满瓶，便可进行接种栽培。所以，栽培种生产应比计划栽培时间提前约1个月进行。

(二)灵芝栽培

灵芝栽培有段木培养法(熟料短段木法、生料段木法、树桩栽培法)、袋栽法和瓶栽法等。袋栽法为目前主要的生产方式，可以在室内、温室、大棚和露地栽培。段木培养法主要是熟料短段木法，生料段木法和树桩栽培法较少应用。瓶栽法为最早采用的人工栽培法，现在多用于灵芝孢子粉的生产、原种或栽培种培养等，由于该法子实体产量较低，很少用于规模生产，基本方法同袋栽法。

1. 袋栽法

工艺流程：备料与配料→装袋与灭菌→接种→菌丝培养→出芝管理→采收加工。

若人工控制条件，可全年进行灵芝培养。生产中主要为春栽，即3—4月制种，4—5月接种栽培。秋栽则7月制种，8月接种栽培。

(1)备料与配料　见上文“原种和栽培种生产”部分。

(2)装袋与灭菌　常选用厚约0.04 mm的聚氯乙烯或聚丙烯塑料袋，常见规格为长36 cm、宽18 cm。将配好的培养料用手工或装袋机装入袋中，装至离袋口约8 cm，装料量合干料约500 g。料要装实，略见空隙，松紧一致，将袋口空气排出后用绳子扎紧。袋放入灭菌锅中，在1.5 kg/cm^2下灭菌1.5～2 h，或常压、100 ℃下加热4 h，再停火焖5 h灭菌。冷却到

25 ℃左右出锅。

(3)接种　在无菌条件下进行接种，菌种与培养料要接触紧密，把袋口及时扎好。不要接种老化的菌丝。每瓶菌种可接 20～30 袋。适当增加种量，有利于发菌和减少杂菌。

(4)菌丝培养　把接种好的菌袋放入培养室或大棚，堆放在培养架上进行菌丝培养，也叫发菌。温度控制在 22～30 ℃，最佳为 24～28 ℃，避光培养，注意通风降温。1 周左右检查一次，弃去污染菌袋。10 d 左右菌丝可长满袋。

(5)出芝管理　菌丝生长到一定程度(约 30 d)时，其表面会形成指头大小的白色疙瘩或突起物，即子实体原基，又叫芝蕾或菌蕾。这时要解开塑料袋口，让灵芝向外生长，芝蕾向外延长形成菌柄，约 15 d 菌柄上长出菌盖，30～50 d 后成熟，菌盖开始散出孢子，可以采收。其间，要通过通风、向空中喷水等措施，控制温度在 24～28 ℃，空气相对湿度 90%～95%，保持空气新鲜，避免 CO_2 浓度过高，不要把水喷到子实体上。光线以散射光为宜，避免阳光直射。

子实体培养也可以埋于土中进行，称室外栽培、露地栽培、埋土栽培或脱袋栽培。挖宽 80～100 cm、深 40 cm 的菌床，长度视地块条件和培养量而定。将培养好菌丝的菌袋脱去塑料袋，竖放在菌床上，间距 6 cm 左右，覆盖富含腐殖质细土 1 cm 厚，浇足水。床上搭建塑料棚并遮阴，避免直射光，保持温度在 22～28 ℃，空气新鲜，相对湿度 85%～95%。10 d 后床面出现子实体原基，再经 25 d 后陆续成熟，可以采收。该法比室内袋栽产量要高，质量要好。

2.段木培养法

工艺流程:选料与制料→装袋与灭菌→接种→菌丝培养→培土→出芝管理→采收加工。

(1)选料与制料　选用板栗、柞、楸、柳、杨、刺槐、栲、枫等阔叶树，直径 8～20 cm，不必剥皮，锯成长为 15～20 cm 的段木。晾晒干燥 3 d 左右，至用木楔打进段木内不见流液即可接种，段木含水量为 35%～42%。1 m^3 可截 500～800 段。

(2)装袋与灭菌　将段木装入塑料袋内，若木料过干，可在袋内加水，袋口扎紧，高压高温灭菌 2 h，或常压、100 ℃灭菌 6～8 h。

(3)接种　无菌条件下进行。可以打孔接种或段面接种。打孔接种用打孔器或电钻在段木上打孔，孔直径 1～1.2 cm、深度 1 cm、行距约 5 cm，每行 2～3 孔，呈“品”字形错开排列。打孔后，立即接种，取出菌块，塞入孔内，稍压紧后，盖上木塞或树皮。段面接种是一个袋中两段木料，将菌种用冷开水拌匀，然后将菌种均匀地涂在两段木间及上方段木表面，袋口塞一团无菌棉花，扎紧。应选择气温在 20～26 ℃，空气相对湿度在 70%时进行。1 m^3 段木需要 60～100 瓶菌种。

(4)菌丝培养　将接好种的段木菌袋，搬入通风干燥处培养菌丝。温度控制在 22～25 ℃，做好通风、降湿、防霉工作。30～60 d 长满菌丝，见有白色菌丝、菌穴四周变成白色或淡黄色，后逐渐变为浅棕色，木楔或树皮盖已被菌丝布满时即为接活，发菌结束。

(5)选地埋土　选择土质疏松偏酸性、排灌方便的地方作培养场地，翻土 25 cm，清除杂草石块，暴晒后作畦。畦宽 1.5～1.8 m，畦长以实际而定，一般南北走向，四周开好排水沟，并撒上灭蚁药。场地需要使用 2～3 年。畦上搭建塑料棚，覆盖草帘子，要求能保温、保湿、通气、遮阴。

待日气温稳定在 20 ℃，将长好菌丝的段木埋入土中培养。在整好的畦上开沟，沟底铺一层松土。根据段木大小、菌丝长势等分门别类，将段木接种端朝下立于沟中，间距 6 cm 左右，填土覆盖 1～2 cm，再覆盖约厚 1 cm 的谷壳，以防喷水时把泥土溅到子实体上。埋好后喷水 1 次。若天气干旱可喷水湿润土壤，遇雨天要注意排水，避免积水。此外，还要在栽培场周围撒一圈灭蚁灵的毒土，诱杀白蚁，防止其为害。1 m^3 可截段木 600～900 段，每 667 m^2 地可埋段木 25～30 m^3。

(6)出芝管理 埋土后 10～15 d 可出现芝蕾。通过喷水、通气、遮阴、保温等措施，控制棚内温度在 24～28 ℃，相对湿度 85%～90%，光照 300～1 000 lx，空气新鲜，土壤疏松湿润。至芝体不再增大即可采收，从芝体出现到采收约 40 d，可连续采收 2～3 年。

(三)病虫害防治

在管理过程中，还要注意防止杂菌感染，避免培养料变质导致灵芝生长受到抑制。主要有青霉菌、毛霉菌、根霉菌等杂菌感染为害。防治方法：接种过程无菌操作要严格；培养料消毒要彻底；适当通风，降低湿度。轻度感染的可用烧过的刀片将局部杂菌和周围的树皮刮除，再涂抹浓石灰乳防治，或用蘸 75%酒精的脱脂棉填入孔穴中，严重污染的应及时淘汰。

三、采收与加工

(一)采收

从芝体出现到采收子实体需 40～50 d，这时，其颜色已由淡黄转成红褐色，盖面颜色和菌柄相同，菌盖不再增大增厚，菌盖由软变硬，有孢子粉射出，芝体成熟。采收时可用果树剪将芝体从菌柄基部剪下，也可用手摘下。采收后剩下的菌柄也应摘除，以免长出小芝体或畸形芝体。灵芝采收后，再喷足水分，在适宜条件下，5～7 d 又可长出芝蕾，新的子实体又可以形成。依据段木体积不同，可连续采收 2～3 年，1 m^3 段木第一年可收灵芝干品 15～25 kg。袋栽可收 2～3 茬，生产周期 5～6 个月，1 kg 培养料可产灵芝 20～70 g。若收集孢子粉，多用瓶栽法或袋栽法，可用纸袋将菌盖罩住收集，子实体发散孢子可延续 1 个月左右。

(二)加工

采收灵芝后，去除泥沙和杂质，不要用水洗。可以晒干或烘干，要单个排列。晒干时要经常翻动，夏季一般 4～7 d 可以烘干时可以逐渐把温度升到 65～80 ℃，需 10～16 h。也可以先日晒 2～3 d，然后集中烘干约 2 h。以含水量 11%～12%为宜。

四、商品质量标准

(一)外观质量标准

以体干、菌盖肥厚、菌柄粗壮、无畸形、质坚硬、红褐色、具漆样光泽者为佳。

(二)内在质量标准

《中华人民共和国药典》(2020 年版)规定：本品水分不得超过 17.0%；总灰分不得超过 3.2%；水溶性浸出物不得少于 3.0%。按干燥品计算，含灵芝多糖以无水葡萄糖($C_6H_{12}O_6$)计，不得少于 0.50%。

知识扩展

茯苓栽培技术

任务实施

技能实训7-7　调查当地主要药用菌类栽培技术要点

一、实训目的要求

通过调查，了解当地主要药用菌类栽培技术要点。

二、实训用具及材料

记录本、笔、剪刀、农具、肥料，实训基地药用菌类等。

三、实训内容方法

(1)实地调查　在实训基地进行调查，记录主要药用菌类栽培技术要点。

(2)现场实训　以小组为单位，结合当地主要药用菌类各生长期特点适时进行菌种培养和子实体栽培、病虫害防治、采收和加工等实训。

(3)上网搜索　记录当地主要药用菌类种类及栽培技术要点。

四、实训报告

列举当地主要药用菌类栽培技术要点及其注意事项。

五、成绩评定及考核方式

根据实训报告及实训表现综合评分。

【思考与练习】

1.简述灵芝袋栽法。
2.简述灵芝采收与加工方法。
3.简述茯苓段木栽培方法。
4.简述茯苓采收与加工方法。

任务8　林下药用植物

知识目标

- 了解当地主要林下药用植物的生物学特性。
- 掌握当地主要林下药用植物的栽培技术。
- 掌握当地主要林下药用植物的采收和加工技术。

能力目标

- 能熟练进行当地林下药用植物的种子繁殖和营养繁殖操作。
- 能顺利进行当地林下药用植物的田间管理、采收和加工。

素质目标

- 培养学生搜集资料、利用资料的能力和团队协作、求真务实的职业精神。

相关知识

林下人参

人参为五加科植物人参(*Panax ginseng* C. A. Mey.)的干燥根和根茎(图7-30)。栽培者习称园参,野生者习称山参,播种在山林野生状态下自然生长的称林下参。人参以根入药,叶、花、果实也可入药。性温味甘。具有补气固脱、生津安神功效,可调节人体生理功能的平衡,用于体虚欲脱、气短喘促、自汗肢冷、精神倦怠、久咳、津亏口渴、失眠多梦、惊悸健忘、阳痿、尿频、气血津液不足等症。主产于东北三省,北京、河北、山东、山西、湖北、陕西、江西、四川、贵州、甘肃及新疆等地也有栽培。

图7-30　人参

一、生物学特性

人参为阴生植物,喜凉爽温和的气候,耐寒,怕强光直射,忌高温。适应生长的温度范围是10～34 ℃,最适温度为20～25 ℃,温度高于34 ℃或低于10 ℃时,人参处于休眠状态。越冬时最低可耐受－40 ℃的低温。一般4月下旬至5月上旬,平均气温10～18 ℃,人参休眠芽开始萌动;5月上中旬,平均气温14 ℃以上时,为地上茎叶生长期;6月上中旬,平均气温16 ℃以上时,进入开花期;6月下旬至7月上旬,平均气温18 ℃以上时,为结果期;8月上中旬,平均气温18 ℃以上时,为果熟期;9月中下旬,平均气温12 ℃以上时,进入枯萎期,然后转入休眠期。人参喜湿润、怕干旱、怕积水,适宜空气湿度为80%左右,土壤相对含水量80%左右。要求土壤水分适当,排水良好。人参喜弱光、散射光和斜射光,怕强光和直射光,栽培时要加强遮阳管理。要求选择土层深厚,富含腐殖质的砂壤土栽培,适宜微酸性土壤(pH 5.5～6.5),不宜在碱性土壤中栽培。

人参种子千粒重25～40 g，种子有休眠特性，必须经过后熟才能萌发，一般先在20 ℃左右1个月后，转入低温3～5 ℃两个月，才能发芽出苗。种子寿命为2～3年。

二、栽培技术

（一）林地选择

以椴树、柞树、榆树为主的阔叶林或针阔混交林，且伴生有胡枝子、毛榛等小灌木林分为宜，也可选择落叶松混交林等作栽培地。要求林木稀疏高大，林冠下有2 m以上的二层林，郁闭度在0.5～0.8。表层土壤肥沃、疏松、通气保水、团粒结构，腐殖土层在10 cm左右，沙土或小砾石含量在10%～15%，pH为5.5～7.0的土壤；底层为黄土或黑土，砂壤或砂土质地，或有少量砾石层，以利于透水。坡向最好选择东北坡，其次选择东坡、东南坡、北坡；坡度选择10°～15°，不宜过大，否则不利于保水保肥，影响人参生长，也不宜过小，过小不利于"靠货"，低洼、排水不畅的地块更不宜选用。

（二）清理整地

选好林地后，将林下杂草和影响光照的1 m以下的杂灌木全部清理并运出场外，同时清理林地内影响播种的较大石块、腐木等。

林地清理后根据山形地貌规划种植区，做成宽1.5 m、长10～20 m的种植床，床间留出50 cm宽作业道，将常年落叶用耙子移至作业道以待播种，同时将床面上的恶性杂草根和小灌木根刨除，但要注意床面尽量不要破坏原土层，并做好水土流失防护措施。

（三）繁殖方法

1. 选种

进行人工林下参种植，在选择人参品种方面必须考虑其体形能够更加靠近山参体形，以迎合人们对山参的传统认识，同时也要考虑产量等问题。最好选择长脖芦、竹节芦、线芦、圆膀圆芦、二马牙等品种的种子，且要求种子必须采摘自无病害的参园。

2. 种子处理

人参种子具有深休眠特性，这里只简单介绍一种室外自然炸口的催芽方法。7月末至8月初采种后趁鲜去皮，水选出饱满种子，用4%～6%的赤霉素浸种12～18 h，捞出后用水冲洗，用种子质量1%的多菌灵与种子拌匀，晾晒至种子表面无水分，手握不黏手即可。然后按种沙比1∶3与细河沙混均，装入编织袋，袋口收紧，选地势较高略有坡度向阳处顺坡挖宽40～50 cm、深20～25 cm、长度视种量而定的沟，将装入种子袋平放入沟内，盖土7～10 cm，要比地面略高，上面再盖上落叶和草，使种子在土内接受自然温度（20 ℃左右）和水分，每隔10～15 d翻一次，使种子受热均匀，并检查是否有种子霉烂，并及时处理。80～100 d种子自然炸口率达80%以上即可播种，如不及时播种，需将种子低温保湿贮藏，抑制种子萌发。

3. 播种

分春播、夏播和秋播。春播在土壤解冻后，用头年经过自然炸口催芽处理的种子，播后当年出苗；夏播采用鲜籽随采随播；秋播在土壤结冻前，用处理过的催芽籽，播后次春出苗。

播种方法有撒播、点播和条播3种。点播可采用木棍插眼进行，株行距15 cm×20 cm，播种深度3～4 cm，每穴播3～4粒种子；条播在做好的床面上按行距20～25 cm，开3～5 cm深浅沟，按株距7～10 cm播种，每亩播种量3.5～4.0 kg；撒播每平方米用催芽籽30～40 g，鲜籽

40～50 g。

播后覆土 3～4 cm,保持土壤湿润,如果翌年出苗,则需用移至作业道的落叶重新覆盖床面,厚度可达 3～6 cm,并要防止鼠害。

(四)林地管理

1.除草管理

林下参播种后的 3～4 年,由于苗小,杂草易欺苗,要将超过人参高度的杂草用刀割掉,根据杂草生长情况而定每年进行次数,以后逐年减少,当参苗封垄后,杂草对其影响不大,如果杂草太大,只需将大草割掉,切记不可拔草或挖草,以免伤及参根。

2.土壤管理

每年秋季最好在床面上盖一层薄土,厚度 0.5 cm 左右,以便人参拔脖。

3.施肥管理

林下参栽培中尽量不要追施肥料。

4.掐花管理

林下参栽培中为了能集中营养促进人参根系生长,原则上一个周期只留 1 年籽,5～6 年生为好,以后再不能留籽。对不留种的参株应及时摘除花蕾,使养分集中供应参根生长,从而提高人参的产量和质量。掐花时要左手扶参茎,右手掐花,留花梗 3 cm 左右,千万不能硬拉或撕扯,以免损伤植株,掐下来的花蕾集中晒干,可做人参花茶、人参花精或提取皂苷。但对于土壤肥沃的林地,不能摘下花蕾,以防止人参生长过快而跑纹,即失去野山参密纹,品质降低。

5.光照管理

夏季林下出现"天窗"导致光照过强时,可将相邻树冠的枝叶用铁丝互拉来调节光照,或用遮阳网覆盖,郁闭度超过 0.9 的可将林下灌木略加清理,使人参得到适宜的光照。为了提高林下参品质,生产上常用打阳技术抑制生长,以达到提脖、提纹的目的。在人参生长旺盛季节,从坡向和山势来确定上打阳还是下打阳,也就是用木棍将参茎按一个方向压倒,使人参的叶子背面朝向阳光以抑制其生长。

6.看护

林下参的管理最重要的是看护,尤其是 15 年生以上的林下参更要重视看护。可以采用以下方法:

(1)封山　林下参基地要封山、封沟管理。有条件的可在基地周围架设铁丝网,禁止外人进入和动物入内,不得随意砍伐林木和割灌。

(2)专人看护　在基地四周适当的位置建看护房,养犬。经常在基地内外巡逻。看护人巡逻时要走作业道,不得随意进入种植区。

(3)立法保护经营者合法权益　林下参经济价值高,要想将林下参产业发展壮大,各级政府要健全相应的法律法规来保护经营者的合法权益,严厉打击盗窃等违法犯罪行为。

(五)病虫鼠害管理

林下参生产上一般不使用农药防治,而是根据预防为主、综合防治原则,通过减少栽培地人为活动、加强林地管理、搞好林间卫生等农业措施,控制病害发生。栽培前期阶段可少量施用生物菌制剂和高效低毒化学农药防治病虫害,如果病害轻微,不需要用药剂防治,如果出现成片死亡,可根据参龄采用少量药剂防治,但要注意控制用药浓度,采收前 5 年绝对禁止施用农药。

林下参病害主要有立枯病、斑点病、疫病、锈病、根腐病、菌核病等，发病多用多菌灵、百菌清等高效低毒农药兑水喷雾，也可在生长季节适当喷施进行预防，增强其抗性。对花鼹鼠和东北鼢鼠，可用鼠夹、鼠药、鸡蛋壳或地箭毒饵等防治，以减少参根和参种的损失。

三、采收与加工

（一）采收

林下参生长年限越长经济价值越高。林下参根生长缓慢，一般需要15年以上才采收，8年以上的林下参也可以采收，采收时间以9月末为好。

林下参采收时应安排技术好的人员用挖参镐采挖，采挖时首先将附近的杂草、枯枝、落叶清理干净，然后顺参茎向下和四周将土轻轻分开，根据人参在土壤中平卧生长的特点，找出主体根的方向，根据植株年龄大小决定挖掘范围。一般挖的深度应达到参根的底部，把参根底部掏空。如有树根、石块等障碍物，要小心排除，直到人参主体露出，再慢慢地剔除人参须根间的泥土，保证挖出的林下参完整无缺。收获时要单株采挖，采大留小，不要损害周围小人参。

（二）加工

(1)鲜品　起参时不要弄掉芦头、须根、珍珠疙瘩，不能破皮。起参后放入干净凉水里，用齿长3～5 cm的毛刷或柔软牙刷，将芦、膀、体、须四大部分上的泥土等污物刷净，芦下要用手揉，然后用清水冲洗干净，用盘子装好，在阳光下晾干。

(2)冻干品　真空冷冻干燥脱水，有条件的地方可以按照此方法操作。

(3)生晒参　干货，晒干或烘干。

四、商品质量标准

（一）外观质量标准

主根粗短，多具2支根并呈“八”字形，上部有细密螺旋纹（铁线纹）；顶端根茎细长，约与主根等长或更长，碗状茎痕密集，根茎旁生有下垂的不定根，形似刺核（枣核丁）；支根上有稀疏细长的须根，长为参体的2～3倍，有不明显的疣状突起。

（二）内在质量标准

《中华人民共和国药典》（2020年版）规定：人参水分不得过12.0%，总灰分不得过5.0%，含人参皂苷Rg1（$C_{42}H_{72}O_{14}$）和人参皂苷Re（$C_{48}H_{82}O_{18}$）的总量不得少于0.30%，人参皂苷Rb1（$C_{54}H_{92}O_{23}$）不得少于0.20%。

林下重楼

重楼为百合科重楼属多年生草本植物华重楼[*Paris polyphylla* Smith var. *chinenisi* (Franch) Hara]、云南重楼[*Paris polyphylla* Smith var. *yunnanensis* (Franch.) Hara]的干燥根茎（图7-31），又名七叶一枝花、七叶莲、铁灯台。味苦，性微寒，有小毒。具有清热解毒、消肿止痛、凉肝定惊的功效，用于疔疮痈肿、咽喉肿痛、蛇虫咬伤、跌扑伤痛、惊风抽搐等症。重楼分布于我国四川、云南、贵州、福建、湖北等地，以野生为主，也有少量人工栽培。

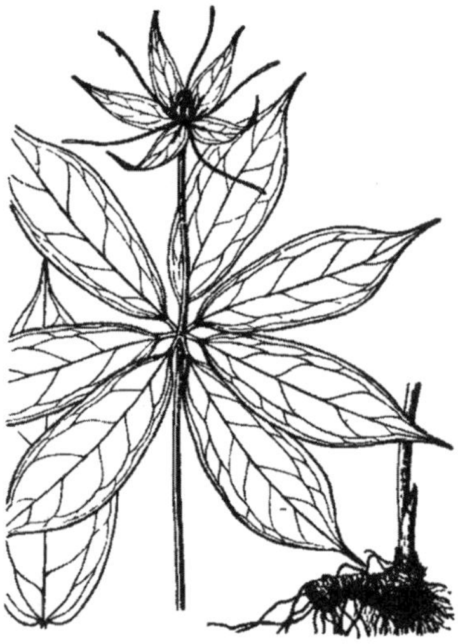

图 7-31　重楼

一、生物学特性

重楼原野生于海拔偏高的山谷、溪涧处及阔叶林下阴湿地段。其喜凉爽、阴湿环境，但不适宜生长在水分含量过高的土壤中，不喜阳光直射。重楼适宜在海拔 1 200～3 100 m、年均气温 13～18 ℃，富含有机质、腐殖质的砂壤土和壤土上种植，尤以河边、箐边和背阴山地种植为宜。

林下种植重楼是一种原生态、创新性发展的种植形式，借助林下得天独厚的气候条件与自然环境，可为重楼生长发育提供良好条件，这样的种植方式不仅可体现“绿色”环保理念，产出重楼品质也比较高，经济效益也相应较高。

二、栽培技术

(一)林地选择

重楼种植地块需选择土层深厚、有机质含量高的针叶树或阔叶树林地，地块排水要良好，富含腐殖质的腐殖土或酸性红壤土。若是坡地，选择坡度 15°～30°的双层郁闭林地，阴坡郁闭度 70%左右，阳坡郁闭度 90%左右，土壤含水量中等，质地疏松，保水性、进水性都较强的夜潮地、腐殖土地、灰泡土种植最为理想，最佳种植海拔为 1 200～3 100 m。

(二)整地

选择好种植区域后，需要对林下地块做好清除工作，先将林下的杂草、藤本、灌木等挖除干净。同时，应对土壤进行消毒杀菌，可以采用石灰水，或者采用退菌特，或把药剂混入土中，施足基肥。将腐熟的农家肥、有机肥均匀撒在地面上，每 667 m^2 施基肥 2 000～3 000 kg、过磷酸钙 35 kg、硫酸钾 20 kg，再深翻 30 cm 以上，暴晒 30 d、以消灭虫卵、病菌，然后耙平土壤做畦，畦面宽 1.2～1.5 m，长度根据地块而定，高 25 cm，四周开排水沟。

(三)繁殖方法

主要是根茎繁殖和种子繁殖，以根茎切段繁殖为主。

1.根茎繁殖

在冬季，将无病害、形态正常的重楼地下茎按两个节的长度切割，不能过短，否则出苗过细或不出苗，伤口用草木灰处理。切段后，用 1%的高锰酸钾溶液浸泡 30 min，晾干切口水分后，在切口上蘸上草木灰，按株行距 5 cm×5 cm 栽种于苗床上，栽植后覆盖碎草或腐殖土保湿(土壤湿度为 65%)，并保持荫蔽环境。带顶芽的切段也可直接定植。

2.种子繁殖

重楼种子在 9—10 月成熟，采摘后除去外壳，将所采摘的种子置于纱布中，于流水中搓去果皮，洗净种子，稍晾干水分，将种子装入网袋，覆盖一层土壤(或沙子)，贮藏于室内进行催芽处理。同时，用种子质量 1%的多菌灵可湿性粉剂拌匀，装入催苗框中，置于室内，催芽温度保持在 18～22 ℃，每天检查 1 次，保持土壤（或沙子）湿度在 30%～40%（用手抓一把沙子紧握能成团，松开后即散开为宜）。待重楼种子长出新根时播种于苗床，按 2 500 粒/m^2 撒播于温室或者大棚内苗床上，苗床宽 1.2 m、高 20 cm，沟宽 30 cm，并进行管理，到第 2 年 6—7 月进行间苗，陆续将生长健壮的大苗按 10 cm×10 cm 的株行距假植于露地苗床上，浇足定根水，成活后，来年（第 3 年）进行移栽。

（四）移栽

移栽一般在冬季进行，按照 30 cm× 30 cm 的株行距进行栽植，可采用穴栽或开沟栽；不管哪种方式，种植时一定要将顶芽芽尖向上放置，且不能栽过深，一般深度在 3～5 cm 为宜。如果栽植过深，就会导致重楼生长发育不良或根茎腐烂。栽完后，用松针或稻草覆盖畦面，厚度以不露土为宜，起到保温、保湿和防杂草的作用。栽后浇透一次定根水，以后根据土壤墒情浇水，保持土壤湿润。

（五）林地管理

（1）遮阴　移栽后，应确保每天太阳光射入不超过 3 h，遮阴度保持在 60%～70%，散射光或斜射光能有效地促进滇重楼的生长，可通过控制树枝的数量来达到重楼需要的遮阴度。

（2）灌溉　重楼耐旱性好，但充足的水分更有利于其生长，一般土壤水分保持在 30%～40%为宜，移栽后每 10～15 d 应浇水 1 次。出苗后，有条件的地方可采用喷灌，增加空气湿度，雨季需及时排水，以防因田间积水而诱发病害。

（3）施肥　重楼喜肥，在生长过程中需肥量较大，尤其是磷肥和氮肥。应以有机肥为主，配合使用无机肥。

（六）病虫害防治

重楼常见的病虫害有黑斑病、茎腐病、蛴螬、蚜虫、金龟子等。

1. 病害

（1）黑斑病　主要为害叶片，严重时叶片枯黄，产生叶枯、茎枯。防治方法：注意排水排湿，降低空气湿度，减轻发病；发病初期喷洒 1%菌毒清水剂 300～500 倍液、50%甲基多菌灵悬浮剂 1 500～2 000 倍液或 50%多菌灵可湿性粉剂 1 000～1 500 倍液，7～10 d 喷 1 次。

（2）茎腐病　主要为害茎，病发初期，茎基部产生黄褐色病斑，病斑扩大后，叶尖失水下垂，严重时茎基湿腐倒苗。防治方法：与禾本科作物进行 3 年以上轮作；剔除病苗；移栽前苗床喷 50%多菌灵可湿性粉剂 1 000 倍液，作为“送嫁药”；大田发病初期用 95%敌克松可湿性粉剂 1 000 倍液灌穴，每隔 10 d 灌 1 次，连灌 2～3 次。

2. 虫害

（1）蛴螬　其幼虫以根茎为食，成虫以叶片为食。防治方法：在夜间用黑光灯进行诱杀；用 5%的辛硫酸颗粒剂进行防治。

（2）蚜虫　多发生在重楼幼苗期，以重楼的汁液为食。防治方法：使用太阳能防虫灯对其进行防治；利用蚜虫的天敌进行防治；用苏云金杆菌进行防治。

（3）金龟子　主要是成虫为害叶片，幼虫咬食棍茎。防治方法：晚间黑光灯诱杀成虫；用鲜菜叶喷敌百虫放于畦面诱杀幼虫；整地做畦时，每 667 m^2 撒施 5%的辛硫磷颗粒剂 1.5～2 kg。

三、采收与加工

(一)采收

重楼栽后 3～6 年即可采收。种子繁殖种苗的在移栽后第 6 年采收最佳;根茎切段繁殖种苗的在移栽后第 3 年采收最佳。一般于 10—11 月重楼地上茎枯萎后,选择晴天,先割除茎叶,然后用锄头从侧面开挖,采挖时注意保持块茎完整,不要挖伤块根。

(二)加工

将挖出的块茎上的泥土抖落,清水刷洗干净后,及时运到室内摊开,不宜堆积过高,以免发热,趁新鲜切片,片厚 2～3 mm,晒干或放阴凉处风干。阴天可用 30 ℃左右微火烘干。

四、商品质量标准

(一)外观质量标准

以质坚实,断面平坦,白色至浅棕色,粉性或角质者为佳。

(二)内在质量标准

《中华人民共和国药典》(2020 年版)规定:本品水分不得超过 12.0%;总灰分不得超过 6.0%;酸不溶性灰分不得超过 3.0%;按干燥品计算,含重楼皂苷Ⅰ($C_{44}H_{70}O_{16}$)、重楼皂苷Ⅱ($C_{51}H_{82}O_{20}$)、重楼皂Ⅵ($C_{39}H_{62}O_{13}$)和重楼皂苷Ⅶ($C_{51}H_{82}O_{21}$)的总量不得少于 0.60%。

林下茅苍术

茅苍术[*Atractylodes lancea*(Thunb.)DC.]为菊科多年生草本植物(图 7-32),以干燥根茎入药,别名苍术。性温,味微甘、辛、苦。具有燥湿健脾、祛风散寒、明目功效,用于泄泻、水肿、风寒湿痹、风寒感冒、夜盲等症。全国各地均有栽培,主产于江苏、浙江、安徽、江西、湖北、河北、山东等地,以江苏句容、河南桐柏所产苍术质量较好。

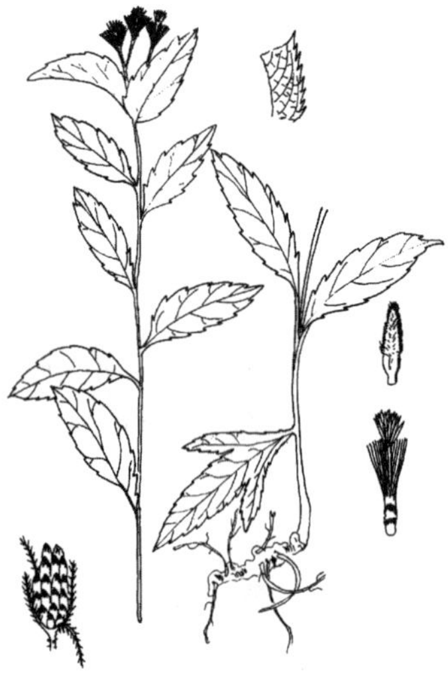

图 7-32 茅苍术

一、生物学特性

茅苍术为喜阴植物,生长于海拔 150～1 000 m 间的丘陵、低中山区,或灌木丛、草丛中。喜凉爽、温和、湿润的气候,具有较强的耐寒能力,怕强光和高温高湿。对土壤要求不高,荒山、坡地、瘠土均可生长,以干燥凉爽,结构疏松、富含腐殖质的砂壤土为宜。

茅苍术种子寿命短,室温下放置 6 个月即丧失生命力,种子属低温萌发类型,8 ℃左右可萌发,10～30 ℃种子萌发速度随着温度的升高而加快,其中 25 ℃种子发芽最快,高于 30 ℃发芽速度减慢,超过 45 ℃几乎丧失生活力。

二、栽培技术

(一)林地选择

以核桃、樟树、杨树、桂花、辛夷、紫薇、合欢等阔叶林或针阔混交林为宜。要求林木稀疏高大，林下 3 m 以上有二层林，郁闭度小于 0.8 的林下或林间空地。坡度最好低于 25°，东坡、西坡、南坡均可生长。土层厚度应大于 20 cm，排水良好，pH 为 5.0～7.0 的砂土壤为宜，黏性和较肥的土壤及低洼、积水地块不宜选用。

(二)整地清理

选好林地后，清理林下杂草、灌木、藤本植物等并运出场外。地表撒腐熟农家肥，施肥量 2 kg/m^2，若无农家肥，可施富含腐殖质的林下腐殖土 1～2 kg/m^2，同时混拌磷酸氢二铵或氮磷钾复合肥 20～30 g/m^2，沟施深度 20 cm，肥与土充分混合，并清理石砾、石块和树根。根据树木和地形实际状态，距树木 20 cm 做种植床，床高 15～20 cm，床长、宽不限，但每一种植点苗床面积不应小于 1 m^2。平地作床宽 0.8～1.0 m、高 15～20 cm，长度视具体情况而定。整地作床时间为 10 月上旬至 11 月土壤结冻前或翌春 3 月上中旬土壤解冻后。

(三)繁殖方法

可用种子繁殖和分株繁殖，以种子繁殖为主。

1. 种子(种茎)繁殖

(1)选种　10 月下旬至 12 月上旬，果实充分成熟但未掉落时，剪下瘦果；堆积于地表，晾晒 3～5 d，踩踏搓揉，清除杂物，充分晒干后，挑选颗粒饱满、个大的种子，装入纱袋或编织袋内干燥贮藏。茅苍术种茎应选择健壮、无病害、无霉变、无虫蛀、无机械损伤，顶端具有 2～3 个芽头，质量为 5～20 g 的根茎。

(2)种子(种茎)处理　播种前一天，用 5%的高锰酸钾溶液或 0.1%的多菌灵溶液浸种 2 h。种茎播种前用 50%的多菌灵溶液浸泡或草木灰、生石灰拌种蘸根处理后，取出置于通风阴凉充分风干后，撒草木灰拌匀，准备移栽。

(3)播种　分为春播和秋播。春播是在土壤解冻后，地温超过 8 ℃时，用去年冬季贮藏的种子或种茎播种，播后当年出苗；秋播是在土壤结冻前，用处理过的种子或种茎播种，播后来年春出苗。可采用条播或撒播播种。条播的方法是：在床面上顺坡向每隔 20～25 cm 开沟，沟深为 1～1.5 cm，向沟内撒种子，种距 3～4 cm，播种量 10～15 g/m^2，覆土 1～2 cm。撒播的方法是：顺坡向直接在畦面上均匀撒种子，覆土 1～2 cm，播种量为 20～30 g/m^2。

2. 分株繁殖

于茅苍术休眠期，挖取根茎，去掉泥土，将根茎切成若干小块，每小块带 1～2 个主芽，其余侧芽全部去除。移栽时每畦 3 行，行距 25～30 cm，间隔 15 cm 开穴，每穴 1 块根茎，芽头向上，排列在同一方向上，覆盖细土 1～2 cm，并及时浇水，以利于保墒。

(四)林地管理

1. 覆盖

播种后覆盖一层秸秆(可用遮阳布、除草布或黑色薄膜代替)，覆盖厚度 2～4 cm。应注意，当黑斑病、轮纹病、枯萎病、斑枯病、白绢病、蚜虫发生时，不宜用秸秆覆盖。在茅苍术出苗率达到 70%～80%时，在阴天或晴天下午移除覆盖物。

2. 间苗定苗

苗高 3 cm 时进行间苗，10 cm 时定植，株行距 15 cm×30 cm，栽后覆土压紧并浇水。一般在阴雨天或午后定植易成活。

3. 除草管理

幼苗出土后及时人工除草，每年 3～4 次，直到封行为止。

4. 追肥

7—8 月结合中耕培土追施，每平方米施磷钾肥 40～50 g，冬季追施农家肥作冬肥，每平方米用堆肥或土杂肥 1.5～2.5 kg。施肥时，用小铲将植株根际部周围的土扒开采用穴施或沟施，然后覆土封严。

5. 培土

茅苍术封行前和休眠期进行培土，每年 1～2 次。

6. 摘蕾

非留种田，在 6—8 月茅苍术现蕾尚未开花前，选择晴天，分期分批摘蕾。摘蕾时防止摘去叶片和摇动根系，宜一手握茎，另一手摘蕾。摘蕾要及时，以减少养分的消耗，促进地下部分根茎生长。若留种田，仅在第 1 年茅苍术现蕾且尚未开花前及时人工摘除花蕾。

7. 水分管理

在出苗前要保持土壤湿润，以利于出苗，遇到干旱天气应及时灌水保墒，出苗后一般不需要灌水，多雨季节要及时排水防涝，以防烂根。

（五）病虫害及其防治

根据“预防为主，综合防治”的植保方针，通过选用抗病耐病品种、合理轮作，深耕细作、合理密植、适量施肥、清洁林园，同时，结合生物防治及选用低毒、低残的高效化学药剂，将有害生物数量控制在允许范围内，将农药残留降低到规定范围内。农药的选择与使用应符合 GB/T 8321 的相关规定。农药安全使用间隔期应按 GB/T 8321 的规定执行，采收前 30 d 停止禁止使用各种农药；使用多种农药的，应按其中残留性最大的有效成分的安全间隔期执行。

茅苍术生育期病虫害主要有黑斑病、轮纹病、枯萎病、软腐病、白绢病和线虫、蚜虫等，除了通过加强田间管理、做好林间卫生进行预防外，也可利用甲基托布津、多菌灵、代森锰锌等化学药剂进行土壤消毒、种子处理、叶面喷洒，并结合对发病中心灌根等方式进行防治。虫害主要是蚜虫，冬季可采用消除林间病枝枝叶、清除田间病株、集中烧毁以及深翻土壤等措施减少越冬虫源；发病时可选用生物农药，在虫害发生的初期进行防治，将虫害控制在点片发生阶段。

三、采收与加工

（一）采收

茅苍术生长年限越长，根茎品质越高。一般栽培种 3～4 年即可收获。秋季地上部分茎叶枯萎后或春季根茎发芽前采挖。选择晴天，利用农用工具或小型机械采收。春、秋两季采挖，其中，秋季采挖质量较好。

（二）加工

采收的茅苍术鲜根茎及时进行分拣，去除非药用部分杂质及泥沙；在清洁晾晒场摊薄晾晒；晾晒或烘房烘干至八成干，装入塑料编织袋发汗 48 h 后继续干燥至全干（含水量＜11%）。

如果采用烘房烘干，温度控制在45～50 ℃，避免挥发油类成分损失。干燥后，采用人工或打毛机去须根。

四、商品质量标准

(一)外观质量标准

均以个大、质坚实、朱砂点多、香气浓者为佳。

(二)内在质量标准

《中华人民共和国药典》(2020年版)规定：苍术水分不得超过13.0%；总灰分不得超过7.0%；按干燥品计算，苍术素($C_{13}H_{10}O$)含量不得少于0.30%。

林下多花黄精

黄精为百合科黄精属多年生草本植物滇黄精(*Polygonatum kingianum* Coll. et Hemsl.)、黄精(*Polygonatum sibiricum* Red.)或多花黄精(*Polygonatum cyrtonema* Hua)的干燥根茎(图7-33)。按形状不同，习称大黄精、鸡头黄精、姜形黄精。味甘性平。具有补气养阴、健脾、润肺、益肾的功效，用于脾胃虚弱、倦怠无力、口干食少、肺虚燥咳、精血不足、阴虚贪水等症。多花黄精分布于我国四川、湖北、安徽、浙江、福建、云南等地，生林下、灌丛或山坡阴处。生产中常见大田搭棚栽培和林下仿野生栽培。

图7-33 多花黄精

一、生物学特性

多花黄精具有喜阴湿、耐寒冷、怕强光和贫瘠干旱的特性，在荫蔽湿润、土层深厚、疏松肥沃、排水和保水性能较好的pH为5.5～7壤土或砂壤土中生长较好；在光照充足、贫瘠干旱及黏重的地块生长不良。郁闭度在0.65～0.80的混交林下最适宜仿野生种植多花黄精的生长，产量最高。

多花黄精根状茎肥厚，通常为结节块状或连珠状，直径1～3 cm，根茎上长有多条长短不一的须根。茎高50～120 cm，通常具叶10～15片。浆果成熟时呈黑色或紫红色，直径8～12 mm，内具3～9粒种子。多花黄精一般以块茎进行繁殖，而种子发芽时间较长，发芽率为60%～70%，种子寿命为2年。

二、栽培技术

(一)林地选择

选择土层深厚、肥沃，排水和保水性能较好的壤土或砂壤土，坡度在20°～45°或平缓地带，海拔在1 000 m以下，坡向为东坡或北坡，远离污染源、郁闭度在0.65以上的杉木林、马尾松林、竹林或针阔混交林。

(二)清理整地

对林分进行间伐,按照“砍小留大、砍密留疏、照顾均匀”的原则,伐去过密的林木,并对林下灌杂进行全面清理;全面翻耕土层 20 cm 以上,把土壤整细、按地形耙平,水平带 2～3 m 间距开作业道,做好排水沟;结合整地,每亩施农家肥 1 500～2500 kg 翻入土中作基肥,或每亩施用有机肥 200～300 kg,配合三元复合肥每亩 10 kg。

(三)繁殖方法

可以根茎繁殖和种子繁殖,生产中常用根茎繁殖。

1. 根茎繁殖

在初冬或春末,挖取 2～3 年生的健壮、无病虫害植株地下根茎,选幼嫩部分截段,每段 3～4 节,用草木灰处理伤口凉干后,按行距 25 cm、株距 10～16 cm、深 5 cm 栽植,覆土后稍加镇压并浇定根水即可。秋末种植时,应在覆土后盖一些圈肥和草以保暖。每亩种植量为 5 000 株左右。

春季 3—4 月进行移栽。在整好地的混交林下挖深 15 cm 左右的种植穴,每穴施入 1 kg 左右的农家肥、栽植多花黄精小苗一株,覆土压实,浇透水再盖土即可。行株距以 35 cm×30 cm 最为适宜,每亩种植量 4 000 株左右。移栽 4～6 d,再浇水一次,以提高幼苗的成活率。

2. 种子繁殖

8 月采收黄精果实,立即搓去果肉,用 3% 的过氧化氢消毒,将种子与湿沙以 1∶3 的比例混匀,沙藏于透气性好的坡地,待种子萌发,按行距 10～15 cm 条播于畦上,覆盖麦草或遮阴网保湿保温。幼苗出土即揭去麦草或遮阴网,定期锄草,2 年后可移栽至大田。

(四)林地管理

1. 松土除草

多花黄精幼苗期生长缓慢,杂草生长较快,在 5—7 月雨水较多时,土壤容易板结,应及时进行松土锄草,具体松土锄草时间、次数根据杂草生长情况和土壤板结程度酌情确定。松土锄草时应做到宜浅不宜深,避免伤到根系。另外,松土除草时要做到经常培土,将垄沟内的泥土培在植株的根部周围,生长期后期杂草较少时,可采用拔草方式除草。

2. 施肥

春、夏季是多花黄精营养生长阶段,在松土锄草时,每亩可施有机肥 1 500～2 000 kg;11 月再施冬肥,用农家肥 1 000 kg、过磷酸钙 50 kg、饼肥 50 kg 混合拌匀后于行间开沟施入,并培土盖肥。另外,在地下根状茎膨大初期,可用药材根大灵胶囊 1 粒兑水 15 kg 进行叶面喷施,7～10 d 喷 1 次,喷施 2～3 次,可以提高营养转换率和松土能力,促进根系膨大和有效物质含量的提高。

3. 荫蔽

多花黄精怕强光,7—10 月阳光过强,应在混交林内天窗处架设遮阳网遮阴,或人工搭设荫棚,透光率控制在 20%～35%最佳。到 10 月中旬左右除去遮阳网或荫棚。

4. 摘蕾打顶

5—11 月是多花黄精生殖生长阶段,为促进地下根状茎生长,保证多花黄精营养生长所需的养分,应在 5 月初及时将多花黄精的花蕾全部摘除,以减少生殖生长阶段营养的大量耗费。

5. 排水灌溉

移栽定株后要浇足定根水，保持土壤湿润，以利于成活。另外，进入雨季前要做好清沟排水准备，避免积水造成多花黄精烂茎。

（五）病虫害防治

林下仿野生种植的多花黄精的病害主要有叶斑病、黑斑病和炭疽病，虫害有地老虎、蛴螬等。

1. 病害

（1）叶斑病　常发生于夏、秋两季，4—5 月开始发病，病原菌为真菌中的一种半知菌。发病初期叶片褪色、出现斑点，随着病斑逐渐扩大，就会出现椭圆形或不规则的病斑，病斑中间呈淡白色、外缘呈棕褐色，最后整片叶子枯萎脱落。防治方法：加强林间管理，适时做好松土除草工作，平衡水肥，同时喷施新高脂膜以保墒保肥，使植株茁壮生长，提高植株抗病力；在发病前和发病初期喷适量的托布津或波尔多液加新高脂膜，也可采用退菌特 1 000 倍液喷雾防治，每 7～10 d 喷 1 次，连喷 2～3 次。

（2）黑斑病　多花黄精黑斑病是一种真菌性病害，多在 4—6 月雨季发生。发病初期是叶尖部出现黄褐色病斑，随着病斑的蔓延扩，病斑变深成黑褐色，最后是整个叶片枯死发黑，悬挂于茎秆上不脱落。发病特点：5 月底该病开始在老植株叶上发生，7 月初在新生植株上出现，7—8 月该病发生较严重。因黑斑病是从顶部向下蔓延，但蔓延速度较慢，到 7 月底时发病程度较叶斑病轻，但该病还可为害果实，在幼果上形成褐色圆形病斑。防治方法：在收获时清园，消灭病残体；发病前及发病初期喷 1∶1 000 波尔多液或 50%退菌特 1 000 倍液，7～10 d 喷 1 次，连续数次。

（3）炭疽病　多花黄精炭疽病多发于春夏、夏秋转换时节，主要为害叶片、果实。发病初期叶尖、叶缘部位出现红褐色小斑点，后扩展成椭圆形或半圆形黑褐色病斑，病斑区域常穿孔脱落，外缘有黄褐色晕圈。发生特点：4 月下旬始发，8—9 月最为严重。防治方法：要加强林间管理，改进栽培技术；深翻土地，增施磷钾肥；雨后及时松土，施肥后培土，注意排涝，降低土壤含水量。药剂防治可用 80%炭疽福美可湿性粉剂 500 倍液；50%多菌灵可湿性粉剂 500 倍液；70%代森锰锌可湿性粉剂 500 倍液；每隔 5～7 d 喷 1 次药，连喷 2～3 次。喷药要周到，应特别注意叶背面，喷药后遇雨应及时补喷。

2. 虫害

多花黄精虫害主要有地老虎、蛴螬等，主要是幼虫咬食多花黄精幼苗及根状茎，造成断苗或根部空洞。药剂防治可用 50%辛硫磷乳油 1 000 倍液浇灌；或用 2.5%的敌百虫粉 4～5 kg 加细土 150 kg 搅拌均匀后制成药土，沿植株行间开沟均匀撒施；物理防治可采用黑光灯诱杀成虫，每 2～3 hm^2 混交林放置一盏黑光灯，可以有效减少虫害的发生。

三、采收与加工

（一）采收

多花黄精采用根茎繁殖的生长 3～4 年、采用小苗繁殖的生长 2～3 年可采收，应选择在秋季或春季茎叶完全脱落时采收，以 10 月中下旬为最佳采收时间。采收时将多花黄精根茎从下到上依次挖出，勿用手拔，去掉茎秆，抖去泥沙即可。

(二)加工

将采收的多花黄精除去须根及烂疤,用清水洗净,沥干水倒入锅中,加清水淹没锅内全部黄精块茎,用大火熬煮,直至熟透为止,然后取出放到太阳下暴晒,白天晒、夜晚堆积,反复多次,直至全干。

四、商品质量标准

(一)外观质量标准

以块大干爽、色黄润泽、肉质饱满、断面半透明者为佳。

(二)内在质量标准

《中华人民共和国药典》(2020 年版)规定:本品水分不得超过 18.0%;总灰分不得超过 4.0%;醇溶性浸出物不得少于 45.0%;按干燥品计算,含黄精多糖以无水葡萄糖($C_6H_{12}O_6$)计,不得少于 7.0%。

知识扩展

林下白及栽培技术

附　　录

《中药材生产质量管理规范》

第一章　总　　则

第一条　为落实《中共中央 国务院关于促进中医药传承创新发展的意见》，推进中药材规范化生产，保证中药材质量，促进中药高质量发展，依据《中华人民共和国药品管理法》《中华人民共和国中医药法》，制定本规范。

第二条　本规范是中药材规范化生产和质量管理的基本要求，适用于中药材生产企业（以下简称企业）采用种植（含生态种植、野生抚育和仿野生栽培）、养殖方式规范生产中药材的全过程管理，野生中药材的采收加工可参考本规范。

第三条　实施规范化生产的企业应当按照本规范要求组织中药材生产，保护野生中药材资源和生态环境，促进中药材资源的可持续发展。

第四条　企业应当坚持诚实守信，禁止任何虚假、欺骗行为。

第二章　质 量 管 理

第五条　企业应当根据中药材生产特点，明确影响中药材质量的关键环节，开展质量风险评估，制定有效的生产管理与质量控制、预防措施。

第六条　企业对基地生产单元主体应当建立有效的监督管理机制，实现关键环节的现场指导、监督和记录；统一规划生产基地，统一供应种子种苗或其他繁殖材料，统一肥料、农药或者饲料、兽药等投入品管理措施，统一种植或者养殖技术规程，统一采收与产地加工技术规程，统一包装与贮存技术规程。

第七条　企业应当配备与生产基地规模相适应的人员、设施、设备等，确保生产和质量管理措施顺利实施。

第八条　企业应当明确中药材生产批次，保证每批中药材质量的一致性和可追溯。

第九条　企业应当建立中药材生产质量追溯体系，保证从生产地块、种子种苗或其他繁殖材料、种植养殖、采收和产地加工、包装、储运到发运全过程关键环节可追溯；鼓励企业运用现代信息技术建设追溯体系。

第十条　企业应当按照本规范要求，结合生产实践和科学研究情况，制定如下主要环节的生产技术规程：

（一）生产基地选址；

（二）种子种苗或其他繁殖材料要求；

（三）种植（含生态种植、野生抚育和仿野生栽培）、养殖；

（四）采收与产地加工；

（五）包装、放行与储运。

第十一条　企业应当制定中药材质量标准，标准不能低于现行法定标准。

（一）根据生产实际情况确定质量控制指标，可包括：药材性状、检查项、理化鉴别、浸出物、指纹或者特征图谱、指标或者有效成分的含量；药材农药残留或者兽药残留、重金属及有害元素、真菌毒素等有毒有害物质的控制标准等；

（二）必要时可制定采收、加工、收购等中间环节中药材的质量标准。

第十二条　企业应当制定中药材种子种苗或其他繁殖材料的标准。

第三章　机构与人员

第十三条　企业可采取农场、林场、公司＋农户或者合作社等组织方式建设中药材生产基地。

第十四条　企业应当建立相应的生产和质量管理部门，并配备能够行使质量保证和控制职能的条件。

第十五条　企业负责人对中药材质量负责；企业应当配备足够数量并具有和岗位职责相对应资质的生产和质量管理人员；生产、质量的管理负责人应当有中药学、药学或者农学等相关专业大专及以上学历并有中药材生产、质量管理三年以上实践经验，或者有中药材生产、质量管理五年以上的实践经验，且均须经过本规范的培训。

第十六条　生产管理负责人负责种子种苗或其他繁殖材料繁育、田间管理或者药用动物饲养、农业投入品使用、采收与加工、包装与贮存等生产活动；质量管理负责人负责质量标准与技术规程制定及监督执行、检验和产品放行。

第十七条　企业应当开展人员培训工作，制定培训计划、建立培训档案；对直接从事中药材生产活动的人员应当培训至基本掌握中药材的生长发育习性、对环境条件的要求，以及田间管理或者饲养管理、肥料和农药或者饲料和兽药使用、采收、产地加工、贮存养护等的基本要求。

第十八条　企业应当对管理和生产人员的健康进行管理；患有可能污染药材疾病的人员不得直接从事养殖、产地加工、包装等工作；无关人员不得进入中药材养殖控制区域，如确需进入，应当确认个人健康状况无污染风险。

第四章　设施、设备与工具

第十九条　企业应当建设必要的设施，包括种植或者养殖设施、产地加工设施、中药材贮存仓库、包装设施等。

第二十条　存放农药、肥料和种子种苗，兽药、饲料和饲料添加剂等的设施，能够保持存放物品质量稳定和安全。

第二十一条　分散或者集中加工的产地加工设施均应当卫生、不污染中药材，达到质量控制的基本要求。

第二十二条　贮存中药材的仓库应当符合贮存条件要求；根据需要建设控温、避光、通风、防潮和防虫、防鼠禽畜等设施。

第二十三条　质量检验室功能布局应当满足中药材的检验条件要求，应当设置检验、仪器、标本、留样等工作室（柜）。

第二十四条　生产设备、工具的选用与配置应当符合预定用途，便于操作、清洁、维护，并符合以下要求：

（一）肥料、农药施用的设备、工具使用前应仔细检查，使用后及时清洁；

（二）采收和清洁、干燥及特殊加工等设备不得对中药材质量产生不利影响；

（三）大型生产设备应当有明显的状态标识，应当建立维护保养制度。

第五章　基地选址

第二十五条　生产基地选址和建设应当符合国家和地方生态环境保护要求。

第二十六条　企业应当根据种植或养殖中药材的生长发育习性和对环境条件的要求，制定产地和种植地块或者养殖场所的选址标准。

第二十七条　中药材生产基地一般应当选址于道地产区，在非道地产区选址，应当提供充分文献或者科学数据证明其适宜性。

第二十八条　种植地块应当能满足药用植物对气候、土壤、光照、水分、前茬作物、轮作等要求；养殖场所应当能满足药用动物对环境条件的各项要求。

第二十九条　生产基地周围应当无污染源；生产基地环境应当持续符合国家标准：

（一）空气符合国家《环境空气质量标准》二类区要求；

（二）土壤符合国家《土壤环境质量农用地土壤污染风险管控标准（试行）》的要求；

（三）灌溉水符合国家《农田灌溉水质标准》，产地加工用水和药用动物饮用水符合国家《生活饮用水卫生标准》。

第三十条　基地选址范围内，企业至少完成一个生产周期中药材种植或者养殖，并有两个收获期中药材质量检测数据且符合企业内控质量标准。

第三十一条　企业应当按照生产基地选址标准进行环境评估，确定产地，明确生产基地规模、种植地块或者养殖场所布局；

（一）根据基地周围污染源的情况，确定空气是否需要检测，如不检测，则需提供评估资料；

（二）根据水源情况确定水质是否需要定期检测，没有人工灌溉的基地，可不进行灌溉水检测。

第三十二条　生产基地应当规模化，种植地块或者养殖场所可成片集中或者相对分散，鼓励集约化生产。

第三十三条　产地地址应当明确至乡级行政区划；每一个种植地块或者养殖场所应当有明确记载和边界定位。

第三十四条　种植地块或者养殖场所可在生产基地选址范围内更换、扩大或者缩小规模。

第六章　种子种苗或其他繁殖材料

第一节　种子种苗或其他繁殖材料要求

第三十五条　企业应当明确使用种子种苗或其他繁殖材料的基原及种质，包括种、亚种、变种或者变型、农家品种或者选育品种；使用的种植或者养殖物种的基原应当符合相关标准、法规。使用列入《国家重点保护野生植物名录》的药用野生植物资源的，应当符合相关法律法规规定。

第三十六条　鼓励企业开展中药材优良品种选育，但应当符合以下规定：

（一）禁用人工干预产生的多倍体或者单倍体品种、种间杂交品种和转基因品种；

（二）如需使用非传统习惯使用的种间嫁接材料、诱变品种（包括物理、化学、太空诱变等）和其他生物技术选育品种等，企业应当提供充分的风险评估和实验数据证明新品种安全、有效和质量可控。

第三十七条　中药材种子种苗或其他繁殖材料应当符合国家、行业或者地方标准；没有标准的，鼓励企业制定标准，明确生产基地使用种子种苗或其他繁殖材料的等级，并建立相应检测方法。

第三十八条　企业应当建立中药材种子种苗或其他繁殖材料的良种繁育规程，保证繁殖的种子种苗或其他繁殖材料符合质量标准。

第三十九条　企业应当确定种子种苗或其他繁殖材料运输、长期或者短期保存的适宜条件，保证种子种苗或其他繁殖材料的质量可控。

第二节　种子种苗或其他繁殖材料管理

第四十条　企业在一个中药材生产基地应当只使用一种经鉴定符合要求的物种，防止与其他种质混杂；鼓励企业提纯复壮种质，优先采用经国家有关部门鉴定，性状整齐、稳定、优良的选育新品种。

第四十一条　企业应当鉴定每批种子种苗或其他繁殖材料的基原和种质，确保与种子种苗或其他繁殖材料的要求相一致。

第四十二条　企业应当使用产地明确、固定的种子种苗或其他繁殖材料；鼓励企业建设良种繁育基地，繁殖地块应有相应的隔离措施，防止自然杂交。

第四十三条　种子种苗或其他繁殖材料基地规模应当与中药材生产基地规模相匹配；种子种苗或其他繁殖材料应当由供应商或者企业检测达到质量标准后，方可使用。

第四十四条　从县域之外调运种子种苗或其他繁殖材料，应当按国家要求实施检疫；用作繁殖材料的药用动物应当按国家要求实施检疫，引种后进行一定时间的隔离、观察。

第四十五条　企业应当采用适宜条件进行种子种苗或其他繁殖材料的运输、贮存；禁止使用运输、贮存后质量不合格的种子种苗或其他繁殖材料。

第四十六条　应当按药用动物生长发育习性进行药用动物繁殖材料引进；捕捉和运输时应当遵循国家相关技术规定，减免药用动物机体损伤和应激反应。

第七章　种植与养殖

第一节　种植技术规程

第四十七条　企业应当根据药用植物生长发育习性和对环境条件的要求等制定种植技术

规程，主要包括以下环节：

（一）种植制度要求：前茬、间套种、轮作等；

（二）基础设施建设与维护要求：维护结构、灌排水设施、遮阴设施等；

（三）土地整理要求：土地平整、耕地、做畦等；

（四）繁殖方法要求：繁殖方式、种子种苗处理、育苗定植等；

（五）田间管理要求：间苗、中耕除草、灌排水等；

（六）病虫草害等的防治要求：针对主要病虫草害等的种类、危害规律等采取的防治方法；

（七）肥料、农药使用要求。

第四十八条　企业应当根据种植中药材营养需求特性和土壤肥力，科学制定肥料使用技术规程：

（一）合理确定肥料品种、用量、施肥时期和施用方法，避免过量施用化肥造成土壤退化；

（二）以有机肥为主，化学肥料有限度使用，鼓励使用经国家批准的微生物肥料及中药材专用肥；

（三）自积自用的有机肥须经充分腐熟达到无害化标准，避免掺入杂草、有害物质等；

（四）禁止直接施用城市生活垃圾、工业垃圾、医院垃圾和人粪便。

第四十九条　防治病虫害等应当遵循“预防为主、综合防治”原则，优先采用生物、物理等绿色防控技术；应制定突发性病虫害等的防治预案。

第五十条　企业应当根据种植的中药材实际情况，结合基地的管理模式，明确农药使用要求：

（一）农药使用应当符合国家有关规定；优先选用高效、低毒生物农药；尽量减少或避免使用除草剂、杀虫剂和杀菌剂等化学农药。

（二）使用农药品种的剂量、次数、时间等，使用安全间隔期，使用防护措施等，尽可能使用最低剂量、降低使用次数；

（三）禁止使用：国务院农业农村行政主管部门禁止使用的剧毒、高毒、高残留农药，以及限制在中药材上使用的其他农药；

（四）禁止使用壮根灵、膨大素等生长调节剂调节中药材收获器官生长。

第五十一条　按野生抚育和仿野生栽培方式生产中药材，应当制定野生抚育和仿野生栽培技术规程，如年允许采收量、种群补种和更新、田间管理、病虫草害等的管理措施。

第二节　种 植 管 理

第五十二条　企业应当按照制定的技术规程有序开展中药材种植，根据气候变化、药用植物生长、病虫草害等情况，及时采取措施。

第五十三条　企业应当配套完善灌溉、排水、遮阴等田间基础设施，及时维护更新。

第五十四条　及时整地、播种、移栽定植；及时做好多年生药材冬季越冬田地清理。

第五十五条　采购农药、肥料等农业投入品应当核验供应商资质和产品质量，接收、贮存、发放、运输应当保证其质量稳定和安全；使用应当符合技术规程要求。

第五十六条　应当避免灌溉水受工业废水、粪便、化学农药或其他有害物质污染。

第五十七条　科学施肥，鼓励测土配方施肥；及时灌溉和排涝，减轻不利天气影响。

第五十八条　根据田间病虫草害等的发生情况，依技术规程及时防治。

第五十九条　企业应当按照技术规程使用农药，做好培训、指导和巡检。

第六十条　企业应当采取措施防范并避免邻近地块使用农药对种植中药材的不良影响。

第六十一条　突发病虫草害等或者异常气象灾害时，根据预案及时采取措施，最大限度降低对中药材生产的不利影响；要做好生长或者质量受严重影响地块的标记，单独管理。

第六十二条　企业应当按技术规程管理野生抚育和仿野生栽培中药材，坚持“保护优先、遵循自然”原则，有计划地做好投入品管控、过程管控和产地环境管控，避免对周边野生植物造成不利影响。

第三节　养殖技术规程

第六十三条　企业应当根据药用动物生长发育习性和对环境条件的要求等制定养殖技术规程，主要包括以下环节：

（一）种群管理要求：种群结构、谱系、种源、周转等；

（二）养殖场地设施要求：养殖功能区划分，饲料、饮用水设施，防疫设施，其他安全防护设施等；

（三）繁育方法要求：选种、配种等；

（四）饲养管理要求：饲料、饲喂、饮水、安全和卫生管理等；

（五）疾病防控要求：主要疾病预防、诊断、治疗等；

（六）药物使用技术规程；

（七）药用动物属于陆生野生动物管理范畴的，还应当遵守国家人工繁育陆生野生动物的相关标准和规范。

第六十四条　按国务院农业农村行政主管部门有关规定使用饲料和饲料添加剂；禁止使用国务院农业农村行政主管部门公布禁用的物质以及对人体具有直接或潜在危害的其他物质；不得使用未经登记的进口饲料和饲料添加剂。

第六十五条　按国家相关标准选择养殖场所使用的消毒剂。

第六十六条　药用动物疾病防治应当以预防为主、治疗为辅，科学使用兽药及生物制品；应当制定各种突发性疫病发生的防治预案。

第六十七条　按国家相关规定、标准和规范制定预防和治疗药物的使用技术规程：

（一）遵守国务院畜牧兽医行政管理部门制定的兽药安全使用规定；

（二）禁止使用国务院畜牧兽医行政管理部门规定禁止使用的药品和其他化合物；

（三）禁止在饲料和药用动物饮用水中添加激素类药品和国务院畜牧兽医行政管理部门规定的其他禁用药品；经批准可以在饲料中添加的兽药，严格按照兽药使用规定及法定兽药质量标准、标签和说明书使用，兽用处方药必须凭执业兽医处方购买使用；禁止将原料药直接添加到饲料及药用动物饮用水中或者直接饲喂药用动物；

（四）禁止将人用药品用于药用动物；

（五）禁止滥用兽用抗菌药。

第六十八条　制定患病药用动物处理技术规程，禁止将中毒、感染疾病的药用动物加工成中药材。

第四节　养殖管理

第六十九条　企业应当按照制定的技术规程，根据药用动物生长、疾病发生等情况，及时实施养殖措施。

第七十条　企业应当及时建设、更新和维护药用动物生长、繁殖的养殖场所，及时调整养殖分区，并确保符合生物安全要求。

第七十一条　应当保持养殖场所及设施清洁卫生，定期清理和消毒，防止外来污染。

第七十二条　强化安全管理措施，避免药用动物逃逸，防止其他禽畜的影响。

第七十三条　定时定点定量饲喂药用动物，未食用的饲料应当及时清理。

第七十四条　按要求接种疫苗；根据药用动物疾病发生情况，依规程及时确定具体防治方案；突发疫病时，根据预案及时、迅速采取措施并做好记录。

第七十五条　发现患病药用动物，应当及时隔离；及时处理患传染病药用动物；患病药用动物尸体按相关要求进行无害化处理。

第七十六条　应当根据养殖计划和育种周期进行种群繁育，及时调整养殖种群的结构和数量，适时周转。

第七十七条　应当按照国家相关规定处理养殖及加工过程中的废弃物。

第八章　采收与产地加工

第一节　技 术 规 程

第七十八条　企业应当制定种植、养殖、野生抚育或仿野生栽培中药材的采收与产地加工技术规程，明确采收的部位、采收过程中需除去的部分、采收规格等质量要求，主要包括以下环节：

（一）采收期要求：采收年限、采收时间等；

（二）采收方法要求：采收器具、具体采收方法等；

（三）采收后中药材临时保存方法要求；

（四）产地加工要求：拣选、清洗、去除非药用部位、干燥或保鲜，以及其他特殊加工的流程和方法。

第七十九条　坚持“质量优先、兼顾产量”原则，参照传统采收经验和现代研究，明确采收年限范围，确定基于物候期的适宜采收时间。

第八十条　采收流程和方法应当科学合理；鼓励采用不影响药材质量和产量的机械化采收方法；避免采收对生态环境造成不良影响。

第八十一条　企业应当在保证中药材质量前提下，借鉴优良的传统方法，确定适宜的中药材干燥方法；晾晒干燥应当有专门的场所或场地，避免污染或混淆的风险；鼓励采用有科学依据的高效干燥技术以及集约化干燥技术。

第八十二条　应当采用适宜方法保存鲜用药材，如冷藏、砂藏、罐贮、生物保鲜等，并明确保存条件和保存时限；原则上不使用保鲜剂和防腐剂，如必须使用应当符合国家相关规定。

第八十三条　涉及特殊加工要求的中药材，如切制、去皮、去心、发汗、蒸、煮等，应根据传统加工方法，结合国家要求，制定相应的加工技术规程。

第八十四条　禁止使用有毒、有害物质用于防霉、防腐、防蛀；禁止染色增重、漂白、掺杂使假等。

第八十五条　毒性、易制毒、按麻醉药品管理中药材的采收和产地加工，应当符合国家有关规定。

第二节 采收管理

第八十六条 根据中药材生长情况、采收时气候情况等，按照技术规程要求，在规定期限内，适时、及时完成采收。

第八十七条 选择合适的天气采收，避免恶劣天气对中药材质量的影响。

第八十八条 应当单独采收、处置受病虫草害等或者气象灾害等影响严重、生长发育不正常的中药材。

第八十九条 采收过程应当除去非药用部位和异物，及时剔除破损、腐烂变质部分。

第九十条 不清洗直接干燥使用的中药材，采收过程中应当保证清洁，不受外源物质的污染或者破坏。

第九十一条 中药材采收后应当及时运输到加工场地，及时清洁装载容器和运输工具；运输和临时存放措施不应当导致中药材品质下降，不产生新污染及杂物混入，严防淋雨、泡水等。

第三节 产地加工管理

第九十二条 应当按照统一的产地加工技术规程开展产地加工管理，保证加工过程方法的一致性，避免品质下降或者外源污染；避免造成生态环境污染。

第九十三条 应当在规定时间内加工完毕，加工过程中的临时存放不得影响中药材品质。

第九十四条 拣选时应当采取措施，保证合格品和不合格品及异物有效区分。

第九十五条 清洗用水应当符合要求，及时、迅速完成中药材清洗，防止长时间浸泡。

第九十六条 应当及时进行中药材晾晒，防止晾晒过程雨水、动物等对中药材的污染，控制环境尘土等污染；应当阴干药材不得暴晒。

第九十七条 采用设施、设备干燥中药材，应当控制好干燥温度、湿度和干燥时间。

第九十八条 应当及时清洁加工场地、容器、设备；保证清洗、晾晒和干燥环境、场地、设施和工具不对药材产生污染；注意防冻、防雨、防潮、防鼠、防虫及防禽畜。

第九十九条 应当按照制定的方法保存鲜用药材，防止生霉变质。

第一百条 有特殊加工要求的中药材，应当严格按照制定的技术规程进行加工，如及时去皮、去心，控制好蒸、煮时间等。

第一百零一条 产地加工过程中品质受到严重影响的，原则上不得作为中药材销售。

第九章 包装、放行与储运

第一节 技术规程

第一百零二条 企业应当制定包装、放行和储运技术规程，主要包括以下环节：

（一）包装材料及包装方法要求：包括采收、加工、贮存各阶段的包装材料要求及包装方法；

（二）标签要求：标签的样式，标识的内容等；

（三）放行制度：放行检查内容，放行程序，放行人等。

（四）贮存场所及要求：包括采收后临时存放、加工过程中存放、成品存放等对环境条件的要求；

（五）运输及装卸要求：车辆、工具、覆盖等的要求及操作要求；

（六）发运要求。

第一百零三条 包装材料应当符合国家相关标准和药材特点，能够保持中药材质量；禁止采用肥料、农药等包装袋包装药材；毒性、易制毒、按麻醉药品管理中药材应当使用有专门标记的特殊包装；鼓励使用绿色循环可追溯周转筐。

第一百零四条 采用可较好保持中药材质量稳定的包装方法，鼓励采用现代包装方法和器具。

第一百零五条 根据中药材对贮存温度、湿度、光照、通风等条件的要求，确定仓储设施条件；鼓励采用有利于中药材质量稳定的冷藏、气调等现代贮存保管新技术、新设备。

第一百零六条 明确贮存的避光、遮光、通风、防潮、防虫、防鼠等养护管理措施；使用的熏蒸剂不能带来质量和安全风险，不得使用国家禁用的高毒性熏蒸剂；禁止贮存过程使用硫黄熏蒸。

第一百零七条 有特殊贮存要求的中药材贮存，应当符合国家相关规定。

第二节 包装管理

第一百零八条 企业应当按照制定的包装技术规程，选用包装材料，进行规范包装。

第一百零九条 包装前确保工作场所和包装材料已处于清洁或者待用状态，无其他异物。

第一百一十条 包装袋应当有清晰标签，不易脱落或者损坏；标示内容包括品名、基原、批号、规格、产地、数量或重量、采收日期、包装日期、保质期、追溯标志、企业名称等信息。

第一百一十一条 确保包装操作不影响中药材质量，防止混淆和差错。

第三节 放行与储运管理

第一百一十二条 应当执行中药材放行制度，对每批药材进行质量评价，审核生产、检验等相关记录；由质量管理负责人签名批准放行，确保每批中药材生产、检验符合标准和技术规程要求；不合格药材应当单独处理，并有记录。

第一百一十三条 应当分区存放中药材，不同品种、不同批中药材不得混乱交叉存放；保证贮存所需要的条件，如洁净度、温度、湿度、光照和通风等。

第一百一十四条 应当建立中药材贮存定期检查制度，防止虫蛀、霉变、腐烂、泛油等的发生。

第一百一十五条 应当按技术规程要求开展养护工作，并由专业人员实施。

第一百一十六条 应当按照技术规程装卸、运输；防止发生混淆、污染、异物混入、包装破损、雨雪淋湿等。

第一百一十七条 应当有产品发运的记录，可追查每批产品销售情况；防止发运过程中的破损、混淆和差错等。

第十章 文 件

第一百一十八条 企业应当建立文件管理系统，全过程关键环节记录完整。

第一百一十九条 文件包括管理制度、标准、技术规程、记录、标准操作规程等。

第一百二十条 应当制定规程，规范文件的起草、修订、变更、审核、批准、替换或撤销、保存和存档、发放和使用。

第一百二十一条 记录应当简单易行、清晰明了；不得撕毁和任意涂改；记录更改应当签注姓名和日期，并保证原信息清晰可辨；记录重新誊写，原记录不得销毁，作为重新誊写记录的附件保存；电子记录应当符合相关规定；记录保存至该批中药材销售后至少三年以上。

第一百二十二条　企业应当根据影响中药材质量的关键环节，结合管理实际，明确生产记录要求：

（一）按生产单元进行记录，覆盖生产过程的主要环节，附必要照片或者图像，保证可追溯；

（二）药用植物种植主要记录：种子种苗来源及鉴定，种子处理，播种或移栽、定植时间及面积；肥料种类、施用时间、施用量、施用方法；重大病虫草害等的发生时间、为害程度，施用农药名称、来源、施用量、施用时间、方法和施用人等；灌溉时间、方法及灌水量；重大气候灾害发生时间、危害情况；主要物候期。

（三）药用动物养殖主要记录：繁殖材料及鉴定；饲养起始时间；疾病预防措施，疾病发生时间、程度及治疗方法；饲料种类及饲喂量。

（四）采收加工主要记录：采收时间及方法；临时存放措施及时间；拣选及去除非药用部位方式；清洗时间；干燥方法和温度；特殊加工手段等关键因素。

（五）包装及储运记录：包装时间；入库时间；库温度、湿度；除虫除霉时间及方法；出库时间及去向；运输条件等。

第一百二十三条　培训记录包括培训时间、对象、规模、主要培训内容、培训效果评价等。

第一百二十四条　检验记录包括检品信息、检验人、复核人、主要检验仪器、检验时间、检验方法和检验结果等。

第一百二十五条　企业应当根据实际情况，在技术规程基础上，制定标准操作规程用于指导具体生产操作活动，如批的确定、设备操作、维护与清洁、环境控制、贮存养护、取样和检验等。

第十一章　质量检验

第一百二十六条　企业应当建立质量控制系统，包括相应的组织机构、文件系统以及取样、检验等，确保中药材质量符合要求。

第一百二十七条　企业应当制定质量检验规程，对自己繁育并在生产基地使用的种子种苗或其他繁殖材料、生产的中药材实行按批检验。

第一百二十八条　购买的种子种苗、农药、商品肥料、兽药或生物制品、饲料和饲料添加剂等，企业可不检测，但应当向供应商索取合格证或质量检验报告。

第一百二十九条　检验可以自行检验，也可以委托第三方或中药材使用单位检验。

第一百三十条　质量检测实验室人员、设施、设备应当与产品性质和生产规模相适应；用于质量检验的主要设备、仪器，应当按规定要求进行性能确认和校验。

第一百三十一条　用于检验用的中药材、种子种苗或其他繁殖材料，应当按批取样和留样：

（一）保证取样和留样的代表性；

（二）中药材留样包装和存放环境应当与中药材贮存条件一致，并保存至该批中药材保质期届满后三年；

（三）中药材种子留样环境应当能够保持其活力，保存至生产基地中药材收获后三年；种苗或药用动物繁殖材料依实际情况确定留样时间；

（四）检验记录应当保留至该批中药材保质期届满后三年。

第一百三十二条　委托检验时，委托方应当对受托方进行检查或现场质量审计，调阅或者检查记录和样品。

第十二章　内　　审

第一百三十三条　企业应当定期组织对本规范实施情况的内审，对影响中药材质量的关键数据定期进行趋势分析和风险评估，确认是否符合本规范要求，采取必要改进措施。

第一百三十四条　企业应当制定内审计划，对质量管理、机构与人员、设施设备与工具、生产基地、种子种苗或其他繁殖材料、种植与养殖、采收与产地加工、包装放行与储运、文件、质量检验等项目进行检查。

第一百三十五条　企业应当指定人员定期进行独立、系统、全面的内审，或者由第三方依据本规范进行独立审核。

第一百三十六条　内审应当有记录和内审报告；针对影响中药材质量的重大偏差，提出必要的纠正和预防措施。

第十三章　投诉、退货与召回

第一百三十七条　企业应当建立投诉处理、退货处理和召回制度。

第一百三十八条　企业应当建立标准操作规程，规定投诉登记、评价、调查和处理的程序；规定因中药材缺陷发生投诉时所采取的措施，包括从市场召回中药材等。

第一百三十九条　投诉调查和处理应当有记录，并注明所调查批次中药材的信息。

第一百四十条　企业应当指定专人负责组织协调召回工作，确保召回工作有效实施。

第一百四十一条　应当有召回记录，并有最终报告；报告应对产品发运数量、已召回数量以及数量平衡情况予以说明。

第一百四十二条　因质量原因退货或者召回的中药材，应当清晰标识，由质量部门评估，记录处理结果；存在质量问题和安全隐患的，不得再作为中药材销售。

第十四章　附　　则

第一百四十三条　本规范所用下列术语的含义是：

（一）中药材

指来源于药用植物、药用动物等资源，经规范化的种植（含生态种植、野生抚育和仿野生栽培）、养殖、采收和产地加工后，用于生产中药饮片、中药制剂的药用原料。

（二）生产单元

基地中生产组织相对独立的基本单位，如一家农户，农场中一个相对独立的作业队等。

（三）技术规程

指为实现中药材生产顺利、有序开展，保证中药材质量，对中药材生产的基地选址，种子种苗或其他繁殖材料，种植、养殖，野生抚育或者仿野生栽培，采收与产地加工，包装、放行与储运等所做的技术规定和要求。

（四）道地产区

该产区所产的中药材经过中医临床长期应用优选，与其他地区所产同种中药材相比，品质和疗效更好，且质量稳定，具有较高知名度。

（五）种子种苗

药用植物的种植材料或者繁殖材料，包括籽粒、果实、根、茎、苗、芽、叶、花等，以及菌物的菌丝、子实体等。

（六）其他繁殖材料

除种子种苗之外的繁殖材料，包括药用动物供繁殖用的种物、仔、卵等。

（七）种质

生物体亲代传递给子代的遗传物质。

（八）农业投入品

生产过程中所使用的农业生产物资，包括种子种苗或其他繁殖材料、肥料、农药、农膜、兽药、饲料和饲料添加剂等。

（九）综合防治

指有害生物的科学管理体系，是从农业生态系统的总体出发，根据有害生物和环境之间的关系，充分发挥自然控制因素的作用，因地制宜、协调应用各种必要措施，将有害生物控制在经济允许的水平以下，以获得最佳的经济、生态和社会效益。

（十）产地加工

中药材收获后必须在产地进行连续加工的处理过程，包括拣选、清洗、去除非药用部位、干燥及其他特殊加工等。

（十一）生态种植

应用生态系统的整体、协调、循环、再生原理，结合系统工程方法设计，综合考虑经济、生态和社会效益，应用现代科学技术，充分应用能量的多级利用和物质的循环再生，实现生态与经济良性循环的中药农业种植方式。

（十二）野生抚育

在保持生态系统稳定的基础上，对原生境内自然生长的中药材，主要依靠自然条件、辅以轻微干预措施，提高种群生产力的一种生态培育模式。

（十三）仿野生栽培

在生态条件相对稳定的自然环境中，根据中药材生长发育习性和对环境条件的要求，遵循自然法则和生物规律，模仿中药材野生环境和自然生长状态，再现植物与外界环境的良好生态关系，实现品质优良的中药材生态培育模式。

（十四）批

同一产地且种植地、养殖地、野生抚育或者仿野生栽培地的生态环境条件基本一致，种子种苗或其他繁殖材料来源相同，生产周期相同，生产管理措施基本一致，采收期和产地加工方法基本一致，质量基本均一的中药材。

（十五）放行

对一批物料或产品进行质量评价后，做出批准使用、投放市场或者其他决定的操作。

（十六）储运

包括中药材的贮存、运输等。

(十七)发运

指企业将产品发送到经销商或者用户的一系列操作,包括配货、运输等。

(十八)标准操作规程

也称标准作业程序,是依据技术规程将某一操作的步骤和标准,以统一的格式描述出来,用以指导日常的生产工作。

第一百四十四条　本规范自发布之日起施行。

参考文献

[1] 董诚明,谷巍.药用植物栽培学.3版.上海:上海科学技术出版社,2020.

[2] 王文全,魏建和.中药材生产肥料施用技术.北京:中国农业科学技术出版社,2018.

[3] 祝丽香,谷淑波.药用植物栽培学实验指导.北京:中国农业出版社,2019.

[4] 魏建和,王文全,王秋玲,等.《中药材生产质量管理规范》修订背景及主要修订内容.中国现代中药,2022,24(5):743-751.

[5] 谢利德,赵春颖,徐鹏,等.北方中药材栽培实用技术.北京:北京大学医学出版社,2019.

[6] 谢必武,张凤龙.药用植物栽培技术.重庆:重庆大学出版社,2014.

[7] 谈献和,王冰.药用植物学实验指导.北京:中国中医药出版社,2019.

[8] 中国中药协会.药用植物资源调查技术规范.北京:中国中医药出版社,2015.

[9] 龙全江.中药材加工学.北京:中国中医药出版社,2006.

[10] 张建海.药用植物栽培技术.北京:中国中医药出版社,2016.

[11] 项东宇,袁立虎,袁国卿.药用植物识别技术.北京:化学工业出版社,2018.

[12] 巢建国,张永清.药用植物栽培学.北京:人民卫生出版社,2019.

[13] 王书林.药用植物栽培技术.北京:中国中医药出版社,2006.

[14] 郭巧生.药用植物栽培学.3版.北京:高等教育出版社,2019.

[15] 郭巧生,王建华,王长林.药用植物栽培学实验实习指导.北京:高等教育出版社,2020.

[16] 常瑛.中药材栽培技术与安全利用.北京:中国农业科学技术出版社,2019.

[17] 国家市场监督管理总局,中国国家标准化管理委员会.中药材种子检验规程:GB/T 41221—2021.北京:中国标准出版社,2021.

[18] 国家药典委员会.中华人民共和国药典.北京:中国医药科技出版社,2020.

[19] 齐玉歌.中药材野生抚育初探.山西职工医学院学报,2008,18(4):65-66.

[20] 王玲玲,杜吉到,郑殿峰,等.大豆源库流关系的研究进展.大豆科学,2009,28(1):167-171.

[21] 王晓琴,包保全,薛培凤.中药资源与开发综合实验指导.武汉:华中科技大学出版社,2020.

[22] 陈士林,魏建和,黄林芳,等.中药材野生抚育的理论与实践探讨.中国中药杂志,2004,29(12):1123-1126.

[23] 任跃英,孟祥颖,李向高.药用植物特点与中药材基地建设.吉林农业大学学报,2000,22(2):65-67,70.

[24] 李晶晶.林下参的栽培及管理技术分析.山西农经,2020(10):90,168.

[25] 丰先红,罗孝贵,李健,等.甘孜州花旗参引种栽培技术.乡村科技,2016(27):15-16.

[26] 张亚玉,张正海.四川省发展西洋参产业大有可为.特产研究,2021,43(1):102-104.

[27] 李品汉.文山三七栽培技术.农村实用技术,2016(2):27-29.

[28] 刘勇,徐娜,陈骏飞,等.不同干燥方法对三七药材外观性状与内在结构及其品质的影响.中草药,2019,50(23):5714-5723.
[29] 姜磊,田成玉,李军,等.丹参规范化产业化种植技术.浙江农业科学,2019,60(10):1842-1845,1849.
[30] 梁正庄.思南县丹参种植技术思考.农家参谋,2020(16):138.
[31] 张兰胜,谷文超,文明,等.浙贝母栽培技术研究进展.中国野生植物资源,2020,39(5):45-48.
[32] 董彦琪,马晓红,张玉红,等.新乡市红花高产栽培技术.现代农业科技,2018(16):78-79,81.
[33] 许爱霞,毛正云.陇西道地药材白条党参栽培技术.农业科技与信息,2019(14):11-12,14.
[34] 李想,范航,徐源,等.林下参的栽培及管理技术.林业科技通讯,2016(9):70-74.
[35] 李小平,朱培林,曾志斌,等.车前栽培技术及相关研究进展.江西林业科技,2006(4):44-48.
[36] 晏小霞,王祝年,王建荣.海南白木香规范化栽培技术.安徽农业科学, 2010,38(24):13042-13044.
[37] 张革艳.北方地区引种牡丹的栽培技术.北方园艺,2007(8):167-168.
[38] 郑修完.黄栀子花果两用栽培技术.现代农业科技,2019(13):79-80.
[39] 王洪强.厚朴规范化种植技术研究.中国现代中药,2006,8(2):32-34.
[40] 余彬情,杨玲,张启鑫,等.天麻环境习性分析及栽培方法探究.南方农业,2020,14(32):58-59.
[41] 毛一.菊花的繁殖与栽培技术要点浅析.南方农业,2020,14(14):5-6.
[42] 杜元伟,宗利明,董西辰,等.不同施肥量对金银花产量的影响.农业科技通讯,2019(9):116-117.
[43] 杨建梅.甘草栽培技术要点及效益分析.农村科学实验,2018(12):52-54.
[44] 王田利.款冬花栽培技术.农村百事通,2020(2):38-39.
[45] 王杰,韩梦豪,许琳玉,等.款冬组培快繁技术研究.现代园艺,2020(5):11-13.
[46] 秦洪波,王新桂,郭伦发,等.罗汉果组培苗高产栽培技术研究.福建农业学报,2019,34(2):198-203.
[47] 曾彦铭.枳壳栽培技术.农村新技术,2013(12):7-8.
[48] 臧秀梅.林下重楼种植技术初探.现代园艺,2015(5):56-57.
[49] 吴德智,尹晓蛟,程天周,等.鄂西南山区林下重楼高效栽培技术.湖北林业科技,2019,48(2):19-20,74.
[50] 张发根,张文斌,赖根伟,等.混交林下多花黄精仿野生种植技术探讨.华东森林经理,2019,33(4):22-24.
[51] 姜丽琼,李文俊,肖前刚,等.白及炼苗与林下种植实用技术.林业科技通讯,2017(6):62-64.
[52] 朱立新,朱元娣.园艺通论.5版.北京:中国农业大学出版社,2020.